高 等 学 校 通 用 教 材

理科数学分析（上册）

王进良　魏光美　孙玉泉　编著

北京航空航天大学出版社

内 容 简 介

本书是为了适应北京航空航天大学 2017 年开始实行的大类招生和培养，为理科实验班及理科强基班编写的教材。

本书的内容包括集合与映射，数列的极限，函数的极限与连续，微分，微分中值定理及应用，不定积分，定积分，反常积分等，共 8 章。

本书既可以作为大学理科各专业的数学分析教材，也可以作为对微积分要求较高的各工科专业的教材。

图书在版编目（CIP）数据

理科数学分析. 上册 / 王进良，魏光美，孙玉泉编
著.--北京：北京航空航天大学出版社，2021.9
　ISBN 978-7-5124-3594-0

Ⅰ. ①理… Ⅱ. ①王… ②魏… ③孙… Ⅲ. ①数学分
析—高等学校—教材 Ⅳ. ①O17

中国版本图书馆 CIP 数据核字（2021）第 176731 号

理科数学分析

（上册）

王进良　魏光美　孙玉泉　编著
策划编辑　蔡　喆　　责任编辑　蔡　喆
*
北京航空航天大学出版社出版发行

北京市海淀区学院路 37 号（邮编 100191）　http://www.buaapress.com.cn
发行部电话：（010）82317024　传真：（010）82328026
读者信箱：goodtextbook@126.com　邮购电话：（010）82316936
涿州市新华印刷有限公司印装　各地书店经销
*
开本：787×1092　1/16　印张：16.25　字数：416 千字
2021 年 9 月第 1 版　2021 年 9 月第 1 次印刷　印数：3 000 册
ISBN 978-7-5124-3594-0　定价：49.00 元

前　　言

　　微积分是大学数学教育最重要的基础课，也是自然科学和工程技术领域中应用广泛的数学工具。随着现代科技的飞速发展，微积分的基础性和应用上的重要性更加凸现，同时也对它的教学内容提出了更高的要求。

　　为了实现建设世界一流大学的宏伟目标，培养宽口径、强基础的高水平人才，北京航空航天大学 2017 年开始进行招生改革，全校分为理科、信息、航空航天、文科等大类，实行大类招生，大类培养。其中理科实验班包括数学、物理、化学、经管类、空间科学与技术、环境科学与工程等专业的本科生。为了适应各相关专业人才培养对微积分内容的学习要求，课程组决定编写《理科数学分析》教材。

　　全书分为上、下两册。上册内容包括集合与映射、数列的极限、函数的极限与连续、微分、微分中值定理及其应用、不定积分、定积分、反常积分共 8 章；下册包括数项级数、函数列与函数项级数、多元函数的极限与连续、多元函数微分学、重积分、曲线积分、曲面积分与场论、含参变量的积分、Fourier 级数共 8 章。

　　在教学内容的取舍上，既要保证理科大类各专业对数学分析内容的基本要求，又不能削弱数学、物理等专业对数学分析的实际需要，特别是对于数学专业，在理论水平上不能降低。因此，本书在编写过程中克服了不少的困难。

　　在本书的编写中，吸取了国内外多种数学分析教材的优点。在试用中，广泛征求了师生的意见。本书编写努力做到重点突出，难易适度，使各章内容不仅便于教师讲解，而且易于学生接受。同时考虑到数学专业以及现代科学技术对分析内容的需要，增加了向量值函数、微分形式等内容。本书具有如下特点：

1. 重视基础

　　本书特别注重分析理论的严谨性和系统性，把学生对基础理论的掌握、分析方法的学习，以及他们的抽象思维能力、逻辑推理能力、空间想象能力和自学能力的培养放在首位。本书所涉及的主要定理，不仅都给出了严格的证明，而且对定理的成立背景和使用方法予以介绍和说明。

2. 条理清楚

　　在本书的编写上，十分重视内容的科学性、系统性和完整性，尽量做到由浅入深，由近及远，条理清楚，通俗易懂。概念的引入清楚、自然、准确；定理的证明尽量清晰、简洁。例如在数项级数这一章，依次介绍级数的收敛概念、正项级数的收敛判别法、上下极限及其应用、任意项级数的收敛判别法，以及级数的运算性质等，步步深入，一气呵成。

3. 例题丰富

　　数学分析的特点是概念多、内容抽象、逻辑性强，初学者较难掌握。为了帮助学生加深对基本概念的理解和基本理论与方法的掌握，书中配有较多的典型例题，且每章后面附有较多的精选习题。通过这些例题的练习，学生可以掌握和巩固所学内容，训练解题的方法和技巧，培养他们分析问题和解决问题的能力。

　　讲授上册基本内容大约需要 96 个学时；讲授下册基本内容大约需要 96 个学时。

　　本书不但可以作为大学理科各专业的数学分析教材，也可以作为对微积分要求较高的工科各专业的教材。

　　本书由北航数学分析大类课程组组长王进良教授组织编写与定稿。其中第 1～3 章由王进良编写，第 4～5 章由孙玉泉编写，第 6～8 章由魏光美编写，第 9～10 章由高宗升编写，第 11～12 章由贺慧霞编写，第 13～14 章由冯伟编写，第 15～16 章由文晓编写。

　　本书的编写工作得到北京航空航天大学北航学院、数学学院有关领导以及同事们的关心和支持；北京航空航天大学出版社蔡喆编辑为本书的早日出版给予了大力帮助；作者在此一并表示衷心的谢意。由于作者的水平所限，本书在编写和内容的组织上可能存在不足之处，敬请读者批评指正。

编者

2021 年 6 月于北京航空航天大学

目　　录

第 1 章　集合与映射

本章简单复习和回顾中学阶段相关内容，承上启下，为学习下一章做准备. 数学分析研究的基本对象是定义在实数集上的函数，下面主要介绍集合、映射与函数等基本概念.

1.1　集　合

本节重点介绍集合及集合运算，有限集、无限集及可数（可列）集，Descartes（笛卡尔）集等.

1.1.1　集　合

1. 集　合

具有某种特性的对象的全体称为集合，通常用大写字母表示，如 $A, B, D, S, T, \cdots$. 集合中的每个对象称为元素，通常用小写字母表示，如 $a, b, d, s, t, \cdots$. 若 x 是集合 S 的元素，则称 x 属于 S，记为 $x \in S$；若 y 不是集合 S 的元素，则称 y 不属于 S，记为 $y \notin S$.

常见数集有，$\mathbb{N}^+$ 表示全体正整数的集合；$\mathbb{N}$ 表示全体非负整数的集合；$\mathbb{Z}$ 表示全体整数的集合；$\mathbb{Q}$ 表示全体有理数的集合；$\mathbb{R}$ 表示全体实数的集合，$\mathbb{C}$ 表示全体复数的集合.

2. 表示集合方式

(1) 枚举法：在花括号内，把集合中的元素一一枚举出来.

例如：$A = \{红, 绿, 蓝\}$；$B = \{a, b, c, \cdots, z\}$；$\mathbb{N}^+ = \{1, 2, 3, \cdots, n, \cdots\}$；$\mathbb{Z} = \{0, \pm 1, \pm 2, \cdots, \pm n, \cdots\}$.

(2) 描述法：$S = \{x | x 具有性质 P\}$.

例如：$D = \{x | x^3 = 1\}$ 为 1 的立方根组成的集合；有理数集 $\mathbb{Q} = \{x | x = \dfrac{q}{p}, p \in \mathbb{N}^+, q \in \mathbb{Z}\}$；正实数集 $\mathbb{R}^+ = \{x | x \in \mathbb{R}, 且 x > 0\}$.

注 1.1.1　集合中的元素无顺序关系.

3. 空　集

不含有任何元素的集合称为空集，记为 $\varnothing$. 例如：集合 $\{x | x^2 = -1, 且 x \in \mathbb{R}\}$ 为空集，记为 $\{x | x^2 = -1, 且 x \in \mathbb{R}\} = \varnothing$. 注意，$\{\varnothing\}$ 不是空集，因为它含有元素 $\varnothing$.

4. 子 集

设 S,T 是两个集合. 若 $\forall x \in S (\forall$表示任意$)$，都有 $x \in T$，则称 S 是 T 的子集，记为 $S \subset T$.

例如：$\mathbb{N}^+ \subset \mathbb{N} \subset \mathbb{Z} \subset \mathbb{Q} \subset \mathbb{R}, \varnothing \subset S, S \subset S$.

若 $\exists x \in S (\exists$表示存在$)$，且 $x \notin T$，则 S 不是 T 的子集，记为 $S \not\subset T$.

例如：$D = \{x | x^3 = 1\} \not\subset \mathbb{N}^+$.

例 1.1.1 集合: $B = \{a, b, c\}$ 共有 2^3 个子集: $\varnothing, \{a\}, \{b\}, \{c\}, \{a, b\}, \{b, c\}, \{a, c\}, \{a, b, c\}$.

一般地，n 个元素组成的集合，$T = \{a_1, a_2, \cdots, a_n\}$，其子集有 2^n 个. 事实上，T 的含有 $k(0 \leqslant k \leqslant n)$ 个元素的子集共有 C_n^k 个，那么，所有子集的个数为 $C_n^0 + C_n^1 + \cdots + C_n^n = (1+1)^n = 2^n$.

5. 真子集

若 $S \subset T$ 且 $\exists x \in T$ 使得 $x \notin S$，则 S 是 T 的一个真子集. 显然，$T = \{a_1, a_2, \cdots, a_n\}$ 有 $2^n - 1$ 个真子集.

6. 集合相等

若 S 与 T 中的元素完全相同，则称 S 与 T 相等，记为 $S = T$. 显然，$S = T \Leftrightarrow S \subset T$ 且 $T \subset S$（这里 $\Leftrightarrow$ 表示当且仅当，即充分必要条件）.

7. 区 间

设 $a < b$ 为两实数，则称集合 $\{x | a < x < b, x \in \mathbb{R}\}$ 为开区间，记为 (a, b)，即 $(a, b) = \{x | a < x < b, x \in \mathbb{R}\}$；类似的可以定义闭区间 $[a, b] = \{x | a \leqslant x \leqslant b, x \in \mathbb{R}\}$；半开半闭区间，$[a, b) = \{x | a \leqslant x < b, x \in \mathbb{R}\}$ 或 $(a, b] = \{x | a < x \leqslant b, x \in \mathbb{R}\}$. 这些区间为有限区间，长度均为 $b - a$.

除此之外，还可以定义以下区间 $(a, +\infty) = \{x | a < x < +\infty, x \in \mathbb{R}\}$；$[a, +\infty) = \{x | a \leqslant x < +\infty, x \in \mathbb{R}\}$；$(-\infty, b) = \{x | -\infty < x < b, x \in \mathbb{R}\}$；$(-\infty, b] = \{x | -\infty < x \leqslant b, x \in \mathbb{R}\}$；$(-\infty, +\infty) = \{x | x \in \mathbb{R}\}$. 这些区间均为无限区间.

1.1.2 集合的运算

1. 集合的并、交、差与补

设 S, T 为两个集合，则定义集合 $\{x | x \in S$ 或 $x \in T\}$ 为集合 S 与 T 的并（和），记为 $S \cup T$，即 $S \cup T = \{x | x \in S$ 或 $x \in T\}$. 类似地可以定义：

S 与 T 的交（积）记为 $S \cap T$，定义为 $S \cap T = \{x | x \in S$ 且 $x \in T\}$；

S 与 T 的差记为 $S \setminus T$，定义为 $S \setminus T = \{x | x \in S$ 且 $x \notin T\}$.

设集合 S 是 X 的一个子集，则集合 S 关于 X 的补集记为 $\complement_X S$（简记为 S^C），定义为 $\complement_X S = X \setminus S$.

显然，$S \cup \complement_X S = X, S \cap \complement_X S = \varnothing, S \setminus T = S \cap T^C$.

集合的并、交、差和补运算如图 1.1 所示.

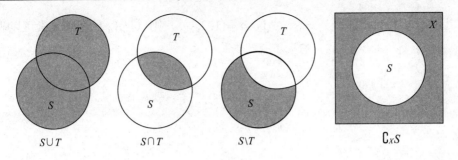

$S \cup T$　　　　$S \cap T$　　　　$S \backslash T$　　　　$\complement_X S$

图 1.1

2. 集合的运算性质

(1) 交换律：$A \cup B = B \cup A, A \cap B = B \cap A$；

(2) 结合律：$A \cup (B \cup D) = (A \cup B) \cup D, A \cap (B \cap D) = (A \cap B) \cap D$；

(3) 分配律：$A \cup (B \cap D) = (A \cup B) \cap (A \cup D), A \cap (B \cup D) = (A \cap B) \cup (A \cap D)$；

(4) 对偶律（De Morgan）：$(A \cup B)^C = A^C \cap B^C, (A \cap B)^C = A^C \cup B^C$.

以上性质用定义易证，这里从略.

1.1.3　有限集与无限集

1. 有限集

由有限个元素组成的集合称为有限集. 例如：$\{a, b, c\}, \{b, c, d, e\}, \{x | x^3 = 1\}$ 均为有限集.

2. 无限集

由无限个元素组成的集合称为无限集. 例如：$\mathbb{N}, \mathbb{Q}, \mathbb{R}$ 和 $\mathbb{C}$ 都是无限集.

特别地，若无限集中的元素可按规律排成一个序列 $\{a_1, a_2, a_3, \cdots, a_n, \cdots\}$，或者可以按照自然数的顺序编号，则称该无限集为可列集. 如：$\mathbb{N}^+, \{x | \tan x = 0\}$ 都是可列集.

易证：无限集必含可列子集，但无限集并非一定是可列集.

例 1.1.2　整数集 $\mathbb{Z}$ 是可列集，因为它的元素可以按照如下规律：$0, 1, -1, 2, -2, \cdots, n, -n, \cdots$ 排列.

设 $A_n (n = 1, 2, \cdots)$ 是无限可列个集合，其中每个 A_n 都是可列集，则它们的并 $\bigcup\limits_{n=1}^{\infty} A_n$ 定义为

$$\bigcup_{n=1}^{\infty} A_n = A_1 \cup A_2 \cup \cdots \cup A_n \cup \cdots = \{x | 存在 n \in \mathbb{N}^+, 使 x \in A_n\}.$$

定理 1.1.1　可列个可列集的并也是可列集.

证　设 $A_n = \{x_{n1}, x_{n2}, \cdots, x_{nk}, \cdots\}$, $n = 1, 2, \cdots$, 则 $\bigcup\limits_{n=1}^{\infty} A_n$ 的全体元素可以表示为

$$
\begin{array}{ccccc}
x_{11} & x_{12} & x_{13} & \cdots & x_{1n} & \cdots \\
 & \swarrow & \swarrow & \swarrow & & \\
x_{21} & x_{22} & x_{23} & \cdots & x_{2n} & \cdots \\
 & \swarrow & \swarrow & \swarrow & & \\
x_{31} & x_{32} & x_{33} & \cdots & x_{3n} & \cdots \\
 & \swarrow & \swarrow & \swarrow & & \\
\vdots & \vdots & \vdots & \cdots & \vdots & \cdots
\end{array}
$$

按照上述排列规律，$x_{11}, x_{12}, x_{21}, x_{13}, x_{22}, x_{31}, x_{14}, \cdots$，可以将集合 $\bigcup\limits_{n=1}^{\infty} A_n$ 的全体元素排序，因此，该集合是可列集.

当然，还有其他的方式可将集合中的所有元素进行排序. 证毕.

定理 1.1.2　有理数集 $\mathbb{Q}$ 是可列集.

证　因为 $(-\infty, +\infty) = \bigcup\limits_{n \in \mathbb{Z}} (n, n+1]$，且 $(n, n+1]$ 与 $(0, 1]$ 内有理数一样多，仅需证明 $(0, 1]$ 中的有理数是可列个即可.

设既约分数 $\dfrac{q}{p} \in (0, 1]$，其中 $p \in \mathbb{N}^+, q \in \mathbb{N}^+, q \leqslant p$ 且互质. 则

$p = 1$ 时，$x_{11} = 1$;

$p = 2$ 时，$x_{21} = \dfrac{1}{2}$;

$p = 3$ 时，$x_{31} = \dfrac{1}{3}, x_{32} = \dfrac{2}{3}$;

$p = 4$ 时，$x_{41} = \dfrac{1}{4}, x_{42} = \dfrac{3}{4}$; $\cdots$

一般地，$p = n$ 时，既约分数不超过 $n - 1$ 个，记为

$$
x_{n1}, x_{n2}, \cdots, x_{nk_n}
$$

其中 $k_n \leqslant n - 1$. 于是，$(0, 1]$ 之间的全体有理数为

$$
x_{11}, x_{21}, x_{31}, x_{32}, x_{41}, x_{42}, \cdots, x_{n1}, x_{nk_n}, \cdots \quad \text{证毕.}
$$

1.1.4　Descartes 乘积集合（笛卡尔）

设集合 A, B，则 A 与 B 的 Descartes 乘积记为 $A \times B$，定义为

$$
A \times B = \{(x, y) | x \in A \text{且} y \in B\}
$$

例如：$A = \{a, b\}, B = \{1, 2, 3\}$，则

$$
\begin{aligned}
A \times B &= \{(x, y) | x \in A \text{且} y \in B\} \\
&= \{(a, 1), (b, 1), (a, 2), (b, 2), (a, 3), (b, 3)\}
\end{aligned}
$$

例如：$\mathbb{R}^2 = \mathbb{R} \times \mathbb{R}$ 为平面 Descartes 直角坐标系下用坐标表示点集合；
$\mathbb{R}^3 = \mathbb{R} \times \mathbb{R} \times \mathbb{R} = \mathbb{R}^2 \times \mathbb{R}^1 = \mathbb{R}^1 \times \mathbb{R}^2$ 为空间 Descartes 直角坐标系下用坐标表示点集合.

例 1.1.3　设 $A = [a,b], B = [c,d], C = [e,f]$，则
$$A \times B = \{(x,y) \mid a \leqslant x \leqslant b, c \leqslant y \leqslant d, \text{且} x, y \in \mathbb{R}\}$$

表示 xOy 平面闭矩阵见图 1.2(a)；
$$A \times B \times C = \{(x,y,z) \mid a \leqslant x \leqslant b, c \leqslant y \leqslant d, e \leqslant z \leqslant f, \text{且} x, y, z \in \mathbb{R}\}$$

表示 $O\text{-}xyz$ 空间中的闭立方体，见图 1.2(b).

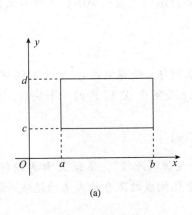
(a)

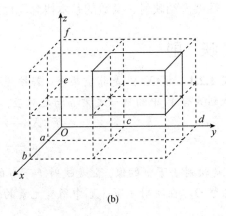
(b)

图 1.2

习题 1.1

1. 证明：任何无限集合必包含一个可列子集.

2. 指出下列表述中的错误：

    (1) $\{0\} = \varnothing$；

    (2) $a \subset \{a,b,c\}$；

    (3) $\{a,b\} \in \{a,b,c\}$；

    (4) $\{a,b,\{a,b\}\} = \{a,b\}$.

3. 用集合符号表示下列数集：

    (1) 满足 $\dfrac{x-3}{x+2} \leqslant 0$ 的实数全体；

    (2) 平面上第一象限的点的全体；

    (3) 大于 0 并且小于 1 的有理数的全体；

    (4) 方程 $\sin x \cos x = 0$ 的实数解的全体.

4. 举例说明集合运算不满足消去律：

    (1) $A \cup B = A \cup C \nRightarrow B = C$；

    (2) $A \cap B = A \cap C \nRightarrow B = C$.

    其中符号 "$\nRightarrow$" 表示左边的命题不能推出右边的命题.

5. 下述命题是否正确？不正确的话，请改正.

    (1) $x \in A \cap B \Leftrightarrow x \in A$ 并且 $x \in B$；

    (2) $x \in A \cup B \Leftrightarrow x \in A$ 或者 $x \in B$.

6. 用区间表示下列不等式的解：

    (1) $|1-x| - x \geqslant 0$；

(2) $\left|x + \dfrac{1}{x}\right| \leqslant 6$；

(3) $(x-a)(x-b)(x-c) > 0 (a, b, c$ 为常数，且 $a < b < c)$；

(4) $\sin x \geqslant \dfrac{\sqrt{2}}{2}$.

1.2 映射与函数

本节简要介绍映射、函数的基本概念与性质，复合函数，反三角函数，极坐标系等.

1.2.1 映射

定义 1.2.1 设 X, Y 是非空集合. 若按照某种法则 f，使得对集合 X 中的任何元素 x，都可以找到集合 Y 中的唯一元素 y 与之对应，则称 f 是集合 X 到 Y 的一个映射，记为

$$f : X \longrightarrow Y$$
$$x \longmapsto y = f(x)$$

其中，y 是映射 f 下 x 的像，x 是映射 f 下 y 的一个逆像（原像），集合 X 称为映射 f 的定义域，记为 D_f. 在映射 f 下，X 中所有元素的像的全体构成的集合称为 f 的值域，记为 R_f，即

$$R_f = \{y | y \in Y 且 y = f(x), x \in D_f\}$$

例 1.2.1 设 X 为平面三角形全体，Y 是平面上圆的全体，由于每个三角形都有唯一确定的外接圆，定义规则

$$f : X \longrightarrow Y$$
$$x \longmapsto y, \quad (x \text{ 为三角形}, y \text{ 是 } x \text{ 的外接圆})$$

则 f 是一个映射，且 $D_f = X, R_f = Y$.

例 1.2.2 设 $X = \{红，绿，蓝\}, Y = \mathbb{Z}$.

规定对应法则 $f : X \longrightarrow Y$，其中 $f(红) = 1, f(绿) = -1, f(蓝) = 0$，则 f 是一个映射，且 $D_f = X, R_f = \{1, -1, 0\} \subset Y = \mathbb{Z}$.

1. 构成映射的三要素

① $D_f = X$；

② $R_f \subset Y$；

③ 对应法则 f，使 $\forall x \in X$，有唯一的 $y = f(x)$ 与之对应.

注 1.2.1 映射下元素的像是唯一的.

例 1.2.3 设 $X = \mathbb{R}^+, Y = \mathbb{R}$，规定对应法则 f 如下：$\forall x \in \mathbb{R}^+$，其像 $y \in \mathbb{R}$ 满足 $y^2 = x$，则 f 不是一个映射（因为像不唯一）.

若进一步修改值域，可以构成映射：$Y = \mathbb{R}^- = \{y | -y \in \mathbb{R}^+\}$，则

$$f : X \longrightarrow Y, \quad (\mathbb{R}^+ \longrightarrow \mathbb{R}^-)$$
$$x \longmapsto y, \quad (y^2 = x)$$

是一个映射.

注 1.2.2　映射并不要求逆像唯一.

例 1.2.4　设 $X = Y = \mathbb{R}$，可知

$$f : X \longrightarrow Y$$
$$x \longmapsto y = x^2$$

是一个映射，但是 4 的原像为 ± 2.

定义 1.2.2　设 $f : X \longrightarrow Y$ 是一个映射.

若 f 的逆像是唯一的，即 $\forall x_1 \neq x_2$ 都有 $y_1 \neq y_2 (y_1 = f(x_1), y_2 = f(x_2))$，则称映射 f 是单射. 若 $R_f = Y$，则称 f 是满射. 若 f 既是单射又是满射，则称 f 是双射（1-1 对应）.

例如：例 1.2.2、例 1.2.3 中映射是单射；例 1.2.1、例 1.2.3 中映射是满射；例 1.2.3 中映射是双射；例 1.2.4 中映射非单非满射.

2. 逆映射

设 $f : X \longrightarrow Y$ 是单射，即对 $\forall y \in R_f \subset Y$，都有唯一的原像 $x \in X (y = f(x))$，于是对应法则

$$g : R_f \longrightarrow X$$
$$y \longmapsto x, \quad (y = f(x))$$

构成了 $R_f \longrightarrow X$ 的一个映射，称为 f 的逆映射，记为 f^{-1}，其中 $D_{f^{-1}} = R_f, R_{f^{-1}} = X$.

显然，当 f^{-1} 存在时，$f^{-1} : R_f \longrightarrow X$ 是双射.

3. 复合映射

设

$$g : X \longrightarrow U_1$$
$$x \longmapsto u = g(x)$$
$$f : U_2 \longrightarrow Y$$
$$u \longmapsto y = f(u)$$

若 $R_g \subset U_2 = D_f$，则可构造对应

$$f \circ g : X \longrightarrow Y$$
$$x \longmapsto y = f(g(x))$$

是一个映射，称为 f 和 g 的复合映射.

例 1.2.5　设 $X = U_1 = U_2 = Y = R$，两映射为

$$g : X \longrightarrow U_1$$
$$x \longmapsto u = \sin x$$

和

$$f : U_2 \longrightarrow \mathbb{R}$$
$$u \longmapsto y = \frac{u}{1 + u^2}$$

那么 $R_g = [-1, 1] \subset D_f$，故有复合映射

$$f \circ g : X \longrightarrow Y$$

$$x \longmapsto y = \frac{\sin x}{1 + \sin^2 x}$$

例 1.2.6 设映射

$$g : \mathbb{R} \longrightarrow \mathbb{R}$$

$$x \longmapsto u = 1 - x^2$$

和

$$f : \mathbb{R}^+ \longrightarrow \mathbb{R}^+$$

$$u \longmapsto y = \sqrt{u}$$

那么 $R_g = (-\infty, 1] \not\subset D_f$，故不能直接复合. 但是，限制 g 的定义域 $D_g = [-1, 1]$，则有

$$\widetilde{g} : [-1, 1] \longrightarrow \mathbb{R}$$

$$x \longmapsto u = 1 - x^2$$

那么 $R_{\widetilde{g}} = [0, 1] \subset D_f$，可以构成复合映射

$$f \circ \widetilde{g} : [-1, 1] \longrightarrow \mathbb{R}$$

$$x \longmapsto y = \sqrt{1 - x^2}$$

注 1.2.3 复合映射有顺序，不能随意交换顺序.

注 1.2.4 如果映射 f 和逆映射 f^{-1} 都存在，则有复合映射恒等式：

$$f \circ f^{-1}(y) = y, \quad y \in R_f$$

$$f^{-1} \circ f(x) = x, \quad x \in D_f$$

例 1.2.7 映射 $y = \sin x : \left[-\frac{\pi}{2}, \frac{\pi}{2}\right] \longrightarrow [-1, 1]$ 是双射，其逆映射记为 $x = \arcsin y :$ $[-1, 1] \longrightarrow \left[-\frac{\pi}{2}, \frac{\pi}{2}\right]$，故有

$$\sin(\arcsin y) = y, \quad y \in [-1, 1]$$

$$\arcsin(\sin x) = x, \quad x \in \left[-\frac{\pi}{2}, \frac{\pi}{2}\right]$$

类似地，映射 $y = \cos x, y = \tan x$ 和 $y = \cot x$ 分别限制在 $[0, \pi], \left(-\frac{\pi}{2}, \frac{\pi}{2}\right)$ 和 $(0, \pi)$ 上也存在逆映射及其类似的性质.

1.2.2 一元实函数

若 $X \subset \mathbb{R}, Y \subset \mathbb{R}$，则映射

$$f : X \longrightarrow Y$$

$$x \longmapsto y = f(x)$$

称为一元实函数（函数）. 简记为

$$y = f(x), \quad x \in X$$

其中，x 为自变量，y 为因变量，$D_f = X$ 为定义域.

1.2.3　初等函数

中学阶段已经学过的函数中，有六类基本初等函数：

① $y = c$ (常数)；

② $y = x^{\alpha}(\alpha \in \mathbb{R})$；

③ $y = a^x(a > 0, a \neq 1)$；

④ $y = \log_a x(a > 0, a \neq 1)$；

⑤ 三角函数：$y = \sin x, \cos x, \tan x, \cot x, \sec x, \csc x$；

⑥ 反三角函数：$y = \arcsin x, \arccos x, \arctan x, \operatorname{arccot} x$.

由基本初等函数经过有限次四则运算、复合运算而成，并且可以用统一一个式子表达的函数，称为初等函数. 除非特别说明，一般地，函数定义域是自然定义域：函数有意义的自变量的最大取值范围.

以前遇到的函数中，大部分都是初等函数. 例如：$f(x) = \sqrt{1 - x^2}$ 的定义域为 $[-1, 1]$；$f(x) = \dfrac{1}{\sqrt[3]{x}}$ 的定义域为 $(-\infty, 0) \cup (0, +\infty)$；$f(x) = \ln(x - 1)$ 的定义域为 $(1, +\infty)$.

注 1.2.5　两个函数相同是指定义域相同且函数关系相同.

例如：$y = x + 1$ 与 $y = \dfrac{x^2 - 1}{x - 1}$ 不是同一个函数；$y = \ln \dfrac{1 + x}{1 - x}$ 与 $v = \ln \dfrac{1 + u}{1 - u}$ 是同一个函数.

1.2.4　函数的分段表示、隐式表示和参数表示

下面介绍函数的其他三种表示形式.

1.　函数的分段表示

设 A, B 为实数集合且 $A \cap B = \varnothing$，则

$$f(x) = \begin{cases} \varphi(x), & x \in A \\ \psi(x), & x \in B \end{cases}$$

是定义在 $A \cup B$ 上的函数，称为分段函数.

例如：绝对值函数

$$y = |x| = \begin{cases} x, & x \geqslant 0 \\ -x, & x < 0 \end{cases}$$

是一个分段函数. 此定义可以推广到多段分段函数.

例如：符号函数

$$y = \operatorname{sgn}(x) = \begin{cases} 1, & x > 0 \\ 0, & x = 0 \\ -1, & x < 0 \end{cases}$$

是一个分段函数. 此表示方式称为函数的分段表示，其定义域为 $\mathbb{R}$，值域为 $R_f = \{1, 0, -1\}$.

又例如：取整函数 $y = [x] = n, n \leqslant x < n + 1, n \in \mathbb{Z}$，也是一个分段函数，其定义域为 $D = (-\infty, +\infty)$，值域为 $R_f = \mathbb{Z}$.

2. 函数的隐式表示

通过 $F(x,y)=0$ 来确定 y 与 x 之间函数关系的方式，称为函数的隐式表示. 而 $y=f(x)$ 是函数的显式表示.

例 1.2.8 $x^2+y^2=R^2$ 反映 y 与 x 的关系，但是当 $x\in(-R,R)$ 时，有两个 $y=\pm\sqrt{R^2-x^2}$ 与之对应，故不是一个函数.

如果要求 $y\leqslant 0,y$ 就可以由上式唯一确定，构成了一个函数 $y=-\sqrt{R^2-x^2}$，故 $x^2+y^2=R^2$ 是 $y=-\sqrt{R^2-x^2}$ 的隐式表示.

3. 函数的参数表示

若 x 与 y 的函数关系，可以通过它们与第三个变量 t 的函数关系来确定，即

$$\begin{cases} x=\varphi(t), \\ y=\psi(t), \end{cases} \quad t\in[\alpha,\beta]$$

则称此方式为函数的参数表示.

例 1.2.9 摆线方程

$$\begin{cases} x=\theta-\sin\theta, \\ y=1-\cos\theta, \end{cases} \quad \theta\in[0,+\infty)$$

就是 x 与 y 函数关系的参数表示.

1.2.5 函数的简单特性

1. 有界性

设函数 $y=f(x),x\in D$. 若存在常数 m,M，使得对于 $\forall x\in D,m\leqslant f(x)\leqslant M$，则称 $f(x)$ 在 D 上有界. m 为 $f(x)$ 的一个下界，M 为 $f(x)$ 的一个上界.

易证，$m\leqslant f(x)\leqslant M,x\in D$ 当且仅当存在 $K>0$，使得 $|f(x)|\leqslant K,x\in D$.

注 1.2.6 函数的上界、下界不唯一.

若对于任意的 $M(m)$，总存在 $x_0\in D$，使得 $f(x_0)\geqslant M(f(x_0)\leqslant m)$，则称函数 $f(x)$ 在 D 上无上界（无下界）. 若函数 $f(x)$ 在 D 上无上界或者无下界，称为函数 $f(x)$ 在 D 上无界.

2. 单调性

设函数 $y=f(x),x\in D$，若对 $\forall x_1,x_2\in D$，当 $x_1<x_2$ 时，$f(x_1)\leqslant f(x_2)(f(x_1)<f(x_2))$，则称 $f(x)$ 在 D 上单调增加（严格单调增加），记作 $f\uparrow(f$ 严格 $\uparrow)$.

类似地可以定义函数的单调减少（严格单调减少）. 若对 $\forall x_1,x_2\in D$. 当 $x_1<x_2$ 时，$f(x_1)\geqslant f(x_2)(f(x_1)>f(x_2))$，则称 $f(x)$ 在 D 上单调减少（严格单调减少），记作 $f\downarrow(f$ 严格 $\downarrow)$.

3. 奇偶性

设函数 $y = f(x), x \in D$，且 D 关于原点对称. 若 $f(-x) = f(x), \forall x \in D$，则称 $f(x)$ 为偶函数；若 $f(-x) = -f(x), \forall x \in D$，则称 $f(x)$ 为奇函数. 偶函数图像关于 y 轴对称，奇函数的图像关于原点对称.

例如：$\sin x, \tan x, \operatorname{sgn} x$ 是奇函数；$\cos x, y = x^2 + 1$ 是偶函数.

4. 周期性

设函数 $y = f(x), x \in D$. 若 $\exists T > 0$，使得 $\forall x \in D$，有 $f(x + T) = f(x)$，则称 $f(x)$ 是周期函数. 称 T 为 $f(x)$ 的周期. 满足上述条件的最小的 T 称为 $f(x)$ 最小正周期. 一般地，函数的周期是指最小正周期.

注 1.2.7　周期函数未必有最小正周期.

例 1.2.10　Dirichlet 函数

$$D(x) = \begin{cases} 0, & x \in \mathbb{R} \setminus \mathbb{Q} \\ 1, & x \in \mathbb{Q} \end{cases}$$

易证，每个有理数均为其周期，故无最小正周期.

例 1.2.11　$f(x) = x - [x]$ 是周期函数，它以任何整数作为周期，所以它的周期为 1.

1.2.6　两个常用不等式

下面介绍两个常用不等式.

定理 1.2.1 (三角不等式)　$\forall a, b \in \mathbb{R}$，有

$$||a| - |b|| \leqslant |a + b| \leqslant |a| + |b|.$$

证　平方可证. 证毕.

注 1.2.8　几何意义：两边之和大于第三边，两边之差小于第三边.

定义 1.2.3　设 $a_i > 0, i = 1, 2, \cdots, n$，则称 $\dfrac{a_1 + a_2 + \cdots + a_n}{n}$ 为这 n 个数的算术平均；$\sqrt[n]{a_1 \cdots a_n}$ 为几何平均；$\dfrac{n}{\dfrac{1}{a_1} + \cdots + \dfrac{1}{a_n}}$ 为调和平均.

定理 1.2.2 (平均不等式)　$\forall a_i > 0, i = 1, 2, \cdots, n$，有

$$\frac{a_1 + a_2 + \cdots + a_n}{n} \geqslant \sqrt[n]{a_1 \cdots a_n} \geqslant \frac{n}{\dfrac{1}{a_1} + \cdots + \dfrac{1}{a_n}}$$

证　先证 $\dfrac{a_1 + a_2 + \cdots + a_n}{n} \geqslant \sqrt[n]{a_1 \cdots a_n}$.

因为

$$\frac{a_1 + a_2}{2} \geqslant \sqrt{a_1 a_2},$$

$$\frac{a_1 + a_2 + a_3 + a_4}{2^2} \geqslant \frac{1}{2}(\sqrt{a_1 a_2} + \sqrt{a_3 a_4}) \geqslant \sqrt[4]{a_1 a_2 a_3 a_4}$$

用数学归纳法易正，$n = 2^k$ 时，$\dfrac{a_1 + \cdots + a_{2^k}}{2^k} \geqslant \sqrt[2^k]{a_1 \cdots a_{2^k}}$.

当 $n \neq 2^k$ 时，不妨设 $2^{k-1} < n < 2^k$，取 $\overline{a} = \sqrt[n]{a_1 a_2 \cdots a_n}$，即 $a_1 a_2 \cdots a_n = \overline{a}^n$，

$$\frac{1}{2^k}(a_1 + a_2 + \cdots + a_n + (2^k - n)\overline{a}) \geqslant (a_1 \cdots a_n \cdot \overline{a}^{2^k - n})^{\frac{1}{2^k}} = \overline{a},$$

所以 $a_1 + a_2 + \cdots + a_n + (2^k - n)\overline{a} \geqslant 2^k \overline{a}$，因此 $\dfrac{a_1 + a_2 + \cdots + a_n}{n} \geqslant \overline{a} = \sqrt[n]{a_1 \cdots a_n}$.

不等式的后半部分，只需将上文中 $a_1, \cdots, a_n$ 分别替换为 $\dfrac{1}{a_1}, \cdots, \dfrac{1}{a_n}$，即可得结论. 证毕.

1.2.7 反三角函数

1. 反正弦函数

正弦函数 $y = \sin x$ 是定义在 $D_f = (-\infty, +\infty)$ 上的函数，其值域为 $R_f = [-1, 1]$. 此函数不存在反函数（逆映射），因为 R_f 中每一个函数值在 D_f 中可以有无数多个自变量的值与之对应.

若将自变量的取值范围限制在区间 $\left[-\dfrac{\pi}{2}, \dfrac{\pi}{2}\right]$ 上，则 $y = \sin x$ 是定义在 $\left[-\dfrac{\pi}{2}, \dfrac{\pi}{2}\right]$ 上的严格单调增加的函数，故 $y = \sin x$ 在 $\left[-\dfrac{\pi}{2}, \dfrac{\pi}{2}\right]$ 上是单射，又是满射，即双射. 因此，必存在逆映射（反函数），记为 $x = \arcsin y, y \in [-1, 1]$，其值域为 $\left[-\dfrac{\pi}{2}, \dfrac{\pi}{2}\right]$. 一般地，习惯上用 x 表示自变量，y 表示因变量，所以，反正弦函数记为 $y = \arcsin x$，其定义域为 $[-1, 1]$，值域为 $\left[-\dfrac{\pi}{2}, \dfrac{\pi}{2}\right]$. 正弦函数 $y = \sin x$ 与反正弦函数 $y = \arcsin x$ 的图像分别如图 1.3(a) 和 (b) 所示.

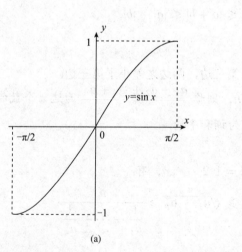
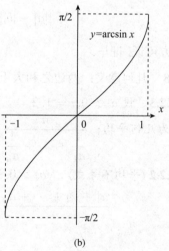

(a)   (b)

图 1.3

由定义知，下列两个恒等式成立：

$$\sin(\arcsin x) = x, \quad x \in [-1, 1]$$

$$\arcsin(\sin x) = x, \quad x \in \left[-\frac{\pi}{2}, \frac{\pi}{2}\right]$$

2. 反余弦函数

余弦函数 $y = \cos x$ 是定义在 $D_f = (-\infty, +\infty)$ 上的函数, 其值域为 $R_f = [-1, 1]$. 此函数也不存在反函数 (逆映射), 因为 R_f 中每一个函数值在 D_f 中可以有无数多个自变量的值与之对应.

但是若将自变量的取值范围限制在区间 $[0, \pi]$ 上, 则 $y = \cos x$ 是定义在 $[0, \pi]$ 上的严格单调减小的函数, 故 $y = \cos x$ 在 $[0, \pi]$ 上是双射. 因此, 必存在逆映射 (反函数), 记为 $x = \arccos y, y \in [-1, 1]$, 其值域为 $[0, \pi]$. 习惯上, 反余弦函数记为 $y = \arccos x$, 其定义域为 $[-1, 1]$, 值域为 $[0, \pi]$. 余弦函数 $y = \cos x$ 与反余弦函数 $y = \arccos x$ 的图像分别如图 1.4(a)、(b) 所示.

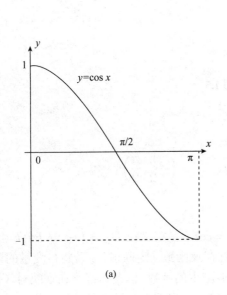

(a)

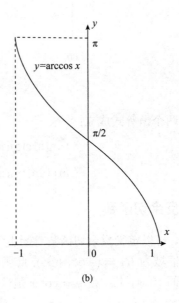

(b)

图 1.4

显然两个恒等式成立:

$$\cos(\arccos x) = x, \quad x \in [-1, 1]$$
$$\arccos(\cos x) = x, \quad x \in [0, \pi]$$

3. 反正切函数

类似地, 正切函数 $y = \tan x$ 是定义在 $D_f = \{x \mid x \neq k\pi + \dfrac{\pi}{2}, k \in \mathbb{Z}\}$ 上的函数, 其值域为 $R_f = (-\infty, +\infty)$. 此函数不存在反函数 (逆映射), 因为 R_f 中每一个函数值在 D_f 中可以有无数多个自变量的值与之对应.

若将自变量的取值范围限制在区间 $\left(-\dfrac{\pi}{2}, \dfrac{\pi}{2}\right)$ 上, 则 $y = \tan x$ 是严格单调增加的函数, 故 $y = \tan x$ 在 $\left(-\dfrac{\pi}{2}, \dfrac{\pi}{2}\right)$ 上是双射. 因此, 必存在逆映射 (反函数), 记为 $x = \arctan y, y \in (-\infty, +\infty)$, 其值域为 $\left(-\dfrac{\pi}{2}, \dfrac{\pi}{2}\right)$. 习惯上, 反正切函数记为 $y = \arctan x$, 其定义域为 $(-\infty, +\infty)$, 值域为 $\left(-\dfrac{\pi}{2}, \dfrac{\pi}{2}\right)$. 正切函数 $y = \tan x$ 与反正且函数 $y = \arctan x$ 的图像分别如图 1.5(a)、(b) 所示.

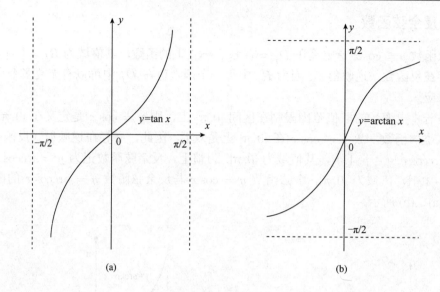

图 1.5

下列两个恒等式成立：

$$\tan(\arctan x) = x, \quad x \in (-\infty, +\infty)$$
$$\arctan(\tan x) = x, \quad x \in \left(-\frac{\pi}{2}, \frac{\pi}{2}\right)$$

4. 反余切函数

同理，可以定义反余切函数. 余切函数 $y = \cot x$ 是定义在 $D_f = \{x | x \neq k\pi, k \in \mathbb{Z}\}$ 上的函数，其值域为 $R_f = (-\infty, +\infty)$. 此函数不存在反函数（逆映射）. 若将自变量的取值范围限制在区间 $(0, \pi)$ 上，则 $y = \cot x$ 是严格单调减少的函数. 因此，必存在逆映射（反函数），记为 $x = \operatorname{arccot} y, y \in (-\infty, +\infty)$，其值域为 $(0, \pi)$. 习惯上，反余切函数记为 $y = \operatorname{arccot} x$，其定义域为 $(-\infty, +\infty)$，值域为 $(0, \pi)$. 余切函数 $y = \cot x$ 与反余切函数 $y = \operatorname{arccot} x$ 的图像分别如图 1.6(a) 和 (b) 所示.

下列两个恒等式成立：

$$\cot(\operatorname{arccot} x) = x, \quad x \in (-\infty, +\infty)$$
$$\operatorname{arccot}(\cot x) = x, \quad x \in (0, \pi)$$

1.2.8   极坐标系

在中学阶段，就已经知道平面直角坐标系和极坐标系的基本概念. 现在简要回顾这些基本内容.

平面上两个在原点处相互垂直的坐标轴构成了平面直角坐标系，其中水平放置的坐标轴称为 x 轴，而垂直放置的坐标轴为 y 轴，两个坐标轴的交点称为坐标系的原点，记为 O. 建立了平面直角坐标系 xOy 之后，平面就被划分为四个象限，即 I, II, III 和 IV 象限，两个坐标轴，即 x 轴和 y 轴. 如图 1.7 所示，平面上任一点 P 分别向 x 轴和 y 轴作垂线，M 和 N 分别为在 x 轴和 y 轴上的垂足，所对应的实数分别为 x 和 y. 这样，P 就有唯一的二元有序数组 (x, y) 与之对应.

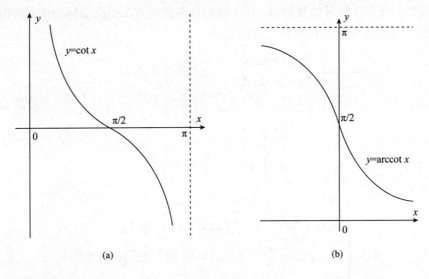

图 1.6

　　反过来，对于任意给定的二元有序数组 (x,y)，在 x 轴和 y 轴上分别找到对应实数 x 和 y 的两点 M 和 N，然后过 M 和 N 分别作 x 轴和 y 轴的垂线，相交于唯一的点 P. 于是，平面上的点 P 与二元有序数组 (x,y) 之间构成了一一对应关系. 此时称二元有序数组 (x,y) 为平面上点 P 的平面直角坐标，x 和 y 分别为 P 的横坐标和纵坐标. 因此，平面上的点和坐标构成了形与数组的一一对应，见图 1.7.

　　平面极坐标系是平面坐标系的一种，极坐标系在平面内由极点和极轴组成. 在平面上取一定点 O，称为极点，由 O 出发的一条射线 Ox，称为极轴. 对于平面上任意一点 P，用 r 表示线段 OP 的长度，有向线段 OP 称为点 P 的极径或矢径，从 Ox 到 OP 的角度 $\theta \in [0, 2\pi)$，称为点 P 的极角或辐角，有序数对 (r, θ) 称为点 P 的极坐标. 极点的极径为零，极角不定. 除极点外，点和它的极坐标成一一对应，见图 1.8.

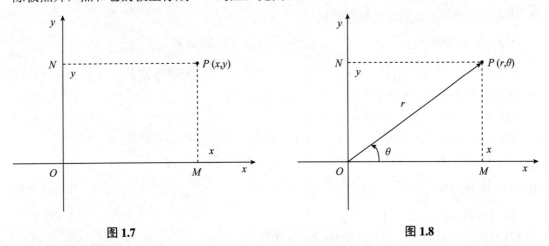

图 1.7　　　　　　　　　　　　　　　　图 1.8

如果取平面直角坐标系的原点 O，作为极坐标系的极点，而取 x 轴的正半轴为极轴，那么就有 P 的平面直角坐标和极坐标之间的关系：

$$\begin{cases} x = r\cos\theta, \\ y = r\sin\theta, \end{cases} \quad r \geqslant 0, 0 \leqslant \theta < 2\pi$$

或者

$$\begin{cases} r = \sqrt{x^2 + y^2} \\ \tan\theta = \dfrac{y}{x} \end{cases}$$

其中，

$$\theta = \begin{cases} \arctan\dfrac{y}{x}, & (x,y) \in \text{I（第一象限）} \\ \pi + \arctan\dfrac{y}{x}, & (x,y) \in \text{II, III（第二、三象限）} \\ 2\pi + \arctan\dfrac{y}{x}, & (x,y) \in \text{IV（第四象限）} \end{cases}$$

在正负 x 轴上的点的极角分别定义为 0 和 π，在正负 y 轴上的点的极角分别定义为 $\dfrac{\pi}{2}$ 和 $\dfrac{3\pi}{2}$.

习题 1.2

1. 设 $S = \{\alpha, \beta, \gamma\}$，$T = \{a, b, c\}$，问有多少种可能的映射 $f: S \to T$？其中哪些是双射？
2. (1) 建立区间 $[a,b]$ 与 $[0,1]$ 之间的一一映射；
   (2) 建立区间 $(0,1)$ 与 $(-\infty, +\infty)$ 之间的一一映射.
3. 指出下列函数是由哪些基本初等函数复合而成的：
   (1) $y = \arcsin\dfrac{1}{\sqrt{x^2+1}}$；
   (2) $y = \dfrac{1}{3}\log_a^3(x^2-1)$.
4. 确定下列初等函数的定义域与值域：
   (1) $y = \sin(\sin x)$；
   (2) $y = \lg(\lg x)$；
   (3) $y = \arcsin\left(\lg\dfrac{x}{10}\right)$；
   (4) $y = \lg\left(\arcsin\dfrac{x}{10}\right)$.
5. 问下列函数 f 和 g 是否相同？
   (1) $f(x) = \log_a x^2$，$\quad g(x) = 2\log x$；
   (2) $f(x) = \sec^2 x - \tan^2 x$，$\quad g(x) = 1$；
   (3) $f(x) = \sin^2 x + \cos^2 x$，$\quad g(x) = 1$.
6. 设函数 $f(x) = \begin{cases} 2+x, & x \leqslant 0 \\ 2^x, & x > 0 \end{cases}$
   求：(1) $f(-3), f(0), f(1)$；
   (2) $f(\Delta x) - f(0), f(-\Delta x) - f(0)(\Delta x > 0)$.
7. 设函数 $f(x) = \dfrac{1}{1+x}$，求 $f(2+x), f(2x), f(f(x)), f\left(\dfrac{1}{f(x)}\right)$.
8. 证明关于函数 $y = [x]$ 的如下不等式：
   (1) 当 $x > 0$ 时，$1 - x < x\left[\dfrac{1}{x}\right] \leqslant 1$；

(2) 当 $x < 0$ 时，$1 \leqslant x\left[\dfrac{1}{x}\right] < 1 - x.$

9. (1) 叙述无界函数的定义；

(2) 证明 $f(x) = \dfrac{1}{x^2}$ 为 $(0,1)$ 上的无界函数；

(3) 举出函数 f 的例子，使 f 为闭区间 $[0,1]$ 上的无界函数.

10. 证明下列函数在指定区间上的单调性：

(1) $y = 3x - 1$ 在 $(-\infty, +\infty)$ 上严格递增；

(2) $y = \sin x$ 在 $\left[-\dfrac{\pi}{2}, \dfrac{\pi}{2}\right]$ 上严格递增；

(3) $y = \cos x$ 在 $[0, \pi]$ 上严格递减.

11. 判断下列函数的奇偶性：

(1) $f(x) = \dfrac{1}{2}x^4 + x^2 - 1;$ 　　　　(2) $f(x) = x + \sin x;$

(3) $f(x) = x^2 \mathrm{e}^{-x^2};$ 　　　　(4) $f(x) = \lg(x + \sqrt{1 + x^2}).$

12. 求下列函数的周期：

(1) $\cos^2 x;$ 　　　　(2) $\tan 3x;$ 　　　　(3) $\cos \dfrac{x}{2} + 2\sin \dfrac{x}{3}.$

13. 设函数 f 定义在 $[-a, a]$ 上，证明：

(1) $F(x) = f(x) + f(-x), x \in [-a, a]$ 为偶函数；

(2) $G(x) = f(x) - f(-x), x \in [-a, a]$ 为奇函数；

(3) f 可以表示为某个奇函数与某个偶函数之和.

14. 证明：$\tan x$ 在 $\left(-\dfrac{\pi}{2}, \dfrac{\pi}{2}\right)$ 上无界，而在任何闭区间 $[a, b] \subset \left(-\dfrac{\pi}{2}, \dfrac{\pi}{2}\right)$ 上有界.

15. 在什么条件下，函数 $y = \dfrac{ax + b}{cx + d}$ 的反函数就是它本身？

16. 试求定义在 $[0,1]$ 上的函数，它是 $[0,1]$ 与 $[0,1]$ 之间的一一对应，但在 $[0,1]$ 的任意子区间上都不是单调函数.

第 2 章　数列的极限

2.1　实数系的连续性

2.1.1　实数系

1. 数系的扩充

回顾中学数学课程中学过的数系，它们为分别由自然数、整数、有理数和实数组成的自然数系（集）$\mathbb{N}$、整数系（集）$\mathbb{Z}$、有理数系（集）$\mathbb{Q}$ 和实数系（集）$\mathbb{R}$.

$\mathbb{N} = \{0, 1, 2, 3, \cdots\}$，对加法、乘法封闭，对减法不封闭.

$\mathbb{Z} = \{0, \pm 1, \pm 2, \cdots\}$，对加法、减法、乘法封闭，对除法（除数不为 0）不封闭.

$\mathbb{Q} = \left\{ x \mid x = \dfrac{q}{p}, p \in \mathbb{N}^+, q \in \mathbb{N} \right\}$，对加法、减法、乘法、除法（除数不为 0）封闭.

实数由有理数与无理数两部分组成. 有理数可表示为分数形式 $\dfrac{q}{p}$，其中 p, q 为整数，$p \neq 0$，也可用有限十进小数或无限十进循环小数来表示；而无限十进不循环小数则称为无理数. 有理数和无理数统称为实数. 全体实数组成实数系（集）$\mathbb{R}$.

为了讨论方便，把有限小数（包括整数）也表示为无限小数. 规定：对于正有限小数（包括正整数）x，当 $x = a_0.a_1 a_2 \cdots a_n$ 时，其中 $0 \leqslant a_i \leqslant 9, i = 1, 2, \cdots, n, a_n \neq 0, a_0$ 为非负整数，记

$$x = a_0.a_1 a_2 \cdots (a_n - 1) 9999 \cdots$$

而当 $x = a_0$ 为正整数时，则记

$$x = (a_0 - 1).9999 \cdots$$

例如 2.001 记为 $2.0009999 \cdots$；对于负有限小数（包括负整数）y，则先将 $-y$ 表示为无限小数，再在所得无限小数之前加负号，例如 -8 记为 $-7.9999 \cdots$；又规定数 0 表示为 $0.0000 \cdots$. 于是，任何实数都可用一个确定的无限小数来表示.

我们已经熟知比较两个有理数大小的方法，现定义两个实数的大小关系.

定义 2.1.1　给定两个非负实数，

$$x = a_0.a_1 a_2 \cdots a_n \cdots, \quad y = b_0.b_1 b_2 \cdots b_n \cdots$$

其中 a_0, b_0 为非负整数，$a_k, b_k (k = 1, 2, \cdots)$ 为整数，$0 \leqslant a_k \leqslant 9, 0 \leqslant b_k \leqslant 9$. 若有

$$a_k = b_k, k = 0, 1, 2, \cdots,$$

则称 x 与 y 相等，记为 $x = y$；若 $a_0 > b_0$ 或存在非负整数 l，使得

$$a_k = b_k (k = 0, 1, 2, \cdots, l) \text{而} a_{l+1} > b_{l+1}$$

则称 x 大于 y 或 y 小于 x，分别记为 $x > y$ 或 $y < x$.

对于负实数 x,y，若按上述规定分别有 $-x = -y$ 与 $-x > -y$，则分别称 $x = y$ 与 $x < y$（或 $y > x$）. 另外，自然规定任何非负实数大于任何负实数.

以下给出通过有限小数来比较两个实数大小的等价条件. 为此，先给出如下定义.

定义 2.1.2 设 $x = a_0.a_1a_2 \cdots a_n \cdots$ 为非负实数. 称有理数

$$x_n = a_0.a_1a_2 \cdots a_n$$

为实数 x 的 n 位不足近似，而有理数

$$\overline{x_n} = x_n + \frac{1}{10^n}$$

称为 x 的 n 位过剩近似，$n = 0, 1, 2, \cdots$

对于负实数 $x = -a_0.a_1a_2 \cdots a_n \cdots$，其 n 位不足近似与过剩近似分别规定为

$$x_n = -a_0.a_1a_2 \cdots a_n - \frac{1}{10^n} \text{与} \overline{x_n} = -a_0.a_1a_2 \cdots a_n$$

注 2.1.1 不难看出，实数 x 的不足近似 x_n 当 n 增大时不减，即有 $x_0 \leqslant x_1 \leqslant x_2 \leqslant \cdots$；而过剩近似 $\overline{x_n}$ 当 n 增大时不增，即有 $\overline{x_0} \geqslant \overline{x_1} \geqslant \overline{x_2} \geqslant \cdots$.

注 2.1.2 设 $x = a_0.a_1a_2 \cdots$ 与 $y = b_0.b_1b_2 \cdots$，为两个实数，则 $x > y$ 的等价条件是：存在非负整数 n，使得

$$x_n > \overline{y_n}$$

其中，x_n 表示 x 的 n 位不足近似，$\overline{y_n}$ 表示 y 的 n 位过剩近似.

例 2.1.1 设 x, y 为实数，$x < y$. 证明：存在有理数 r 满足

$$x < r < y$$

证 由于 $x < y$，故存在非负整数 n，使得 $\overline{x_n} < y_n$. 令

$$r = \frac{1}{2}(\overline{x_n} + y_n)$$

则 r 为有理数，且有

$$x \leqslant \overline{x_n} < r < y_n \leqslant y$$

即得 $x < r < y$. 证毕.

我们不加证明地给出实数如下主要性质：

(1) 实数集 $\mathbb{R}$ 对加、减、乘、除（除数不为 0）四则运算是封闭的，即任意两个实数的和、差、积、商（除数不为 0）仍然是实数.

(2) 实数集是有序的，即任意两实数 a, b 必满足下述三个关系之一：$a < b, a = b, a > b$.

(3) 实数的大小关系具有传递性，即若 $a > b, b > c$, 则有 $a > c$.

(4) 实数具有阿基米德（Archimedes）性，即对任何 $a, b \in \mathbb{R}$，若 $b > a > 0$，则存在正整数 n，使得 $na > b$.

(5) 实数集 $\mathbb{R}$ 具有稠密性，即任何两个不相等的实数之间必有另一个实数，且既有有理数（见例 2.1.1），也有无理数.

（6）如果在一直线（通常画成水平直线）上确定一点 O 作为原点，指定一个方向为正向（通常把指向右方的方向规定为正向），并规定一个单位长度，则称此直线为数轴. 任一实数都对应数轴上唯一的一点；反之，数轴上的每一点也都唯一地代表一个实数. 于是，实数集 $\mathbb{R}$ 与数轴上的点有着一一对应关系. 在本书以后的叙述中，常把"实数 a"与"数轴上的点 a"这两种说法看作具有相同的含义.

例 2.1.2 设 $a,b\in\mathbb{R}$. 证明：若对任何整数 ε 有 $a<b+\varepsilon$，则 $a\leqslant b$.

证 用反证法. 倘若结论不成立，则根据实数集的有序性，有 $a>b$. 令 $\varepsilon=a-b$，则 ε 为正数且 $a=b+\varepsilon$，但这与假设 $a<b+\varepsilon$ 相矛盾. 从而必有 $a\leqslant b$. 证毕.

2.1.2 最大数、最小数

定义 2.1.3 设 S 是一个数集. 若 $\exists\xi\in S$，使得 $\forall x\in S$ 有 $x\leqslant\xi$，则称 ξ 是 S 的最大数，记为 $\xi=\max S$；若 $\exists\eta\in S$，使得 $\forall x\in S$ 有 $x\geqslant\eta$，则称 η 是 S 的最小数，记为 $\eta=\min S$.

注 2.1.3 数集 S 是有限集时，$\max S,\min S$ 必存在；数集 S 为无限集时，$\max S,\min S$ 未必存在.

例如：$S=(-\infty,0]$ 中有 $\max S=0$，无 $\min S$；$T=[-1,1]$ 中有 $\max T=1,\min T=-1$.

例 2.1.3 证明：$S=(0,1)$ 中既无最大数，也无最小数.

证 若 $\max S=\beta$，则 $\beta\in S,0<\beta<1$，而 $0<\dfrac{1+\beta}{2}<1$，所以 $\dfrac{1+\beta}{2}\in S$ 且 $\dfrac{1+\beta}{2}>\beta$，与 $\beta=\max S$ 矛盾. 证毕.

2.1.3 上确界、下确界

定义 2.1.4 设 S 是非空数集. 若 $\exists M\in\mathbb{R}$，使得 $\forall x\in S$，有 $x\leqslant M$，称 M 为 S 的一个上界；若 $\exists m\in\mathbb{R}$，使得 $\forall x\in S$，有 $x\geqslant m$，称 m 为 S 的一个下界. 当 S 既有上界又有下界时，称 S 为有界集.

易证，S 为有界集 $\Leftrightarrow\exists K>0$，使得对 $\forall x\in S$，有 $|x|\leqslant K$.

若 S 有上界，记 U 是 S 的上界的全体，则 U 中无最大数. 事实上，若 M 是最大数，$M\in U$，则 $M+1$ 也是上界，$M+1\in U$，矛盾. 下面会证明 U 中必有最小数.

定义 2.1.5 设 U 中的最小数为 β，称 β 为 S 的上确界（最小的上界），记 $\beta=\sup S$.

显然，上确界 β 满足：

(1) β 是 S 的上界：$\forall x\in S$，有 $x\leqslant\beta$；

(2) 任何小于 β 的数都不是 S 的上界：$\forall\varepsilon>0,\exists x\in S$，使得 $x>\beta-\varepsilon$.

同样，若 S 有下界，记 L 是 S 的下界的全体，则 L 中无最小数.

下面会证明：L 中必有最大数. 记 L 中的最大数为 α，则称 α 为 S 的下确界（最大的下界）.

类似地，α 满足：

(1) α 是 S 的下界：$\forall x\in S$，有 $x\geqslant\alpha$；

(2) 任何大于 α 的数都不是 S 的下界：$\forall\varepsilon>0,\exists x\in S$，使得 $x<\alpha+\varepsilon$.

定理 2.1.1 (确界存在定理——实数系连续性定理)　非空有上界的数集必有上确界；非空有下界的数集必有下确界.

我们仅证明关于上确界的结论, 关于下确界的证明类似.

证　$\forall x \in \mathbb{R}, x = [x] + (x)$, 其中 $[x]$ 为 x 的整数部分, (x) 为 x 的非负小数部分.

将 (x) 表示成无限小数的形式:

$$(x) = 0.a_1 a_2 a_3 \cdots a_n \cdots$$

其中 $a_1, a_2, a_3, \cdots, a_n, \cdots$ 都取值于 $0, 1, 2, \cdots, 9$.

于是任何一个实数集 S 可用无限小数集表示:

$$S = \{a_0 + 0.a_1 a_2 a_3 \cdots a_n \cdots | a_0 = [x], 0.a_1 a_2 a_3 \cdots a_n \cdots = (x), x \in S\}$$

设 S 有上界, 则可设 S 中元素的整数部分的最大者为 α_0 (否则 S 无上界), 记 $S_0 = \{x | x \in S \text{且} [x] = \alpha_0\}$, 显然, $S_0 \neq \varnothing$ 且 $\forall x \in S$, 只要 $x \notin S_0$, 则有 $x < \alpha_0$.

再考察 S_0 中元素的第一位小数的数字, 其最大者为 α_1, 记 $S_1 = \{x | x \in S_0 \text{且第一位小数为} \alpha_1\}$, 显然, $S_1 \neq \varnothing$ 且 $\forall x \in S$, 只要 $x \notin S_1$, 则有 $x < \alpha_0 + 0.\alpha_1$.

一般地, 考虑 S_{n-1} 中的元素的无限小数表示中第 n 位小数的数字, 其中最大者为 α_n, 记 $S_n = \{x | x \in S_{n-1} \text{且第} n \text{位小数数字为} \alpha_n\}$, 则 $S_n \neq \varnothing$ 且 $\forall x \in S$, 只要 $x \notin S_n$, 则有 $x < \alpha_0 + 0.\alpha_1 \alpha_2 \cdots \alpha_n$.

一直做下去有一系列非空集: $S \supset S_0 \supset S_1 \supset \cdots \supset S_n \supset \cdots$, 同样也有一系列的数: $\alpha_0, \alpha_1, \cdots, \alpha_n, \cdots$, 满足:

$$\alpha_0 \in \mathbb{Z}$$
$$\alpha_k \in \{0, 1, 2, \cdots, 9\}, \quad k \in \mathbb{N}^+$$

令 $\beta = \alpha_0 + 0.\alpha_1 \alpha_2 \cdots \alpha_n \cdots$, 下面证: β 是 S 的上确界.

(1) 设 $x \in S$, 则要么 $\exists n_0 \geqslant 0$, 使得 $x \notin S_{n_0}$, 要么 $\forall n \geqslant 0$, 有 $x \in S_n$.

若 $x \notin S_{n_0}$, 则有 $x < \alpha_0 + 0.\alpha_1 \alpha_2 \cdots \alpha_{n_0} \leqslant \beta$; 若 $x \in S_n (\forall n \in \mathbb{N})$, 则有 $x = \beta$. 于是 $\forall x \in S$ 有 $x \leqslant \beta$.

(2) $\forall \varepsilon > 0, \exists$ 自然数 n_0, 使得 $\dfrac{1}{10^{n_0}} < \varepsilon$.

取 $x_0 \in S_{n_0}$, 则 x_0 与 β 的整数部分及小数部分前 n_0 位相同, 所以 $\beta - n_0 \leqslant \dfrac{1}{10^{n_0}} < \varepsilon$, 即 $x_0 > \beta - \varepsilon$. 证毕.

定理 2.1.2　非空有界数集的上 (下) 确界是唯一的.

证　用反证法. 设 $\beta_1 < \beta_2$ 都是非空有上界数集 S 的两个上确界. 由 β_2 是上确界知 $\exists x_0 \in S$, 使得 $x_0 > \beta_1$, 这与 β_1 是上确界矛盾. 证毕.

注 2.1.4　确界原理对于有理数集合 $\mathbb{Q}$ 中的子集不成立.

例 2.1.4　设 $T = \{x | x \in \mathbb{Q} \text{且} x > 0, x^2 < 2\}$, 试证明: T 在 $\mathbb{Q}$ 上无上确界.

证　反证法: 设 T 在 $\mathbb{Q}$ 内有上确界, 记 $\sup T = \dfrac{n}{m} (m, n \in \mathbb{N}^+, m, n \text{互素})$.

显然, $1 < \left(\dfrac{n}{m}\right)^2 < 3$, 由于 $\left(\dfrac{n}{m}\right)^2 \neq 2$, 分 $1 < \left(\dfrac{n}{m}\right)^2 < 2$ 或 $2 < \left(\dfrac{n}{m}\right)^2 < 3$ 两种情形讨论.

(1) 若 $1 < \left(\dfrac{n}{m}\right)^2 < 2$，则 $2 - \left(\dfrac{n}{m}\right)^2 = t, 0 < t < 1$ 且为有理数. 寻求有理数 $r > 0$，使得 $\left(\dfrac{n}{m} + r\right)^2 < 2$，即 $-t + \dfrac{2nr}{m} + r^2 < 0$. 取 $r = \dfrac{n}{5m}t > 0$ 为有理数，则 $-t + \dfrac{2nr}{m} + r^2 = -t + \dfrac{2n^2}{5m^2}t + \dfrac{n^2}{25m^2}t^2 < -t + \dfrac{4}{5}t + \dfrac{2}{25}t^2 < 0$. 所以 $\dfrac{n}{m} + r \in T$. 这与 $\dfrac{n}{m} = \sup T$ 矛盾.

(2) 若 $2 < \left(\dfrac{n}{m}\right)^2 < 3$，则 $\left(\dfrac{n}{m}\right)^2 - 2 = t, 0 < t < 1$ 为有理数. 寻求有理数 r，使得 $\left(\dfrac{n}{m} - r\right)^2 > 2$，即 $t - \dfrac{2nr}{m} + r^2 > 0$. 取 $r = \dfrac{n}{6m}t$ 为有理数，则 $t - \dfrac{2nr}{m} + r^2 > t - \dfrac{2n^2}{6m^2}t > \dfrac{1}{3}t > 0$. 所以 $\dfrac{n}{m} - r$ 是 T 的上界. 这与 $\dfrac{n}{m} = \sup T$ 矛盾. 证毕.

习题 2.1

1. (1) 证明 $\sqrt{6}$ 不是有理数；
   (2) $\sqrt{3} + \sqrt{2}$ 是不是有理数？

2. 设 $a, b \in \mathbb{R}$. 证明：若对任何正数 ϵ 有 $|a - b| < \epsilon$，则 $a = b$.

3. 求下列数集的最大数、最小数，或证明它们不存在：
   $A = \{x | x \geqslant 0\}$；
   $B = \left\{\sin x \mid 0 < x < \dfrac{2\pi}{3}\right\}$；
   $C = \left\{\dfrac{n}{m} \mid m, n \in \mathbb{N}^+ 并且 n < m\right\}$.

4. A, B 是两个有界集，证明：
   (1) $A \cup B$ 是有界集；
   (2) $S = \{x + y | x \in A, y \in B\}$ 也是有界集.

5. 设数集 S 有上界，则数集 $T = \{x | -x \in S\}$ 有下界，且 $\sup S = -\inf T$.

6. 设 f 为定义在 D 上的有界函数，证明：
   (1) $\sup\limits_{x \in D}\{-f(x)\} \leqslant -\inf\limits_{x \in D} f(x)$；
   (2) $\inf\limits_{x \in D}\{-f(x)\} \leqslant -\sup\limits_{x \in D} f(x)$.

7. 求下列数集的上、下确界，并依定义加以验证：
   (1) $S = \{x | x^2 < 2\}$；　　　　　　　(2) $S = \{x | x = n!, x \in \mathbb{N}^+\}$；
   (3) $S = \{x | x 为 (0,1) 上的无理数\}$；　　(4) $S = \left\{x \mid x = 1 - \dfrac{1}{2^n}, n \in \mathbb{N}^+\right\}$.

8. 设 A, B 都是非空有界数集，定义数集
$$A + B = \{z | z = x + y, x \in A, y \in B\}$$
   证明：
   (1) $\sup(A + B) = \sup A + \sup B$；
   (2) $\inf(A + B) = \inf A + \inf B$.

9. 对于任何非空数集 S，必有 $\sup S \geqslant \inf S$. 当 $\sup S = \inf S$ 时，数集 S 有什么特点？

10. 设 $S = \{x | x \in \mathbb{Q} 并且 x^2 < 3\}$，证明：
    (1) S 没有最大数与最小数；

(2) S 在 $\mathbb{Q}$ 内没有上确界与下确界.

2.2　数列的极限

2.2.1　数列及数列的极限

1. 数　列

定义 2.2.1　按某种规律排列的一列数 $x_1, x_2, \cdots, x_n, \cdots$，称为数列，记为 $\{x_n\}$. 每个数称为数列的项，x_n 称为数列的通项.

数列也可以理解为定义在正整数集 $\mathbb{N}^+$ 上的函数，$x_n = f(n)$. 例如，

$$\left\{\frac{n}{n+1}\right\} : \frac{1}{2}, \frac{2}{3}, \cdots, \frac{n}{n+1}, \cdots;$$

$$\left\{\frac{1}{2^n}\right\} : \frac{1}{2}, \frac{1}{2^2}, \cdots, \frac{1}{2^n}, \cdots;$$

$$\{\sqrt{n}\} : 1, \sqrt{2}, \sqrt{3}, \cdots, \sqrt{n}, \cdots;$$

$$\{(-1)^n\} : -1, 1, -1, \cdots, (-1)^n, \cdots;$$

$$\{\sqrt{3}\} : \sqrt{3}, \sqrt{3}, \cdots, \sqrt{3}, \cdots.$$

可以看出，数列 $\left\{\dfrac{n}{n+1}\right\}$ 随 n 的增大，相应的项将无限接近于 1. 事实上，$\left|\dfrac{n}{n+1} - 1\right|$ 可以任意的小，只要 n 足够的大，如：

$$\left|\frac{n}{n+1} - 1\right| = \frac{1}{n+1} < \frac{1}{10}, \text{只要 } n > 10 \text{ 即可};$$

$$\left|\frac{n}{n+1} - 1\right| = \frac{1}{n+1} < \frac{1}{10^2}, \text{只要 } n > 10^2 \text{ 即可};$$

$$\left|\frac{n}{n+1} - 1\right| = \frac{1}{n+1} < \frac{1}{10^3}, \text{只要 } n > 10^3 \text{ 即可};$$

$$\cdots\cdots$$

$$\left|\frac{n}{n+1} - 1\right| = \frac{1}{n+1} < \varepsilon, \text{只要 } n > \frac{1}{\varepsilon}, \text{即 } n > \left[\frac{1}{\varepsilon}\right] + 1 \text{ 即可}.$$

下面给出数列极限的精确定义.

定义 2.2.2　设 $\{x_n\}$ 是数列，a 为实数. 如果对于任意给定 $\varepsilon > 0$，总可找到正整数 N，使得 $n > N$ 时，成立

$$|x_n - a| < \varepsilon$$

则称 $\{x_n\}$ 收敛于 a 或 $\{x_n\}$ 以 a 为极限，记为 $\lim\limits_{n \to \infty} x_n = a$ 或 $x_n \to a(n \to \infty)$.

若不存在常数 a，使得 $\{x_n\}$ 以 a 为极限，则称 $\{x_n\}$ 发散.

例如：$\lim\limits_{n \to \infty} \dfrac{n}{n+1} = 1$，而数列 $\{\sqrt{n}\}, \{(-1)^n\}$ 都是发散数列.

极限定义简记为：$\lim\limits_{n \to \infty} x_n = a \Leftrightarrow \forall \varepsilon > 0, \exists N, \forall n > N, |x_n - a| < \varepsilon$. 该定义也称为极限的 "$\varepsilon - N$" 定义.

注 2.2.1　极限的几何意义：当 $n > N$ 时，$|x_n - a| < \varepsilon$ 表示 N 项之后的所有项 $x_{N+1}, x_{N+2}, \cdots$ 都落入 a 的 ε 邻域，$U(a, \varepsilon) = \{x | a - \varepsilon < x < a + \varepsilon\}$ 之中.

注 2.2.2 ε 是任意给定的，N 一般与 ε 的选取有关 $(N = N(\varepsilon))$.

注 2.2.3 $\{x_n\}$ 的收敛性及极限与数列前有限项的取值无关（改变有限项不影响极限），例如：

$$10, 10^2, \cdots, 10^{10}, \frac{1}{11}, \frac{1}{12}, \cdots, \frac{1}{n}, \cdots$$

$$1, \frac{1}{2}, \cdots, \frac{1}{10}, \frac{1}{11}, \frac{1}{12}, \cdots, \frac{1}{n}, \cdots$$

两者极限是一样的.

例 2.2.1 证明：$\lim\limits_{n\to\infty} \dfrac{3n^2}{n^2 - 3} = 3$.

证 因为 $\left| \dfrac{3n^2}{n^2 - 3} - 3 \right| = \dfrac{9}{n^2 - 3} \leqslant \dfrac{9}{n} (n \geqslant 3)$，所以，$\forall \varepsilon > 0$，只要 $\dfrac{9}{n} < \varepsilon$ 且 $n > 3$，就有 $\left| \dfrac{3n^2}{n^2 - 3} - 3 \right| < \varepsilon$. 即 $n > \dfrac{9}{\varepsilon}$ 且 $n > 3$ 时，有 $\left| \dfrac{3n^2}{n^2 - 3} - 3 \right| < \varepsilon$. 于是取 $N = \max\left\{ 3, \left[\dfrac{9}{\varepsilon}\right] + 1 \right\}$，则当 $n > N$ 时，有 $\left| \dfrac{3n^2}{n^2 - 3} - 3 \right| < \varepsilon$. 证毕.

2. 无穷小量

定义 2.2.3 极限为 0 的数列为无穷小量.

例如：$\left\{ \dfrac{1}{n} \right\}, \left\{ \dfrac{(-1)^n}{\sqrt{n}} \right\}, \{0\}$ 是无穷小量.

无穷小量是一个变量而不是一个"非常小的量"，不是 0，而 0 是唯一作为无穷小量的常数. 显然，$\lim\limits_{n\to\infty} x_n = a \Leftrightarrow |x_n - a|$ 是无穷小量.

例 2.2.2 证明：$\lim\limits_{n\to\infty} q^n = 0$，其中 $|q| < 1$.

证 当 $q = 0$ 时，结论是显然的，因为 $|q^n - 0| = 0 < \varepsilon$ 对 $\forall n$ 都对.

设 $0 < |q| < 1$，记 $h = \dfrac{1}{|q|} - 1$，则 $h > 0$. $|q^n - 0| < \dfrac{1}{(1+h)^n} < \dfrac{1}{nh}$. 因为 $\forall \varepsilon > 0$，取 $N = \left[\dfrac{1}{\varepsilon h} \right]$，则当 $n > N$ 时，$|q^n - 0| < \dfrac{1}{nh} < \varepsilon$，所以 $\lim\limits_{n\to\infty} q^n = 0$.

特别地，当 $q = \dfrac{1}{2}$ 时，有 $\lim\limits_{n\to\infty} \dfrac{1}{2^n} = 0$. 证毕.

例 2.2.3 证明：$\lim\limits_{n\to\infty} \sqrt[n]{n} = 1$.

证 令 $\sqrt[n]{n} = 1 + x_n (n = 1, 2, 3, \cdots), x_n \geqslant 0$，则

$$n = (1 + x_n)^2 = 1 + nx_n + \frac{n(n-1)}{2} x_n^2 + \cdots > \frac{n(n-1)}{2} x_n^2$$

所以，$|\sqrt[n]{n} - 1| = |x_n| < \sqrt{\dfrac{2}{n-1}}$.

因此，对 $\forall \varepsilon > 0$，取 $N = \left[\dfrac{2}{\varepsilon^2} \right] + 1$，则当 $n > N$ 时，

$$|\sqrt[n]{n} - 1| = |x_n| < \sqrt{\frac{2}{n-1}} < \varepsilon$$

成立，所以 $\lim\limits_{n\to\infty} \sqrt[n]{n} = 1$. 证毕.

注 2.2.4　通过 $|x_n - a| < \varepsilon$ 解出 $n > N$. 或适当地放大 $|x_n - a|$, 再从放大的不等式中解 $n > N$.

注 2.2.5　对 $\forall \varepsilon > 0$, 只要找出定义中的 $N = N(\varepsilon)$ 即可, 不一定要找出最小的或最佳的.

注 2.2.6　定义中的 ε 可以换为 $\frac{\varepsilon}{2}, \varepsilon^2, 2\varepsilon, \sqrt{\varepsilon}, \cdots$; 定义中的 N 可以换为 $n \geqslant N$.

注 2.2.7　$\lim\limits_{n\to\infty} x_n = a \Leftrightarrow \forall \varepsilon > 0, 在 U(a,\varepsilon) 外, \{x_n\} 中的项至多有有限项.$

例 2.2.4　证明: $\{\sqrt{n}\}, \{(-1)^n\}$ 都发散.

证　$\forall a \in \mathbb{R}$, 取 $\varepsilon_0 = 1, \{\sqrt{n}\}$ 中满足 $\sqrt{n} > a + 1$ 的有无穷项, 即在 $U(a, \varepsilon_0)$ 外有无穷多项, 故 $\{\sqrt{n}\}$ 不以任何实数 a 为极限.

$\forall a \in \mathbb{R}$, 取 $\varepsilon_0 = \frac{1}{2}$, 则 $\{(-1)^n\}$ 必有无限项落到 $(a - \frac{1}{2}, a + \frac{1}{2})$ 之外, 故 $\{(-1)^n\}$ 不以任何实数 a 为极限. 证毕.

例 2.2.5　若 $\lim\limits_{n\to\infty} a_n = a$, 证明: $\lim\limits_{n\to\infty} \dfrac{a_1 + a_2 + \cdots + a_n}{n} = a.$

证　$\left|\dfrac{a_1 + a_2 + \cdots + a_n}{n} - a\right| \leqslant \dfrac{|a_1 - a| + |a_2 - a| + \cdots + |a_n - a|}{n}$, 因为 $\lim\limits_{n\to\infty} a_n = a$, 所以 $\forall \varepsilon > 0, \exists N_1$, 当 $n > N_1$ 时, 有 $|a_n - a| < \dfrac{\varepsilon}{2}$, 所以

$$\left|\frac{a_1 + a_2 + \cdots + a_n}{n} - a\right| \leqslant \frac{(n - N_1) \cdot \frac{\varepsilon}{2} + |a_1 - a| + |a_2 - a| + \cdots + |a_{N_1} - a|}{n} < \frac{\varepsilon}{2} + \frac{M}{n}$$

其中 $M = |a_1 - a| + \cdots + |a_{N_1} - a|$.

取 $N_2 = \left[\dfrac{2M}{\varepsilon}\right]$, 当 $n > N_2$ 时, $\dfrac{M}{n} < \dfrac{\varepsilon}{2}$, 令 $M = \max\{N_1, N_2\}$, 则当 $n > N$ 时, 有

$$\left|\frac{a_1 + a_2 + \cdots + a_n}{n} - a\right| < \varepsilon \text{ 证毕.}$$

2.2.2　数列极限的性质

1.　极限的唯一性

定理 2.2.1　收敛数列的极限是唯一的.

证　设 a 与 b 都是 $\{x_n\}$ 的极限, 那么 $\forall \varepsilon > 0, \exists N_1$, s.t. (使得), $n > N_1$ 时, $|x_n - a| < \dfrac{\varepsilon}{2}$, 同理, $\exists N_2$, s.t., $n > N_2$ 时, $|x_n - b| < \dfrac{\varepsilon}{2}$, 于是当 $n > \max\{N_1, N_2\}$ 时, 有

$$|a - b| \leqslant |x_n - a| + |x_n - b| < \frac{\varepsilon}{2} + \frac{\varepsilon}{2} = \varepsilon$$

由于 ε 的任意性, 那么 $a = b$. 证毕.

2.　数列的有界性

定义 2.2.4　对于数列 $\{x_n\}$, 若 $\exists M$, s.t., $x_n \leqslant M, n = 1, 2, \ldots$. 则称 M 为 $\{x_n\}$ 的上界; 若 $\exists m$, s.t., $x_n \geqslant m, n = 1, 2, \ldots$. 则称 m 为 $\{x_n\}$ 的下界; 既有上界, 又有下界的数列为有界数列.

显然，$\{x_n\}$ 有界 $\Leftrightarrow \exists X > 0$，s.t.，$|x_n| \leqslant X, n = 1, 2, \cdots$.

定理 2.2.2 收敛数列必有界.

证 设 $\lim\limits_{n\to\infty} x_n = a$，则对于 $\varepsilon = 1, \exists N$，s.t.，$n > N$ 时，$a - 1 < x_n < a + 1$，取 $M = \max\{|x_1|, |x_2|, \cdots, |x_N|, |a-1|, |a+1|\}$，有 $|x_n| \leqslant M, n = 1, 2, \cdots$. 证毕.

注 2.2.8 此定理的逆命题不真. 例如，$\{(-1)^n\}$.

3. 数列的保序性

定理 2.2.3 设 $\lim\limits_{n\to\infty} x_n = a, \lim\limits_{n\to\infty} y_n = b$，且 $a < b$，则 $\exists N$，s.t，$n > N$ 时，$x_n < y_n$.

证 $\lim\limits_{n\to\infty} x_n = a$，对 $\varepsilon = \dfrac{b-a}{2} > 0, \exists N_1$，s.t.，$n > N_1$ 时，$|x_n - a| < \varepsilon$，所以 $x_n < a + \varepsilon = \dfrac{a+b}{2}$.

同理，$\lim\limits_{n\to\infty} y_n = b, \exists N_2$，s.t.，$n > N_2$ 时，$|y_n - b| < \varepsilon$，所以 $y_n > b - \varepsilon = \dfrac{a+b}{2}$.

所以当 $n > N = \max\{N_1, N_2\}$ 时，有 $x_n < y_n$. 证毕.

推论 2.2.1 $\lim\limits_{n\to\infty} y_n = b > 0$，则 $\exists N$，s.t.，$n > N$ 时，$y_n > \dfrac{b}{2} > 0$.

推论 2.2.2 $\lim\limits_{n\to\infty} x_n = a < 0$，则 $\exists N$，s.t.，$n > N$ 时，$x_n < \dfrac{a}{2} < 0$.

注 2.2.9 此定理的逆命题不真.

例如，$x_n = \dfrac{1}{2n}, y_n = \dfrac{1}{n}$. 虽然 $x_n < y_n \ (n = 1, 2, \cdots)$ 但是 $\lim\limits_{n\to\infty} x_n = \lim\limits_{n\to\infty} y_n = 0$.

4. 极限的夹逼性

定理 2.2.4 若 $x_n \leqslant y_n \leqslant z_n, (n \geqslant N_0)$，且 $\lim\limits_{n\to\infty} x_n = \lim\limits_{n\to\infty} z_n = a$，则 $\lim\limits_{n\to\infty} y_n = a$.

证 因为 $\lim\limits_{n\to\infty} x_n = a, \lim\limits_{n\to\infty} z_n = a.\forall \varepsilon > 0, \exists N_1$，s.t.，$n > N_1$ 时，$a - \varepsilon < x_n < a + \varepsilon; \exists N_2$，s.t.，$n > N_2$ 时，$a - \varepsilon < z_n < a + \varepsilon$. 取 $N = \max\{N_0, N_1, N_2\}$，则当 $n > N$ 时，$a - \varepsilon < x_n \leqslant y_n \leqslant z_n < a + \varepsilon$，即 $|y_n - a| < \varepsilon$，所以 $\lim\limits_{n\to\infty} y_n = a$. 证毕.

例 2.2.6 求 $\lim\limits_{n\to\infty} \sum\limits_{k=n^2}^{(n+1)^2} \dfrac{1}{\sqrt{k}}$

证 因为 $\dfrac{2n+1}{n+1} < \sum\limits_{k=n^2}^{(n+1)^2} \dfrac{1}{n+1} < \sum\limits_{k=n^2}^{(n+1)^2} \dfrac{1}{\sqrt{k}} < \sum\limits_{k=n^2}^{(n+1)^2} \dfrac{1}{n} = \dfrac{2n+1}{n}$，

而 $\lim\limits_{n\to\infty} \dfrac{2n+1}{n+1} = \lim\limits_{n\to\infty} \dfrac{2n+1}{n} = 2$，

所以 $\lim\limits_{n\to\infty} \sum\limits_{k=n^2}^{(n+1)^2} \dfrac{1}{\sqrt{k}} = 2$. 证毕.

例 2.2.7 求 $\lim\limits_{n\to\infty} \dfrac{1 \cdot 3 \cdot 5 \cdots (2n-1)}{2 \cdot 4 \cdot 6 \cdots (2n)}$.

证 由 $2^2 > 1 \cdot 3, 4^2 > 3 \cdot 5, \cdots, (2n)^2 > (2n-1) \cdot (2n+1)$，有

$$[2 \cdot 4 \cdot 6 \cdots (2n)]^2 > [1 \cdot 3 \cdot 5 \cdots (2n-1)]^2 \cdot (2n+1)$$

所以 $0 < \dfrac{1 \cdot 3 \cdot 5 \cdots (2n-1)}{2 \cdot 4 \cdot 6 \cdots (2n)} < \dfrac{1}{\sqrt{2n+1}}$. 而 $\lim\limits_{n \to \infty} \dfrac{1}{\sqrt{2n+1}} = 0$，所以

$$\lim_{n \to \infty} \frac{1 \cdot 3 \cdot 5 \cdots (2n-1)}{2 \cdot 4 \cdot 6 \cdots (2n)} = 0. \text{ 证毕.}$$

2.2.3 极限的四则运算

定理 2.2.5 设 $\lim\limits_{n \to \infty} x_n = a, \lim\limits_{n \to \infty} y_n = b, \alpha, \beta$ 为常数，则

(1) $\lim\limits_{n \to \infty} (\alpha x_n + \beta y_n) = \alpha a + \beta b$；

(2) $\lim\limits_{n \to \infty} x_n y_n = ab$；

(3) $\lim\limits_{n \to \infty} \dfrac{x_n}{y_n} = \dfrac{a}{b} (b \neq 0)$.

证 (1) $|(\alpha x_n + \beta y_n) - (\alpha a + \beta b)| \leqslant |\alpha| \cdot |x_n - a| + |\beta| \cdot |y_n - b|$，由夹逼准则可证.

(2) 因为 x_n 有界，不妨设 $|x_n| \leqslant M(M > 0)$.

$$\begin{aligned}
|x_n y_n - ab| &= |x_n y_n - x_n b + x_n b - ab| \\
&\leqslant |x_n| \cdot |y_n - b| + b \cdot |x_n - a| \\
&\leqslant M \cdot |y_n - b| + b \cdot |x_n - a|
\end{aligned}$$

由夹逼准则可证.

(3) 因为 $\lim\limits_{n \to \infty} y_n = b \neq 0$，由保序性定理推论知，存在 N_0，使得 $|y_n| > |b|/2$. 所以，

$$\left| \frac{x_n}{y_n} - \frac{a}{b} \right| = \frac{|bx_n - ay_n|}{|by_n|} \leqslant \frac{a|y_n - b| + b|x_n - a|}{|by_n|} \leqslant \frac{a|y_n - b| + b|x_n - a|}{\frac{1}{2} b^2}$$

再由夹逼准则可证. 证毕.

例 2.2.8 求 $\lim\limits_{n \to \infty} \left(\dfrac{1}{\sqrt{n^2+1}} + \dfrac{1}{\sqrt{n^2+2}} + \cdots + \dfrac{1}{\sqrt{n^2+n}} \right)$.

证 因为 $\dfrac{1}{\sqrt{1 + \frac{1}{n}}} = \dfrac{n}{\sqrt{n^2+n}} < \dfrac{1}{\sqrt{n^2+1}} + \dfrac{1}{\sqrt{n^2+2}} + \cdots + \dfrac{1}{\sqrt{n^2+n}}$

$$< \frac{n}{\sqrt{n^2+1}} = \frac{1}{\sqrt{1 + \frac{1}{n^2}}}$$

而 $\lim\limits_{n \to \infty} \dfrac{1}{\sqrt{1 + \frac{1}{n}}} = 1, \lim\limits_{n \to \infty} \dfrac{1}{\sqrt{1 + \frac{1}{n^2}}} = 1$

所以 $\lim\limits_{n \to \infty} \left(\dfrac{1}{\sqrt{n^2+1}} + \dfrac{1}{\sqrt{n^2+2}} + \cdots + \dfrac{1}{\sqrt{n^2+n}} \right) = 1$ 证毕.

例 2.2.9 设 $a_n > 0$ 且 $\lim\limits_{n \to \infty} a_n = a$. 求证：$\lim\limits_{n \to \infty} \sqrt[n]{a_1 \cdots a_n} = a$.

证 因为 $\lim\limits_{n \to \infty} a_n = a$，所以，$\lim\limits_{n \to \infty} \dfrac{a_1 + \cdots + a_n}{n} = a$（见例 2.2.5）. 由 $a_n > 0$ 且 $\lim\limits_{n \to \infty} a_n = a$，所以 $a \geqslant 0$.

当 $a > 0$ 时，$\lim\limits_{n \to \infty} \dfrac{1}{a_n} = \dfrac{1}{a}$，所以，

$$\lim_{n \to \infty} \frac{\frac{1}{a_1} + \cdots + \frac{1}{a_n}}{n} = \frac{1}{a}, \quad \lim_{n \to \infty} \frac{n}{\frac{1}{a_1} + \cdots + \frac{1}{a_n}} = \frac{1}{\lim_{n \to \infty} \frac{\frac{1}{a_1} + \cdots + \frac{1}{a_n}}{n}} = a.$$

注意到，$\dfrac{n}{\frac{1}{a_1} + \cdots + \frac{1}{a_n}} < \sqrt[n]{a_1 \cdots a_n} < \dfrac{a_1 + \cdots + a_n}{n}$，所以，$\lim\limits_{n \to \infty} \sqrt[n]{a_1 \cdots a_n} = a$.

而当 $a = 0$ 时，由 $\dfrac{a_1 + \cdots + a_n}{n} \geqslant \sqrt[n]{a_1 \cdots a_n} \geqslant 0$ 知，$\lim\limits_{n \to \infty} \sqrt[n]{a_1 a_2 \cdots a_n} = 0$. 证毕.

例 2.2.10 设 $\lim\limits_{n \to \infty}(a_1 + \cdots a_n)$ 存在，求证：

(1) $\lim\limits_{n \to \infty} \dfrac{1}{n}(a_1 + 2a_2 + \cdots + na_n) = 0$；

(2) $\lim\limits_{n \to \infty}(n! a_1 \cdots a_n)^{\frac{1}{n}} = 0 \ (a_i > 0, i = 1, 2, \cdots)$.

证 (1) 令 $A_n = a_1 + \cdots + a_n$，依题设 $\lim\limits_{n \to \infty} A_n = A$. 因为

$$a_1 + 2a_2 + \cdots + na_n = A_n + (A_n - A_1) + (A_n - A_2) + \cdots + (A_n - A_{n-1})$$
$$= nA_n - (A_1 + A_2 + \cdots + A_{n-1})$$

所以，

$$\lim_{n \to \infty} \frac{1}{n}(a_1 + 2a_2 + \cdots + na_n) = \lim_{n \to \infty} A_n - \frac{n-1}{n} \cdot \frac{A_1 + A_2 + \cdots + A_{n-1}}{n-1}$$
$$= A - A = 0$$

(2) $0 \leqslant \sqrt[n]{n! a_1 \cdots a_n} = \sqrt[n]{a_1 \cdot (2a_2) \cdots (na_n)} \leqslant \dfrac{a_1 + 2a_2 + \cdots + na_n}{n}$，由夹逼准则得证. 证毕.

习题 2.2

1. 按定义证明下述极限：

(1) $\lim\limits_{n \to \infty} \dfrac{2n^2 - 1}{3n^2 + 2} = \dfrac{2}{3}$；

(2) $\lim\limits_{n \to \infty} \dfrac{\sqrt{n^2 + n}}{n} = 1$；

(3) $\lim\limits_{n \to \infty}(\sqrt{n^2 + n} - n) = \dfrac{1}{2}$；

(4) $\lim\limits_{n \to \infty} \sqrt[n]{3n + 2} = 1$；

(5) $\lim\limits_{n \to \infty} x_n = 1$，其中 $x_n = \begin{cases} \dfrac{n + \sqrt{n}}{n}, & x \text{ 是偶数} \\ 1 - 10^{-n}, & x \text{ 是奇数} \end{cases}$

2. 举例说明下列关于无穷小量的定义是不正确的；

(1) 对于任意给定的 $\epsilon > 0$，存在正整数 N，使得当 $n > N$ 时，成立 $x_n < \varepsilon$；

(2) 对于任意给定的 $\epsilon > 0$，存在无穷多个 x_n，使 $|x_n| < \varepsilon$.

3. (1) 证明：若 $\lim\limits_{n \to \infty} a_n = a$，则 $\lim\limits_{n \to \infty} |a_n| = |a|$. 当且仅当 a 为何值时反之也成立？

(2) 设 $x_n \geqslant 0$ 且 $\lim\limits_{n \to \infty} x_n = a \geqslant 0$，证明：$\lim\limits_{n \to \infty} \sqrt{x_n} = \sqrt{a}$.

4. 按定义证明下列数列是无穷小量：

(1) $\left\{\dfrac{n+1}{n^2+1}\right\};$ (2) $\{(-1)^n(0.99)^n\};$

(3) $\left\{\dfrac{1}{n}+5^{-n}\right\};$ (4) $\left\{\dfrac{1+2+3+\cdots+n}{n^3}\right\};$

(5) $\left\{\dfrac{n^2}{3^n}\right\};$ (6) $\left\{\dfrac{3^n}{n!}\right\};$

(7) $\left\{\dfrac{n!}{n^n}\right\};$

(8) $\left\{\dfrac{1}{n}-\dfrac{1}{n+1}+\dfrac{1}{n+2}+\cdots+(-1)^n\dfrac{1}{2n}\right\}.$

5. 证明：若 $\lim\limits_{n\to\infty}a_n=a$，则对任意正整数 k，有 $\lim\limits_{n\to\infty}a_{n+k}=a.$

6. 设 $\lim\limits_{n\to\infty}x_{2n}=\lim\limits_{n\to\infty}x_{2n+1}=a$，证明：$\lim\limits_{n\to\infty}x_n=a.$

7. 求下列极限：

(1) $\lim\limits_{n\to\infty}\dfrac{n^3+3n^2+1}{4n^3+2n+3};$ (2) $\lim\limits_{n\to\infty}\dfrac{1+2n}{n^2};$

(3) $\lim\limits_{n\to\infty}\dfrac{(-2)^n+3^n}{(-2)^{n+1}+3^{n+1}};$ (4) $\lim\limits_{n\to\infty}(\sqrt{n^2+n}-n);$

(5) $\lim\limits_{n\to\infty}(\sqrt[n]{1}+\sqrt[n]{2}+\cdots+\sqrt[n]{10});$ (6) $\lim\limits_{n\to\infty}\dfrac{\frac{1}{2}+\frac{1}{2^2}+\cdots+\frac{1}{2^n}}{\frac{1}{3}+\frac{1}{3^2}+\cdots+\frac{1}{3^n}}.$

8. 利用夹逼法计算极限：

(1) $\lim\limits_{n\to\infty}\left(1+\dfrac{1}{2}+\dfrac{1}{3}+\cdots+\dfrac{1}{n}\right)^{\frac{1}{n}};$

(2) $\lim\limits_{n\to\infty}\left(\dfrac{1}{n+\sqrt{1}}+\dfrac{1}{n+\sqrt{2}}+\cdots+\dfrac{1}{n+\sqrt{n}}\right);$

(3) $\lim\limits_{n\to\infty}\sum\limits_{k=n^2}^{(n+1)^2}\dfrac{1}{\sqrt{k}};$ (4) $\lim\limits_{n\to\infty}\dfrac{1\cdot3\cdot5\cdots(2n-1)}{2\cdot4\cdot6\cdots(2n)}.$

9. 设 $\{a_n\}$ 为无穷小数列，$\{b_n\}$ 为有界数列，证明：$\{a_nb_n\}$ 为无穷小数列.

10. 求下列数列的极限：

(1) $\lim\limits_{n\to\infty}\dfrac{3n^2+4n-1}{n^2+1};$ (2) $\lim\limits_{n\to\infty}\dfrac{n^3+3n^2-3n+1}{2n^3-n+3};$

(3) $\lim\limits_{n\to\infty}\dfrac{3^n+n^3}{3^{n+1}+(n+1)^3};$ (4) $\lim\limits_{n\to\infty}(\sqrt[n]{n^2+1}-1)\sin\dfrac{n\pi}{2};$

(5) $\lim\limits_{n\to\infty}\sqrt{n}(\sqrt[4]{n^2+1}-\sqrt{n+1});$ (6) $\lim\limits_{n\to\infty}\sqrt[n]{\dfrac{1}{n!}};$

(7) $\lim\limits_{n\to\infty}\left(1-\dfrac{1}{2^2}\right)\left(1-\dfrac{1}{3^2}\right)\cdots\left(1-\dfrac{1}{n^2}\right);$

(8) $\lim\limits_{n\to\infty}\sqrt[n]{n\ln n};$ (9) $\lim\limits_{n\to\infty}\left(\dfrac{1}{2}+\dfrac{3}{2^2}+\cdots+\dfrac{2n-1}{2^n}\right).$

11. 证明：若 $a_n>0(n=1,2,\cdots)$，且 $\lim\limits_{n\to\infty}\dfrac{a_n}{a_{n+1}}=l>1$，则 $\lim\limits_{n\to\infty}a_n=0.$

12. 证明：若 $a_n>0(n=1,2,\cdots)$，且 $\lim\limits_{n\to\infty}\dfrac{a_n}{a_{n+1}}=a$，则 $\lim\limits_{n\to\infty}\sqrt[n]{a_n}=a.$

13. 设 $\lim\limits_{n\to\infty}(a_1+a_2+\cdots+a_n)$ 存在，证明：

(1) $\lim\limits_{n\to\infty}\dfrac{1}{n}(a_1+2a_2+\cdots+na_n)=0;$

(2) $\lim\limits_{n\to\infty} \sqrt[n]{n! \cdot a_1 a_2 \cdots a_n} = 0 (a_i > 0, i = 1, 2, \cdots, n)$.

14. 已知 $\lim\limits_{n\to\infty} a_n = a$，$\lim\limits_{n\to\infty} b_n = b$，证明：

$$\lim_{n\to\infty} \frac{a_1 b_n + a_2 b_{n-1} + \cdots + a_n b_1}{n} = ab$$

15. 设数列 a_n 满足 $\lim\limits_{n\to\infty} \dfrac{a_1 + a_2 + \cdots + a_n}{n} = a(-\infty < a < +\infty)$，证明：$\lim\limits_{n\to\infty} \dfrac{a_n}{n} = 0$.

16. 设 $a_{2n} = \dfrac{2n+1}{2n}$，$a_{2n-1} = \dfrac{\sqrt{(2n-1)^2+1}}{2n-1}$，其中 $n \in \mathbb{N}_+$，试证明：$\lim\limits_{n\to\infty} a_n = 1$.

17. 若

$$\lim_{n\to\infty} n(\sqrt{an^2 + bn + 6} - n) = 3$$

求常数 a, b 的值.

2.3 无穷大量

2.3.1 无穷大量

无穷大量就是各项绝对值无限增大的量，其定义如下.

定义 2.3.1 若对 $\forall M > 0$，可找到正整数 N，使得当 $n > N$ 时成立

$$|x_n| > M$$

则称数列 $\{x_n\}$ 是无穷大量，记为 $\lim\limits_{n\to\infty} x_n = \infty$.

简记：$\forall M > 0, \exists N, \forall n > N : |x_n| > M \Leftrightarrow \lim\limits_{n\to\infty} x_n = \infty$.

若无穷大量 $\{x_n\}$ 从某项以后各项均为正（或负），则称 $\{x_n\}$ 为正（或负）无穷大量，记为 $\lim\limits_{n\to\infty} x_n = \infty($ 或 $-\infty)$.

例如：$\{-n^2\}$ 为负无穷大，$\{\sqrt{n}\}$ 为正无穷大，$\{(-\frac{3}{2})^n\}$ 为无穷大，$\left\{\dfrac{1+(-1)^n}{2}\right\}$ 为有界量.

例 2.3.1 证明：$\{n + \sin n\}$ 为正无穷大量.

证 $\forall M > 0$，取 $N = [M+1] + 1$，则当 $n > N$ 时，有

$$n + \sin n \geqslant n - 1 \geqslant N - 1 > M$$

所以，$\lim\limits_{n\to\infty} n + \sin n = +\infty$. 证毕.

定理 2.3.1 设 $x_n \neq 0$，则 $\{x_n\}$ 是无穷大量 $\Leftrightarrow \left\{\dfrac{1}{x_n}\right\}$ 为无穷小量.

证 由定义易证. 证毕.

性质 2.3.1 同号无穷大量之和仍是该符号的无穷大量. 如 $\{10^n + \sqrt{n}\}$ 为正无穷大量.

异号无穷大量之差仍是无穷大量，符号与被减无穷大量相同. 如 $\{n - \ln\dfrac{1}{n}\}$ 为正无穷大量.

无穷大量与有界量之和仍是同号的无穷大量. 如 $\{-n^2 + \arctan n\}$ 为负无穷大量.

同号无穷大量之积为正无穷大，异号无穷大量之积为负无穷大.

定理 2.3.2 $\{x_n\}$ 为无穷大且 $|y_n| \geqslant \delta > 0 (n \geqslant N_0$时），则 $\{x_n y_n\}$ 是无穷大量.

证 由 $\lim\limits_{n\to\infty} x_n = \infty$，所以，$\forall M > 0, \exists N, \forall n > N : |x_n| > \dfrac{M}{\delta}$. 于是，当 $n > \max\{N, N_0\}$ 时，$|x_n y_n| > \delta$. 所以，$\lim\limits_{n\to\infty} x_n y_n = \infty$. 证毕.

推论 2.3.1 $\{x_n\}$ 为无穷大，且 $\lim\limits_{n\to\infty} y_n = b \neq 0$，则 $\{x_n y_n\}, \left\{\dfrac{x_n}{y_n}\right\}$ 均为无穷大量.

例 2.3.2 计算下列极限：
(1) $\lim\limits_{n\to\infty} \dfrac{2n^2 + n}{3n^3 + 1}$,　　(2) $\lim\limits_{n\to\infty} \dfrac{n^2 - 1}{2n^2 + n}$,　　(3) $\lim\limits_{n\to\infty} \dfrac{-n^3 + 1}{n^2 + n}$.

解 (1) $\lim\limits_{n\to\infty} \dfrac{2n^2 + n}{3n^3 + 1} = \lim\limits_{n\to\infty} \dfrac{\frac{2}{n} + \frac{1}{n^2}}{3 + \frac{1}{n^3}} = \dfrac{0}{3} = 0.$

(2) $\lim\limits_{n\to\infty} \dfrac{n^2 - 1}{2n^2 + n} = \lim\limits_{n\to\infty} \dfrac{1 - \frac{1}{n^2}}{2 + \frac{1}{n}} = \dfrac{1}{2}.$

(3) 因为 $\lim\limits_{n\to\infty} \dfrac{n^2 + n}{-n^3 + 1} = \lim\limits_{n\to\infty} \dfrac{\frac{1}{n} + \frac{1}{n^2}}{-1 + \frac{1}{n^3}} = 0$, 所以，$\lim\limits_{n\to\infty} \dfrac{-n^3 + 1}{n^2 + n} = \infty.$

一般地，$\lim\limits_{n\to\infty} \dfrac{a_0 n^k + a_1 n^{k-1} + \cdots + a_k}{b_0 n^l + b_1 n^{l-1} + \cdots + b_l} = \begin{cases} 0, & k < l, \\ \dfrac{a_0}{b_0}, & k = l, \\ \infty, & k > l. \end{cases} \quad (a_0 b_0 \neq 0)$

2.3.2　待定型

如果分别用 $+\infty, -\infty, \infty, 0$ 表示正无穷大量，负无穷大量，无穷大量，无穷小量，则可以举出实际例子说明 $\infty \pm \infty, (+\infty) - (+\infty), (+\infty) + (-\infty), 0 \cdot \infty, \dfrac{0}{0}, \dfrac{\infty}{\infty}$ 等极限，其结果可以是无穷大量、无穷小量、非零极限，也可以没有极限. 我们称这种类型的极限为待定型（不定型、不定式、未定式）. 下面给出求未定型 $\dfrac{\infty}{\infty}$ 极限的有效方法.

定义 2.3.2 若数列 $\{x_n\}$ 满足 $x_n \leqslant$ （或 $<$）$x_{n+1}, n = 1, 2, \cdots$，则称 $\{x_n\}$ 为（或严格）单调增加数列.

类似地有数列单调减少，严格单调减少的概念.

定理 2.3.3 (Stolz 定理)　设 $\{y_n\}$ 严格单调增加，$\lim\limits_{n\to\infty} y_n = +\infty$，且 $\lim\limits_{n\to\infty} \dfrac{x_n - x_{n-1}}{y_n - y_{n-1}} = a$ （或 $+\infty$ 或 $-\infty$），则 $\lim\limits_{n\to\infty} \dfrac{x_n}{y_n} = a$ （或 $+\infty$ 或 $-\infty$）.

证 (1) $a = 0$ 时，因为 $\lim\limits_{n\to\infty} \dfrac{x_n - x_{n-1}}{y_n - y_{n-1}} = 0$，所以 $\forall \varepsilon > 0, \exists N_1$, s.t., $\forall n > N_1$, 有

$$|x_n - x_{n-1}| < \varepsilon(y_n - y_{n-1})$$

由于 $y_n \to +\infty (n \to \infty)$，可设 $y_n > 0 \ (n \geqslant N_1), |x_n - x_{N_1}| \leqslant |x_n - x_{n-1}| + |x_{n-1} - x_{n-2}| + \cdots + |x_{N_1+1} - x_{N_1}| < \varepsilon(y_n - y_{n-1}) + \varepsilon(y_{n-1} - y_{n-2}) + \cdots + \varepsilon(y_{N_1+1} - y_{N_1}) = \varepsilon(y_n - y_{N_1})$,
所以

$$\left|\dfrac{x_n}{y_n} - \dfrac{x_{N_1}}{y_n}\right| \leqslant \varepsilon(1 - \dfrac{y_{N_1}}{y_n}) < \varepsilon$$

即

$$\left|\frac{x_n}{y_n}\right| < \varepsilon + \left|\frac{x_{N_1}}{y_n}\right|$$

注意到 $\lim\limits_{n\to\infty}\left|\frac{x_{N_1}}{y_n}\right| = 0$，所以 $\exists N_2 > N_1$, s.t., $n > N_2$时，$\left|\frac{x_{N_1}}{y_n}\right| < \varepsilon$ 于是当 $n > \max\{N_1, N_2\}$ 时，$\left|\frac{x_n}{y_n}\right| < 2\varepsilon$，所以 $\lim\limits_{n\to\infty}\frac{x_n}{y_n} = 0$.

(2) $a \neq 0$时，令$x_n' = x_n - ay_n$，则

$$\lim_{n\to\infty}\frac{x_n' - x_{n-1}'}{y_n' - y_{n-1}'} = \lim_{n\to\infty}\frac{x_n - x_{n-1}}{y_n - y_{n-1}} - a = 0$$

由结论 (1) 知，$\lim\limits_{n\to\infty}\frac{x_n'}{y_n} = 0$，即 $\lim\limits_{n\to\infty}\frac{x_n}{y_n} = a$.

(3) $a = +\infty$ 时，由 $\lim\limits_{n\to\infty}\frac{x_n - x_{n-1}}{y_n - y_{n-1}} = +\infty$，则 $\exists N$, s.t., $n > N$ 时，

$$x_n - x_{n-1} > y_n - y_{n-1}$$

所以 $\{x_n\}$ 严格单调递增. 又 $\lim\limits_{n\to\infty}y_n = +\infty$，且 $x_n - x_N > y_n - y_N$，所以 $\lim\limits_{n\to\infty}x_n = +\infty$，再由 $\lim\limits_{n\to\infty}\frac{y_n - y_{n-1}}{x_n - x_{n-1}} = 0 \Rightarrow \lim\limits_{n\to\infty}\frac{y_n}{x_n} = 0$，所以 $\lim\limits_{n\to\infty}\frac{x_n}{y_n} = +\infty$.

(4) $a = -\infty$ 时，仅需要将 $\{x_n\}$ 换为 $\{-x_n\}$，再利用 (3) 的结论. 证毕.

注 2.3.1 此定理结论的逆命题不真. 如：$\lim\limits_{n\to\infty}\frac{(-1)^n}{n} = 0$，但 $\lim\limits_{n\to\infty}\frac{(-1)^n - (-1)^{n-1}}{n - (n-1)} = \lim\limits_{n\to\infty}2(-1)^n$ 不存在；又如：$\lim\limits_{n\to\infty}\frac{\sin n}{n} = 0$，但 $\lim\limits_{n\to\infty}\frac{\sin n - \sin n - 1}{n - (n-1)} = \lim\limits_{n\to\infty}2\sin\frac{1}{2}\cos\left(n - \frac{1}{2}\right)$ 不存在.

例 2.3.3 求极限 $\lim\limits_{n\to\infty}\dfrac{\sum\limits_{p=1}^{n}p!}{n!}$

解 $\lim\limits_{n\to\infty}\dfrac{\sum\limits_{p=1}^{n}p!}{n!} = \lim\limits_{n\to\infty}\dfrac{n!}{n! - (n-1)!}$
$= \lim\limits_{n\to\infty}\dfrac{n}{n-1} = 1.$

例 2.3.4 设 $A_n = \sum\limits_{k=1}^{n}a_k$ 有极限 $(n \to +\infty)$, $\{p_n\}$ 为单调增加正数列且 $p_n \to +\infty(n \to \infty)$，证明：$\lim\limits_{n\to\infty}\dfrac{p_1a_1 + \cdots + p_na_n}{p_n} = 0.$

证 $\dfrac{p_1a_1 + \cdots + p_na_n}{p_n} = \dfrac{p_1A_1 + p_2(A_2 - A_1) + \cdots + p_n(A_n - A_{n-1})}{p_n}$
$= A_n - \dfrac{A_1(p_2 - p_1) + A_2(p_3 - p_2) + \cdots + A_{n-1}(p_n - p_{n-1})}{p_n}$

而 $\lim\limits_{n\to\infty}\dfrac{A_1(p_2 - p_1) + A_2(p_3 - p_2) + \cdots + A_{n-1}(p_n - p_{n-1})}{p_n} = \lim\limits_{n\to\infty}A_{n-1} = A$

所以，原式 $= \lim\limits_{n\to\infty}A_n - \lim\limits_{n\to\infty}\dfrac{A_1(p_2 - p_1) + A_2(p_3 - p_2) + \cdots + A_{n-1}(p_n - p_{n-1})}{p_n}$
$= A - A = 0.$ 证毕.

习题 2.3

1. 设 $a_n \neq 0$. 证明：$\lim\limits_{n\to\infty} a_n = 0$ 的充分必要条件是 $\lim\limits_{n\to\infty} \dfrac{1}{a_n} = \infty$.

2. 按定义证明下列数列是无穷大量：

(1) $\left\{\dfrac{n^2+1}{2n+1}\right\}$;

(2) $\left\{\log_a\left(\dfrac{1}{n}\right)\right\}$;

(3) $\{n - \arctan n\}$;

(4) $\left\{\dfrac{1}{\sqrt{n+1}} + \dfrac{1}{\sqrt{n+2}} + \cdots + \dfrac{1}{\sqrt{2n}}\right\}$.

3. (1) 设 $\lim\limits_{n\to\infty} a_n = +\infty$ (或 $-\infty$)，按定义证明：

$$\lim_{n\to\infty} \frac{a_1 + a_2 + \cdots + a_n}{n} = +\infty \text{ (或 } -\infty)$$

(2) 设 $a_n > 0$, $\lim\limits_{n\to\infty} a_n = 0$，利用 (1) 证明：

$$\lim_{n\to\infty} (a_1 a_2 \cdots a_n)^{\frac{1}{n}} = 0$$

4. 证明：

(1) 设 $\{x_n\}$ 是无穷大量，$|y_n| \geqslant \delta > 0$，则 $\{x_n y_n\}$ 是无穷大量；

(2) 设 $\{x_n\}$ 是无穷大量，$\lim\limits_{n\to\infty} y_n = b \neq 0$，则 $\{x_n y_n\}$ 与 $\left\{\dfrac{x_n}{y_n}\right\}$ 都是无穷大量.

5. (1) 利用 stolz 定理证明：

$$\lim_{n\to\infty} \frac{1^2 + 3^2 + \cdots + (2n+1)^2}{n^3} = \frac{4}{3}$$

(2) 求极限

$$\lim_{n\to\infty} n\left[\frac{1^2 + 3^2 + \cdots + (2n+1)^2}{n^3} - \frac{4}{3}\right]$$

6. 利用 stolz 定理证明：

(1) $\lim\limits_{n\to\infty} \dfrac{\log_n n}{n} = 0 \ (a > 1)$;

(2) $\lim\limits_{n\to\infty} \dfrac{n^k}{a^n} = 0 \ (a > 1, \ k \text{ 是正整数})$.

7. (1) 在 Stolz 定理中，若 $\lim\limits_{n\to\infty} \dfrac{x_n - x_{n-1}}{y_n - y_{n-1}} = \infty$，能否得出 $\lim\limits_{n\to\infty} \dfrac{x_n}{y_n} = \infty$ 的结论？

(2) 在 Stolz 定理中，若 $\lim\limits_{n\to\infty} \dfrac{x_n - x_{n-1}}{y_n - y_{n-1}}$ 不存在，能否得出 $\lim\limits_{n\to\infty} \dfrac{x_n}{y_n}$ 不存在的结论？

8. 设 $0 < \lambda < 1$, $\lim\limits_{n\to\infty} a_n = a$, 证明：

$$\lim_{n\to\infty} (a_n + \lambda a_{n-1} + \lambda^2 a_{n-2} + \cdots + \lambda^n a_0) = \frac{a}{1-\lambda}$$

9. 设 $A_n = \sum\limits_{k=1}^{n} a_k$, 当 $n \to \infty$ 时有极限. $\{p_n\}$ 为单调递增的正数数列，且 $p_n \to +\infty$ $(n \to \infty)$. 证明：

$$\lim_{n\to\infty} \frac{p_1 a_1 + p_2 a_2 + \cdots + p_n a_n}{p_n} = 0$$

2.4　收敛准则

2.4.1　单调有界数列收敛定理

定理 2.4.1　单调有界数列必定收敛.

证　不妨设 $\{x_n\}$ 单调增加且有上界. 由确界存在定理知，数列构成的数集有上确界 β，即

(1) $\forall n \in \mathbb{N}^+, x_n \leqslant \beta$；

(2) $\forall \varepsilon > 0, \exists n_0$, s.t., $x_{n_0} > \beta - \varepsilon$.

若取 $N = n_0$，则当 $n > N$ 时，$\beta - \varepsilon < x_{n_0} \leqslant x_n \leqslant \beta$，所以 $|x_n - \beta| < \varepsilon$. 故 $\lim\limits_{n\to\infty} x_n = \beta$. 证毕.

例 2.4.1　设 $x_n = 1 + \dfrac{1}{2^\alpha} + \dfrac{1}{3^\alpha} + \cdots + \dfrac{1}{n^\alpha}, n = 1, 2, 3, \cdots$，其中 $\alpha \geqslant 2$. 证明：数列 $\{x_n\}$ 收敛.

证　因为 $\{x_n\}$ 单调增加，只要证 $\{x_n\}$ 有上界，

$$x_n < 1 + \frac{1}{2^2} + \frac{1}{3^2} + \cdots + \frac{1}{n^2}$$
$$\leqslant 1 + \frac{1}{1\cdot 2} + \frac{1}{2\cdot 3} + \cdots + \frac{1}{(n-1)\cdot n}$$
$$= 2 - \frac{1}{n} < 2$$

所以 $\{x_n\}$ 收敛. 证毕.

例 2.4.2　设 $0 < x_1 < 1, x_{n+1} = x_n(2 - x_n), n = 1, 2, \cdots$，证明：数列 $\{x_n\}$ 收敛并求 $\lim\limits_{n\to\infty} x_n$.

证　因为 $0 < x_1 < 1$，用归纳法，设 $0 < x_k < 1$，则 $0 < x_{k+1} = 1 - (x_k - 1)^2 < 1$，故对于任意的 $n, 0 < x_n < 1$. $\{x_n\}$ 有界.

又 $x_{k+1} - x_k = x_k - x_k^2 = x_k(1 - x_k) > 0$，所以 $\{x_n\}$ 单调增加，故 $\{x_n\}$ 收敛. 可设 $\lim\limits_{n\to\infty} x_n = x$，则 $x \geqslant x_1 > 0$. 由 $x_{n+1} = x_n(2 - x_n)$，两边取极限 $x = x(2 - x)$，所以 $x = 1$ 或 $x = 0$（舍去）. 故 $\lim\limits_{n\to\infty} x_n = 1$. 证毕.

例 2.4.3　设 $x_1 = \sqrt{2}, x_{n+1} = \dfrac{1}{2 + x_n} (n = 1, 2, \cdots)$. 证明：$\{x_n\}$ 收敛且 $\lim\limits_{n\to\infty} x_n = \sqrt{2} - 1$.

证　分析：若有极限 $\lim\limits_{n\to\infty} x_n = x$，则 $x = \dfrac{1}{2 + x}$，即 $x^2 + 2x - 1 = 0$. 所以 $x = -1 \pm \sqrt{2}$，故 $x = \sqrt{2} - 1$（$x = -\sqrt{2} - 1$ 舍去）.

$x_1 = \sqrt{2} > \sqrt{2} - 1$，所以 $x_2 = \dfrac{1}{2 + x_1} < \dfrac{1}{2 + \sqrt{2} - 1} = \dfrac{1}{\sqrt{2} + 1} = \sqrt{2} - 1$，可知 $\{x_n\}$ 并不单调.

易证，$0 < x_n < \sqrt{2} - 1$ 时，$x_{n+1} = \dfrac{1}{2 + x_n} > \dfrac{1}{\sqrt{2} + 1} = \sqrt{2} - 1$；$x_n > \sqrt{2} - 1$ 时，$0 < x_{n+1} = \dfrac{1}{2 + x_n} < \dfrac{1}{\sqrt{2} + 1} = \sqrt{2} - 1$. 故 $x_{2n+1} > \sqrt{2} - 1, 0 < x_{2n} < \sqrt{2} - 1$.

又　　$x_{2n+1} - x_{2n-1} = \dfrac{1}{2 + x_n} - x_{2n-1} = \dfrac{2 + x_{2n-1}}{5 + 2x_{2n-1}} - x_{2n-1}$

$$= \frac{-2(x_{2n-1} + 1 + \sqrt{2})(x_{2n-1} - \sqrt{2} + 1)}{5 + 2x_{2n-1}} < 0$$

同理，$x_{2n+1} - x_{2n} = \dfrac{-2(x_{2n} + 1 + \sqrt{2})(x_{2n} - \sqrt{2} + 1)}{5 + 2x_{2n}} > 0$，所以 $\{x_{2n-1}\}$ 单调减少且

有下界，$\{x_{2n}\}$ 单调增加且有上界. 不妨设 $\lim\limits_{n\to\infty} x_{2n-1} = a, \lim\limits_{n\to\infty} x_{2n} = b$，则 $a = \dfrac{2 + a}{5 + 2a}, b = $

$\dfrac{2 + b}{5 + 2b}$，所以 $a = b = \sqrt{2} - 1$ 或 $a = b = -\sqrt{2} - 1$（舍去），故 $\lim\limits_{n\to\infty} x_n = \sqrt{2} - 1$. 证毕.

2.4.2 无理数 π 和 e

考虑单位圆的内接正 n 边形的半周长 $L_n = n\sin\dfrac{180°}{n}$. 由于 n 无限增大时，内接正 n 边形的半周长 L_n 无限接近于单位圆周的半周长 $\dfrac{l}{2}$，所以，$L_n \to \dfrac{l}{2}(n \to +\infty)$. 下面，证明单位圆的内接正 n 边形的半周长 $L_n = n\sin\dfrac{180°}{n}$ 确有极限，我们就把这个极限定义为 π，即 $\dfrac{l}{2} = \pi$ 或 $l = 2\pi$.

例 2.4.4 证明：$\left\{n\sin\dfrac{180°}{n}\right\}$ 收敛.

证 令 $t = \dfrac{180°}{n(n+1)}$，$nt = \dfrac{180°}{n+1} \leqslant 45° \ (n \geqslant 3)$，则

$$\tan nt = \frac{\tan(n-1)t + \tan t}{1 - \tan(n-1)t\tan t} \geqslant \tan(n-1)t + \tan t \geqslant \cdots \geqslant n\tan t$$

所以

$$\begin{aligned}
\sin(n+1)t &= \sin nt\cos t + \cos nt\sin t \\
&= \sin nt\cos t\left(1 + \frac{\tan t}{\tan nt}\right) \\
&\leqslant \frac{n+1}{n}\sin nt\cos t \\
&\leqslant \frac{n+1}{n}\sin nt
\end{aligned}$$

$L_n = n\sin\dfrac{180°}{n} \leqslant (n+1)\sin\dfrac{180°}{n+1} = L_{n+1}$，所以 $\{L_n\}$ 单调增加.

另一方面，单位圆内正 n 边形的面积 $S_n = n\sin\dfrac{180°}{n}\cos\dfrac{180°}{n} < 4$，所以 $n \geqslant 3$ 时，$L_n = n\sin\dfrac{180°}{n} < \dfrac{4}{\cos\frac{180°}{n}} \leqslant \dfrac{4}{\cos 60°} = 8$，所以 $\{L_n\}$ 有界，从而 $\{L_n\}$ 收敛，记此极限为 π，即 $\lim\limits_{n\to\infty} n\sin\dfrac{180°}{n} = \pi$. 证毕.

注 2.4.1 单位圆的半周长为 π，对的圆心角为 $180°$，于是定义 $180°$ 的弧度为 π，所以 $1° = \dfrac{\pi}{180}$（弧度）. 因此，$\lim\limits_{n\to\infty}\dfrac{\sin\frac{\pi}{n}}{\frac{\pi}{n}} = 1$.

注 2.4.2 单位圆的内接正 n 边形面积极限，即单位圆的面积为 π，

$$\lim_{n\to\infty} S_n = \lim_{n\to\infty} n\sin\frac{180°}{n}\cos\frac{180°}{n} = \pi$$

半径为 1 的扇形面积为其顶角弧度的一半.

例 2.4.5 证明：$\left\{\left(1+\dfrac{1}{n}\right)^n\right\}$ 单调增加，$\left\{\left(1+\dfrac{1}{n}\right)^{n+1}\right\}$ 单调减少且两者收敛于同一极限.

证 设 $x_n=\left(1+\dfrac{1}{n}\right)^n,y_n=\left(1+\dfrac{1}{n}\right)^{n+1}$，利用不等式

$$\sqrt[n]{a_1a_2\cdots a_n}\leqslant\frac{a_1+a_2+\cdots+a_n}{n}\quad(a_k>0,k=1,2,\cdots,n)$$

有 $x_n=\left(1+\dfrac{1}{n}\right)^n\cdot1\leqslant\left(\dfrac{n\left(1+\frac{1}{n}\right)+1}{n+1}\right)^{n+1}=\left(1+\dfrac{1}{n+1}\right)^{n+1}=x_{n+1}$，故 $\{x_n\}$ 单调增

加；$\dfrac{1}{y_n}=\left(\dfrac{n}{n+1}\right)^{n+1}\cdot1\leqslant\left(\dfrac{(n+1)\left(\frac{n}{n+1}\right)+1}{n+2}\right)^{n+2}=\left(\dfrac{n+1}{n+2}\right)^{n+2}=\dfrac{1}{y_{n+1}}$，故 $\{y_n\}$ 单
调减少.

又 $2\leqslant x_1\leqslant x_n<y_n\leqslant y_1=4$，所以 $\{x_n\},\{y_n\}$ 收敛. 由 $y_n=\left(1+\dfrac{1}{n}\right)x_n$ 可知，它们
收敛于同一极限.

记此极限为 e, $\lim\limits_{n\to\infty}\left(1+\dfrac{1}{n}\right)^n=\lim\limits_{n\to\infty}\left(1+\dfrac{1}{n}\right)^{n+1}=$ e(无理数). 证毕.

例 2.4.6 设 $a_n=1+\dfrac{1}{2^p}+\dfrac{1}{3^p}+\cdots+\dfrac{1}{n^p}(p>0)$，证明：$p>1$ 时，$\{a_n\}$ 收敛，$0<p\leqslant1$
时，$\{a_n\}$ 发散.

证 显然，$\{a_n\}$ 单调增加.
当 $p>1$ 时，

$$\frac{1}{2^p}+\frac{1}{3^p}<\frac{1}{2^p}+\frac{1}{2^p}=\frac{1}{2^{p-1}}=r$$
$$\frac{1}{4^p}+\frac{1}{5^p}+\frac{1}{6^p}+\frac{1}{7^p}<\frac{1}{4^p}+\frac{1}{4^p}+\frac{1}{4^p}+\frac{1}{4^p}=\frac{1}{4^{p-1}}=\left(\frac{1}{2^{p-1}}\right)^2=r^2$$
$$\cdots$$
$$\frac{1}{(2^k)^p}+\frac{1}{(2^k+1)^p}+\cdots+\frac{1}{(2^{k+1}-1)^p}<\frac{2^k}{(2^k)^p}=\frac{1}{(2^k)^{p-1}}=\left(\frac{1}{2^{p-1}}\right)^k=r^k$$

所以 $a_n\leqslant a_{2^n-1}<1+r+\cdots+r^{n-1}<\dfrac{1}{r-1}$，所以 $\{a_n\}$ 收敛.
当 $p\leqslant1$ 时，

$$\frac{1}{2^p}\geqslant\frac{1}{2}$$
$$\frac{1}{3^p}+\frac{1}{4^p}\geqslant\frac{1}{4}+\frac{1}{4}\geqslant\frac{1}{2}$$
$$\frac{1}{5^p}+\cdots+\frac{1}{8^p}\geqslant\frac{4}{8}=\frac{1}{2}$$
$$\frac{1}{(2^k+1)^p}+\cdots+\frac{1}{(2^{k+1})^p}\geqslant\frac{2^k}{2^{k+1}}=\frac{1}{2}$$

故 $a_{2^n}>1+\dfrac{n}{2}$，所以 $\{a_{2^n}\}$ 是无穷大，而 $\{a_n\}$ 单调增加，所以 $\{a_n\}$ 为无穷大. 证毕.

例 2.4.7　设 $b_n = 1 + \dfrac{1}{2} + \dfrac{1}{3} + \cdots + \dfrac{1}{n} - \ln n$，证明：$\{b_n\}$ 收敛.

证　因为 $\left(1 + \dfrac{1}{n}\right)^n < \mathrm{e} < \left(1 + \dfrac{1}{n}\right)^{n+1}$，取自然对数有，$n \ln \dfrac{n+1}{n} < 1 < (n+1) \ln \dfrac{n+1}{n}$，即 $\dfrac{1}{n+1} < \ln \dfrac{n+1}{n} < \dfrac{1}{n}$，所以，$b_{n+1} - b_n = \dfrac{1}{n+1} - \ln \dfrac{n+1}{n} < 0$，$\{b_n\}$ 单调减少.

又 $b_n = 1 + \dfrac{1}{2} + \dfrac{1}{3} + \cdots + \dfrac{1}{n} - \ln n > \ln 2 + \ln \dfrac{3}{2} + \cdots + \ln \dfrac{n+1}{n} - \ln n = \ln \dfrac{n+1}{n} > 0$，所以 $\{b_n\}$ 收敛. 证毕.

记 $\lim\limits_{n \to \infty} b_n = \gamma = 0.577\,215\,664\,90\cdots$，称为 Euler 常数（无理数）.

例 2.4.8　证明：$\lim\limits_{n \to \infty} \left(1 - \dfrac{1}{2} + \dfrac{1}{3} - \cdots + \dfrac{(-1)^{n+1}}{n}\right) = \ln 2$.

证　因为 $b_n = 1 + \dfrac{1}{2} + \dfrac{1}{3} + \cdots + \dfrac{1}{n} - \ln n \to \gamma\,(n \to \infty)$

$$b_{2n} = 1 + \frac{1}{2} + \frac{1}{3} + \cdots + \frac{1}{n} + \frac{1}{n+1} + \cdots + \frac{1}{2n} - \ln 2n \to \gamma\,(n \to \infty)$$

设 $d_n = 1 - \dfrac{1}{2} + \dfrac{1}{3} - \cdots + \dfrac{(-1)^{n+1}}{n}$，则

$$\begin{aligned}
d_{2n} &= b_{2n} + \ln 2n - 2 \cdot \left[\frac{1}{2} + \frac{1}{4} + \cdots + \frac{1}{2n}\right] \\
&= b_{2n} + \ln 2n - b_n - \ln n \\
&\to \gamma - \gamma + \ln 2 = \ln 2\,(n \to \infty) \\
d_{2n+1} &= d_{2n} + \frac{1}{2n+1} \to \ln 2\,(n \to \infty)
\end{aligned}$$

所以 $\lim\limits_{n \to \infty} \left(1 - \dfrac{1}{2} + \dfrac{1}{3} - \cdots + \dfrac{(-1)^{n+1}}{n}\right) = \ln 2$. 证毕.

2.4.3　闭区间套定理

定义 2.4.1　若区间序列 $\{[a_n, b_n]\}$ 满足：
(1) $[a_{n+1}, b_n] \subset [a_n, b_n], n = 1, 2, \cdots$
(2) $\lim\limits_{n \to \infty}(b_n - a_n) = 0$
则称 $\{[a_n, b_n]\}$ 形成一个闭区间套.

定理 2.4.2　若 $\{[a_n, b_n]\}$ 形成一个闭区间套，则存在唯一的 ξ 属于所有区间 $[a_n, b_n]$ 且 $\lim\limits_{n \to \infty} a_n = \lim\limits_{n \to \infty} b_n = \xi$.

证　因为 $\{[a_n, b_n]\}$ 形成一个闭区间套，即，$a_1 \leqslant \cdots \leqslant a_{n-1} \leqslant a_n < b_n \leqslant b_{n-1} \leqslant \cdots \leqslant b_1$，所以 $\{a_n\}$ 单调增加且有上界 b_1；$\{b_n\}$ 单调减少且有下界 a_1. 设 $\lim\limits_{n \to \infty} a_n = \xi$，则 $\lim\limits_{n \to \infty} b_n = \lim\limits_{n \to \infty} a_n + \lim\limits_{n \to \infty}(b_n - a_n) = \xi + 0 = \xi$，所以 ξ 是 $\{a_n\}$ 的上确界，又为 $\{b_n\}$ 的下确界（单调有界数列必收敛于其确界），所以 $a_n \leqslant \xi \leqslant b_n, n = 1, 2, \cdots$，即 ξ 属于所有区间 $[a_n, b_n]$.

若 $\exists \eta$ 属于所有区间 $[a_n, b_n]$，则 $a_n \leqslant \eta \leqslant b_n, n = 1, 2, \cdots$. 所以 $0 \leqslant |\xi - \eta| \leqslant (b_n - a_n)$，令 $n \to \infty$，得到 $\xi = \eta$，唯一性得证. 证毕.

注 2.4.3　开区间不成立. 如，$\left\{\left(0, \dfrac{1}{n}\right)\right\}$ 是开区间套，但结论不对.

定理 2.4.3　实数集 $\mathbb{R}$ 是不可列集.

证　用反证法. 若 $\mathbb{R}$ 为可列集，不妨设 $\mathbb{R} = \{x_1, x_2, \cdots, x_n, \cdots\}$，取 $[a_1, b_1]$, s.t., $x_1 \notin [a_1, b_1]$.

三等分 $[a_1, b_1]$：$\left[a_1, \dfrac{2a_1 + b_1}{3}\right], \left[\dfrac{2a_1 + b_1}{3}, \dfrac{a_1 + 2b_1}{3}\right], \left[\dfrac{a_1 + 2b_1}{3}, b_1\right]$，至少有一个子区间不含 x_2，记为 $[a_2, b_2]$, $x_1, x_2 \notin [a_2, b_2]$，再将 $[a_2, b_2]$ 三等分，则至少有一个子区间记为 $[a_3, b_3]$, s.t., $x_1, x_2, x_3 \notin [a_3, b_3], \cdots$，于是得闭区间套 $\{[a_n, b_n]\}$, s.t., $x_1, x_2, \cdots, x_n \notin [a_n, b_n], n = 1, 2, \cdots$.

由闭区间套定理，$\exists \xi$, s.t., $\xi \in [a_n, b_n], n = 1, 2, \cdots$，故 $\xi \neq x_n, n = 1, 2, \cdots$，与 $\mathbb{R} = \{x_1, x_2, \cdots, x_n, \cdots\}$ 矛盾. 证毕.

2.4.4　子　列

定义 2.4.2　设 $\{x_n\}$ 是一个数列，$n_1 < n_2 < \cdots < n_k < n_{k+1} < \cdots$，即 $\{n_k\}$ 是严格单调增加的正整数列，则称 $x_{n_1}, x_{n_2}, \cdots, x_{n_k}, \cdots$ 是 $\{x_n\}$ 的一个子列，记为 $\{x_{n_k}\}$.

显然 $n_k \geqslant k, k \in \mathbb{N}^+$ 且对于 $i > j, i, j \in \mathbb{N}^+$，有 $n_i > n_j$.

特别地，$\{x_{2k}\}$ 是 $\{x_n\}$ 的偶数项子列，$\{x_{2k+1}\}$ 是 $\{x_n\}$ 的奇数项子列.

定理 2.4.4　若 $\lim\limits_{n \to \infty} x_n = a$，则 $\{x_n\}$ 的任何子列 $\{x_{n_k}\}$ 有 $\lim\limits_{n \to \infty} x_{n_k} = a$.

证　$\lim\limits_{n \to \infty} x_n = a \Leftrightarrow \forall \varepsilon > 0, \exists N$, s.t., $n > N$ 时，$|x_n - a| < \varepsilon$，于是当 $k > N$ 时，$n_k \geqslant k > N, |x_{n_k} - a| < \varepsilon$. 证毕.

推论 2.4.1　若 $\{x_n\}$ 有两个子列 $\{x_{n_k}^{(1)}\}, \{x_{n_k}^{(2)}\}$ 分别收敛于不同极限，则 $\{x_n\}$ 发散.

例 2.4.9　考察数列 $\left\{\dfrac{1 + (-1)^n}{2}\right\}$ 与 $\left\{\sin \dfrac{n\pi}{2}\right\}$ 的收敛性.

解　因为 $\left\{\dfrac{1 + (-1)^n}{2}\right\}$ 有奇数子列 $\{x_{2k-1}\} = \{0\}$ 收敛到 0，偶数子列 $\{x_{2k}\} = \{1\}$ 收敛到 1，所以，数列 $\left\{\dfrac{1 + (-1)^n}{2}\right\}$ 发散.

$\left\{\sin \dfrac{n\pi}{2}\right\}$ 有偶数子列 $\{x_{2k}\} = \{0\}$ 收敛到 0，奇数子列 $\{x_{2k-1}\} = \{(-1)^{k-1}\}$ 发散，所以，数列 $\left\{\sin \dfrac{n\pi}{2}\right\}$ 发散.

2.4.5　Weierstrass 定理

收敛数列必有界，有界数列未必收敛. 但是有界数列必存在收敛子列.

定理 2.4.5 (Bolzano-Weierstrass 定理)　有界数列必有收敛子列.

证　$\{x_n\}$ 有界，即 $\exists a_1, b_1$, s.t., $a_1 \leqslant x_n \leqslant b_1, n = 1, 2, \cdots$. 二等分 $[a_1, b_1]$，则必有一个子区间记 $[a_2, b_2]$ 含有 $\{x_n\}$ 中的无穷多项. 同理，二等分 $[a_2, b_2], \cdots$，则必有一个子区间记

$[a_3, b_3]$ 含有 $\{x_n\}$ 中的无穷多项. 这样一直下去, 得到闭区间套 $\{[a_k, b_k]\}$, 其中每个 $[a_k, b_k]$ 均含 $\{x_n\}$ 中的无穷多项. 由闭区间套定理: $\exists \xi$, s.t., $\xi = \lim\limits_{k\to\infty} a_k = \lim\limits_{k\to\infty} b_k$. 下面证明: $\{x_n\}$ 必有子列收敛于 ξ, 取

$$x_{n_1} \in [a_1, b_1],$$
$$x_{n_2} \in [a_2, b_2] 且 n_2 > n_1,$$
$$\cdots$$
$$x_{n_k} \in [a_k, b_k] 且 n_k > n_{k-1},$$
$$x_{n_{k+1}} \in [a_{k+1}, b_{k+1}] 且 n_{k+1} > n_k, \cdots$$

于是有子列 $\{x_{n_k}\}$, 满足 $a_k \leqslant x_{n_k} \leqslant b_k, k = 1, 2, \cdots$, 故 $\lim\limits_{k\to\infty} x_{n_k} = \xi$. 证毕.

定理 2.4.6 若 $\{x_n\}$ 是一个无界数列, 则存在子列 $\{x_{n_k}\}$, s.t., $\lim\limits_{k\to\infty} x_{n_k} = \infty$.

证 $\{x_n\}$ 无界, $\forall M > 0$, $\{x_n\}$ 中有无穷项 x_n, s.t., $|x_n| > M$, 于是:

$$k = 1, \exists x_{n_1} \in \{x_n\}, \text{s.t.}, |x_{n_1}| > 1,$$
$$k = 2, \exists x_{n_2} \in \{x_n\} 且 n_2 > n_1, \text{s.t.}, |x_{n_2}| > 2,$$
$$\cdots$$
$$k = m, \exists x_{n_m} \in \{x_n\} 且 n_m > n_{m-1}, \text{s.t.}, |x_{n_m}| > m$$
$$\cdots$$
$$\forall k \in \mathbb{N}^+, \exists x_{n_k} \in \{x_n\} 且 n_k > n_{k-1}, \text{s.t.}, |x_{n_k}| > k.$$

所以 $\lim\limits_{k\to\infty} x_{n_k} = \infty$. 证毕.

2.4.6 Cauchy 收敛定理

定义 2.4.3 若数列 $\{x_n\}$ 满足: $\forall \varepsilon > 0, \exists N$, s.t., $\forall m, n > N: |x_m - x_n| < \varepsilon$, 则称 $\{x_n\}$ 是一个基本数列或称为 Cauchy 列.

例 2.4.10 $x_n = 1 + \dfrac{1}{2^2} + \dfrac{1}{3^2} + \cdots + \dfrac{1}{n^2}$, 则 $\{x_n\}$ 是一个基本列.

证 $\forall m > n$,

$$\begin{aligned}
x_m - x_n &= \frac{1}{(n+1)^2} + \frac{1}{(n+2)^2} + \cdots + \frac{1}{(m)^2} \\
&< \frac{1}{n(n+1)} + \frac{1}{(n+1)(n+2)} + \cdots + \frac{1}{(m-1)m} \\
&= \frac{1}{n} - \frac{1}{m} \\
&< \frac{1}{n}
\end{aligned}$$

所以 $\forall \varepsilon > 0, \exists N = \left[\dfrac{1}{\varepsilon}\right]$, 当 $m > n > N$ 时, $|x_m - x_n| < \varepsilon$. 证毕.

例 2.4.11 $x_n = 1 + \dfrac{1}{2} + \dfrac{1}{3} + \cdots + \dfrac{1}{n}$, 则 $\{x_n\}$ 不是基本列.

证 $\forall n \in \mathbb{N}, x_{2n} - x_n = \dfrac{1}{n+1} + \dfrac{1}{n+2} + \cdots + \dfrac{1}{2n} > n \cdot \dfrac{1}{2n} = \dfrac{1}{2}$，所以 $\varepsilon_0 = \dfrac{1}{2}$，不论 N 多么大，总存在 $n > N$，当 $m = 2n > 2N$，s.t.，$|x_m - x_n| > \varepsilon_0 = \dfrac{1}{2}$. 证毕.

定理 2.4.7　（Cauchy 收敛原理）$\{x_n\}$ 收敛 $\Leftrightarrow \{x_n\}$ 是基本列.

证 $\Rightarrow$) $\lim\limits_{n\to\infty} x_n = a$，则 $\forall \varepsilon > 0, \exists N$，s.t.，$n > N$ 时，$|x_n - a| < \dfrac{\varepsilon}{2}$，于是 $m, n > N$ 时，$|x_m - x_n| \leqslant |x_m - a| + |x_n - a| < \dfrac{\varepsilon}{2} + \dfrac{\varepsilon}{2} = \varepsilon$.

$\Leftarrow$) $\{x_n\}$ 是基本列，对 $\varepsilon_0 = 1, \exists N_0$, s.t., $m, n > N_0$ 时，$|x_m - x_n| < 1$，所以 $|x_n - x_{N_0+1}| < 1 (m = N_0 + 1)$.

取 $M = \max\{|x_1|, \cdots, |x_{N_0}|, |x_{N_0+1} + 1|\}$，有 $|x_n| \leqslant M, n = 1, 2, \cdots$，所以 $\{x_n\}$ 是有界列，再由 Weierstrass 定理知，存在子列 $\{x_{n_k}\}, \lim\limits_{k\to\infty} x_{n_k} = \xi$.

因为 $\{x_n\}$ 是基本列，所以对 $\forall \varepsilon > 0, \exists N$，s.t.，$m, n > N$ 时，有 $|x_m - x_n| < \dfrac{\varepsilon}{2}$，取 $m = n_k$，其中 $n_k > N(k$ 充分大$)$，那么 $|x_n - \xi| \leqslant |x_n - x_{n_k}| + |x_{n_k} - \xi| \leqslant |x_{n_k} - \xi| + \dfrac{\varepsilon}{2}$，令 $k \to \infty$，有 $|x_n - \xi| \leqslant \dfrac{\varepsilon}{2}$，所以 $\lim\limits_{n\to\infty} x_n = \xi$. 证毕.

注 2.4.4　Cauchy 收敛原理：实数基本列 $\{x_n\}$ 必有实数极限，称为实数系的完备性. 有理数系不具备完备性.

例 2.4.12　设数列 $\{x_n\}$ 满足 $|x_{n+1} - x_n| \leqslant k|x_n - x_{n-1}|, 0 < k < 1, n = 1, 2, \cdots$，则 $\{x_n\}$ 收敛.

证 $\forall n \in \mathbb{N}$，

$$|x_{n+1} - x_n| \leqslant k|x_n - x_{n-1}| \leqslant \cdots \leqslant k^{n-1}|x_2 - x_1|$$

所以对 $\forall m > n$ 有

$$\begin{aligned}
|x_m - x_n| &\leqslant |x_m - x_{m-1}| + |x_{m-1} - x_{m-2}| + \cdots + |x_{n+1} - x_n| \\
&\leqslant k^{m-2}|x_2 - x_1| + k^{m-3}|x_2 - x_1| + \cdots + k^{n-1}|x_2 - x_1| \\
&\leqslant \frac{k^{n-1}}{1-k}|x_2 - x_1| \to 0 (n \to \infty)
\end{aligned}$$

所以 $\{x_n\}$ 为基本列，$\{x_n\}$ 收敛. 证毕.

2.4.7　实数系的基本定理

前面依次介绍并证明了确界存在定理（实数系连续性定理）、单调有界数列收敛定理、闭区间套定理、*Bolzano-Weierstrass* 定理（致密性定理）和 *Cauchy* 定理（实数系的完备性）. 这五个定理称为实数系基本定理（有时还包括聚点原理和有限覆盖定理）. 这五个定理的证明顺序如下：

确界存在定理（实数系连续性定理）

$\Downarrow$

单调有界数列收敛定理

$\Downarrow$

闭区间套定理

$$\Downarrow$$

Bolzano–Weierstrass 定理

$$\Downarrow$$

Cauchy 定理（实数系的完备性）

可以证明实数系基本定理中的这些定理都是等价的.

定理 2.4.8 实数系的完备性 $\Leftrightarrow$ 实数系的连续性.

证 Cauchy 收敛原理 $\Rightarrow$ 闭区间套定理.

设 $\{[a_n, b_n]\}$ 是闭区间列, 满足:

(i) $[a_{n+1}, b_{n+1}] \subset [a_n, b_n], n = 1, 2, \cdots$,

(ii) $\lim\limits_{n\to\infty}(b_n - a_n) = 0$.

当 $m > n$ 时, $0 \leqslant a_m - a_n \leqslant b_n - a_n \to 0 (n \to \infty)$, 所以 $\{x_n\}$ 是基本列. 设 $\lim\limits_{n\to\infty} a_n = \xi$, 则 $\lim\limits_{n\to\infty} b_n = \lim\limits_{n\to\infty} a_n + \lim\limits_{n\to\infty}(b_n - a_n) = \xi + 0 = \xi$, 因为 $\{a_n\}$ 单调增加, 而 $\{b_n\}$ 单调减少, 所以 $\xi \in [a_n, b_n]$ 且唯一.

再证闭区间套定理 $\Rightarrow$ 确界存在定理.

设 S 是非空有上界的实数集, T 是 S 的所有上界组成的集合.

现证: T 含有最小数, 即 S 有上确界. 取 $a_1 \notin T, b_1 \in T$, 则 $a_1 < b_1$, 令

$$[a_2, b_2] = \begin{cases} \left[a_1, \dfrac{a_1 + b_1}{2}\right], & \dfrac{a_1 + b_1}{2} \in T \\ \left[\dfrac{a_1 + b_1}{2}, b_1\right], & \dfrac{a_1 + b_1}{2} \notin T \end{cases}$$

$$[a_3, b_3] = \begin{cases} \left[a_2, \dfrac{a_2 + b_2}{2}\right], & \dfrac{a_2 + b_2}{2} \in T \\ \left[\dfrac{a_2 + b_2}{2}, b_2\right], & \dfrac{a_2 + b_2}{2} \notin T \end{cases}$$

$$\cdots$$

于是得闭区间套 $\{[a_n, b_n]\}$ 满足 $a_n \notin T, b_n \in T, n = 1, 2, 3, \cdots$, 由闭区间套定理知: 存在唯一 $\xi \in [a_n, b_n]$ 且 $\lim\limits_{n\to\infty} a_n = \lim\limits_{n\to\infty} b_n = \xi$.

现证: ξ 是 T 中的最小数.

若 $\xi \notin T$, 则 $\exists x_0 \in S$, s.t., $\xi < x_0$, 由 $\lim\limits_{n\to\infty} b_n = \xi$ 可知, n 充分大时, $b_n < x_0$ 与 $b_n \in T$ 矛盾, 所以 $\xi \in T$.

若 $\exists \eta \in T$ 且 $\eta < \xi$, 由 $\lim\limits_{n\to\infty} a_n = \xi$, 所以 n 充分大后, $a_n > \eta$. 由于 $a_n \notin T$, 于是 $\exists y \in S$, s.t., $y > a_n > \eta$ 与 $\eta \in T$ 是上界矛盾. 证毕.

习题 2.4

1. 利用 $\lim\limits_{n\to\infty}\left(1 + \dfrac{1}{n}\right)^n = \mathrm{e}$ 求下列极限:

(1) $\lim\limits_{n\to\infty}\left(1 - \dfrac{1}{n}\right)^n$;

(2) $\lim\limits_{n\to\infty}\left(1 + \dfrac{1}{n}\right)^{n+1}$;

(3) $\displaystyle\lim_{n\to\infty}\left(1+\frac{1}{n+1}\right)^n$; (4) $\displaystyle\lim_{n\to\infty}\left(1+\frac{1}{2n}\right)^n$;

(5) $\displaystyle\lim_{n\to\infty}\left(1+\frac{1}{n^2}\right)^n$.

2. 试问下面的解题方法是否正确.

求 $\displaystyle\lim_{n\to\infty}2^n$.

解 设 $a_n=2^n$ 及 $\displaystyle\lim_{n\to\infty}a_n=a$. 由于 $a_n=2a^{n-1}$，两边取极限 $(n\to\infty)$ 得 $a=2a$，所以 $a=0$.

3. 利用单调有界数列必定收敛的性质，证明下述数列收敛，并求出极限.

(1) $x_1=\sqrt{2}, x_{n+1}=\sqrt{2+x_n}, n=1,2,3,\cdots$;

(2) $x_1=\sqrt{2}, x_{n+1}=\sqrt{2x_n}, n=1,2,3,\cdots$;

(3) $x_1=\sqrt{2}, x_{n+1}=\dfrac{-1}{2+x_n}, n=1,2,3,\cdots$;

(4) $x_1=1, x_{n+1}=\sqrt{4+3x_n}, n=1,2,3,\cdots$;

(5) $0<x_1<1, x_{n+1}=1-\sqrt{1-x_n}, n=1,2,3,\cdots$;

(6) $0<x_1<1, x_{n+1}=x_n(2-x_n), n=1,2,3,\cdots$.

4. 设 $x_{n+1}=\dfrac{1}{2}\left(x_n+\dfrac{2}{x_n}\right), n=1,2,3,\cdots$, 分 $x_1=1$ 与 $x_2=-2$ 两种情况求 $\displaystyle\lim_{n\to\infty}x_n$.

5. 设 $x_1=a, x_2=b, x_{x+2}=\dfrac{x_{n+1}+x_n}{2}(n=1,2,3,\cdots)$, 求 $\displaystyle\lim_{n\to\infty}x_n$.

6. 设 $x_1=\sqrt{2}, x_{n+1}=\dfrac{1}{2+x_n}(n=1,2,3,\cdots)$, 证明：数列 $\{x_n\}$ 收敛，并求极限 $\displaystyle\lim_{n\to\infty}x_n$.

7. 设 $\{x_n\}$ 是一单调数列，证明：$\displaystyle\lim_{n\to\infty}x_n=a$ 的充分必要条件是存在 $\{x_n\}$ 的子列 $\{x_{n_k}\}$ 满足 $\displaystyle\lim_{k\to\infty}x_{n_k}=a$.

8. 证明：若有界数列 $\{x_n\}$ 不收敛，则必存在两个子列 $\{x_{n_k}^{(1)}\}$ 与 $\{x_{n_k}^{(2)}\}$ 收敛到不同极限，即，$\displaystyle\lim_{k\to\infty}x_{n_k}^{(1)}=a, \lim_{k\to\infty}x_{n_k}^{(2)}=b, a\neq b$.

9. 证明：若数列 $\{x_n\}$ 无界，但非无穷大量，则必存在两个子列 $\{x_{n_k}^{(1)}\}$ 与 $\{x_{n_k}^{(2)}\}$，其中 $\{x_{n_k}^{(1)}\}$ 为无穷大量，$\{x_{n_k}^{(2)}\}$ 是收敛子列.

10. 设 S 是非空有上界的数集，$\sup S=a\bar{\in}S$. 证明：在数集 S 中可取出严格单调增加的数列 $\{x_n\}$，使得 $\displaystyle\lim_{n\to\infty}x_n=a$.

11. 设 $\{(a_n,b_n)\}$ 是一列开区间，满足条件：

(1) $a_1<a_2<\cdots<a_n<\cdots<b_n<\cdots<b_2<b_1$;

(2) $\displaystyle\lim_{n\to\infty}(b_n-a_n)=0$.

证明：存在唯一的实数 ξ 属于所有的开区间 (a_n,b_n)，且 $\xi=\displaystyle\lim_{n\to\infty}a_n=\lim_{n\to\infty}b_n$.

12. (1) 设数列 $\{x_n\}$ 满足条件 $\displaystyle\lim_{n\to\infty}|x_{n+1}-x_n|=0$, 问 $\{x_n\}$ 是否一定是基本列；

(2) 设数列 $\{x_n\}$ 满足条件 $|x_{n+1}-x_n|<\dfrac{1}{2^n}(n=1,2,3,\cdots)$, 证明 $\{x_n\}$ 是基本列.

13. 对于数列 $\{x_n\}$ 构造数集 A_k

$$A_k=\{x_n|n\geqslant k\}=\{x_k,x_{k+1},\cdots\}$$

记 $\mathrm{diam}A_k=\sup\{|x_n-x_m|, x_n\in A_k, x_m\in A_k\}$, 证明：数列 $\{x_n\}$ 收敛的充分必要条件是

$$\lim_{k\to\infty}\mathrm{diam}A_k=0.$$

14. 应用柯西收敛准则，证明以下数列 $\{a_n\}$ 收敛：

   (1) $a_n = \dfrac{\sin 1}{2} + \dfrac{\sin 2}{2^2} + \cdots + \dfrac{\sin n}{2^n}$;

   (2) $a_n = 1 + \dfrac{1}{2^2} + \dfrac{1}{3^2} + \cdots + \dfrac{1}{n^2}$.

15. 按照柯西收敛准则叙述数列 $\{a_n\}$ 发散的充要条件，并证明下列数列 $\{a_n\}$ 是发散的：

   (1) $\{a_n = (-1)^n n\}$;

   (2) $\left\{ a_n = \sin \dfrac{n\pi}{2} \right\}$;

   (3) $\left\{ a_n = 1 + \dfrac{1}{2} + \cdots + \dfrac{1}{n} \right\}$.

16. 设数列 $\{a_n\}$ 满足：存在正数 M，对一切 n 有

$$A_n = |a_2 - a_1| + |a_3 - a_2| + \cdots + |a_n - a_{n-1}| \leqslant M$$

   则数列 $\{a_n\}$ 与 $\{A_n\}$ 都收敛.

第 3 章　函数的极限与连续

本章介绍函数的极限和连续, 包括函数极限的定义与性质, 函数极限存在的条件, 无穷小量和无穷大量的比较, 函数的连续性的定义与性质, 有界闭区间上连续函数的性质等.

3.1　函数的极限

3.1.1　函数极限的定义

下面介绍函数的极限. 称区间 $(X_0 - \rho, X_0 + \rho)$ 为 x_0 的 ρ 邻域, 记为 $U_\rho(x_0)$ 或 $U(x_0, \rho)$, 即 $U_\rho(x_0) = (x_0 - \rho, x_0 + \rho)$. 称集合 $(x_0 - \rho, x_0) \cup (x_0, x_0 + \rho)$ 为 x_0 的 ρ 去心邻域, 记为 $\mathring{U}_\rho(x_0)$ 或 $\mathring{U}(x_0, \rho)$.

定义 3.1.1　设 $f(x)$ 在 x_0 的去心邻域 $\mathring{U}_\rho(x_0)$ 内有定义. 如果存在实数 A, 对于任意给定 $\varepsilon > 0$, 总可找到 $\delta > 0$, 使得当 $0 < |x - x_0| < \delta$ 时成立 $|f(x) - A| < \varepsilon$, 则称 A 是函数 $f(x)$ 在 x_0 处的极限. 记为 $\lim\limits_{x \to x_0} f(x) = A$ 或 $f(x) \to A (x \to x_0)$. 若不存在具有上述性质的 A, 则称 $f(x)$ 在 x_0 处极限不存在.

函数极限几何意义: 上述定义称为函数极限的 $\varepsilon - \delta$ 定义, 如图 3.1 所示. 对于任意的 $\varepsilon > 0$, 在坐标平面上画一条以直线 $y = A$ 为中心线、宽为 2ε 的横带, 则必存在以直线 $x = x_0$ 为中心线、宽为 2δ 的竖带, 使函数 $y = f(x)$ 的图像在竖带中的部分全部落在横带之中, 但点 $(x_0, f(x_0))$ 可能例外 (或无意义).

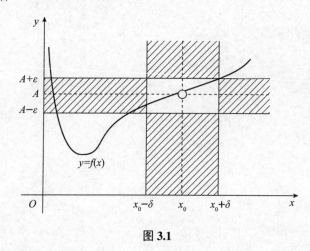

图 3.1

注 3.1.1　(1) $\varepsilon > 0$ 给定时, $\delta = \delta(\varepsilon)$ 可以确定.

(2) $\varepsilon > 0$ 可以任意小, 不论多少总可以找到 δ.

(3) x_0 处的极限存在与否与 $f(x_0)$ 有无定义是无关的.

(4) $\lim\limits_{x \to x_0} f(x) = A$ 的定义可以简单叙述为"$\varepsilon - \delta$"语言：$\forall \varepsilon > 0, \exists \delta > 0, \forall x$：$0 < |x - x_0| < \delta, |f(x) - A| < \varepsilon$.

例 3.1.1　证明：$\lim\limits_{x \to 1} \dfrac{x^2 - 1}{x - 1} = 2$.

证　当 $x \neq 1$ 时，$\left| \dfrac{x^2 - 1}{x - 1} - 2 \right| = |x + 1 - 2| = |x - 1|$. 所以 $\forall \varepsilon > 0, \exists \delta = \varepsilon > 0$，当 $0 < |x - 1| < \delta$ 时，有 $\left| \dfrac{x^2 - 1}{x - 1} - 2 \right| = |x - 1| < \delta = \varepsilon$. 所以 $\lim\limits_{x \to 1} \dfrac{x^2 - 1}{x - 1} = 2$. 证毕.

例 3.1.2　证明：$\lim\limits_{x \to x_0} \sqrt{x} = \sqrt{x_0}\ (x_0 > 0)$.

证　$|\sqrt{x} - \sqrt{x_0}| = \dfrac{|x - x_0|}{\sqrt{x} + \sqrt{x_0}} \leqslant \dfrac{1}{\sqrt{x_0}} |x - x_0|$，所以，$\forall \varepsilon > 0$，要让 $|\sqrt{x} - \sqrt{x_0}| < \varepsilon$，只要 $|x - x_0| < \sqrt{x_0}\varepsilon$. 又 $x \geqslant 0$，取 $\delta = \min\{x_0, \sqrt{x_0}\varepsilon\}$，则当 $0 < |x - x_0| < \delta$ 时，$|\sqrt{x} - \sqrt{x_0}| < \varepsilon$. 故 $\lim\limits_{x \to x_0} \sqrt{x} = \sqrt{x_0}$. 证毕.

3.1.2　函数极限的性质

函数的极限具有类似于数列极限的性质.

性质 3.1.1 (极限的唯一性)　设 A, B 都是 $f(x)$ 在 x_0 处的极限，则 $A = B$.

证　$\lim\limits_{x \to x_0} f(x) = A$ 且 $\lim\limits_{x \to x_0} f(x) = B$. $\forall \varepsilon > 0, \exists \delta_1 > 0, \exists \delta_2 > 0$, s.t., $0 < |x - x_0| < \delta_1$ 时，$|f(x) - A| < \dfrac{\varepsilon}{2}$，而 $0 < |x - x_0| < \delta_2$ 时，$|f(x) - B| < \dfrac{\varepsilon}{2}$. 令 $\delta = \min\{\delta_1, \delta_2\}$，则当 $0 < |x - x_0| < \delta$ 时，$|A - B| \leqslant |f(x) - A| + |f(x) - B| < \dfrac{\varepsilon}{2} + \dfrac{\varepsilon}{2} = \varepsilon$. 再有 $\varepsilon > 0$ 的任意性知，$A = B$. 证毕.

性质 3.1.2 (局部保序性)　若 $\lim\limits_{x \to x_0} f(x) = A, \lim\limits_{x \to x_0} g(x) = B$ 且 $A > B$，则 $\exists \delta > 0$，当 $0 < |x - x_0| < \delta$ 时，$f(x) > g(x)$.

证　因为 $\lim\limits_{x \to x_0} f(x) = A$，所以对 $\varepsilon = \dfrac{A - B}{2} > 0, \exists \delta_1 > 0$，当 $0 < |x - x_0| < \delta_1$ 时，$|f(x) - A| < \dfrac{A - B}{2}$. 同理，由于 $\lim\limits_{x \to x_0} g(x) = B, \exists \delta_2 > 0$，当 $0 < |x - x_0| < \delta_2$ 时，$|g(x) - B| < \dfrac{A - B}{2}$.

取 $\delta = \min\{\delta_1, \delta_2\}$，则当 $0 < |x - x_0| < \delta$ 时，

$$A - \frac{A - B}{2} < f(x) < A + \frac{A - B}{2}, \quad B - \frac{A - B}{2} < g(x) < B + \frac{A - B}{2}$$

所以 $f(x) > \dfrac{A + B}{2} > g(x)$，得证. 证毕.

推论 3.1.1　若 $\lim\limits_{x \to x_0} f(x) = A \neq 0$，则 $\exists \delta > 0$, s.t., $0 < |x - x_0| < \delta$ 时，$|f(x)| > \dfrac{|A|}{2}$.

证　由 $\lim\limits_{x \to x_0} f(x) = A$ 知，$\lim\limits_{x \to x_0} |f(x)| = |A|$. 取 $g(x) = \dfrac{|A|}{2}$，则 $\lim\limits_{x \to x_0} g(x) = \dfrac{|A|}{2}$. 由于 $|A| > \dfrac{|A|}{2}$ 知，$\exists \delta$, s.t., $0 < |x - x_0| < \delta$ 时，$|f(x)| > \dfrac{|A|}{2}$. 证毕.

推论 3.1.2 若 $\lim\limits_{x \to x_0} f(x) = A, \lim\limits_{x \to x_0} g(x) = B$ 且 $0 < |x - x_0| < \rho$ 时，$f(x) \geqslant g(x)$，则 $A \geqslant B$.

证 用反证法及上述性质可得. 证毕.

推论 3.1.3 (局部有界性)　若 $\lim\limits_{x \to x_0} f(x) = A$，则 $\exists \delta > 0$，s.t.，在 $\mathring{U}_\delta(x_0)$ 内 $f(x)$ 有界.

证 设 $h(x) = A+1, g(x) = A-1$，则 $\lim\limits_{x \to x_0} f(x) = A, \lim\limits_{x \to x_0} h(x) = A+1, \lim\limits_{x \to x_0} g(x) = A-1$. 由极限的保序性，所以 $\exists \delta > 0$，s.t.，$0 < |x - x_0| < \delta$ 时，$g(x) < f(x) < h(x)$，即 $A - 1 < f(x) < A + 1$. 于是 $f(x)$ 有界. 证毕.

性质 3.1.3 (夹逼性)　若当 $0 < |x - x_0| < \rho$ 时，$g(x) \leqslant f(x) \leqslant h(x)$，且 $\lim\limits_{x \to x_0} g(x) = \lim\limits_{x \to x_0} h(x) = A$，则 $\lim\limits_{x \to x_0} f(x) = A$.

证 $\forall \varepsilon > 0, \exists \delta_1$，s.t.，$0 < |x-x_0| < \delta_1$ 时，$|g(x) - A| < \varepsilon, |h(x) - A| < \varepsilon$. 取 $\delta = \min\{\delta_1, \rho\}$，则当 $0 < |x - x_0| < \delta$ 时，$A - \varepsilon < g(x) < f(x) < h(x) < A + \varepsilon$. 所以 $\lim\limits_{x \to x_0} f(x) = A$. 证毕.

例 3.1.3　证明：$\lim\limits_{x \to 0} \dfrac{\sin x}{x} = 1$.

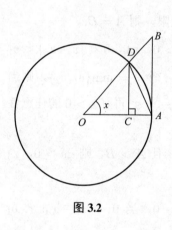

图 3.2

证　首先考虑 $0 < x < \dfrac{\pi}{2}$ 时，建立不等式 $\sin x < x < \tan x$. 设单位圆上圆心角 $\angle AOD = x$，过 A 作圆的切线交半径 OD 的延长线于 B，再过 D 向半径 OA 引垂线，垂足为 C，如图 3.2 所示. 从图形上可以看出，$S_{\triangle AOD} < S_{扇形 AOD} < S_{\triangle AOB}$，即 $\dfrac{1}{2}\sin x < \dfrac{1}{2}x < \dfrac{1}{2}\tan x$. 所以 $\sin x < x < \tan x$，即 $\cos x < \dfrac{\sin x}{x} < 1 \left(0 < x < \dfrac{\pi}{2}\right)$. 又 $\cos x, \dfrac{\sin x}{x}$ 均为偶函数，所以对于 $0 < |x| < \dfrac{\pi}{2}$，也成立 $\cos x < \dfrac{\sin x}{x} < 1$. 注意到，$0 \leqslant |1 - \cos x| = \dfrac{1}{2}\sin^2 x \leqslant \dfrac{1}{2}x^2$，所以 $\lim\limits_{x \to 0} \cos x = 1$，由夹逼性知：$\lim\limits_{x \to 0} \dfrac{\sin x}{x} = 1$. 证毕.

3.1.3　函数极限的四则运算

定理 3.1.1　设 $\lim\limits_{x \to x_0} f(x) = A, \lim\limits_{x \to x_0} g(x) = B$，则

(1) $\lim\limits_{x \to x_0} \alpha f(x) + \beta g(x) = \alpha A + \beta B$；

(2) $\lim\limits_{x \to x_0} f(x) \cdot g(x) = A \cdot B$；

(3) $\lim\limits_{x \to x_0} \dfrac{f(x)}{g(x)} = \dfrac{A}{B}(B \neq 0)$.

证 类似于数列极限的四则运算证明. 以下仅证 (3) 成立. 注意到，

$$\left| \frac{f(x)}{g(x)} - \frac{A}{B} \right| = \left| \frac{Bf(x) - Ag(x)}{Bg(x)} \right| \leqslant \frac{1}{|Bg(x)|}(|B||f(x) - A| + |A||g(x) - B|)$$

又 $\lim\limits_{x \to x_0} g(x) = B \neq 0$，所以 $\exists \delta > 0$，当 $0 < |x - x_0| < \delta$ 时，$|g(x)| \geqslant \dfrac{1}{2}|B|$. 所以，当 $0 < |x - x_0| < \delta$ 时，

$$\left| \frac{f(x)}{g(x)} - \frac{A}{B} \right| \leqslant \frac{2}{B^2}(|B||f(x) - A| + |A||g(x) - B|)$$

再由夹逼性得证. 证毕.

例 3.1.4 求极限 $\lim\limits_{x \to -1} \left(\dfrac{1}{1+x} - \dfrac{3}{x^3+1} \right)$

解 显然，不能够直接用四则运算法则来计算. 但是，通过变形处理就可以用了.

$$\begin{aligned}
\lim_{x \to -1} \left(\frac{1}{1+x} - \frac{3}{x^3+1} \right) &= \lim_{x \to -1} \frac{x^2 - x - 2}{x^3 + 1} \\
&= \lim_{x \to -1} \frac{x - 2}{x^2 - x + 1} \\
&= \frac{-1 - 2}{1 + 1 + 1} \\
&= -1
\end{aligned}$$

例 3.1.5 求极限 $\lim\limits_{x \to 0} \dfrac{\sin kx}{x}$.

解 显然，也不能够直接用四则运算法则计算. 需要借助于已知的重要极限解决.
当 $k \neq 0$ 时，$\lim\limits_{x \to 0} \dfrac{\sin kx}{x} = k \lim\limits_{x \to 0} \dfrac{\sin kx}{kx} = k$；
当 $k = 0$ 时，$\lim\limits_{x \to 0} \dfrac{\sin kx}{x} = \lim\limits_{x \to 0} \dfrac{0}{x} = 0 = k$. 所以 $\lim\limits_{x \to 0} \dfrac{\sin kx}{x} = k$.

3.1.4 函数极限与数列极限的关系

定理 3.1.2 (Heine 定理) $\lim\limits_{x \to x_0} f(x) = A \Leftrightarrow$ 对于任何满足 $\lim\limits_{n \to \infty} x_n = x_0$ 且 $x_n \neq x_0, n = 1, 2, 3, \cdots$ 的数列 $\{x_n\}$ 都有 $\lim\limits_{n \to \infty} f(x_n) = A$.

证 $\Rightarrow$) $\lim\limits_{x \to x_0} f(x) = A$，所以 $\forall \varepsilon > 0, \exists \delta > 0$, s.t., $0 < |x - x_0| < \delta$ 时，$|f(x) - A| < \varepsilon$. 由 $\lim\limits_{n \to \infty} x_n = x_0$，所以对 $\delta > 0, \exists N$, s.t., $n > N$ 时，$|x_n - x_0| < \delta$ 且 $x_n \neq x_0$. 所以当 $n > N$ 时，$|f(x_n) - A| < \varepsilon$. $\lim\limits_{n \to \infty} f(x_n) = A$.

$\Leftarrow$) 反证法. 假设 $\lim\limits_{x \to x_0} f(x) \neq A$，那么 $\exists \varepsilon_0 > 0, \forall \delta > 0, \exists x$, 满足 $0 < |x - x_0| < \delta$ 时，但 $|f(x) - A| \geqslant \varepsilon_0$.

特别地，对 $\delta = 1, \exists x_1$, 满足 $0 < |x_1 - x_0| < 1$, 但 $|f(x_1) - A| \geqslant \varepsilon_0$；对 $\delta = \dfrac{1}{2}, \exists x_2$, 满足 $0 < |x_2 - x_0| < \dfrac{1}{2}$, 但 $|f(x_1) - A| \geqslant \varepsilon_0$；$\cdots$，对 $\delta = \dfrac{1}{n}, \exists x_n$, 满足 $0 < |x_n - x_0| < \dfrac{1}{n}$, 但 $|f(x_n) - A| \geqslant \varepsilon_0$. 于是找到数列 $\{x_n\}$ 满足 $x_n \neq x_0, \lim\limits_{n \to \infty} x_n = x_0$, 但 $|f(x_n) - A| \geqslant \varepsilon_0$, 矛盾. 证毕.

例 3.1.6 证明：$\lim\limits_{n \to \infty} \sin \dfrac{1}{x}$ 不存在.

证 对于点列 $x_n^{(1)} = \dfrac{1}{2n\pi} \to 0 (n \to \infty)$, 有 $\sin \dfrac{1}{x_n^{(1)}} = 0 \to 0 (n \to \infty)$. 而对于另外点列 $x_n^{(2)} = \dfrac{1}{2n\pi + \frac{\pi}{2}} \to 0 (n \to \infty)$, 有 $\sin \dfrac{1}{x_n^{(2)}} = 1 \to 1 (n \to \infty)$. 所以 $\lim\limits_{x \to 0} \sin \dfrac{1}{x}$ 无极限. 证毕.

定理 3.1.3 $\lim\limits_{x \to x_0} f(x)$ 存在 $\Leftrightarrow$ 任意满足 $\lim\limits_{n \to \infty} x_n = x_0$ 且 $x_n \neq x_0, n = 1, 2, \cdots, \{f(x)\}$ 都收敛.

证 必要性显然, 仅证充分性. 由条件可证: $\{f(x)\}$ 对任何数列, $\lim\limits_{n \to \infty} x_n = x_0, x_n \neq x_0$ 都收敛于同一个极限. 否则设 $x_n' \to x_0, x_n'' \to x_0$ 且 $x_n' \neq x_0, x_n'' \neq x_0, f(x_n') \to A_1, f(x_n'') \to A_2, A_1 \neq A_2$, 则令 $x_{2n} = x_n^{(1)}, x_{2n-1} = x_n^{(2)}$, 有 $\{x_n\} \to x_0$ 且 $x_n \neq x_0$, 但 $f(x_n)$ 不收敛. 证毕.

3.1.5 单侧极限

定义 3.1.2 设 $f(x)$ 在 $(x_0 - \rho, x_0)$ 内有定义. 若存在 A, 对 $\forall \varepsilon > 0, \exists \delta > 0$, s.t., $-\delta < x - x_0 < 0$ 时, 成立 $|f(x) - A| < \varepsilon$, 则称 A 是函数 $f(x)$ 在 x_0 处的左极限, 记为 $\lim\limits_{x \to x_0^-} f(x) = A$ 或 $f(x_0^-) = A$.

同理可定义右极限: $\lim\limits_{x \to x_0^+} = A = f(x_0^+)$.

注 3.1.2 显然, $\lim\limits_{x \to x_0} f(x) = A \Leftrightarrow \lim\limits_{x \to x_0^-} f(x) = A = \lim\limits_{x \to x_0^+} f(x)$.

例 3.1.7 证明 $\lim\limits_{x \to 0} \text{sgn}(x)$ 不存在.

证 $\lim\limits_{x \to 0^+} \text{sgn}(x) = \lim\limits_{x \to 0^+} 1 = 1, \lim\limits_{x \to 0^-} \text{sgn}(x) = \lim\limits_{x \to 0^-} -1 = -1$. 所以 $\lim\limits_{x \to 0} \text{sgn}(x)$ 不存在. 证毕.

例 3.1.8 求极限: $\lim\limits_{x \to 0} x \left[\dfrac{1}{x}\right]$.

解 当 $x > 0$ 时, $\dfrac{1}{x} - 1 < \left[\dfrac{1}{x}\right] \leqslant \dfrac{1}{x}$, 即, $1 - x < x\left[\dfrac{1}{x}\right] \leqslant 1$, 所以 $\lim\limits_{x \to 0^+} x\left[\dfrac{1}{x}\right] = 1$. 当 $x < 0$ 时, $\dfrac{1}{x} - 1 \leqslant \left[\dfrac{1}{x}\right] \leqslant \dfrac{1}{x}$, 即, $1 \leqslant x\left[\dfrac{1}{x}\right] < 1 - x$, 所以 $\lim\limits_{x \to 0^-} x\left[\dfrac{1}{x}\right] = 1$. 因此 $\lim\limits_{x \to 0} x\left[\dfrac{1}{x}\right] = 1$.

3.1.6 函数的极限定义（其他极限过程的扩充）

上述极限过程及极限可以进行扩充.

6 个过程: $x \to x_0, x \to x_0^-, x \to x_0^+, x \to \infty, x \to -\infty, x \to +\infty$.

4 个极限: $f(x) \to A, \infty, -\infty, +\infty$. 共可以组合成 24 个极限. 例如,

(1) $\lim\limits_{x \to x_0} f(x) = +\infty, \forall M > 0, \exists \delta > 0$, s.t., $0 < |x - x_0| < \delta$ 时, $f(x) > M$;

(2) $\lim\limits_{x \to -\infty} f(x) = A, \forall \varepsilon > 0, \exists X > 0$, s.t., $x < -X$ 时, $|f(x) - A| < \varepsilon$;

(3) $\lim\limits_{x \to +\infty} f(x) = \infty, \forall M > 0, \exists X > 0$, s.t., $x > X$ 时, $|f(x)| > M$.

其他形式, 读者可以给出相应的定义.

例 3.1.9 证明: $\lim\limits_{x \to 1^-} \dfrac{x^2}{x - 1} = -\infty$.

证　$\forall M > 0$，找 $\delta > 0$，使 $-\delta < x - 1 < 0$ 时，$\dfrac{x^2}{x-1} < -M$. 不妨要求 $-\dfrac{1}{2} < x - 1 < 0$，即 $\dfrac{1}{2} < x < 1 \left(\delta = \dfrac{1}{2}\right)$，$\dfrac{x^2}{x-1} < \dfrac{\frac{1}{4}}{x-1} = \dfrac{1}{4(x-1)}$. 若要 $\dfrac{1}{4(x-1)} < -M$，只要 $\dfrac{1}{x-1} < -4M$，即 $0 > x - 1 > -\dfrac{1}{4M}$. 取 $\delta = \min\left\{\dfrac{1}{2}, \dfrac{1}{4M}\right\}$，则当 $-\delta < x - 1 < 0$ 时，有 $\dfrac{x^2}{x-1} < \dfrac{\frac{1}{4}}{x-1} < \dfrac{1}{-4\delta} < -M$. 证毕.

注 3.1.3　扩充定义的极限，也有类似于 $\lim\limits_{x \to x_0} f(x)$ 类型的极限性质.

(1) 极限性质：保序性，夹逼性；

(2) 四则远算；

(3) Heine 定理.

例 3.1.10　设 a_0, b_0 均为非零常数，证明极限

$$\lim_{x \to \infty} \frac{a_0 x^n + a_1 x^{n-1} + \cdots + a_n}{b_0 x^m + b_1 x^{m-1} + \cdots + b_m} = \begin{cases} 0, & n < m \\ \dfrac{a_0}{b_0}, & n = m \\ \infty, & n > m \end{cases}$$

证　当 $n < m$ 时，

$$\lim_{x \to \infty} \frac{a_0 x^n + a_1 x^{n-1} + \cdots + a_n}{b_0 x^m + b_1 x^{m-1} + \cdots + b_m} = \lim_{x \to \infty} \frac{a_0 x^{n-m} + a_1 x^{n-m-1} + \cdots + a_n x^{-m}}{b_0 + b_1 x^{-1} + \cdots + b_m x^{-m}} = 0;$$

当 $n = m$ 时，

$$\lim_{x \to \infty} \frac{a_0 x^m + a_1 x^{m-1} + \cdots + a_m}{b_0 x^m + b_1 x^{m-1} + \cdots + b_m} = \lim_{x \to \infty} \frac{a_0 + a_1 x^{-1} + \cdots + a_m x^{-m}}{b_0 + b_1 x^{-1} + \cdots + b_m x^{-m}} = \frac{a_0}{b_0};$$

当 $n > m$ 时，

$$\lim_{x \to \infty} \frac{b_0 x^m + b_1 x^{m-1} + \cdots + b_m}{a_0 x^n + a_1 x^{n-1} + \cdots + a_n} = 0$$

$$\lim_{x \to \infty} \frac{a_0 x^n + a_1 x^{n-1} + \cdots + a_n}{b_0 x^m + b_1 x^{m-1} + \cdots + b_m} = \infty \quad \text{证毕.}$$

例 3.1.11　证明：$\lim\limits_{x \to \infty} \left(1 + \dfrac{1}{x}\right)^x = \mathrm{e}$.

证　先证 $\lim\limits_{x \to +\infty} \left(1 + \dfrac{1}{x}\right)^x = \mathrm{e}$.

当 $x > 0$ 时，由于

$$\left(1 + \frac{1}{[x]+1}\right)^{[x]} < \left(1 + \frac{1}{x}\right)^x < \left(1 + \frac{1}{[x]}\right)^{[x]+1} \quad ([x] \leqslant x < [x]+1),$$

$$\lim_{x \to +\infty} \left(1 + \frac{1}{[x]+1}\right)^{[x]} = \lim_{[x] \to \infty} \frac{\left(1 + \frac{1}{[x]+1}\right)^{[x]+1}}{x + \frac{1}{[x]+1}} = \mathrm{e},$$

$$\lim_{x \to +\infty} \left(1 + \frac{1}{[x]}\right)^{[x]+1} = \lim_{[x] \to \infty} \left(1 + \frac{1}{[x]}\right)^{[x]} \cdot \left(x + \frac{1}{[x]+1}\right) = \mathrm{e}.$$

所以 $\lim\limits_{x \to +\infty} \left(1 + \dfrac{1}{x}\right)^x = \mathrm{e}$.

令 $x = -t$，则

$$\lim_{x \to -\infty} \left(1 + \frac{1}{x}\right)^x = \lim_{t \to +\infty} (1 - \frac{1}{t})^{-t}$$

$$= \lim_{t \to +\infty} \left(1 + \frac{1}{t-1}\right)^t$$

$$= \lim_{t \to +\infty} \left(1 + \frac{1}{t-1}\right)^{t-1} \cdot \left(1 + \frac{1}{t-1}\right) = \mathrm{e}(x = -t).$$

所以 $\lim\limits_{x \to \infty} \left(1 + \dfrac{1}{x}\right)^x = \mathrm{e}$. 证毕.

定理 3.1.4 (Cauchy 收敛准则)　(1) $\lim\limits_{x \to +\infty} f(x)$ 收敛 $\Leftrightarrow \forall \varepsilon > 0, \exists X > 0$, s.t., $x', x'' > X$ 时，$|f(x') - f(x'')| < \varepsilon$；(2) $\lim\limits_{x \to x_0} f(x)$ 收敛 $\Leftrightarrow \forall \varepsilon > 0, \exists \delta > 0$, s.t., x', x'' 满足 $0 < |x' - x_0| < \delta, 0 < |x'' - x_0| < \delta$ 时，有 $|f(x') - f(x'')| < \varepsilon$.

证（这里仅证明第二问）

$\Rightarrow$) $\lim\limits_{x \to x_0} f(x) = A$，所以 $\forall \varepsilon > 0, \exists \delta > 0$, s.t., $0 < |x - x_0| < \delta$ 时，$|f(x) - A| < \dfrac{\varepsilon}{2}$. 对 x', x'' 满足 $0 < |x' - x_0| < \delta, 0 < |x'' - x_0| < \delta$ 时，$|f(x') - f(x'')| \leqslant |f(x') - A| + |f(x'') - A| < \dfrac{\varepsilon}{2} + \dfrac{\varepsilon}{2} = \varepsilon$.

$\Leftarrow$) $\forall \varepsilon > 0, \exists \delta > 0$, s.t., x', x'' 满足 $0 < |x' - x_0| < \delta, 0 < |x'' - x_0| < \delta$，有 $|f(x') - f(x'')| < \varepsilon$. 任意数列 $\{x_n\}$, $\lim\limits_{n \to \infty} x_n = x_0$ 且 $x_n \neq x_0, n = 1, 2, \cdots$，$\exists N$，当 $n > N$ 时，$0 < |x_n - x_0| < \delta$. 于是当 $m, n > N$ 时，有 $|f(x_m) - f(x_n)| < \varepsilon$，所以 $\{f(x_n)\}$ 是基本列，故 $\{f(x_n)\}$ 收敛. 由 Heine 定理知：$\lim\limits_{x \to x_0} f(x)$ 存在且为有限数. 证毕.

习题 3.1

1. 按照函数极限的定义证明：

(1) $\lim\limits_{x \to 2} x^3 = 8$;

(2) $\lim\limits_{x \to 4} \sqrt{x} = 2$;

(3) $\lim\limits_{x \to 3} \dfrac{x-1}{x+1} = \dfrac{1}{2}$;

(4) $\lim\limits_{x \to \infty} \dfrac{x+1}{2x-1} = \dfrac{1}{2}$;

(5) $\lim\limits_{x \to 0^+} \ln x = -\infty$;

(6) $\lim\limits_{x \to +\infty} \mathrm{e}^{-x} = 0$;

(7) $\lim\limits_{x \to 2^+} \dfrac{2x}{x^2 - 4} = +\infty$;

(8) $\lim\limits_{x \to -\infty} \dfrac{x^2}{x+1} = -\infty$.

2. 设 $\lim\limits_{x \to x_0} f(x) = A$，证明：$\lim\limits_{h \to 0} f(x_0 + h) = A$.

3. 求下列极限：

(1) $\lim\limits_{x \to 0} \dfrac{\sin 2x}{x}$;

(2) $\lim\limits_{x \to 0} \dfrac{\sin x^3}{(\sin x)^2}$;

(3) $\lim\limits_{x \to \frac{\pi}{2}} \dfrac{\cos x}{x - \frac{\pi}{2}}$;

(4) $\lim\limits_{x \to 0} \dfrac{\tan x}{x}$;

(5) $\lim\limits_{x \to 0} \dfrac{\tan x - \sin x}{x^3}$;

(6) $\lim\limits_{x \to 0} \dfrac{\arctan x}{x}$;

(7) $\lim\limits_{x \to +\infty} x \sin \dfrac{1}{x}$;　　　　　　　　(8) $\lim\limits_{x \to a} \dfrac{\sin^2 x - \sin^2 a}{x - a}$;

(9) $\lim\limits_{x \to 0} \dfrac{\sin 4x}{\sqrt{x+1}-1}$;　　　　　　(10) $\lim\limits_{x \to 0} \dfrac{\sqrt{1-\cos x^2}}{1-\cos x}$.

4. 利用夹逼法求极限:

(1) $\lim\limits_{x \to 0} x\left[\dfrac{1}{x}\right]$;　　　　　　　　(2) $\lim\limits_{x \to +\infty} x^{\frac{1}{x}}$.

5. 利用夹逼法证明:

(1) $\lim\limits_{x \to +\infty} \dfrac{x^k}{a^x}$　$(a>1, k$ 为任意正整数$)$;　(2) $\lim\limits_{x \to +\infty} \dfrac{\ln^k x}{x}$　$(k$ 为任意正整数$)$.

6. 讨论单侧极限:

(1) $f(x) = \begin{cases} \dfrac{1}{2x}, & 0 < x \leqslant 1 \\ x^2, & 1 < x < 2 \\ 2x, & 2 < x < 3 \end{cases}$ 在 $x = 0, 1, 2$ 三点;

(2) $f(x) = \dfrac{2^{\frac{1}{x}} + 1}{2^{\frac{1}{x}} - 1}$ 在 $x = 0$ 点;

(3) Dirichlet 函数 $D(x) = \begin{cases} 1, & x\ \text{为有理数} \\ 0, & x\ \text{为无理数} \end{cases}$ 在任一点;

(4) $f(x) = \dfrac{1}{x} - \left[\dfrac{1}{x}\right]$, 在 $x = \dfrac{1}{n}(n = 1, 2, 3, \cdots)$.

7. 设 $D(x)$ 为 Dirichlet 函数, $x_0 \in \mathbb{R}$. 证明: $\lim\limits_{x \to x_0} D(x)$ 不存在.

8. 证明: 若 f 为周期函数, 且 $\lim\limits_{x \to +\infty} f(x) = 0$, 则 $f(x) = 0$.

9. 说明下列函数极限的情况:

(1) $\lim\limits_{x \to \infty} \dfrac{\sin x}{x}$;　　　　　　　　(2) $\lim\limits_{x \to \infty} \mathrm{e}^x \sin x$;

(3) $\lim\limits_{x \to +\infty} x^{\alpha} \sin \dfrac{1}{x}$;　　　　　(4) $\lim\limits_{x \to \infty} \left(1 + \dfrac{1}{x}\right)^{x^2}$;

(5) $\lim\limits_{x \to \infty} \left(1 + \dfrac{1}{x^2}\right)^{x}$;　　　　(6) $\lim\limits_{x \to 0^+} \left(\dfrac{1}{x} - \left[\dfrac{1}{x}\right]\right)$.

10. 证明: $\lim\limits_{x \to 0}\left\{\lim\limits_{n \to \infty}\left[\cos x \cos \dfrac{x}{2} \cos \dfrac{x}{2^2} \cdots \cos \dfrac{x}{2^n}\right]\right\} = 1$.

11. 设函数

$$f(x) = \left(\dfrac{2 + \mathrm{e}^{\frac{1}{x}}}{1 + \mathrm{e}^{\frac{4}{x}}} + \dfrac{\sin x}{|x|}\right)$$

问当 $x \to 0$ 时, $f(x)$ 的极限是否存在?

12. 设 $\lim\limits_{x \to a} f(x) = A(a \geqslant 0)$, 证明: $\lim\limits_{x \to \sqrt{a}} f(x^2) = A(a \geqslant 0)$.

13. (1) 设 $\lim\limits_{x \to 0} f(x^3) = A$, 证明: $\lim\limits_{x \to 0} f(x) = A$.

　　(2) 设 $\lim\limits_{x \to 0} f(x^2) = A$, 问是否成立: $\lim\limits_{x \to 0} f(x) = A$?

14. 写出下述命题的 "否定命题" 的分析表述:

(1) $\{x_n\}$ 是无穷大量;

(2) $\{x_n\}$ 是正无穷大量;

(3) $f(x)$ 在 x_0 的右极限是 A；

(4) $f(x)$ 在 x_0 的左极限是正无穷大量；

(5) 当 $x \to -\infty, f(x)$ 的极限是 A；

(6) 当 $x \to +\infty, f(x)$ 是负无穷大量.

15. 证明：$\lim\limits_{x \to x_0^+} f(x) = +\infty$ 的充分必要条件是对于任意从右方收敛于 x_0 的数列 $\{x_n\}(x_n > x_0)$，成立

$$\lim_{n \to \infty} f(x_n) = +\infty$$

16. 证明：$\lim\limits_{x \to +\infty} f(x) = -\infty$ 的充分必要条件是对于任意正无穷大量 $\{x_n\}$，成立

$$\lim_{n \to \infty} f(x_n) = -\infty$$

17. 证明：$\lim\limits_{x \to +\infty} f(x)$ 存在而且有限的充分必要条件是对于任意无穷大量 $\{x_n\}$，相应的函数值数列 $\{f(x_n)\}$ 收敛.

18. 分别写出下述函数极限存在而且有限的 Cauchy 收敛原理，并加以证明：

(1) $\lim\limits_{x \to x_0} f(x)$；　　　(2) $\lim\limits_{x \to x_0^+} f(x)$；　　　(3) $\lim\limits_{x \to -\infty} f(x)$.

19. 设 $f(x)$ 在 $(0, +\infty)$ 上满足函数方程 $f(2x) = f(x)$，且 $\lim\limits_{x \to +\infty} f(x) = A$，证明：

$$f(x) \equiv A, \quad x \in (0, +\infty)$$

3.2　连续函数

3.2.1　连续函数的定义

定义 3.2.1　设 $f(x)$ 在 x_0 的某邻域内有定义且 $\lim\limits_{x \to x_0} f(x) = f(x_0)$，则称 f 在 x_0 处连续，x_0 为 $f(x)$ 的连续点.

注 3.2.1　$f(x)$ 在 x_0 处连续 $\Leftrightarrow \forall \varepsilon > 0, \exists \delta > 0, \forall x$ 满足 $|x - x_0| < \delta$ 时，$|f(x) - f(x_0)| < \varepsilon$.

定义 3.2.2　若 $f(x)$ 在 (a, b) 内的每一点处都连续，则称 $f(x)$ 在 (a, b) 内连续.

定义 3.2.3　对任意的函数 $f(x)$，

(1) 若 $\lim\limits_{x \to x_0^-} f(x) = f(x_0)$，则称 $f(x)$ 在 x_0 处左连续；

(2) 若 $\lim\limits_{x \to x_0^+} f(x) = f(x_0)$，则称 $f(x)$ 在 x_0 处右连续.

注 3.2.2　对任意的函数 $f(x)$，

(1) $\lim\limits_{x \to x_0^-} f(x) = f(x_0) \Leftrightarrow \forall \varepsilon > 0, \exists \delta > 0$, s.t., $-\delta < x - x_0 \leqslant 0$ 时，$|f(x) - f(x_0)| < \varepsilon$；

(2) $\lim\limits_{x \to x_0^+} f(x) = f(x_0) \Leftrightarrow \forall \varepsilon > 0, \exists \delta > 0$, s.t., $0 \leqslant x - x_0 < \delta$ 时，$|f(x) - f(x_0)| < \varepsilon$.

定义 3.2.4　若 $f(x)$ 在 (a, b) 内连续，且在左端点 a 处右连续，右端点 b 处左连续，则称 $f(x)$ 在闭区间 $[a, b]$ 上连续.

例 3.2.1　证明：$f(x) = \sin x$ 在 $(-\infty, +\infty)$ 内连续.

证 定义域 $D_f = (-\infty + \infty)$.

设 x_0 为 D_f 中任一点 x_0. 对 $\forall \varepsilon > 0$, 要找 δ, 使当 $|x - x_0| < \delta$ 时, 有 $|\sin x - \sin x_0| < \varepsilon$. 事实上, $|\sin x - \sin x_0| = 2 \left| \sin \left[\dfrac{1}{2}(x - x_0) \right] \cdot \cos \left[\dfrac{1}{2}(x - x_0) \right] \right| \leqslant |x - x_0|$.

于是取 $\delta = \epsilon$, 则当 $|x - x_0| < \delta$ 时, $|\sin x - \sin x_0| < \varepsilon$. 证毕.

例 3.2.2 证明: 函数 $f(x) = \sin \dfrac{1}{x}$ 在其定义域中连续.

证 定义域 $D_f = (-\infty, 0) \cup (0, +\infty)$.

设 x_0 为 D_f 中任一点 x_0 且 $x_0 > 0$, 对 $\forall \varepsilon > 0$, 要找 δ, 使当 $|x - x_0| < \delta$ 时, 有 $\left| \sin \dfrac{1}{x} - \sin \dfrac{1}{x_0} \right| < \varepsilon$. 事实上, $\left| \sin \dfrac{1}{x} - \sin \dfrac{1}{x_0} \right| = 2 \left| \sin \left[\dfrac{1}{2} \left(\dfrac{1}{x} - \dfrac{1}{x_0} \right) \right] \cdot \cos \left[\dfrac{1}{2} \left(\dfrac{1}{x} + \dfrac{1}{x_0} \right) \right] \right| \leqslant \left| \dfrac{1}{x} - \dfrac{1}{x_0} \right| = \dfrac{|x - x_0|}{|xx_0|}$.

首先要求, $|x - x_0| < \dfrac{1}{2}x_0$, 所以 $\dfrac{1}{2}x_0 < x < \dfrac{3}{2}x_0$, 故 $\left| \sin \dfrac{1}{x} - \sin \dfrac{1}{x_0} \right| \leqslant \dfrac{|x - x_0|}{\frac{x_0^2}{2}}$. 于是取 $\delta = \min \left\{ \dfrac{1}{2}x_0, \dfrac{x_0^2 \varepsilon}{2} \right\}$, 则当 $|x - x_0| < \delta$ 时, $\left| \sin \dfrac{1}{x} - \sin \dfrac{1}{x_0} \right| < \varepsilon$. 同理对 $x_0 < 0$ 也可证. 证毕.

例 3.2.3 证明: $f(x) = a^x (a > 0, a \neq 1)$ 在 $(-\infty, +\infty)$ 上连续.

证 先证: $\lim\limits_{x \to 0} a^x = 1 (a > 1)$, $\forall \varepsilon > 0$(不妨设 $\varepsilon < 1$), 要 $|a^x - 1| < \varepsilon$, 即 $1 - \varepsilon < a^x < 1 + \varepsilon$, 所以 $\log_a(1 - \varepsilon) < x < \log_a(1 + \varepsilon)$. 取 $\delta = \min\{\log_a(1 + \varepsilon), -\log_a(1 - \varepsilon)\}$, 则 $0 < |x| < \delta$ 时, 有 $|a^x - 1| < \varepsilon$, 所以 $\lim\limits_{x \to 0} a^x = 1$.

当 $0 < a < 1$ 时, $\lim\limits_{x \to 0} a^x = \dfrac{1}{\lim_{x \to 0} \left(\frac{1}{a} \right)^x} = 1$. 所以 $\lim\limits_{x \to 0} a^x = 1$, 对于任意 $a > 0$ 且 $a \neq 1$ 成立. 对 $\forall x_0 \in (-\infty, +\infty)$, $\lim\limits_{x \to x_0} a^x = \lim\limits_{x \to x_0} a^{x_0} \cdot a^{x - x_0} = a^{x_0} \cdot \lim\limits_{x \to x_0} a^{x - x_0} = a^{x_0}$. 证毕.

例 3.2.4 证明: $f(x) = \sqrt{x}$ 在其定义域中连续.

证 定义域 $D_f = [0, +\infty)$, 对 $\forall x_0 > 0$, 已证 $\lim\limits_{x \to x_0} \sqrt{x} = \sqrt{x_0}$, 所以 $f(x) = \sqrt{x}$ 在 $(0, +\infty)$ 内连续.

下证: $\lim\limits_{x \to x_0^+} \sqrt{x} = 0$, 即 $\forall x_0 > 0$, 要找 $\delta > 0$, 当 $0 \leqslant x < \delta$ 时, $|\sqrt{x} - 0| < \varepsilon$. 取 $\delta = \varepsilon^2$, 则当 $0 \leqslant x < \delta$ 时, $|\sqrt{x} - 0| < \varepsilon$ 成立, 所以 $f(x) = \sqrt{x}$ 在 $x = 0$ 右连续, 所以 $f(x)$ 在 $[0, +\infty)$ 上连续. 证毕.

3.2.2　连续函数的四则运算

由极限的四则运算法则知: 设 $\lim\limits_{x \to x_0} f(x) = f(x_0)$, $\lim\limits_{x \to x_0} g(x) = g(x_0)$, 则:

(1) $\lim\limits_{x \to x_0} [\alpha f(x) + \beta g(x)] = \alpha f(x_0) + \beta g(x_0)$;

(2) $\lim\limits_{x \to x_0} [f(x) \cdot g(x)] = f(x_0) \cdot g(x_0)$;

(3) $\lim\limits_{x \to x_0} \dfrac{f(x)}{g(x)} = \dfrac{f(x_0)}{g(x_0)} (g(x_0) \neq 0)$.

易证: 多项式函数在 $(-\infty, +\infty)$ 上连续. 有理分式函数在其定义域上连续. 三角函数在其定义域上连续. 指数函数在其定义域上连续.

3.2.3 函数的不连续点（间断点）

根据函数在 x_0 处连续的定义，连续点 x_0 要求同时满足：

(1) $f(x_0)$ 存在；

(2) $f(x_0^-)$ 存在且 $f(x_0^-) = f(x_0)$；

(3) $f(x_0^+)$ 存在且 $f(x_0^+) = f(x_0)$.

否则称 $f(x)$ 在 x_0 处不连续，或在 x_0 处间断，称 x_0 为不连续点，或称间断点. 间断点分以下三类：

定义 3.2.5（第一类间断点） 左右极限存在但不等，称为跳跃间断点或第一类间断点，其中 $f(x_0^+) - f(x_0^-)$ 为 $f(x)$ 在 x_0 处的跃度.

例如：$f(x) = \operatorname{sgn}(x)$ 在 $x = 0$ 处是跳跃间断点，跃度为 2.

定义 3.2.6（第二类间断点） $f(x_0^+)$ 与 $f(x_0^-)$ 中至少有一个不存在，则称 x_0 为第二类间断点.

例如：$\lim\limits_{x\to 0^-} e^{\frac{1}{x}} = 0$, $\lim\limits_{x\to 0^+} e^{\frac{1}{x}} = +\infty$，所以 $x = 0$ 是 $f(x) = e^x$ 的第二类间断点. $\lim\limits_{x\to 0}\sin\frac{1}{x}$ 不存在，$\lim\limits_{x\to 0^+}\sin\frac{1}{x}$, $\lim\limits_{x\to 0^-}\sin\frac{1}{x}$ 均不存在，所以 $x = 0$ 是 $f(x) = \sin\frac{1}{x}$ 的第二类间断点.

定义 3.2.7（第三类间断点） $f(x_0^+)$ 与 $f(x_0^-)$ 都存在且相等，但 $f(x_0^+) = f(x_0^-) \neq f(x_0)$（或 $f(x_0)$ 不存在），称 x_0 为可去间断点.

例如：$f(x) = \begin{cases} \dfrac{x^2-1}{x-1}, & x = 1 \\ 1, & x \neq 1 \end{cases}$，$x = 1$ 是可去间断点.

又如：$f(x) = x\sin\dfrac{1}{x}$, $\lim\limits_{x\to 0} f(x) = 0$，但 $f(0)$ 无定义，$x = 0$ 是可去间断点.

注 3.2.3 对可去间断点，可通过修改或补充间断点处的值，使函数连续.

例 3.2.5 定义 Riemann 函数：

$$R(x) = \begin{cases} \dfrac{1}{p}, & x = \dfrac{q}{p}(p \in \mathbb{N}^+, q \in \mathbb{Z}\backslash\{0\}, p,q\text{互质}) \\ 1, & x = 0 \\ 0, & x\text{为无理数} \end{cases}$$

证明：函数在 $\forall x_0$ 处极限存在且极限均为 0.（无理点是连续点，有理点均为第三类间断点）

证 由于 $R(x)$ 周期为 1，故仅在 $[0,1]$ 上讨论.

设 $x = \dfrac{q}{p} \in [0,1]$ 为有理点，则

$$p = 1, 有 q = 0, 1$$
$$p = 2, 有 q = 1$$
$$p = 3, 有 q = 1, 2$$
$$p = 4, 有 q = 1, 3$$
$$\cdots$$
$$p = k, q\text{取值的个数} n_k \leqslant k - 1$$

一般地，$[0,1]$ 内分母不超过 k 的有理点仅有有限个.

对 $\forall x_0 \in [0,1], \forall \varepsilon > 0$, 取 $k = \left[\dfrac{1}{\varepsilon}\right]$, $[0,1]$ 内分母不超过 k 的有理数为 $r_1, r_2, \cdots, r_n$, 令 $\delta = \min\limits_{1 \leqslant i \leqslant n, r_i \neq x_0} \{|r_i - x_0|\}$, 则 $\delta > 0$.

于是当 $x \in [0,1]$ 且 $0 < |x - x_0| < \delta$ 时, 若 x_0 为无理数, 则 $R(x) = 0$. 若 x_0 为有理数, 则其分母必大于 $k = \left[\dfrac{1}{\varepsilon}\right]$, 所以 $R(x) \leqslant \dfrac{1}{\left[\frac{1}{\varepsilon}\right] + 1} < \varepsilon$, 故 $|R(x) - 0| < \varepsilon$, 所以 $\lim\limits_{x \to x_0} R(x) = 0$($x_0 = 0$时, 是指右极限, $x_0 = 1$时, 是指左极限), 由于 $R(x)$ 是周期的, 故对 $\forall x_0 \in (-\infty, +\infty)$ 有 $\lim\limits_{x \to x_0} R(x) = 0$. 证毕.

例 3.2.6　(a,b) 上的单调函数 $f(x)$ 的不连续点必为第一类间断点.

证　以 $f(x)$ 单调增加为例.

对 $\forall x_0 \in (a,b)$, 则 $\{f(x) | x \in (a, x_0)\}$ 有上界, 故有上确界 $\alpha = \sup\{f(x) | x \in (a, x_0)\}$. 于是对 $\forall x \in (a, x_0)$, 有 $f(x) \leqslant \alpha$ 且 $\forall \varepsilon > 0, \exists x' \in (a, x_0)$, 使 $f(x') > \alpha - \varepsilon$, 取 $\delta = x_0 - x' > 0$, 则当 $x_0 - \delta < x < x_0$ 时, 有 $\alpha - \varepsilon < f(x') < f(x) \leqslant \alpha$, 所以 $\lim\limits_{x \to x_0^-} f(x) = \alpha$.

同理: 考虑 $(x_0, b), \beta = \inf\{f(x) | x \in (x_0, b)\}$, 可证 $\lim\limits_{x \to x_0^+} f(x) = \beta$. 证毕.

3.2.4　反函数的连续性定理

定义 3.2.8　$f : X \to Y$ 是单射, 则存在 f 的逆映射 $f^{-1} : R_f \to X$ 称为 f 的反函数.

定理 3.2.1 (反函数存在定理)　若函数 $y = f(x), x \in D_f$ 是严格单调增加（减少）, 则存在它的反函数 $x = f^{-1}(y), y \in R_f$ 且 $f^{-1}(y)$ 也是严格单调增加（减少）.

证　设 $y = f(x), x \in D_f$ 严格单调增加, 则 $\forall x', x'' \in D_f$ 且 $x' < x''$, 有 $y' = f(x') < f(x'') = y''$. 故它保证了逆像的唯一性. 所以存在反函数 $x = f^{-1}(y), y \in R_f$.

假设 $y_1, y_2 \in R_f$ 且 $y_1 < y_2$, 其逆像分别为 $x_1 = f^{-1}(y_1), x_2 = f^{-1}(y_2)$. 则当 $x_1 > x_2$ 时, $y_1 = f(x_1) > f(x_2)$ 相矛盾; 而当 $x_1 = x_2$ 时, $y_1 = f(x_1) = f(x_2) = y_2$, 矛盾. 故只有 $x_1 < x_2$, 所以 $f^{-1}(y), y \in R_f$ 严格单调增加. 证毕.

定理 3.2.2 (反函数连续性定理)　设函数 $y = f(x)$ 在 $[a,b]$ 上连续且严格单调增加, $f(a) = \alpha, f(b) = \beta$. 则它的反函数 $x = f^{-1}(y)$ 在 $[\alpha, \beta]$ 上连续且严格单调增加.

证　首先证明: $f([a,b]) = [\alpha, \beta](R_f = [\alpha, \beta])$. 显然, $\alpha, \beta \in f([a,b])$. 对 $\forall \gamma \in (\alpha, \beta)$, 记 $S = \{x | x \in [a,b], f(x) < \gamma\}$, 则 S 非空且有上界, 故 S 必有上确界 $x_0, x_0 = \sup S$ 且 $x_0 \in (a,b)$, 由 $f(x)$ 严格单调增加, 当 $x < x_0$ 时, 即 $x \in S$, 有 $f(x) < \gamma$; 当 $x > x_0$ 时, 即 $x \notin S$, 有 $f(x) > \gamma$. 由例 3.2.6 知, $f(x_0^-) \leqslant \gamma \leqslant f(x_0^+)$, 由 $f(x)$ 在 x_0 处连续, 所以 $f(x_0) = f(x_0^+) = f(x_0^-) = \gamma$, 所以 $f[a,b] = [\alpha, \beta]$.

下证: $x = f^{-1}(y)$ 在 $[\alpha, \beta]$ 上连续. 设 $y_0 \in (\alpha, \beta)$, 相应地, $f^{-1}(y_0) = x_0 \in (a,b)$. 对 $\forall \varepsilon > 0$, 要找出 $\delta > 0, s.t.$, 当 $|y - y_0| < \delta$ 时, 有 $|f^{-1}(y) - f^{-1}(y_0)| < \varepsilon$, 即 $x_0 - \varepsilon < f^{-1}(y) < x_0 + \varepsilon$, 也就是 $f(x_0 - \varepsilon) < y < f(x_0 + \varepsilon)$ 成立. 令 $y_1 = f(x_0 - \varepsilon), y_2 = f(x_0 + \varepsilon)$, 取 $\delta = \min\{y_0 - y_1, y_2 - y_0\} > 0$, 则 $|y - y_0| < \delta$ 时, 有 $|f^{-1}(y) - f^{-1}(y_0)| < \varepsilon$ 成立.

对于 $y_0 = \alpha$ 时仅证明右连续, 对于 $y_0 = \beta$ 时仅证明左连续. 证毕.

注 3.2.4　(1) 由三角函数连续可知, 反三角函数在其定义域内连续.

(2) 由指数函数连续可知, 对数函数在其定义域内连续.

3.2.5 复合函数的连续性

定理 3.2.3 若 $u = g(x)$ 在 x_0 处连续且 $u_0 = g(x_0), y = f(u)$ 在 $u = u_0$ 处连续，则 $y = f \circ g(x)$ 在 x_0 处连续.

证 $\lim\limits_{u \to u_0} f(u) = f(u_0) \Leftrightarrow \forall \varepsilon > 0, \exists \eta > 0$, s.t., $|u - u_0| < \eta$ 时，$|f(u) - f(u_0)| < \varepsilon$，由 $\lim\limits_{x \to x_0} g(x) = g(x_0) = u_0 \Leftrightarrow$ 对 $\eta > 0, \exists \delta > 0$, s.t., $|x - x_0| < \delta$ 时，有 $|g(x) - u_0| < \eta$，所以 $|f(g(x)) - f(u_0)| < \varepsilon$. 证毕.

定理 3.2.4 一切初等函数在其定义区间上连续.

例 3.2.7 由于 $y = x^\alpha = e^{\alpha \ln x}$，所以 $y = x^\alpha$ 在 $(0, +\infty)$ 上连续.

注 3.2.5 考虑函数：$y = x^\alpha$. 当 $\alpha \in N$ 时，定义域为 $(-\infty, +\infty)$；当 $\alpha \in -N$ 时，定义域为 $(-\infty, 0) \cup (0, +\infty)$；当 $\alpha = \dfrac{q}{p}$ 时，若 p 为奇数，定义域为 $(-\infty, +\infty)$，若 p 为偶数，定义域为 $(0, +\infty)$.

例 3.2.8 设 $\lim\limits_{x \to x_0} f(x) = \alpha (\alpha > 0, \text{且} \alpha \neq 1)$，$\lim\limits_{x \to x_0} g(x) = \beta$，则 $\lim\limits_{x \to x_0} f(x)^{g(x)} = \alpha^\beta$.

证 因为函数 $\ln u$ 在 $u = \alpha$ 处连续，且 $\lim\limits_{x \to x_0} f(x) = \alpha$，所以 $\lim\limits_{x \to x_0} \ln f(x) = \ln \alpha$, $\lim\limits_{x \to x_0} g(x) \ln f(x) = \beta \ln \alpha$. 又因为函数 e^v 在 $v = \beta \ln \alpha$ 处连续，所以 $\lim\limits_{x \to x_0} f(x)^{g(x)} = \lim\limits_{x \to x_0} e^{g(x) \ln f(x)} = \lim\limits_{v \to \beta \ln \alpha} e^v = e^{\beta \ln \alpha} = \alpha^\beta$. 证毕.

例 3.2.9 $\lim\limits_{n \to \infty} \tan^n \left(\dfrac{\pi}{4} + \dfrac{1}{n} \right) = e^2$.

证 因为

$$
\begin{aligned}
\tan^n \left(\frac{\pi}{4} + \frac{1}{n} \right) &= \left(\frac{1 + \tan \frac{1}{n}}{1 - \tan \frac{1}{n}} \right)^n \\
&= \left[1 + \frac{2 \tan \frac{1}{n}}{1 - \tan \frac{1}{n}} \right]^n \\
&= \left\{ \left[1 + \frac{2 \tan \frac{1}{n}}{1 - \tan \frac{1}{n}} \right]^{\frac{1 - \tan \frac{1}{n}}{2 \tan \frac{1}{n}}} \right\}^{\frac{2n \tan \frac{1}{n}}{1 - \tan \frac{1}{n}}} \\
&\to e^2 (n \to \infty). \text{证毕.}
\end{aligned}
$$

例 3.2.10 设 $f(x)$ 在 $(0, +\infty)$ 内连续且 $f(x^2) = f(x)(x \in (0, +\infty))$，证明：$f(x) \equiv C(x \in (-\infty, +\infty))$.

证 由 $f(x^2) = f(x)(x \in (0, +\infty))$，所以 $f(x) = f(\sqrt{x}) = f(x^{\frac{1}{2}}) = f(x^{\frac{1}{2^2}}) = \cdots = f(x^{\frac{1}{2^n}}), n = 1, 2, \cdots$，所以 $f(x) = \lim\limits_{n \to \infty} f(x^{\frac{1}{2^n}}) = f(\lim\limits_{n \to \infty} x^{\frac{1}{2^n}}) = f(1) \equiv C$. 证毕.

习题 3.2

1. 按照定义证明下列函数在其定义域连续：

(1) $y = \sqrt{x}$;　　　　　　　　　　　　　(2) $y = \sin \dfrac{1}{x}$;

(3) $y = \begin{cases} \dfrac{\sin x}{x}, & x \neq 0 \\ 1, & x = 0. \end{cases}$

2. 确定下列函数的连续范围:

    (1) $y = \tan x - \csc x$;　　　　　　　　(2) $y = \dfrac{1}{\sqrt{\cos x}}$;

    (3) $y = \sqrt{\dfrac{(x-1)(x-3)}{(x+1)}}$;　　　　(4) $y = [x]\ln(1+x)$;

    (5) $y = \left[\dfrac{1}{x}\right]$;　　　　　　　　　　(6) $y = \operatorname{sgn}(\sin x)$.

3. 设 f, g 在区间 I 上连续. 记

$$F(x) = \max\{f(x), g(x)\}, \ G(x) = \min\{f(x), g(x)\}$$

    证明: F, G 在区间 I 上连续.

4. 设 f 为 $\mathbb{R}$ 上连续函数, 常数 $c > 0$. 记

$$F(x) = \begin{cases} -c, & \text{若} f(x) < -c \\ f(x), & \text{若} |f(x)| \leqslant c \\ c, & \text{若} f(x) > c \end{cases}$$

    证明: F 在区间 $\mathbb{R}$ 上连续.

    提示: $F(x) = \max\{-c, -\min\{c, f(x)\}\}$.

5. 若对于任意 $\delta > 0$, f 在 $[a+\delta, b-\delta]$ 上连续, 能否得出

    (1) f 在 (a, b) 上连续?

    (2) f 在 $[a, b]$ 上连续?

6. 设 f, g 在点 x_0 连续, 证明:

    (1) 若 $f(x_0) > g(x_0)$, 则存在 $U(x_0; \delta)$, 使在其内有 $f(x) > g(x)$;

    (2) 若在某 $U^0(x_0)$ 上有 $f(x) > g(x)$, 则 $f(x_0) \geqslant g(x_0)$.

7. 设 $f(x) = \sin x$, $g(x) = \begin{cases} x - \pi, & x \leqslant 0 \\ x + \pi, & x > 0 \end{cases}$

    证明: 复合函数 $f \circ g$ 在 $x = 0$ 处连续, 但 g 在 $x = 0$ 处不连续.

8. 设 $\lim\limits_{x \to x_0} f(x) = \alpha > 0$, $\lim\limits_{x \to x_0} g(x) = \beta$, 证明: $\lim\limits_{x \to x_0} f(x)^{g(x)} = \alpha^\beta$; 并求下列极限:

    (1) $\lim\limits_{x \to \infty} \left(\dfrac{x+1}{x-1}\right)^{\frac{2x-1}{x+1}}$;　　　　　(2) $\lim\limits_{x \to \infty} \left(\dfrac{x+1}{x-1}\right)^{x}$;

    (3) $\lim\limits_{x \to a} \left(\dfrac{\sin x}{\sin a}\right)^{\frac{1}{x-a}}$ $(\sin a \neq 0)$;　(4) $\lim\limits_{n \to \infty} \left(\dfrac{n+x}{n-1}\right)^{n}$.

9. 指出下列函数的间断点并说明其类型:

    (1) $f(x) = x + \dfrac{1}{x}$;　　　　　　　(2) $f(x) = \dfrac{\sin x}{|x|}$;

    (3) $f(x) = [|\cos x|]$;　　　　　　　　(4) $f(x) = \operatorname{sgn}|x|$;

    (5) $f(x) = \operatorname{sgn}(\cos x)$;　　　　　　(6) $f(x) = \begin{cases} x, & x \text{为有理数} \\ -x, & x \text{为无理数} \end{cases}$;

$$(7) \quad f(x) = \begin{cases} \dfrac{1}{x+7}, & -\infty < x < -7 \\ x, & -7 \leqslant x \leqslant 1 \\ (x-1)\sin\dfrac{1}{x-1}, & 1 < x < +\infty \end{cases}.$$

10. 若 $f(x)$ 在点 x_0 连续，证明 $f^2(x)$ 与 $|f(x)|$ 在 x_0 也连续. 反之，若 $f^2(x)$ 或 $|f(x)|$ 在 x_0 连续，能否断言 $f(x)$ 在点 x_0 连续？

11. 举出定义在 $[0,1]$ 上分别符合下列要求的函数：

    (1) 只在 $\dfrac{1}{2}, \dfrac{1}{3}$ 和 $\dfrac{1}{4}$ 三点不连续的函数；

    (2) 只在 $\dfrac{1}{2}, \dfrac{1}{3}$ 和 $\dfrac{1}{4}$ 三点连续的函数；

    (3) 只在 $\dfrac{1}{n}(n = 1, 2, 3, \cdots)$ 上间断的函数；

    (4) 只在 $x = 0$ 右连续，而在其他点都不连续的函数.

12. 设 $f(x)$ 在 $(0, +\infty)$ 上连续，且满足 $f(x^2) = f(x), x \in (0, +\infty)$，证明：$f(x)$ 在 $(0, +\infty)$ 上为常值函数.

3.3 无穷小量与无穷大量的阶

3.3.1 无穷小量的比较

定义 3.3.1 设 $f(x)$ 在 $\mathring{U}(x_0)$ 有定义，若 $\lim\limits_{x \to x_0} f(x) = 0$，则称 f 为 $x \to x_0$ 时的无穷小量.

类似地可定义，$x \to x_0^+, x \to x_0^-, x \to \infty, x \to +\infty, x \to -\infty$ 时的无穷小量.

例如：$x^2, \sin x, 1 - \cos x$ 都是 $x \to 0$ 时的无穷小量. $\sqrt{1-x}$ 是 $x \to 1^-$ 的无穷小量. $\dfrac{1}{x^2}, \dfrac{\sin x}{x}$ 是 $x \to \infty$ 时的无穷小量.

定义 3.3.2 假设 $\lim\limits_{x \to x_0} f(x) = 0, \lim\limits_{x \to x_0} g(x) = 0$.

(1) 若 $\lim\limits_{x \to x_0} \dfrac{f(x)}{g(x)} = 0$，则称当 $x \to x_0$ 时，$f(x)$ 是 $g(x)$ 的高阶无穷小（$g(x)$ 是 $f(x)$ 的低阶无穷小），记 $f(x) = o(g(x))(x \to x_0)$；

(2) 若存在 $A > 0, x \in \mathring{U}(x_0)$ 时有 $\left|\dfrac{f(x)}{g(x)}\right| \leqslant A$，则称当 $x \to x_0$ 时，$\dfrac{f(x)}{g(x)}$ 是有界量，记为 $f(x) = O(g(x))(x \to x_0)$；

(3) 若存在 a, A 且 $A > a > 0$，s.t.，$x \in \mathring{U}(x_0)$ 时有 $a \leqslant \left|\dfrac{f(x)}{g(x)}\right| \leqslant A$，则称当 $x \to x_0$ 时，$f(x)$ 与 $g(x)$ 是同阶无穷小量；特别地，若 $\lim\limits_{x \to x_0} \dfrac{f(x)}{g(x)} = C \neq 0$，则 $f(x)$ 是 $g(x)$ 的同阶无穷小量；

(4) 若 $\lim\limits_{x \to x_0} \dfrac{f(x)}{g(x)} = 1$，则称当 $x \to x_0$ 时，$f(x)$ 与 $g(x)$ 是等价无穷小量，记为 $f(x) \sim g(x)(x \to x_0)$，显然 $f(x) = g(x) + o(g(x))(x \to x_0)$.

注 3.3.1 无穷小量的比较：当 $x \to x_0$ 时，一般取 $g(x) = (x - x_0)^k$ 与 $f(x)$ 相比较；当 $x \to \infty$ 时，一般取 $g(x) = \dfrac{1}{x^k}$ 与 $f(x)$ 相比较.

注 3.3.2　对任意的函数 $f(x)$,

(1) $f(x) = o(1)(x \to x_0)$ 表示 $x \to x_0$ 时, $f(x)$ 是无穷小量;

(2) $f(x) = O(1)(x \to x_0)$ 表示 $x \to x_0$ 时, $f(x)$ 是有界量.

3.3.2　无穷大量的比较

定义 3.3.3　若 $\lim\limits_{x \to x_0} f(x) = \infty(\pm\infty)$, 则称 $x \to x_0$ 时, $f(x)$ 是无穷大量 (正负无穷大量).

此定义中极限过程可推广到 $x \to x_0^+, x \to x_0^-, x \to \infty, x \to +\infty, x \to -\infty$.

定义 3.3.4　设 $\lim\limits_{x \to x_0} f(x) = \infty, \lim\limits_{x \to x_0} g(x) = \infty$.

(1) 若 $\lim\limits_{x \to x_0} \dfrac{f(x)}{g(x)} = \infty$, 则称当 $x \to x_0$ 时, $f(x)$ 关于 $g(x)$ 是高阶无穷大量 ($g(x)$ 关于 $f(x)$ 是低阶无穷大);

(2) 若 $\exists A > 0$, s.t., $x \in \mathring{U}(x_0)$ 有 $\left|\dfrac{f(x)}{g(x)}\right| \leqslant A$, 则称当 $x \to x_0$ 时, $\dfrac{f(x)}{g(x)}$ 是有界量, 记为 $f(x) = O(g(x))(x \to x_0)$; 若 $\exists A, a, A > a > 0$, s.t., $x \in \mathring{U}(x_0)$ 时有 $a \leqslant \left|\dfrac{f(x)}{g(x)}\right| \leqslant A$, 则称当 $x \to x_0$ 时, $f(x)$ 与 $g(x)$ 是同阶无穷大; 若 $\lim\limits_{x \to x_0} \dfrac{f(x)}{g(x)} = c \neq 0$, 则 $f(x)$ 与 $g(x)$ 必是同阶无穷大;

(3) 若 $\lim\limits_{x \to x_0} \dfrac{f(x)}{g(x)} = 1$, 则称当 $x \to x_0$ 时, $f(x)$ 与 $g(x)$ 是等价无穷大量, 记为 $f(x) \sim g(x)(x \to x_0)$.

例 3.3.1　证明: 当 $x \to 0^+$ 时, 对 $\forall k \in \mathbb{Z}^+$, $\left(\dfrac{-1}{\ln x}\right)^k$ 关于 x 是低阶无穷小.

证　$\lim\limits_{x \to 0^+} \dfrac{x}{\left(\frac{-1}{\ln x}\right)^k} = \lim\limits_{y \to +\infty} \dfrac{y^k}{\mathrm{e}^y} = 0 (y = -\ln x)$. 证毕.

3.3.3　等价量: 等价的无穷小量或等价的无穷大量

例 3.3.2　证明 $\ln(1+x) \sim x(x \to 0)$.

证　因为 $\lim\limits_{x \to 0} \dfrac{\ln(1+x)}{x} = \lim\limits_{x \to 0} \ln(1+x)^{\frac{1}{x}} = \ln \mathrm{e} = 1$, 所以 $\ln(1+x) \sim x(x \to 0)$. 证毕.

例 3.3.3　证明 $\mathrm{e}^x - 1 \sim x(x \to 0)$.

证　令 $\mathrm{e}^x - 1 = t$, 则 $x \to 0 \Leftrightarrow t \to 0$. $\lim\limits_{x \to 0} \dfrac{\mathrm{e}^x - 1}{x} = \lim\limits_{t \to 0} \dfrac{t}{\ln(1+t)} = 1$, 所以 $\mathrm{e}^x - 1 \sim x(x \to 0)$. 证毕.

例 3.3.4　证明 $(1+x)^\alpha - 1 \sim \alpha x(x \to 0)$, 其中 $\alpha \neq 0$.

证　令 $(1+x)^\alpha = \mathrm{e}^y$, 则 $x \to 0 \Leftrightarrow y \to 0$.

$$\lim\limits_{x \to 0} \frac{(1+x)^\alpha - 1}{x} = \lim\limits_{y \to 0} \frac{\mathrm{e}^y - 1}{\mathrm{e}^{y/\alpha} - 1} = \lim\limits_{y \to 0} \frac{\mathrm{e}^y - 1}{y} \cdot \frac{y/\alpha}{\mathrm{e}^{y/\alpha} - 1} \cdot \alpha = \alpha,$$

所以 $(1+x)^\alpha - 1 \sim \alpha x(x \to 0)$. 证毕.

注 3.3.3 当 $x \to 0$ 时，目前结论有：$\sin x \sim x, \tan x \sim x, \arcsin x \sim x, \arctan x \sim x$，$1 - \cos x \sim \frac{1}{2}x^2, \mathrm{e}^x - 1 \sim x, \ln(1+x) \sim x, (1+x)^\alpha - 1 \sim \alpha x$.

例 3.3.5 设 $f(x) = \sqrt{x + \sqrt{x}}$. 因为 $\lim\limits_{x \to +\infty} \dfrac{\sqrt{x + \sqrt{x}}}{\sqrt{x}} = \lim\limits_{x \to +\infty} \sqrt{1 + \dfrac{1}{\sqrt{x}}} = 1$，所以 $\sqrt{x + \sqrt{x}} \sim \sqrt{x}(x \to +\infty)$；因为 $\lim\limits_{x \to 0^+} \dfrac{\sqrt{x + \sqrt{x}}}{\sqrt[4]{x}} = \lim\limits_{x \to 0^+} \sqrt{\sqrt{x} + 1} = 1$，所以 $\sqrt{x + \sqrt{x}} \sim \sqrt[4]{x}(x \to 0^+)$.

例 3.3.6 设 $f(x) = 3x^3 + 4x^5$. 因为 $\lim\limits_{x \to \infty} \dfrac{3x^3 + 4x^5}{4x^5} = \lim\limits_{x \to \infty} 1 + \dfrac{3}{4} \cdot \dfrac{1}{x^2} = 1$，所以 $3x^3 + 4x^5 \sim 4x^5(x \to \infty)$；因为 $\lim\limits_{x \to 0} \dfrac{3x^3 + 4x^5}{4x^5} = \lim\limits_{x \to 0} 1 + \dfrac{4}{3}x^2 = 1$，所以 $3x^3 + 4x^5 \sim 3x^3(x \to 0)$.

注 3.3.4 若一个变量由不同阶项相加，则当它是无穷大量时，它与阶数最高的无穷大项等价；当它是无穷小量时，它与阶数最低的无穷小项等价.

例 3.3.7 确定 α 的值使得当 $x \to 0$ 时，函数与 x^α 为同阶无穷小量.

(1) $f(x) = \sin 2x - 2\sin x$　　(2) $f(x) = \sqrt{1 + \tan x} - \sqrt{1 - \sin x}$

解 (1) $f(x) = \sin 2x - 2\sin x = 2\sin(\cos x - 1)$，所以 $\lim\limits_{x \to 0} \dfrac{f(x)}{x^3} = \lim\limits_{x \to 0} \dfrac{2\sin x}{x} \cdot \dfrac{\cos x - 1}{x^2} = 2 \cdot \left(-\dfrac{1}{2}\right) = -1 \Rightarrow \alpha = 3$;

(2) $f(x) = \sqrt{1 + \tan x} - \sqrt{1 - \sin x} = \dfrac{\tan x + \sin x}{\sqrt{1 + \tan x} + \sqrt{1 - \sin x}}$，所以 $\lim\limits_{x \to 0} \dfrac{f(x)}{x} = \lim\limits_{x \to 0} \dfrac{1}{\sqrt{1 + \tan x} + \sqrt{1 - \sin x}} \cdot \left(\dfrac{\tan x}{x} + \dfrac{\sin x}{x}\right) = 1 \Rightarrow \alpha = 1$.

例 3.3.8 确定 α 的值使得当 $x \to \infty$ 时函数为 x^α 的同阶无穷大.

(1) $f(x) = x + x^2(2 + \sin x)$　　(2) $f(x) = (1+x)(1+x^2)\cdots(1+x^n)$

解 (1) $f(x) = x + x^2(2 + \sin x)$，因为 $\dfrac{1}{2} \leqslant \left|\dfrac{f(x)}{x^2}\right| = \left|2 + \sin x + \dfrac{1}{x}\right| \leqslant 4, x \in \left(-\dfrac{1}{2}, 1\right) \backslash \{0\} \Rightarrow \alpha = 2$;

(2) $f(x) = (1+x)(1+x^2)\cdots(1+x^{2^n}) = \dfrac{1 - x^{2^{n+1}}}{1 - x}$，所以 $\lim\limits_{x \to \infty} \dfrac{f(x)}{x^{2^{n+1}-1}} = \lim\limits_{x \to \infty} \dfrac{1 - x^{2^{n+1}}}{-x^{2^{n+1}}} = 1 \Rightarrow \alpha = 2^{n+1} - 1$.

定理 3.3.1 (等价量代换) 设 $f(x), g(x), h(x)$ 在 $\mathring{U}(x_0)$ 内有定义且 $\lim\limits_{x \to x_0} \dfrac{g(x)}{h(x)} = 1$，则

(1) $\lim\limits_{x \to x_0} f(x)g(x) = A$，则 $\lim\limits_{x \to x_0} f(x)h(x) = A$;

(2) $\lim\limits_{x \to x_0} \dfrac{f(x)}{g(x)} = A$，则 $\lim\limits_{x \to x_0} \dfrac{f(x)}{h(x)} = A$.

注 3.3.5 等价量因子可直接替换，极限过程可换为其他形式.

例 3.3.9 计算 $\lim\limits_{x \to 0^+} \dfrac{1 - \sqrt{\cos x}}{1 - \sqrt{\cos \sqrt{x}}}$

解 $\lim\limits_{x \to 0^+} \dfrac{1 - \sqrt{\cos x}}{1 - \cos \sqrt{x}} = \lim\limits_{x \to 0^+} \left(\dfrac{1 - \cos x}{1 + \sqrt{\cos x}}\right) \cdot \dfrac{1}{\frac{1}{2}x} = \lim\limits_{x \to 0^+} \dfrac{\frac{1}{2}x^2}{\frac{1}{2}x(1 + \sqrt{\cos x})} = 0$.

例 3.3.10 计算 $\lim\limits_{x \to \infty} \sqrt{1 + x + x^2} - \sqrt{1 - x + x^2}$

解　$\lim\limits_{x\to\infty}\sqrt{1+x+x^2}-\sqrt{1-x+x^2}=\lim\limits_{x\to\infty}\dfrac{2x}{\sqrt{1+x+x^2}+\sqrt{1-x+x^2}}$

$=\lim\limits_{x\to\infty}\dfrac{2x}{2x}=1.$

例 3.3.11　计算 $\lim\limits_{x\to a}\dfrac{x^\alpha-a^\alpha}{x-a}$

解　$\lim\limits_{x\to a}\dfrac{x^\alpha-a^\alpha}{x-a}=\lim\limits_{x\to a}\dfrac{a^\alpha\cdot\left(\left(\frac{x}{a}\right)^\alpha\right)-1}{x-a}=\lim\limits_{x\to a}a^\alpha\cdot\dfrac{\mathrm{e}^{\alpha\ln\frac{x}{a}}-1}{x-a}=a^\alpha\cdot\lim\limits_{x\to a}\alpha\dfrac{\ln\frac{x}{a}}{x-a}=$

$\alpha x^\alpha\lim\limits_{x\to a}\dfrac{\frac{x}{a}-1}{x-a}=\alpha a^\alpha\dfrac{1}{a}=\alpha a^{\alpha-1}.$

例 3.3.12　计算 $\lim\limits_{x\to0}\left(\cos x-\dfrac{x^2}{2}\right)^{\frac{1}{x^2}}$

解　$\lim\limits_{x\to0}\left(\cos x-\dfrac{x^2}{2}\right)^{\frac{1}{x^2}}=\mathrm{e}^{\lim_{x\to0}\frac{\ln\left(\cos x-\frac{x^2}{2}\right)}{x^2}}=\mathrm{e}^{\lim_{x\to0}\frac{\cos x-1-\frac{x^2}{2}}{x^2}}$

$=\mathrm{e}^{\lim_{x\to0}\left(\frac{\cos x-1}{x^2}-\frac{1}{2}\right)}=\mathrm{e}^{-1}.$

注 3.3.6　$\lim\limits_{x\to0}\dfrac{\tan x-\sin x}{x^3}=\lim\limits_{x\to0}\dfrac{x-x}{x^3}=\lim\limits_{x\to0}\dfrac{0}{x^3}=0$ 是错误的. 事实上，$\tan x=x+$

$o(x),\sin x=x+o(x),\dfrac{\tan x-\sin x}{x^3}=\dfrac{o(x)}{x^3}$ 不能确定. 正确解法：原式 $=\lim\limits_{x\to0}\dfrac{\tan(1-\cos x)}{x^3}=$

$\lim\limits_{x\to0}\dfrac{x\cdot\frac{1}{2}x^2}{x^3}=\dfrac{1}{2}.$

习题 3.3

1. 设 $f(x)\sim g(x)(x\to x_0)$，证明：

$$f(x)-g(x)=o(f(x))\text{或}f(x)-g(x)=o(g(x)).$$

2. 确定 a 与 α，使下列各无穷小量或无穷大量等价于 $(\sim)ax^\alpha$：
   (1) $u(x)=x^5-3x^4+2x^3\quad(x\to0,x\to\infty)$；
   (2) $u(x)=\dfrac{x^5+x^2}{3x^4-x^3}\quad(x\to0,x\to\infty)$；
   (3) $u(x)=\sqrt{x^3}+\sqrt[3]{x^2}\quad(x\to0^+,x\to+\infty)$；
   (4) $u(x)=\sqrt{x+\sqrt{x+\sqrt{x}}}\quad(x\to0^+,x\to+\infty)$；
   (5) $u(x)=\sqrt{1+3x}-\sqrt[3]{1+2x}\quad(x\to0,x\to+\infty)$；
   (6) $u(x)=\sqrt{x^2+1}-x\quad(x\to+\infty)$；
   (7) $u(x)=\sqrt{x^3+x}-x^{\frac{3}{2}}\quad(x\to0^+)$；
   (8) $u(x)=\sqrt{1+x\sqrt{x}}-\mathrm{e}^{2x}\quad(x\to0^+)$；
   (9) $u(x)=\ln\cos x-\arctan x^2\quad(x\to0)$；
   (10) $u(x)=\sqrt{1+\tan x}-\sqrt{1-\sin x}\quad(x\to0)$.

3. (1) 当 $x\to+\infty$ 时，下列变量都是无穷大量，将它们从低阶到高阶进行排列，并说明理由.

$$a^x(a>1),x^x,x^\alpha(\alpha>0),\ln^k x(k>0),[x]!$$

(2) 当 $x \to 0^+$ 时，下列变量都是无穷小量，将它们从高阶到低阶进行排列，并说明理由.

$$x^\alpha (\alpha > 0), \frac{1}{\left[\frac{1}{x}\right]!}, a^{-\frac{1}{x}} (a > 1), \left(\frac{1}{x}\right)^{-\frac{1}{x}}, \ln^{-k}\left(\frac{1}{x}\right) (k > 0)$$

4. 计算下列极限：

(1) $\displaystyle\lim_{x \to 0} \frac{\sqrt{1+x} - \sqrt[3]{1+2x^2}}{\ln(1+3x)}$;

(2) $\displaystyle\lim_{x \to 0^+} \frac{1 - \sqrt{\cos x}}{1 - \cos\sqrt{x}}$;

(3) $\displaystyle\lim_{x \to +\infty} \left(\sqrt{x + \sqrt{x + \sqrt{x}}} - \sqrt{x}\right)$;

(4) $\displaystyle\lim_{x \to +\infty} \left(\sqrt{1+x+x^2} - \sqrt{1-x+x^2}\right)$;

(5) $\displaystyle\lim_{x \to a} \frac{a^x - a^a}{x - a} (a > 0)$;

(6) $\displaystyle\lim_{x \to a} \frac{x^a - a^a}{x - a} (a > 0)$;

(7) $\displaystyle\lim_{x \to +\infty} x(\ln(1+x) - \ln x)$;

(8) $\displaystyle\lim_{x \to a} \frac{\ln x - \ln a}{x - a} (a > 0)$;

(9) $\displaystyle\lim_{x \to 0}(x + \mathrm{e}^x)^{\frac{1}{x}}$;

(10) $\displaystyle\lim_{x \to 0} \left(\cos x - \frac{x^2}{2}\right)^{\frac{1}{x^2}}$;

(11) $\displaystyle\lim_{n \to \infty} n\left(\sqrt[n]{x} - 1\right) (x > 0)$;

(12) $\displaystyle\lim_{n \to \infty} n^2 \left(\sqrt[n]{x} - \sqrt[n+1]{x}\right) (x > 0)$.

3.4 闭区间上的连续函数

3.4.1 有界性定理

定理 3.4.1　若函数在闭区间 $[a, b]$ 上连续，则它在 $[a, b]$ 上有界.

证　用反证法. 若 $f(x)$ 在 $[a, b]$ 上无界.

将 $[a, b]$ 二等分：$\left[a, \dfrac{a+b}{2}\right], \left[\dfrac{a+b}{2}, b\right]$，$f(x)$ 至少在其中之一上无界，记为 $[a_1, b_1]$；

将 $[a_1, b_1]$ 二等分：$\left[a_1, \dfrac{a_1+b_1}{2}\right], \left[\dfrac{a_1+b_1}{2}, b_1\right]$，$f(x)$ 至少在其中之一上无界，记为 $[a_2, b_2]$；

$$\cdots$$

得到闭区间套 $\{[a_n, b_n]\}$ 且 $f(x)$ 在其中每个区间 $[a_n, b_n]$ 均无界. 由闭区间套定理知：$\exists \xi \in [a_n, b_n] n = 1, 2, \cdots$ 且 $\xi = \lim\limits_{n \to \infty} a_n = \lim\limits_{n \to \infty} b_n$，因为 $\xi \in [a, b]$，$f(x)$ 在 ξ 点处连续，$\lim\limits_{x \to \xi} f(x) = f(\xi)$，由推论 3.1.3 知：$\exists \delta > 0, M > 0$, s.t., $x \in \mathring{U}_\delta(\xi) \cap [a, b]$，有 $|f(x)| \leqslant M$.

又 $\lim\limits_{n \to \infty} a_n = \lim\limits_{n \to \infty} b_n = \xi$，故对于充分大的 n 有 $[a_n, b_n] \subset \mathring{U}_\delta(\xi) \cap [a, b]$，所以 $f(x)$ 在 $[a_n, b_n]$ 中有界，所以矛盾. 证毕.

注 3.4.1　此定理的结论对于开区间未必成立，例如：$f(x) = \dfrac{1}{x - 1}$ 在 $(0, 1)$ 上无界.

3.4.2 最值定理

定理 3.4.2　设 $f(x)$ 在 $[a, b]$ 上连续，则它在 $[a, b]$ 上必能取到最大最小值，即 $\exists \xi, \eta \in [a, b]$, s.t., 对 $\forall x \in [a, b]$ 有 $f(\xi) \leqslant f(x) \leqslant f(\eta)$.

证　令 $R_f = \{f(x) | x \in [a,b]\}$ 是有界集（由定理 3.4.1 知），由确界存在定理知必有上下确界，记：$\alpha = \inf R_f, \beta = \sup R_f$.

下证：$\exists \xi \in [a,b]$，s.t.，$f(\xi) = \alpha$.

由下确界的定义知：对 $\forall x \in [a,b]$ 有 $f(x) \geqslant \alpha$，对 $\forall \varepsilon, \exists x_0 \in [a,b]$, s.t., $\alpha \leqslant f(x_0) < \alpha + \varepsilon$，特别地，对 $\varepsilon = \dfrac{1}{n}, \exists x_n \in [a,b]$, s.t., $\alpha \leqslant f(x_n) < \alpha + \dfrac{1}{n}$，于是有 $\{x_n\}$ 是有界数列，$\{x_n\} \subset [a,b]$. 由 Weierstrass 定理知：存在子列 $\{x_{n_k}\}$，有 $\lim\limits_{k \to \infty} x_{n_k} = \xi, \xi \in [a,b], \alpha \leqslant f(x_{n_k}) < \alpha + \dfrac{1}{n_k}$，令 $k \to \infty$ 有 $f(\xi) = \alpha$，即 $f(x)$ 在 $[a,b]$ 上取到最小值 $\alpha = \min R_f$. 证毕.

同理可证，$\exists \eta \in [a,b]$，s.t.，$f(\eta) = \beta$.

注 3.4.2　开区间上连续函数即使有界也未必能取到最大最小值. 例如：$f(x) = x, x \in (0,1)$.

注 3.4.3　闭区间上的不连续函数未必能取到最值. 例如：

$$g(x) = \begin{cases} \dfrac{1}{x}, & x \in (0,1) \\ \dfrac{1}{2}, & x = 0, 1 \end{cases}$$

$$h(x) = \begin{cases} 1 - x, & x \in (0,1] \\ 0, & x = 0 \\ -1 - x, & x \in [-1, 0) \end{cases}$$

均无最值.

3.4.3　零点定理

定理 3.4.3　若函数 $f(x)$ 在 $[a,b]$ 上连续且 $f(a) \cdot f(b) < 0$，则 $\exists \xi \in [a,b]$，s.t.，$f(\xi) = 0$.

证　用闭区间套定理. 不妨设 $f(a) < 0, f(b) > 0$.

二等分 $[a,b]$：$\left[a, \dfrac{a+b}{2}\right], \left[\dfrac{a+b}{2}, b\right]$，若 $f\left(\dfrac{a+b}{2}\right) = 0$，则结论得证. 否则记

$$[a_1, b_1] = \begin{cases} \left[\dfrac{a+b}{2}, b\right], & f\left(\dfrac{a+b}{2}\right) < 0 \\ \left[a, \dfrac{a+b}{2}\right], & f\left(\dfrac{a+b}{2}\right) > 0 \end{cases}$$

同理二等分 $[a_1, b_1]$，若 $f\left(\dfrac{a_1 + b_1}{2}\right) = 0$，则结论得证，否则记

$$[a_2, b_2] = \begin{cases} \left[\dfrac{a_1 + b_1}{2}, b_1\right], & f\left(\dfrac{a_1 + b_1}{2}\right) < 0 \\ \left[a_1, \dfrac{a_1 + b_1}{2}\right], & f\left(\dfrac{a_1 + b_1}{2}\right) > 0 \end{cases}$$

$$\cdots$$

若 $\exists n$，使 $f\left(\dfrac{a_n + b_n}{2}\right) = 0$，则定理结论得证，否则得到闭区间套 $\{[a_n, b_n]\}$：$f(a_n) < 0, f(b_n) > 0$，由闭区间套定理知：$\exists \xi \in [a_n, b_n] \subset [a,b]$ 且 $\lim\limits_{n \to \infty} a_n = \xi = \lim\limits_{n \to \infty} b_n$，所以 $f(\xi) = \lim\limits_{n \to \infty} f(a_n) \leqslant 0, f(\xi) = \lim\limits_{n \to \infty} f(b_n) \geqslant 0 \Rightarrow f(\xi) = 0$. 定理得证. 证毕.

例 3.4.1 证明：若 $r > 0, n$ 为正整数，则存在唯一正数 x_0，使得 $x_0^n = r, x_0$ 称为 r 的 n 次正根算术根，记为 $x_0 = \sqrt[n]{r}$.

证 因为 $\lim\limits_{x \to +\infty} x^n = +\infty$，所以 $\exists a > 0$, s.t., $a^n > r$. 记 $f(x) = x^n - r$，则 $f(0) < 0$, $f(a) > 0$，而 $f(x) = x^n - r$ 在 $[0, a]$ 上连续，由上述定理知：$\exists x_0 \in (0, a)$, s.t., $f(x_0) = 0$, 即 $x_0^n = r$.

唯一性：若存在正数 $x_1 > 0$, s.t., $x_1^n = r$，则 $x_1^n - x_0^n = (x_1 - x_0)(x_1^{n-1} + x_1^{n-2} x_0 + \cdots + x_1 x_0^{n-2} + x_0^{n-1}) = 0$. 所以 $x_1 = x_0$. 证毕.

例 3.4.2 设 $f(x)$ 在 $[a, b]$ 上连续且 $f([a, b]) \subset [a, b]$，则 $\exists \xi \in [a, b]$, s.t., $f(\xi) = \xi$（ξ 称为 $f(x)$ 的不动点）.

证 记 $F(x) = f(x) - x$，则 $F(a) \geqslant 0, F(b) \leqslant 0$.
若 $F(a) = 0$，则取 $\xi = a$；
若 $F(b) = 0$，则取 $\xi = b$；
若 $F(a) > 0, F(b) < 0$，由零点定理知：$\exists \xi \in (a, b)$, s.t., $F(\xi) = 0$, 即 $f(\xi) = \xi$. 证毕.

注 3.4.4 此题结论对开区间不真. 例如：$f(x) = \dfrac{x}{2}, x \in (0, 1)$.

3.4.4 介值定理

定理 3.4.4 若 $f(x)$ 在 $[a, b]$ 上连续，则它必能取到介于最大值最小值之间的任何值.

证 记 $m = \min\{f(x) | x \in [a, b]\}, M = \max\{f(x) | x \in [a, b]\}$，由最值定理知：$\xi, \eta$, s.t., $f(\xi) = m, f(\eta) = M$.

不妨设 $\xi < \eta$，对 $\forall C, m < C < M$，令 $F(x) = f(x) - C$，则 $F(\xi) < 0, F(\eta) > 0$. 由零点定理知：$\exists x_0 \in (\xi, \eta) \subset [a, b]$, s.t., $F(x_0) = 0$, 即 $f(x_0) = C$. 证毕.

推论 3.4.1 若 $f(x)$ 在 $[a, b]$ 上连续，m 为最小值，M 为最大值，则 $R_f = [m, M]$.

注 3.4.5 此推论是上述定理的直接结论.

3.4.5 一致连续

函数在区间 X 上连续是指区间 X 上每一点均连续.

函数在一点 $x_0 \in X$ 处连续 $\Leftrightarrow \forall \varepsilon > 0, \exists \delta > 0$, s.t., $|x - x_0| < \delta$ 时有 $|f(x) - f(x_0)| < \varepsilon$, 注意：$\delta = \delta(\varepsilon, x_0)$（同时依赖于 ε 和 x_0）.

问题：对 $\forall \varepsilon > 0$，能否找到仅与 ε 有关，而对于 X 上的一切点都适用的 $\delta = \delta(\varepsilon) > 0$. 即 $\forall x', x'' \in X$，只要 $|x' - x''| < \delta(\varepsilon)$，就有 $|f(x') - f(x'')| < \varepsilon$.

答案是否定的. 首先给出一致连续的概念.

定义 3.4.1 设 $f(x)$ 在 X 上有定义，若 $\forall \varepsilon > 0, \exists \delta > 0$，对 $\forall x', x'' \in X$，只要 $|x' - x''| < \delta$，有 $|f(x') - f(x'')| < \varepsilon$，则称 $f(x)$ 在 X 上一致连续. 显然，$f(x)$ 在 X 上一致连续必有 $f(x)$ 在 X 上连续.

例 3.4.3 $f(x) = \sin x$ 在 $(-\infty, +\infty)$ 上一致连续.

证 $|f(x') - f(x'')| = |\sin x' - \sin x''| = \left|2\sin\dfrac{x'-x''}{2}\cos\dfrac{x'-x''}{2}\right| \leqslant |x'-x''|$. 对 $\forall \varepsilon > 0$, 取 $\delta = \varepsilon$, 则当 $|x'-x''| < \delta$ 时, $|f(x') - f(x'')| < \varepsilon$, 所以 $f(x) = \sin x$ 在 $(-\infty, +\infty)$ 上连续. 证毕.

例 3.4.4　证明 $f(x) = \dfrac{1}{x}$ 在 $(0,1)$ 上连续但非一致连续.

证　对于 $\forall x_0 \in (0,1), \forall \varepsilon > 0$, 要 $|f(x) - f(x_0)| = \left|\dfrac{1}{x} - \dfrac{1}{x_0}\right| = \dfrac{|x-x_0|}{|xx_0|} < \varepsilon$.

首先要求 $|x - x_0| < \dfrac{x_0}{2}$, 只要 $\dfrac{1}{2}x_0 < x < \dfrac{3}{2}x_0$, 此时 $|f(x) - f(x_0)| \leqslant \dfrac{|x-x_0|}{\frac{1}{2}x_0^2}$, 只要 $|x-x_0| < \dfrac{1}{2}x_0^2\varepsilon$, 为此取 $\delta = \min\left\{\dfrac{1}{2}x_0^2\varepsilon, \dfrac{1}{2}x_0\right\}$, 则当 $|x-x_0| < \delta$ 时, 有 $|f(x) - f(x_0)| < \varepsilon$, 由于 $x_0 \to 0$ 时, $\delta \to 0$, 故找不到统一的 $\delta = \delta(\varepsilon)$. 证毕.

定理 3.4.5　设 $f(x)$ 在区间 X 上有定义, 则 $f(x)$ 在 X 上一致连续 $\Leftrightarrow$ 任何两个点列 $\{x_n'\}, \{x_n''\}, x_n', x_n'' \in X$, 只要满足 $\lim\limits_{n\to\infty}(x_n' - x_n'') = 0$, 就有 $\lim\limits_{n\to\infty}(f(x_n') - f(x_n'')) = 0$.

证　$\Rightarrow$) $f(x)$ 在 X 上一致连续, 则 $\forall \varepsilon > 0, \exists \delta = \delta(\varepsilon)$, 对 $x', x'' \in X$, 当 $|x'-x''| < \delta$ 时, 有 $|f(x') - f(x'')| < \varepsilon$. 由 $\lim\limits_{n\to\infty}(x_n' - x_n'') = 0$, 所以 $\exists N$, s.t. $n > N$ 时, $|x_n' - x_n''| < \delta$, 于是 $|f(x_n') - f(x_n'')| < \varepsilon$, 所以 $\lim\limits_{n\to\infty}(f(x_n') - f(x_n'')) = 0$.

$\Leftarrow$) (反证法) 假设 $f(x)$ 在 X 上不一致连续, 即 $\exists \varepsilon_0 > 0, \forall \delta > 0, \exists x', x'' \in X$ 且 $|x'-x''| < \delta$, 但 $|f(x') - f(x'')| \geqslant \varepsilon_0$.

特别地, $\delta_n = \dfrac{1}{n}(n=1,2,\cdots)$ 时, $\exists x_n', x_n'' \in X$ 且 $|x_n'-x_n''| < \dfrac{1}{n}$, 但 $|f(x_n') - f(x_n'')| \geqslant \varepsilon_0$. 显然 $\lim\limits_{n\to\infty}(x_n' - x_n'') = 0$, 但 $\lim\limits_{n\to\infty}[f(x_n') - f(x_n'')] \neq 0$, 矛盾. 证毕.

例 3.4.5　证明: $f(x) = \sin\dfrac{1}{x}$ 在 $(0,1)$ 上不一致连续.

证　取 $x_n' = \dfrac{1}{2n\pi}, x_n'' = \dfrac{1}{2n\pi + \frac{\pi}{2}}$, 显然 $\lim\limits_{n\to\infty}(x_n'-x_n'') = \lim\limits_{n\to\infty}\dfrac{\frac{\pi}{2}}{2n\pi(2n\pi+\frac{\pi}{2})} = 0$, 但 $\lim\limits_{n\to\infty}[f(x_n') - f(x_n'')] = \lim\limits_{n\to\infty}(-1) = -1$. 证毕.

注 3.4.6　若 $(0,1)$ 换为 $(a,1)(0 < a < 1)$, 则 $f(x) = \dfrac{1}{x}$ 在 $(a,1)$ 上一致连续. 事实上, $|f(x') - f(x'')| \leqslant \left|\dfrac{1}{x'} - \dfrac{1}{x''}\right| = \left|\dfrac{x'-x''}{x'x''}\right| \leqslant \dfrac{|x'-x''|}{a^2}$. 对 $\forall \varepsilon > 0$, 取 $\delta = a^2\varepsilon > 0$, 则 $|x'-x''| < \delta$, 有 $|f(x') - f(x'')| < \varepsilon$.

例 3.4.6　证明: $f(x) = x^2$ 在 $[0, +\infty)$ 非一致连续, 但在 $[0, A]$ 上一致连续.

证　取 $x_n' = \sqrt{n+1}, x_n'' = \sqrt{n}$, 显然有 $x_n' - x_n'' = \dfrac{1}{\sqrt{n+1}+\sqrt{n}} \to 0(n\to\infty)$, 但 $f(x_n') - f(x_n'') = 1 \nrightarrow 0(n\to\infty)$. 在 $[0, +\infty)$ 上 $f(x) = x^2$ 非一致连续对 $x', x'' \in [0, A]$, 有 $|f(x') - f(x'')| = |(x')^2 - (x'')^2| = (x'+x'')|x'-x''| \leqslant 2A(x'-x'')$, 取 $\delta = \dfrac{\varepsilon}{2\delta}$ 即可. 证毕.

定理 3.4.6 (Cantor 定理)　若 $f(x)$ 在 $[a,b]$ 上连续, 则它在 $[a,b]$ 上一致连续.

证　用反证法. 假设 $f(x)$ 在 $[a,b]$ 上不一致连续, 则 $\exists \varepsilon_0 > 0, \forall \delta > 0, \exists x', x'' \in [a,b], |x'-x''| < \delta$, 但 $|f(x')-f(x'')| \geqslant \varepsilon_0$, 故 $\exists\{x_n'\}, \{x_n''\} \subset [a,b], |x_n'-x_n''| < \dfrac{1}{n}$, 但 $|f(x_n')-f(x_n'')| \geqslant \varepsilon_0$, 由 $\{x_n'\}$ 有界, 由 Weierstrass 定理知: 存在子列 $\{x_{n_k}'\}, \lim\limits_{k\to\infty}x_{n_k}' = \xi \in [a,b]$. 由于 $|x_{n_k}' - x_{n_k}''| <$

$\dfrac{1}{n_k}$，故 $\lim\limits_{k\to\infty} x''_{n_k} = \xi \in [a,b]$，而 $f(x)$ 在 ξ 点处连续，所以 $\lim\limits_{k\to\infty} f(x'_{n_k}) = f(\lim\limits_{k\to\infty} x'_{n_k}) = f(\xi)$，$\lim\limits_{k\to\infty} f(x''_{n_k}) = f(\lim\limits_{k\to\infty} x''_{n_k}) = f(\xi)$，于是 $\lim\limits_{k\to\infty}[f(x'_{n_k}) - f(x''_{n_k})] = f(\xi) - f(\xi) = 0$ 与 $|f(x'_{n_k}) - f(x''_{n_k})| \geqslant \varepsilon_0$ 矛盾. 证毕.

注 3.4.7　Cantor 定理对开区间 (a,b) 未必成立，但是附加条件后仍可以成立.

定理 3.4.7　函数 $f(x)$ 在 (a,b) 内连续，则 $f(x)$ 在 (a,b) 上一致连续 $\Leftrightarrow f(a^+), f(b^-)$ 均存在.

证 $\Leftarrow$) 设 $f(a^+) = A, f(b^-) = B$. 定义

$$F(x) = \begin{cases} A, & x = a \\ f(x), & x \in (a,b) \\ B, & x = b \end{cases}$$

则 $F(x)$ 在 $[a,b]$ 上连续. 由 Cantor 定理知：$F(x)$ 在 $[a,b]$ 上一致连续，$F(x)$ 在 (a,b) 内也一致连续，即 $f(x)$ 在 (a,b) 上一致连续.

$\Rightarrow$) 设 $f(x)$ 在 (a,b) 内一致连续，则 $\forall \varepsilon > 0, \exists \delta > 0$, s.t., $\forall x', x'' \in (a,b)$ 且 $|x' - x''| < \delta$，有 $|f(x') - f(x'')| < \varepsilon$. 在 (a,b) 内任何数列 $\{x_n\}: x_n \in (a,b), \lim\limits_{n\to\infty} x_n = a$，由 Cauchy 定理知：$\exists N$, s.t., $m,n > N$ 时，$|x_m - x_n| < \delta$，故 $|f(x_m) - f(x_n)| < \varepsilon$，所以 $\lim\limits_{n\to\infty} f(x_n)$ 存在，再由 Heine 定理知：$\lim\limits_{x\to a^+} f(x)$ 存在，即 $f(a^+)$ 存在.

同理可证，$f(b^-)$ 存在. 证毕.

注 3.4.8　此定理不适用于无限开区间的情形. 如：$f(x) = \sin x$，在 $(-\infty, +\infty)$ 上一致连续，但 $f(+\infty), f(-\infty)$ 均不存在.（Cantor 定理不能用）

习题 3.4

1. 证明：设函数 $f(x)$ 在 $[1, +\infty)$ 上连续，且 $\lim\limits_{x\to+\infty} f(x) = A$(有限数)，则 $f(x)$ 在 $[1, +\infty)$ 上有界.

2. 证明：若函数 $f(x)$ 在开区间 (a,b) 上连续，且 $f(a+)$ 和 $f(b-)$ 存在，则它可以取到介于 $f(a+)$ 和 $f(b-)$ 之间的一切中间值.

3. 设当 $x \neq 0$ 时，$f(x) = g(x)$，而 $f(0) \neq g(0)$. 证明：f 与 g 两者中至多有一个在 $x = 0$ 处连续.

4. 设函数 f 在区间 I 上满足李普希兹条件，即存在常数 $L > 0$，使得对 I 上任何两点 x', x'' 都有
$$|f(x') - f(x'')| \leqslant |x' - x''|.$$
证明：f 在区间 I 一致连续.

5. 设 f 为 $[a,b]$ 上的增函数，其值域 $[f(a), f(b)]$. 证明：f 在区间 $[a,b]$ 上连续.

6. 应用 Bolzano-Weierstrass 定理证明：闭区间上连续函数的有界性定理.

7. 应用闭区间套定理证明零点存在定理.

8. 证明：方程 $x = a\sin x + b(a,b > 0)$ 至少有一个正根.

9. 证明：(1) $\sin x^2$ 在 $(-\infty, +\infty)$ 上不一致连续，但在 $[0, A]$ 上一致连续；

    (2) $\sqrt{x}$ 在 $(0, +\infty)$ 上一致连续；

    (3) $\ln x$ 在 $[1, +\infty)$ 上一致连续；

    (4) $\cos \sqrt{x}$ 在 $[0, +\infty)$ 上一致连续.

10. 设函数 $f(x)$ 在 $[0, 2]$ 上连续，且 $f(0) = f(2)$，证明：存在 $x, y \in [0, 2], y - x = 1$，使得 $f(x) = f(y)$.

11. 若函数 $f(x)$ 在有限区间 (a, b) 上一致连续，则 $f(x)$ 在 (a, b) 上有界.

12. 证明：(1) 某区间上两个一致连续函数之和必定一致连续；

    (2) 某区间上两个一致连续函数之积不一定一致连续.

13. 设函数 $f(x)$ 在 $[a, b]$ 上连续，且 $f(x) \neq 0, x \in [a, b]$，证明：$f(x)$ 在 $[a, b]$ 上恒正或恒负.

14. 设函数 $f(x)$ 在 $[a, b]$ 上连续，$a \leqslant x_1 \leqslant x_2 \leqslant \cdots \leqslant x_n < b$，证明：在 $[a, b]$ 中必有 ξ，使得

$$f(\xi) = \frac{1}{n}[f(x_1) + f(x_2) + \cdots + f(x_n)]$$

15. 若函数 $f(x)$ 在 $[a, +\infty)$ 上连续，且 $\lim\limits_{x \to +\infty} f(x) = A$(有限数)，则 $f(x)$ 在 $[a, +\infty)$ 上一致连续.

第4章 微 分

4.1 微 分

4.1.1 微分的背景

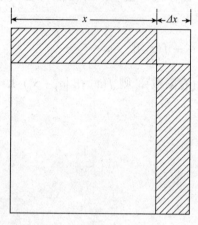

图 4.1

微分是微积分中的重要概念, 下面先来看一个与微分相关的具体的例子. 若用 S 表示边长为 x 的正方形的面积, 则 S 可表示为边长的函数 $S = x^2$. 若边长由 x_0 增加 Δx, 相应地面积会有增量

$$\Delta S = (x_0 + \Delta x)^2 - x_0^2 = 2x_0\Delta x + (\Delta x)^2$$

从上式可以看出, 面积增量 ΔS 由两部分构成: 第一部分 $2x_0\Delta x$ 是边长变化量 Δx 的线性函数, 第二部分 $(\Delta x)^2$ 是 $\Delta x \to 0$ 时的高价无穷小量.

由此可知, 当边长发生微小的变化, 即 Δx 很小时, 所引起的正方形面积的变化如图 4.1 所示, 主要在于第一部分, 因此可用这一部分近似面积变化量 $\Delta S \approx 2x_0\Delta x$. 由此产生的相对误差为

$$\left| \frac{(\Delta x)^2}{2x_0\Delta x} \right| = \frac{|\Delta x|}{2x_0}$$

显然, Δx 越小, 该相对误差也越小.

4.1.2 微分的定义

设函数 $y = f(x)$ 在点 x 处的邻域内有定义. 当自变量 x 从 x 变到 $x+\Delta x$ 时, 即自变量在 x 处有增量 Δx, 则函数值从 $f(x)$ 变到 $f(x+\Delta x)$, 相应地函数值的增量 $\Delta y = f(x+\Delta x) - f(x)$. 此时称 Δx 是自变量的差分, Δy 是因变量的差分.

定义 4.1.1 设 $y = f(x)$ 在 x_0 的邻域内有定义, 若存在一个仅与 x_0 有关而与 Δx 无关的数 $\varphi(x_0)$, 使得当 $\Delta x \to 0$ 时, 恒有

$$\Delta y = \varphi(x_0)\Delta x + o(\Delta x)$$

则称 $f(x)$ 在 x_0 处可微, 并称 $\varphi(x_0)\Delta x$ 为 $f(x)$ 在 x_0 处的微分. 记做

$$dy = \varphi(x_0)\Delta x, \text{或} df(x_0) = \varphi(x_0)\Delta x$$

函数微分和函数变化量的关系如图 4.2 所示, 若 $f(x)$ 在 x 处连续, 则 $\lim\limits_{\Delta x \to 0} \Delta y = 0$, 若进一步有 $f(x)$ 在 x 处可微, 则当 $\varphi(x) \neq 0$ 时, $\Delta y \approx \varphi(x)\Delta x$, 且两者之差是 Δx 的高阶无

穷小（$\Delta x \to 0$）. 根据这一特点，可得近似 $\Delta y \approx \varphi(x)\Delta x$，并称 $\varphi(x)\Delta x$ 为 Δy 的线性主要部分（线性主部）. 将 Δx 称为自变量的微分，记为 $\mathrm{d}x$，$\varphi(x)\Delta x$ 称为因变量的微分，记 $\mathrm{d}y$，于是

$$\mathrm{d}y = \varphi(x)\mathrm{d}x$$

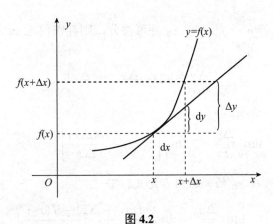

图 4.2

根据上述分析及微分的定义，可得如下结论

定理 4.1.1 若函数 $y = f(x)$ 在 x 处可微分，则它在 x 处连续.

若 $f(x)$ 在区间上的每一点处都可微，则称 $f(x)$ 在该区间上可微.

例 4.1.1 设 $y = f(x) = x^2$，对 $\forall x \in (-\infty, +\infty)$，当 x 有增量 Δx 时，则有
$$\Delta y = (x + \Delta x)^2 - x^2 = 2x\Delta x + (\Delta x)^2$$
由微分的定义，函数 $y = x^2$ 在任意 x 处可微分，且其微分为
$$\mathrm{d}y = \mathrm{d}(x^2) = 2x\mathrm{d}x$$

例 4.1.2 考察函数 $y = \sqrt{|x|}$，在其定义域内的可微性.

解 当 $x = 0$ 时，
$$\Delta y = f(\Delta x) - f(0) = \sqrt{|\Delta x|}$$
由
$$\lim_{\Delta x \to 0} \frac{\Delta x}{\Delta y} = \lim_{\Delta x \to 0} \frac{\Delta x}{\sqrt{|\Delta x|}} = \lim_{\Delta x \to 0} \sqrt{|\Delta x|}\,\mathrm{sgn}(\Delta x) = 0$$

说明 Δx 是 Δy 的高阶无穷小，因此 Δx 的线性函数与 Δx 高阶无穷小的组合还是 Δy 的高阶无穷小. 故 Δy 不能表示为 Δx 的线性项与高阶项的和. 由定义，函数在 $x = 0$ 处不可微.

当 $x = x_0 > 0$ 时，（不妨设 $|\Delta x| < x_0$），由
$$\Delta y = f(x_0 + \Delta x) - f(x_0) = \sqrt{|x_0 + \Delta x|} - \sqrt{x_0} = \frac{|x_0 + \Delta x| - x_0}{\sqrt{|x_0 + \Delta x|} + \sqrt{x_0}} = \frac{\Delta x}{\sqrt{x_0} + \sqrt{x_0 + \Delta x}}$$
可得 $\lim\limits_{\Delta x \to 0} \dfrac{\Delta y}{\Delta x} = \dfrac{1}{2\sqrt{x_0}}$，即 $\dfrac{\Delta y}{\Delta x} = \dfrac{1}{2\sqrt{x_0}} + o(1)$. 所以有
$$\Delta y = \frac{\Delta x}{2\sqrt{x_0}} + o(\Delta x)$$

根据定义，函数在 $x_0 > 0$ 处可微. 同理，函数在 $x = x_0 < 0$ 处也可微.

注 4.1.1　若 $f(x)$ 在 x 处可微,则 $\lim\limits_{\Delta x \to 0} \Delta y = 0$,即 $\lim\limits_{\Delta x \to 0} f(x + \Delta x) = f(x)$,函数 $f(x)$ 在 x 处连续. 但反之不一定成立,如 $f(x) = \sqrt{|x|}$ 在 $x = 0$ 处连续,但在 $x = 0$ 处不可微.

4.1.3　导　数

根据微分的定义,若 $y = f(x)$ 在 x_0 处可微分,则存在仅与 x_0 有关的常数 $\varphi(x_0)$ 使得下式成立

$$\Delta y = \varphi(x_0)\Delta x + o(\Delta x)$$

显然该常数满足

$$\lim_{\Delta x \to 0} \frac{\Delta y}{\Delta x} = \lim_{\Delta x \to 0} \left[\varphi(x_0) + \frac{o(\Delta x)}{\Delta x} \right] = \varphi(x_0)$$

定义 4.1.2　设 $f(x)$ 在 x_0 的邻域内有定义,若

$$\lim_{\Delta x \to 0} \frac{\Delta y}{\Delta x} = \lim_{\Delta x \to 0} \frac{f(x_0 + \Delta x) - f(x_0)}{\Delta x}$$

存在,则称 $f(x)$ 在 x_0 处可导,且称该极限值为 $f(x)$ 在 x_0 处的导数. 记为

$$f'(x_0), y'(x_0), \frac{\mathrm{d}f}{\mathrm{d}x}\bigg|_{x=x_0}, \frac{\mathrm{d}y}{\mathrm{d}x}\bigg|_{x=x_0}$$

显然导数还可以等价的定义为

$$f'(x_0) = \lim_{x \to x_0} \frac{f(x) - f(x_0)}{x - x_0}$$

函数在区间上的每一点处都可导,则称函数在该区间上可导. 当函数 $f(x)$ 在一个区间上可导时,即区间上每一点 x 处都有相应的导数 $f'(x)$,由此得到该区间上的一个函数,称为 $f(x)$ 在区间上的导函数,简称导数. 记为

$$f'(x), y'(x), \frac{\mathrm{d}y}{\mathrm{d}x}, \frac{df}{\mathrm{d}x}$$

4.1.4　可微与可导的关系

导数和微分有着密切的关系,可用如下定理描述.

定理 4.1.2　函数 $y = f(x)$ 在 x 处可微分的充分必要条件是它在 x 处可导.

证　必要性:若 $y = f(x)$ 在 x 处可微分,则

$$\Delta y = f(x + \Delta x) - f(x) = \varphi(x)\Delta x + o(\Delta x)$$

因此,

$$\lim_{\Delta x \to 0} \frac{\Delta y}{\Delta x} = \lim_{\Delta x \to 0} \left[\varphi(x) + \frac{o(\Delta x)}{\Delta x} \right] = \varphi(x)$$

从而得函数在 x 处可导,且 $f'(x) = \varphi(x)$

充分性：若 $y = f(x)$ 在 x 处可导，则

$$\lim_{\Delta x \to 0} \frac{\Delta y}{\Delta x} = f'(x)$$

即

$$\lim_{\Delta x \to 0} \frac{\Delta y - f'(x)\Delta x}{\Delta x} = 0$$

可得 $\Delta y - f'(x)\Delta x = o(\Delta x)$ 即 $\Delta y = f'(x)\Delta x + o(\Delta x)$

由微分的定义知函数在 x 处可微分，且 $\mathrm{d}y = f'(x)\mathrm{d}x$. 证毕.

注 4.1.2 由上述证明过程可知，微分定义中的常数 $\varphi(x)$ 是唯一确定的，而且一定满足 $\varphi(x) = f'(x)$. 从导数记号 $\frac{\mathrm{d}y}{\mathrm{d}x} = f'(x)$，就可以看成 $\mathrm{d}y$ 与 $\mathrm{d}x$ 的比值，因此导数就是微分之商，故导数又称**微商**.

习题 4.1

1. 为使计算圆面积的相对误差不超过 0.01，则测量半径时所允许的最大相对误差为多少？
2. 用定义验证函数 $y = x^{2/3}$ 在 $x = 0$ 点的可微性.
3. 用定义求函数 $y = x^2$ 的导数.

4.2 导数的意义和性质

4.2.1 导数的应用背景

在数学发展史上，导数的概念是在解决实际问题的过程中产生的，一是变速直线运动的瞬时速度问题，另一个曲线的切线问题.

若 $S = S(t)$ 表示变速直线运动物体位移与时间 t 的关系（位移函数），则物体在时间段 $[t, t + \Delta t]$ 内的平均速度可表示为

$$\frac{\Delta S}{\Delta t} = \frac{S(t + \Delta t) - S(t)}{\Delta t}$$

显然，当 Δt 越小，则该平均速度与 t 时刻的瞬时速度 $v(t)$ 就越接近. 因此 t 时刻的瞬时速度，就应该是当 $\Delta t \to 0$ 平均速度的极限

$$S'(t) = \lim_{\Delta t \to 0} \frac{\Delta S}{\Delta t}$$

上式给出了瞬时速度的定义，同时也说明瞬时速度是物体位移函数的导数.

若 $y = f(x)$ 是平面曲线，设 $P(x_0, f(x_0))$ 和 $Q(x_0 + \Delta x, f(x_0 + \Delta x))$ 是曲线上的两点，则过这两点的直线称为曲线的一条割线，其斜率可表示为 $\frac{\Delta y}{\Delta x}$，如图 4.3 所示. 当 Δx 变化时，点 Q 在曲线上变动，割线斜率也会随之变化. 当 $\Delta x \to 0$ 时，点 Q 沿曲线趋于点 P，此时割线就应该趋于点 P 处的切线. 因此，切线的斜率就应该是割线斜率在 $\Delta x \to 0$ 时的极限

$$f'(x) = \lim_{\Delta x \to 0} \frac{\Delta y}{\Delta x}$$

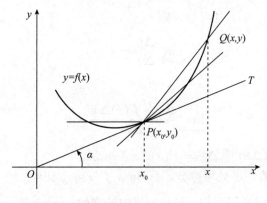

图 **4.3**

上式给出了曲线上一点处切线斜率，即曲线在该点的导数.

若用 $p = p(t)$ 表示 t 时刻某物种种群的数目，则

$$\frac{\Delta p}{\Delta t} = \frac{p(t + \Delta t) - p(t)}{\Delta t}$$

表示时间段 $[t, t + \Delta t]$ 内种群数目的增量，因此 $p(t)$ 的导数

$$p'(t) = \lim_{\Delta t \to 0} \frac{\Delta p}{\Delta t}$$

可表示 t 时刻的瞬时变化率.

以上例子虽然来自于不同的实际问题，但从数学上来看，都可归结为求函数改变量与自变量变化量比值的极限问题，这显示了导数的概念来自于实际问题，并且在实际问题中有着重要的应用.

4.2.2 导数与微分的几何意义

根据导数的几何意义，曲线上点 $(x, y) = (x, f(x))$ 处的切线斜率 k 就是对应点处的导数

$$k = f'(x) = \lim_{\Delta x \to 0} \frac{f(x + \Delta x) - f(x)}{\Delta x}$$

设 (x_0, y_0) 是曲线 $y = f(x)$ 上一点 $(y_0 = f(x_0))$，且 $f(x)$ 在 x_0 处可导，则 (x_0, y_0) 处的切线为

$$y - f(x_0) = f'(x_0)(x - x_0)$$

法线为

$$y - f(x_0) = \frac{-1}{f'(x_0)}(x - x_0)$$

若将切线与 x 轴正向夹角记为 α，则关于微分有

$$\mathrm{d}y = f'(x)\mathrm{d}x = k\mathrm{d}x = \tan\alpha\Delta x$$

由此可得微分几何意义为：函数 $y = f(x)$ 在 x 处的微分是当自变量从 x 变化到 $x + \Delta x$ 时，切线上点的纵坐标的增量.

例 4.2.1 求椭圆 $\dfrac{x^2}{a^2} + \dfrac{y^2}{b^2} = 1(a > 0, b > 0)$ 上任一点 (x_0, y_0) 处的切线方程.

解 设 (x_0, y_0) 是位于上半面内的一点，则其函数表达式为：

$$y = b\sqrt{1 - \frac{x^2}{a^2}} = f(x)$$

因此，该点处的斜率为

$$
\begin{aligned}
k &= \lim_{\Delta x \to 0} \frac{f(x + \Delta x) - f(x)}{\Delta x} \\
&= \frac{b}{a} \lim_{\Delta x \to 0} \frac{\sqrt{a^2 - (x_0 + \Delta x)^2} - \sqrt{a^2 - x_0^2}}{\Delta x} \\
&= \frac{b}{a} \lim_{\Delta x \to 0} \frac{1}{\Delta x} \frac{-2x_0 \Delta x - (\Delta x)^2}{\sqrt{a^2 - (x_0 + \Delta x)^2} + \sqrt{a^2 - x_0^2}} \\
&= -\frac{b}{a} \frac{x_0}{\sqrt{a^2 - x_0^2}}
\end{aligned}
$$

所以切线方程为

$$y - y_0 = \frac{b}{a} \frac{-x_0}{\sqrt{a^2 - x_0^2}}(x - x_0)$$

即

$$\frac{x_0 x}{a^2} + \frac{y_0 y}{b^2} = 1$$

当 (x_0, y_0) 位于下半时，类似可得该结论.

4.2.3 单侧导数

根据导数的定义，导数是函数变化量与自变量变化量比值的极限，因此类似于单纯极限，可以得到单侧导数的概念.

若极限

$$\lim_{\Delta x \to 0^-} \frac{f(x_0 + \Delta x) - f(x_0)}{\Delta x}$$

存在，则称其为 $f(x)$ 在 x_0 处的左导数，记为 $f'_-(x_0)$.

若极限

$$\lim_{\Delta x \to 0^+} \frac{f(x_0 + \Delta x) - f(x_0)}{\Delta x}$$

存在，则称其为 $f(x)$ 在 x_0 处的右导数，记 $f'_+(x_0)$.

根据左右极限与极限关系知：$f'(x_0)$ 存在的充分必要条件是 $f'_-(x_0), f'_+(x_0)$ 存在，且 $f'_-(x_0) = f'_+(x_0)$，即左右导数都存在且相等.

注 4.2.1 注：$f(x)$ 在 $[a, b]$ 上可导是指：在 (a, b) 内可导且 $f'_+(a), f'_-(b)$ 存在.

例如函数 $y = \dfrac{b}{a}\sqrt{a^2 - x^2}$ 在区间 $(-a, a)$ 内可导，但 $x = -a$ 处左导数不存在，$x = a$ 处右导数不存在，故可导区间为 $(-a, a)$.

例 4.2.2 讨论 $f(x) = |x|$ 在 $x = 0$ 处的可导情况

解 由

$$f'_-(0) = \lim_{\Delta x \to 0^-} \frac{|\Delta x| - 0}{\Delta x} = \lim_{\Delta x \to 0^-} \frac{-\Delta x}{\Delta x} = -1$$

$$f'_+(0) = \lim_{\Delta x \to 0^+} \frac{|\Delta x| - 0}{\Delta x} = \lim_{\Delta x \to 0^+} \frac{\Delta x}{\Delta x} = 1$$

知 $f'(0)$ 不存在，所以函数在 $x = 0$ 处不可导，虽然该函数在 $x = 0$ 处连续.

例 4.2.3 讨论

$$y = \begin{cases} |x|^{1+\alpha} \sin \dfrac{1}{x}, & x \neq 0 \ (\alpha > 0) \\ 0, & x = 0 \end{cases} \tag{4.1}$$

在 $x = 0$ 处的可导性.

解 由

$$f'_-(0) = \lim_{\Delta x \to 0^-} \frac{f(0 + \Delta x) - f(0)}{\Delta x} = \lim_{\Delta x \to 0^-} \frac{|\Delta x|^{1+\alpha} \left(\sin \frac{1}{\Delta x} \right)}{\Delta x} = \lim_{\Delta x \to 0^-} -(-\Delta x)^{\alpha} \sin \frac{1}{\Delta x} = 0$$

$$f'_+(0) = \lim_{\Delta x \to 0^+} \frac{f(0 + \Delta x) - f(0)}{\Delta x} = \lim_{\Delta x \to 0^+} \frac{(\Delta x)^{1+\alpha} \left(\sin \frac{1}{\Delta x} \right)}{\Delta x} = \lim_{\Delta x \to 0^+} (\Delta x)^{\alpha} \sin \frac{1}{\Delta x} = 0$$

所以函数在 0 点可导，且 $f'(0) = 0$.

注 4.2.2 在该例中若 $\alpha = 0$，则左右导数都不存在，此时函数在 0 点将不可导.

例 4.2.4 设 $f(x)$ 在 $[a, b]$ 上连续，且 $f(a) = f(b) = 0, f'_+(a) f'_-(b) > 0$，证明：存在 $\xi \in (a, b)$ 使得 $f(\xi) = 0$.

证 不妨设 $f'_+(a) > 0, f'_-(b) > 0$，则由

$$f'_+(a) = \lim_{\Delta x \to 0^+} \frac{f(a + \Delta x) - f(a)}{\Delta x} > 0$$

根据极限的保号性知，存在 $\Delta x_1 > 0$ 使得 $f(a + \Delta x_1) - f(a) > 0$，即 $f(a + \Delta x_1) > f(a) = 0$.
由

$$f'_-(b) = \lim_{\Delta x \to 0^-} \frac{f(b + \Delta x) - f(b)}{\Delta x} > 0$$

可得，存在 $\Delta x_2 < 0$ 使得 $f(b + \Delta x_2) - f(b) < 0$，即 $f(b + \Delta x_2) < f(b) = 0$.

在区间 $[a + \Delta x_1, b + \Delta x_2]$ 上，根据连续函数的零点存在定理，知存在 $\xi \in [a + \Delta x_1, b + \Delta x_2] \subset (a, b)$ 使得 $f(\xi) = 0$. 证毕.

例 4.2.5 设函数

$$y = \begin{cases} x^2, & x \geqslant 0 \\ ax + b, & x < 0 \end{cases} \tag{4.2}$$

确定 a, b 的值使得函数在 $x = 0$ 处可导.

解 首先由函数应该在 $x = 0$ 处连续，可得

$$\lim_{x \to 0^-} f(x) = \lim_{x \to 0^-} (ax + b) = b, \ \lim_{x \to 0^+} f(x) = \lim_{x \to 0^+} x^2 = 0$$

由 $f(0^-) = f(0^+) = f(0)$ 知 $b = 0$. 由函数在 $x = 0$ 处的左右导数满足

$$f'_+(0) = \lim_{\Delta x \to 0^+} \frac{f(\Delta x) - f(0)}{\Delta x} = \lim_{\Delta x \to 0^+} \frac{(\Delta x)^2}{\Delta x} = 0$$

$$f'_-(0) = \lim_{\Delta x \to 0^-} \frac{f(\Delta x) - f(0)}{\Delta x} = \lim_{\Delta x \to 0^-} \frac{a \Delta x}{\Delta x} = a$$

当函数可导时左右导数相等值知，$a = 0$. 故 $x = 0$ 处可导时有 $a = 0, b = 0$.

习题 4.2

1. 求抛物线 $y = x^2$ 在 $A(1, 1)$ 点和在 $B(-2, 4)$ 点的切线方程和法线方程.

2. 若 $s(t) = vt - \dfrac{1}{2} gt^2$，求

   (1) 在 $t = 1, t = 1 + \Delta t$ 之间的平均速度（设 $\Delta t = 1, 0.1, 0.01$）；

   (2) 在 $t = 1$ 的瞬时速度.

3. 抛物线 $y = x^2$ 在哪一点的切线平行于直线 $y = 4x - 5$？在哪一点的切线垂直于直线 $2x - 6y + 5 = 0$？

4. 已知函数 f 在 x_0 处可导，求下列极限：

   (1) $\displaystyle\lim_{\Delta x \to 0} \frac{f(x_0 - \Delta x) - f(x_0)}{\Delta x}$；

   (2) $\displaystyle\lim_{h \to 0} \frac{f(x_0 + h) - f(x_0 - h)}{h}$；

   (3) $\displaystyle\lim_{n \to \infty} n \left[f\left(x_0 + \frac{1}{n} \right) - f(x_0) \right]$；

   (4) $\displaystyle\lim_{x \to x_0} \frac{x_0 f(x) - x f(x_0)}{x - x_0}$.

5. 设 f 是偶函数，且 $f'(0)$ 存在，证明 $f'(0) = 0$.

6. 求函数在不可导点处的左导数和右导数

   (1) $y = |\sin x|$；

   (2) $y = \sqrt{1 - \cos x}$；

   (3) $y = \mathrm{e}^{-|x|}$；

   (4) $y = |\ln(x + 1)|$.

7. 求下列函数的导函数：

   (1) $f(x) = |x|^3$；

   (2) $f(x) = \begin{cases} x + 1, & x \geqslant 0 \\ 1, & x < 0 \end{cases}$

8. 设函数 $f(x) = \begin{cases} x^m \sin \dfrac{1}{x}, & x \neq 0 \\ 0, & x = 0 \end{cases}$，（$m$ 为正整数），试问：

   (1) m 取何值时，$f(x)$ 在 $x = 0$ 连续；

   (2) m 取何值时，$f(x)$ 在 $x = 0$ 可导.

9. (1) 构造一个连续函数，它仅在已知点 $a_1, a_2, \cdots, a_n$ 处不可导；

   (2) 构造一个函数，它仅在点 $a_1, a_2, \cdots, a_n$ 处可导.

4.3 导数的四则运算与反函数的求导法则

4.3.1 定义求导

按照导数的定义求函数的导数，$f'(x) = \lim\limits_{\Delta x \to 0} \dfrac{f(x+\Delta x)-f(x)}{\Delta x}$ 用定义求导数的基本运算是求函数的极限. 下面用定义求一些基本初等函数的导数，这些结果将是函数求导的重要基础.

例 4.3.1 对常值函数 $f(x)=c$，根据定义可得 $f'(x)=c'=0$，即常值函数的导数恒为零.

例 4.3.2 求函数 $f(x)=\sin x$ 的导函数

解 由

$$\sin(x+\Delta x)-\sin x = 2\sin\frac{\Delta x}{2}\cos\left(\frac{\Delta x}{2}+x\right)$$

得

$$(\sin x)' = \lim_{\Delta x \to 0}\frac{\sin(x+\Delta x)-\sin x}{\Delta x} = \lim_{\Delta x \to 0}\frac{\sin\frac{\Delta x}{2}}{\frac{\Delta x}{2}}\cos\left(x+\frac{\Delta x}{2}\right) = \cos x$$

同理可得 $(\cos x)' = -\sin x$.

例 4.3.3 求 $y=\log_a x$ 的导数.

解 $\begin{aligned}(\log_a x)' &= \lim_{\Delta x \to 0}\frac{\log_a(x+\Delta x)-\log_a x}{\Delta x}\\ &= \lim_{\Delta x \to 0}\frac{1}{\Delta x}\log_a\left(1+\frac{\Delta x}{x}\right)\\ &= \lim_{\Delta x \to 0}\frac{1}{x}\log_a\left(1+\frac{\Delta x}{x}\right)^{\frac{x}{\Delta x}} = \frac{1}{x\ln a}\end{aligned}$

例 4.3.4 求 $y=a^x$ 的导数.

解 $(a^x)' = \lim\limits_{\Delta x \to 0}\frac{a^{x+\Delta x}-a^x}{\Delta x} = a^x\lim\limits_{\Delta x \to 0}\frac{a^{\Delta x}-1}{\Delta x} = a^x\lim\limits_{\Delta x \to 0}\frac{\mathrm{e}^{\Delta x \ln a}-1}{\Delta x} = a^x\ln a$

例 4.3.5 $y=x^\alpha(x>0)$ 的导数，其中 $\alpha \in R$.

解 $(x^\alpha)' = \lim\limits_{\Delta x \to 0}\frac{(x+\Delta x)^\alpha-x^\alpha}{\Delta x} = x^\alpha\lim\limits_{\Delta x \to 0}\frac{\left(1+\frac{\Delta x}{x}\right)^\alpha-1}{\Delta x} = x^\alpha\lim\limits_{\Delta x \to 0}\frac{\alpha\frac{\Delta x}{x}}{\Delta x} = \alpha x^{\alpha-1}$

注 4.3.1 对于具体 α，函数的定义域和可导范围会扩大.

4.3.2 求导的四则运算法则

定理 4.3.1 设 $f(x),g(x)$ 在某个区间上可导，α,β 为任意实数，则下列函数

$$\alpha f(x)\pm\beta g(x), f(x)g(x), \frac{f(x)}{g(x)}(g(x)\neq 0)$$

均可导，且下列各式成立.

(1) $(\alpha f\pm\beta g)' = \alpha f'\pm\beta g'$，$\mathrm{d}(\alpha f\pm\beta g)=\alpha\mathrm{d}f\pm\beta\mathrm{d}g$；

(2) $(fg)' = f'g+fg'$，$\mathrm{d}(fg)=f\mathrm{d}g+g\mathrm{d}f$；

(3) $\left(\dfrac{f}{g}\right)' = \dfrac{f'g - fg'}{g^2}\ (g \neq 0).$

证

(1) $(\alpha f(x) \pm \beta g(x))' = \lim\limits_{\Delta x \to 0} \dfrac{[\alpha f(x + \Delta x) \pm \beta g(x + \Delta x)] - [\alpha f(x) \pm \beta g(x)]}{\Delta x}$

$\qquad = \lim\limits_{\Delta x \to 0} \alpha \dfrac{f(x + \Delta x) - f(x)}{\Delta x} \pm \lim\limits_{\Delta x \to 0} \beta \dfrac{g(x + \Delta x) - g(x)}{\Delta x}$

$\qquad = \alpha f'(x) \pm \beta g'(x)$

(2) $(f(x)g(x))' = \lim\limits_{\Delta x \to 0} \dfrac{[f(x + \Delta x)g(x + \Delta x)] - [f(x)g(x)]}{\Delta x}$

$\qquad = \lim\limits_{\Delta x \to 0} \dfrac{f(x + \Delta x) - f(x)}{\Delta x} g(x + \Delta x) + \lim\limits_{\Delta x \to 0} f(x) \dfrac{g(x + \Delta x) - g(x)}{\Delta x}$

$\qquad = f'(x)g(x) + g'(x)f(x)$

(3) $\left[\dfrac{f(x)}{g(x)}\right]' = \lim\limits_{\Delta x \to 0} \dfrac{\left[\frac{f(x+\Delta x)}{g(x+\Delta x)} - \frac{f(x)}{g(x)}\right]}{\Delta x}$

$\qquad = \lim\limits_{\Delta x \to 0} \dfrac{f(x + \Delta x)g(x) - f(x)g(x + \Delta x)}{g(x)g(x + \Delta x)\Delta x}$

$\qquad = \lim\limits_{\Delta x \to 0} \dfrac{1}{g(x)g(x + \Delta x)} \left[\dfrac{f(x + \Delta x) - f(x)}{\Delta x} g(x) - f(x) \dfrac{g(x + \Delta x) - g(x)}{\Delta x}\right]$

$\qquad = \dfrac{f'(x)g(x) - f(x)g'(x)}{g^2(x)}$ 证毕.

推论 4.3.1 1. $(cf)' = cf'$, 2. $\left(\dfrac{1}{g}\right)' = \dfrac{-g'}{g^2}$

基于用定义直接计算的导数,结合四则运算法则,就可以方便的计算一些函数的导数.

例 4.3.6 求 $(\cos x \ln x)$ 的导数.

解 $(\cos x \ln x)' = (\cos x)' \ln x + \cos x (\ln x)' = -\sin x \ln x + \dfrac{\cos x}{x}$

例 4.3.7 求 $(\tan x)$ 的导数.

解 $(\tan x)' = \left(\dfrac{\sin x}{\cos x}\right)' = \dfrac{\cos x \cos x + \sin x \sin x}{(\cos x)^2} = \dfrac{1}{(\cos x)^2} = (\sec x)^2$
类似可得 $(\cot x)' = -(\csc x)^2$

例 4.3.8 求 $\sec x$ 的导数.

解 $(\sec x)' = \left(\dfrac{1}{\cos x}\right)' = \dfrac{-(\cos x)'}{(\cos x)^2} = \dfrac{\sin x}{(\cos x)^2} = \sec x \tan x$
类似可得 $(\csc x)' = -\csc x \cot x$

根据求导的四则运算法则,可得如下的推广形式:

(1) $\left[\sum\limits_{i=1}^{n} c_i f_i(x)\right]' = \sum\limits_{i=1}^{n} c_i f_i'(x);$

(2) $\left[\prod\limits_{i=1}^{n} f_i(x)\right]' = \sum\limits_{i=1}^{n} \left[f_i' \prod\limits_{j \neq i} f_j(x)\right].$

4.3.3　反函数的求导法则

定理 4.3.2　设 $y = f(x)$ 在 (a,b) 上连续、严格单调、可导，且 $f'(x) \neq 0$，记 $\alpha = \min\{f(a^+), f(b^-)\}, \beta = \max\{f(a^+), f(b^-)\}$，则其反函数 $x = f^{-1}(y)$ 在 (α, β) 上可导，且

$$[f^{-1}(y)]' = \frac{1}{f'(x)}$$

证明：$y = f(x)$ 在 (a,b) 上连续，严格单调，则 $x = f^{-1}(y)$ 在 (α, β) 上存在、连续且严格单调，且

$$\Delta y = f(x + \Delta x) - f(x) \neq 0$$

等价于

$$\Delta x = f^{-1}(y + \Delta y) - f^{-1}(y)$$

且当 $\Delta y \to 0$ 时，有 $\Delta x \to 0$. 所以

$$\frac{\mathrm{d}x}{\mathrm{d}y} = [f^{-1}(y)]' = \lim_{\Delta y \to 0} \frac{f^{-1}(y + \Delta y) - f^{-1}(y)}{\Delta y} = \lim_{\Delta x \to 0} \frac{\Delta x}{f(x + \Delta x) - f(x)} = \frac{1}{f'(x)}$$

例 4.3.9　求函数 $y = \arcsin x$ 和 $y = \arctan x$ 的导数

解　$y = \arcsin x$ 有反函数 $x = \sin y, x \in (-1, 1), y \in \left(-\frac{\pi}{2}, \frac{\pi}{2}\right)$
所以

$$(\arcsin x)' = \frac{1}{(\sin y)'} = \frac{1}{\cos y} = \frac{1}{\sqrt{1 - (\sin y)^2}} = \frac{1}{\sqrt{1 - x^2}} \quad x \in (-1, 1)$$

$y = \arctan x$ 有反函数 $x = \tan y, x \in \left(-\frac{\pi}{2}, \frac{\pi}{2}\right), y \in (-\infty, +\infty)$
所以

$$(\arctan x)' = \frac{1}{\tan y'} = \frac{1}{(\sec y)^2} = \frac{1}{1 + (\tan y)^2} = \frac{1}{1 + x^2} \quad x \in \left(-\frac{\pi}{2}, \frac{\pi}{2}\right)$$

同理可得 $(\arccos x)' = -\dfrac{1}{\sqrt{1 - x^2}}, (\text{arccot}\, x)' = -\dfrac{1}{1 + x^2}$

例 4.3.10　定义双曲函数如下：
双曲正弦：$\sinh x = \dfrac{\mathrm{e}^x - \mathrm{e}^{-x}}{2}$；双曲余弦：$\cosh x = \dfrac{\mathrm{e}^x + \mathrm{e}^{-x}}{2}$；
双曲正切：$\tanh x = \dfrac{\sinh x}{\cosh x}$；双曲余切：$\coth x = \dfrac{\cosh x}{\sinh x}$.
求他们的导数.

解　$(\sinh x)' = \left(\dfrac{\mathrm{e}^x - \mathrm{e}^{-x}}{2}\right)' = \dfrac{\mathrm{e}^x + \mathrm{e}^{-x}}{2} = \cosh x$，同理可得 $(\cosh x)' = \sinh x$.
根据导数的四则运算可得
$(\tanh x)' = \text{sech}^2\, x, (\coth x)' = -\text{csch}^2\, x$，其中 $\text{sech}\, x = \dfrac{1}{\cosh x}, \text{csch}\, x = \dfrac{1}{\sinh x}$

4.3.4 基本初等函数的求导公式, 微分公式

下面列出一些已经得到的常用初等函数的导数和微分公式

$(c)' = 0$	$\mathrm{d}(c) = 0dx = 0$
$(x^\alpha)' = \alpha x^{\alpha-1}$	$\mathrm{d}(x^\alpha) = \alpha x^{\alpha-1}\mathrm{d}x$
$(\sin x)' = \cos x$	$\mathrm{d}(\sin x) = \cos x\mathrm{d}x$
$(\cos x)' = -\sin x$	$\mathrm{d}(\cos x) = -\sin x\mathrm{d}x$
$(\tan x)' = \sec^2 x$	$\mathrm{d}(\tan x) = \sec^2 x\mathrm{d}x$
$(\cot x)' = -\csc^2 x$	$\mathrm{d}(\cot x) = -\csc^2 x\mathrm{d}x$
$(\sec x)' = \sec x \tan x$	$\mathrm{d}(\sec x) = \sec x \tan x\mathrm{d}x$
$(\csc x)' = -\csc x \cot x$	$\mathrm{d}(\csc x) = -\csc x \cot x\mathrm{d}x$
$(\arcsin x)' = \dfrac{1}{\sqrt{1-x^2}}$	$\mathrm{d}(\arcsin x) = \dfrac{1}{\sqrt{1-x^2}}\mathrm{d}x$
$(\arccos x)' = -\dfrac{1}{\sqrt{1-x^2}}$	$\mathrm{d}(\arccos x) = -\dfrac{1}{\sqrt{1-x^2}}\mathrm{d}x$
$(\arctan x)' = \dfrac{1}{1+x^2}$	$\mathrm{d}(\arctan x) = \dfrac{1}{1+x^2}\mathrm{d}x$
$(\operatorname{arccot} x)' = -\dfrac{1}{1+x^2}$	$\mathrm{d}(\operatorname{arccot} x) = -\dfrac{1}{1+x^2}\mathrm{d}x$
$(a^x)' = a^x \ln a$	$\mathrm{d}(a^x) = a^x \ln a\mathrm{d}x$
$(\mathrm{e}^x)' = \mathrm{e}^x$	$\mathrm{d}(\mathrm{e}^x) = \mathrm{e}^x\mathrm{d}x$
$(\log_a x)' = \dfrac{1}{x\ln a}$	$\mathrm{d}(\log_a x) = \dfrac{1}{x\ln a}\mathrm{d}x$
$(\ln x)' = \dfrac{1}{x}$	$\mathrm{d}(\ln x) = \dfrac{1}{x}\mathrm{d}x$

习题 4.3

1. 求下列函数的导数:

    (1) $f(x) = 2x^2 - 3x + 1$, 并求 $f'(0), f'(1)$;

    (2) $f(x) = x^5 - 3\sin x$, 并求 $f'(0), f'\left(\dfrac{\pi}{2}\right)$;

    (3) $f(x) = \mathrm{e}^x + 2\cos x - 7x$, 并求 $f'(0), f'(\pi)$;

2. 求下列函数的导数

    (1) $y = x^3 - 2x - 6$;

    (2) $y = \sqrt{x} - \dfrac{1}{x}$;

    (3) $y = \dfrac{1-x^2}{1+x+x^2}$;

    (4) $y = \dfrac{x}{m} + \dfrac{m}{x} + 2\sqrt{x} + \dfrac{2}{\sqrt{x}}$;

    (5) $y = x^3 \log_3 x$;

    (6) $y = \mathrm{e}^x \cos x$;

    (7) $y = (x^2 + 1)(3x - 1)(1 - x^2)$;

    (8) $y = \dfrac{\tan x}{x}$;

    (9) $y = \dfrac{1 + \ln x}{1 - \ln x}$;

    (10) $y = (\sqrt{x} + 1)\arctan x$;

    (11) $y = \dfrac{1 + x^2}{\sin x + \cos x}$;

    (12) $y = \dfrac{\cos x - \sin x}{\cos x + \sin x}$;

    (13) $y = x \sin x \ln x$.

3. 求曲线 $y+1=(x-1)^3$ 在点 $A(3,0)$ 处的切线方程及法线方程.

4. 求曲线 $y=\ln x$ 在点 $(1,0)$ 处的切线方程及法线方程.

5. 按定义证明：可导的偶函数其导函数是奇函数，而可导的奇函数其导函数是偶函数.

6. 按定义证明：可导的周期函数，其导函数仍是周期函数.

7. 设函数 f 在 $x=0$ 处连续，如果 $\lim\limits_{x\to 0}\dfrac{f(2x)-f(x)}{x}=m$；证明：$f'(0)=m$.

4.4　复合函数求导法则

4.4.1　复合函数求导法则

定理 4.4.1　设函数 $u=g(x)$ 在 x 处可导，$y=f(u)$ 在相应的点 u 处可导 $(u=g(x))$. 则复合函数 $y=f[g(x)]$ 在 x 处也可导，且

$$[f(g(x))]'=f'(g(x))g'(x)=f'(u)g'(x)$$

证　当自变量 x 有增量 Δx 时，变量 u 有增量 Δu，相应函数 y 有增量 Δy 由 $y=f(u)$ 在 u 处可微分，故

$$\Delta y=f'(u)\Delta u+\alpha\Delta u$$

其中 $\lim\limits_{\Delta u\to 0}\alpha=0$.

因为 $\Delta u=0$ 时，显然有 $\Delta y=0$，故规定当 $\Delta u=0$ 时，$\alpha=0$

再由 $u=g(x)$ 在 x 处可微分，得

$$\Delta u=g'(x)\Delta x+\beta\Delta x$$

且有 $\lim\limits_{\Delta x\to 0}\beta=0$，于是

$$\begin{aligned}
\Delta y&=f'(u)[g'(x)\Delta x+\beta\Delta x]+\alpha[g'(x)\Delta x+\beta\Delta x]\\
&=f'(u)g'(x)\Delta x+[\beta f'(u)+\alpha g'(x)+\alpha\beta]\Delta x
\end{aligned}$$

因此

$$\frac{\Delta y}{\Delta x}=f'(u)g'(x)+\beta f'(u)+\alpha g'(x)+\alpha\beta$$

由 $\Delta x\to 0$ 时，$\Delta u\to 0$，在两边令 $\Delta x\to 0$，取极限得

$$\frac{\mathrm{d}y}{\mathrm{d}x}=f'(u)g'(x)$$

即

$$\frac{\mathrm{d}y}{\mathrm{d}x}=\frac{\mathrm{d}y}{\mathrm{d}u}\frac{\mathrm{d}u}{\mathrm{d}x}$$

或表示为微分的形式

$$\mathrm{d}[f(g(x))]=f'(u)g'(x)\mathrm{d}x$$

该结论一般称为求导的**链式法则**. 证毕.

例 4.4.1　求 $y=\cot^3 x$ 的导数

解 $y = \cot^3 x$ 可看成 $y = u^3, u = \cot x$ 的复合，因此

所以 $y' = 3u^2(-\csc^2 x) = -3\cot^2 x \csc^2 x$

例 4.4.2 求 $y = \log_a |x|$ 的导数

解 当 $x > 0$ 时，函数为 $y = \log_a x$，因此 $y' = \dfrac{1}{x \ln a}$

当 $x < 0$ 时 $y = \log_a(-x)$ 可以看作 $y = \log_a u, u = -x$ 的复合，则

$$y' = \frac{-1}{u \ln a} = \frac{1}{x \ln a}$$

因此 $(\log_a |x|)' = \dfrac{1}{x \ln a}$，特别地，$(\ln |x|)' = \dfrac{1}{x}$.

注 4.4.1 链式法则可以推广到多重复合形式，如：

由函数 $y = f(u), u = g(v), v = h(x)$，复合构成的函数 $y = f[g(h(x))]$，其导数为

$$\frac{dy}{dx} = \frac{dy}{du}\frac{du}{dv}\frac{dv}{dx} = f'(u)g'(v)h'(x) = f'(g(h(x)))g'(h(x))h'(x)$$

例 4.4.3 $y = \ln[\sin(\mathrm{e}^{\arctan x})]$

解 将函数看作 $y = \ln u, u = \sin v, v = \mathrm{e}^w, w = \arctan x$ 的复合函数，由

$\dfrac{dy}{du} = \dfrac{1}{u}, \dfrac{du}{dv} = \cos v, \dfrac{dv}{dw} = \mathrm{e}^w, \dfrac{dw}{dx} = \dfrac{1}{1+x^2}$，得

$$\frac{dy}{dx} = \frac{dy}{du}\frac{du}{dv}\frac{dv}{dw}\frac{dw}{dx} = \frac{\cos(\mathrm{e}^{\arctan x})}{\sin(\mathrm{e}^{\arctan x})}\mathrm{e}^{\arctan x}\frac{1}{1+x^2} = \cot(\mathrm{e}^{\arctan x})\mathrm{e}^{\arctan x}\frac{1}{1+x^2}$$

注 4.4.2 当链式法则运用熟练后，复合函数求导过程可不必显式写出中间变量.

例 4.4.4 求函数 $y = \sqrt{\sin^3(5x) + 1}$ 的导数 y'

解

$$\begin{aligned}
y' &= \frac{1}{2\sqrt{\sin^3(5x) + 1}}[\sin^3(5x) + 1]' \\
&= \frac{1}{2\sqrt{\sin^3(5x) + 1}}3\sin^2(5x)(5x)' \\
&= \frac{15}{2}\frac{1}{\sqrt{\sin^3(5x) + 1}}\sin^2(5x)
\end{aligned}$$

例 4.4.5 求幂指函数 $y = u(x)^{v(x)}$ 的导数.

解 在等式两边取对数得

$$\ln y = v(x) \ln u(x)$$

将 $\ln y$ 看作以 y 为中间变量的关于 x 的复合函数，两边对 x 求导得

$$\frac{1}{y}y' = v'(x)\ln u(x) + v(x)\frac{1}{u(x)}u'(x)$$

即

$$y' = u(x)^{v(x)}\left[v'(x)\ln u(x) + \frac{v(x)}{u(x)}u'(x)\right]$$

注 4.4.3 该方法称为**对数求导法**，常用于幂指型函数或多项乘积类型的函数.

对该幂函数，还可以直接变形后使用链式法则求导

$$y = \mathrm{e}^{v(x)\ln u(x)}, y' = \mathrm{e}^{v(x)\ln u(x)}\left[v'(x)\ln u(x) + v(x)\frac{u'(x)}{u(x)}\right]$$

例 4.4.6 求 $y = (\sqrt{x})^x + x^{\sqrt{x}}$ 的导数.

解 令 $y_1 = \sqrt{x}^x, y_1' = (\sqrt{x}^x)' = (\mathrm{e}^{\frac{1}{2}x\ln x})' = (\sqrt{x})^x\left(\frac{1}{2}\ln x + \frac{1}{2}\right)$

令 $y_2 = x^{\sqrt{x}}, y_2' = (\mathrm{e}^{\sqrt{x}\ln x})' = x^{\sqrt{x}}\left(\frac{1}{2\sqrt{x}}\ln x + \frac{1}{\sqrt{x}}\right)$

$$y' = y_1' + y_2' = (\sqrt{x})^x\left(\frac{1}{2}\ln x + \frac{1}{2}\right) + x^{\sqrt{x}}\left(\frac{1}{2\sqrt{x}}\ln x + \frac{1}{\sqrt{x}}\right)$$

注 4.4.4 注意区分导数 $[f(g(x))]'$ 与 $f'(g(x))$ 含义的区别？

其中第一个表示关于自变量 x 的导数：$[f(g(x))]' = f'(u)g'(x) = f'(g(x))g'(x)$

第二项表示关于中间变量 $u = g(x)$ 的导数：$f'(g(x)) = f'(u)\,|_{u=g(x)}$

注 4.4.5 将相关求导和求微分的基本法则总结如下

$$[c_1 f + c_2 g]' = c_1 f' + c_2 g' \qquad\qquad \mathrm{d}(c_1 f + c_2 g) = c_1\mathrm{d}f + c_2\mathrm{d}g$$

$$[fg]' = f'g + fg' \qquad\qquad\qquad \mathrm{d}(fg) = \mathrm{d}fg + f\mathrm{d}g$$

$$\left(\frac{f}{g}\right)' = \frac{f'g - fg'}{g^2} \qquad\qquad\qquad \mathrm{d}\left(\frac{f}{g}\right) = \frac{g\mathrm{d}f - f\mathrm{d}g}{g^2}$$

$$f'(x) = \frac{1}{[f^{-1}(y)]'} \qquad\qquad\qquad \mathrm{d}x = \frac{\mathrm{d}y}{f'(x)} = [f^{-1}(y)]'\mathrm{d}y$$

$$[f(g(x))]' = f'(g(x))g'(x) \qquad\qquad \mathrm{d}f(g(x)) = f'(u)g'(x)\mathrm{d}x$$

4.4.2 一阶微分形式不变性

根据复合函数微分公式，若 $y = f(u), u = g(x)$，则复合函数若 $y = f(g(x))$ 的微分可表示为

$$\mathrm{d}y = f(g(x))'\mathrm{d}x = f'(g(x))g'(x)\mathrm{d}x$$

由于 $\mathrm{d}u = g'(x)\mathrm{d}x$，带入上式可得，

$$\mathrm{d}y = f'(u)\mathrm{d}u$$

此时 $u = g(x)$ 是 x 的函数. 这个表示形式与把 $y = f(u)$ 看作 u 为自变量的函数的微分

$$\mathrm{d}y = f'(u)\mathrm{d}u$$

完全相同. 这说明不论 u 是自变量还是中间变量，$y = f(u)$ 的微分均是相同的，称为**一阶微分形式不变性**.

有了这个性质，我们在求解和表示微分的时候，可以在中间变量的微分形式和自变量的微分形式之间灵活使用，给求解和表示相关问题带来极大方便. 如对于微分

$$\mathrm{d}\ln(\sin\mathrm{e}^{\arctan x}) = \frac{1}{\sin\mathrm{e}^{\arctan x}}\mathrm{d}(\sin\mathrm{e}^{\arctan x})$$

$$= \cot \mathrm{e}^{\arctan x} \mathrm{d}\mathrm{e}^{\arctan x}$$
$$= \cot \mathrm{e}^{\arctan x} \mathrm{e}^{\arctan x} \mathrm{d} \arctan x$$
$$= \cot \mathrm{e}^{\arctan x} \mathrm{e}^{\arctan x} \frac{1}{1+x^2} \mathrm{d}x$$

分别用自变量 x，和中间变量 $u = \sin \mathrm{e}^{\arctan x}, v = \mathrm{e}^{\arctan x}, w = \arctan x$ 的微分形式进行表示，其结果都一样.

4.4.3 隐函数求导及求微分

若方程 $F(x, y) = 0$ 决定了一个关于 x 的函数 $y = y(x)$，则称该函数为由方程确定的隐函数. 有些隐函数可以从方程中解出显式表达式，如：

$$x^2 + y^2 = 1$$

则能确定出两个定义域为 $[-1, 1]$ 的显函数，

$$y = \pm \sqrt{1 - x^2}$$

这个过程称为隐函数的显化. 但有些隐函数不能从方程中解出并显化，如：

$$\mathrm{e}^x + \mathrm{e}^y + y = 1$$

隐函数的求导及求微分：可以通过复合函数求导或一阶微分形式不变性，一般无需进行显化.

例 4.4.7 求由方程 $\sin(xy) - \ln(x + y) = 0$ 确定的函数 $y = y(x)$ 的导数

解 方程两边对 x 求导，将 y 看作 x 的函数，

$$\cos(xy)(y + xy') - \frac{1}{x+y}(1 + y') = 0$$

将 y' 解出得

$$y' = \frac{\frac{1}{x+y} - y\cos(x+y)}{x\cos(xy) - \frac{1}{x+y}}$$

或用微分形式不变性表示

$$\mathrm{d}\sin(xy) - \mathrm{d}\ln(x+y) = 0$$

即

$$\cos(xy)(y\mathrm{d}x + x\mathrm{d}y) = \frac{1}{x+y}(\mathrm{d}x + \mathrm{d}y)$$

得

$$\mathrm{d}y = \frac{\frac{1}{x+y} - y\cos(xy)}{x\cos(xy) - \frac{1}{x+y}}\mathrm{d}x$$

该例说明，隐函数的导数可以从它满足的方程中直接求出，不需要求出其显式表达式，但一般情况下，隐函数的导数常常还是隐函数的形式.

例 4.4.8　应用隐函数求导法则，证明

$$(\arctan x)' = \frac{1}{1+x^2}$$

证　令 $y = \arctan x$，则 $x = \tan y$ 即 $\tan y - x = 0$
求导 $\sec^2 y y' = 1$，即

$$y' = \frac{1}{\sec^2 y} = \frac{1}{1+\tan^2 y} = \frac{1}{1+x^2}$$ 证毕.

例 4.4.9　求曲线 $e^{x+y} - xy - e = 0$ 上，横坐标为 $x = 0$ 的点处的切线方程.

解　两边求导 $e^{x+y}(1+y') = xy' + y$，解得

$$y' = \frac{y - e^{x+y}}{e^{x+y} - x}$$

当 $x = 0$ 时，带入方程可得 $y = 1$，所以

$$k = y' \mid_{(0,1)} = \frac{1-e}{e} = \frac{1}{e} - 1$$

因此切线方程为

$$y - 1 = \left(\frac{1}{e} - 1\right) x$$

4.4.4　参数方程确定函数的导数

下面我们讨论由参数方程确定的函数的导数，设 y 与 x 的函数关系由参数形式确定

$$\begin{cases} x = \varphi(t), \\ y = \psi(t), \end{cases} \quad \alpha \leqslant t \leqslant \beta \tag{4.3}$$

其中 $\varphi(t), \psi(t)$ 可导，$\varphi(t)$ 严格单调，且 $\varphi'(t) \neq 0$.
则 $x = \varphi(t)$ 存在反函数 $t = \varphi^{-1}(x)$，且

$$\frac{dt}{dx} = [\varphi^{-1}(x)]' = \frac{1}{\varphi(t)}$$

而 y 和 x 的函数关系可以显式的表示为

$$y = \psi(t) = \psi[\varphi^{-1}(x)]$$

由复合函数求导法则，可得

$$\frac{dy}{dx} = \frac{dy}{dt}\frac{dt}{dx} = \frac{\psi'(t)}{\varphi'(t)}$$

或根据一阶微分不变性得

$$\frac{dy}{dx} = \frac{\psi'(t)dt}{\varphi'(t)dt} = \frac{\psi'(t)}{\varphi'(t)}$$

例 4.4.10　证明曲线

$$\begin{cases} x = a(\cos t + t \sin t) \\ y = a(\sin t - t \cos t) \end{cases} \tag{4.4}$$

上任一点处法线到原点距离为 $|a|$.

解　通过参数求导公式得曲线上任意一点处的切线斜率为

$$k = \frac{\frac{\mathrm{d}y}{\mathrm{d}t}}{\frac{\mathrm{d}x}{\mathrm{d}t}} = \frac{t \sin t}{t \cos t} = \tan t$$

因此其法线方程为

$$y - a(\sin t - t \cos t) = -\cot t[x - a(\cos t + t \sin t)]$$

即

$$x \cos t + y \sin t = a$$

所以该直线到原点的距离为

$$d = \left| \frac{a}{\cos^2 t + \sin^2 t} \right| = |a|$$

例 4.4.11　求椭圆 $\dfrac{x^2}{a^2} + \dfrac{y^2}{b^2} = 1$ 所确定函数的导数

解　① 求出显式表达式：$y = \pm\dfrac{b}{a}\sqrt{a^2 - x^2}$，可得导数

$$y' = \pm\frac{b}{a}\frac{1}{2\sqrt{a^2 - x^2}}(-2x) = \mp\frac{b}{a}\frac{x}{\sqrt{a^2 - x^2}}$$

② 使用隐函数求导方法

$$\frac{2x}{a^2} + \frac{2yy'}{b^2} = 0, \quad y' = -\frac{b^2 x}{a^2 y}$$

③ 使用参数方程

$$\begin{cases} x = a \cos t, \\ y = b \sin t, \end{cases} \quad t \in [0, 2\pi] \tag{4.5}$$

求导得

$$\frac{\mathrm{d}y}{\mathrm{d}x} = \frac{b}{a}\frac{\cos t}{-\sin t} = -\frac{b}{a}\cot t$$

习题 4.4

1. 求下列函数的导数：

(1) $y = (2x^2 - x + 1)^2$;　　　　　　(2) $y = \mathrm{e}^{2x}\sin 3x$;

(3) $y = \sin\sqrt{1 + x^2}$;　　　　　　(4) $y = (\sin x^2)^3$;

(5) $y = \sin(2x + 3)$;　　　　　　(6) $y = \left(\dfrac{x - 1}{x + 1}\right)^{\frac{3}{2}}$.

2. 设 $f(x)$ 可导，求下列函数的导数

   (1) $f(\sqrt[3]{x^2})$;
                          (2) $f\left(\dfrac{1}{\ln x}\right)$.

3. 求下列由参量方程所确定的导数 $\dfrac{\mathrm{d}y}{\mathrm{d}x}$

   (1) $\begin{cases} x = \cos^4 t \\ y = \sin^4 t \end{cases}$ 在 $t = 0, \dfrac{\pi}{2}$ 处;
        (2) $\begin{cases} x = \dfrac{t}{1+t} \\ y = \dfrac{1-t}{1+t} \end{cases}$ 在 $t > 0$ 处.

4. 计算 $y = x^{x^2}$ 的导数.

5. 设 $f(x) = x(x+1)(x+2)\cdots(x+n)$，求 $f'(0)$.

6. 求由方程 $y^5 + 2y^3 - y + x = 0$ 所确定的隐函数 $y = f(x)$ 的导数.

7. 求由方程 $\mathrm{e}^y + xy = e$ 所确定的隐函数 $y = f(x)$ 在 $x = 0$ 处的导数.

8. 求心形线 $r = 2(1 - \cos\theta)$ 在对应于 $\theta = \dfrac{\pi}{2}$ 的点处的切线方程.

9. 设 $y = y(x)$ 是由方程 $\sqrt{x^2 + y^2} = \mathrm{e}^{\arctan \frac{y}{x}}$ 确定的隐函数，求 $\dfrac{\mathrm{d}^2 y}{\mathrm{d}x^2}$.

10. 设抛射体在 $t = 0$ 时刻的水平速度和垂直速度分别等于 v_1 和 v_2，问在什么时刻该物体的飞行倾角恰与地面平行？

11. 求由方程 $\mathrm{e}^{x+y} - xy - e = 0$ 确定的隐函数 $y = y(x)$ 在 $x = 0$ 处的切线方程.

12. 求由参数方程

$$\begin{cases} x = t - \sin t, \\ y = 1 - \cos t, \end{cases} \quad 0 \leqslant t \leqslant 2\pi$$

确定的函数 $y = f(x)$ 的导函数 y'.

13. 求

$$y = \frac{(x+5)^2 (x-4)^{\frac{1}{3}}}{(x+2)^5 (x+4)^{\frac{1}{2}}}$$

的导数 y'.

14. 求下列函数的导数：

   (1) $f(x) = a_0 x^n + a_1 x^{n-1} + \cdots + a_{n-1}x + a_n$;
   (2) $f(x) = \ln(x + \sqrt{1 + x^2})$;
   (3) $y = x^x$;
   (4) $y = u(x)^{v(x)}$，其中 $u(x) > 0$，且 $u(x)$ 与 $v(x)$ 均可导.

4.5　高阶导数和高微分

4.5.1　高阶微分的定义

    一个可导函数 $y = f(x)$ 的导数 $f'(x)$ 仍是一个函数，若该函数还可导，则可以继续求它的导数 $(f'(x))'$. 把 $f'(x)$ 的导数 $[f'(x)]'$，$\left((y')', \dfrac{\mathrm{d}}{\mathrm{d}x}\left(\dfrac{\mathrm{d}y}{\mathrm{d}x}\right), \dfrac{\mathrm{d}}{\mathrm{d}x}\left(\dfrac{df}{dx}\right) \right)$ 称为 $f(x)$ 的二阶导数，记为

$$f''(x) \text{ 或 } y'', \frac{\mathrm{d}^2 y}{\mathrm{d}x^2}, \frac{\mathrm{d}^2 f}{\mathrm{d}x^2}$$

并称 $f(x)$ 二阶可导. 类似地, 称 $f''(x)$ 的导数为 $f(x)$ 的三阶导数, 记为 $f'''(x) = [f''(x)]'$, 此时, 称 $f(x)$ 三阶可导. 二阶和二阶以上的导数统称为高价导数, 其一般的定义如下:

定义 4.5.1 设函数 $y = f(x)$ 的 $n-1$ 阶导数 $f^{(n-1)}(x)$ 仍可导, 则它的导数 $[f^{(n-1)}(x)]'$ 被称为 $f(x)$ 的 n 阶导数, 记为

$$f^{(n)}(x), \text{或} y^{(n)}, \frac{\mathrm{d}^n f}{\mathrm{d} x^n}, \frac{\mathrm{d}^n y}{\mathrm{d} x^n}$$

显然 n 阶可导的函数 $f(x)$ 必定 $n-1$ 阶可导. 高价导数也具有重要的物理意义, 例如: 对于变速直线运动的物体, 若已知路程（位移）$S = S(t)$, 则其一阶导数 $S'(t) = v(t)$ 表示 t 时刻物体的瞬时速度. 若 $v(t)$ 还可导, 则其导数 $v'(t) = a(t)$ 表示 t 时刻物体的瞬时加速度. 即

$$S''(t) = (S'(t))' = v'(t) = a(t)$$

即路程函数的二阶导数恰好是加速度.

由高阶导数的定义, 对于一般的阶数较低的高价导数, 可以使用求导法则, 依次求导即可得到, 对于更一般的阶数, 可以先求几阶, 发现规律, 总结一般规律或者用归纳法证明.

例 4.5.1 求 $f(x) = e^x$ 的 n 阶导数.

解 $(e^x)' = e^x, (e^x)'' = ((e^x)')' = (e^x)' = e^x$,
由此可得: $(e^x)^{(n)} = e^x$
同理可得: $(a^x)^{(n)} = a^x (\ln a)^n$

例 4.5.2 求 $f(x) = \sin x$ 的 n 阶导数.

解 $(\sin x)' = \cos x = \sin\left(x + \frac{\pi}{2}\right)$

$$(\sin x)'' = \sin\left(x + \frac{\pi}{2}\right)' = \cos\left(x + \frac{\pi}{2}\right) = \sin\left(\frac{2\pi}{2} + x\right)$$

使用归纳法易得

$$(\sin x)^{(n)} = \left[\sin\left(x + \frac{(n-1)\pi}{2}\right)\right]' = \cos\left(x + \frac{(n-1)\pi}{2}\right) = \sin\left(\frac{n\pi}{2} + x\right)$$

同理可得

$$(\cos x)^{(n)} = \cos\left(x + \frac{n\pi}{2}\right)$$

例 4.5.3 求幂函数 $f(x) = x^\alpha$ 的 n 阶导数

解 由

$$f'(x) = \alpha x^{(\alpha-1)}, f''(x) = \alpha(\alpha-1)x^{(\alpha-2)}$$

因此用归纳法可得

$$f^{(n)}(x) = \alpha(\alpha-1)\cdots(\alpha-n+1)x^{(\alpha-n)}$$

特别地, 当 m 为正整数时有

$$(x^m)^{(n)} = \begin{cases} m(m-1)\cdots(m-n+1)x^{m-n}, & n \leqslant m \\ m!, & n = m \\ 0, & n > m \end{cases} \tag{4.6}$$

例 **4.5.4**   求 $y = \ln x$ 的 n 阶导数.

解 由

$$(\ln x)' = \frac{1}{x} = x^{-1}, (\ln x)'' = (x^{-1})' = (-x^{-2}), (\ln x)''' = (-x^{-2})' = (2 \times 1)x^{-3}$$

以此类推，可得其一般规律

$$(\ln x)^{(n)} = (-1)^{n-1}(n-1)!x^{-n}$$

该规律也可由 $y' = x^{-1}, y^{(n)} = (y')^{(n-1)} = (x^{-1})^{(n-1)}$，在上例中取 $\alpha = -1$ 得到.

例 **4.5.5**   求 $f''(x)$，其中

$$f(x) = \begin{cases} x^4 \sin \dfrac{1}{x}, & x \neq 0 \\ 0, & x = 0 \end{cases} \tag{4.7}$$

解 由导数的定义

$$f'(0) = \lim_{x \to 0} \frac{f(x) - f(0)}{x} = \lim_{x \to 0} \frac{x^4 \sin \frac{1}{x}}{x} = \lim_{x \to 0} x^3 \sin \frac{1}{x} = 0$$

当 $x \neq 0$ 时，根据求导法则

$$f'(x) = 4x^3 \sin \frac{1}{x} + x^4 \cos \frac{1}{x} \left(-\frac{1}{x^2} \right) = 4x^3 \sin \frac{1}{x} - x^2 \cos \frac{1}{x}$$

所以

$$f'(x) = \begin{cases} 4x^3 \sin \dfrac{1}{x} - x^2 \cos \dfrac{1}{x}, & x \neq 0 \\ 0, & x = 0 \end{cases}$$

经类似过程可得

$$f''(x) = \begin{cases} 12x^2 \sin \dfrac{1}{x} - 4x \cos \dfrac{1}{x} - 2x \cos \dfrac{1}{x} - \sin \dfrac{1}{x}, & x \neq 0 \\ 0, & x = 0 \end{cases}$$

4.5.2 高阶导数运算法则

对两个函数线性组合的高阶导数，有如下结论

定理 4.5.1   设 $f(x), g(x), n$ 阶可导，则 $c_1 f + c_2 g$ 也 n 阶可导，且

$$[c_1 f + c_2 g]^{(n)} = c_1 f^{(n)} + c_2 g^{(n)}$$

该结论可推广到多个函数线性组合的情况：

$$\left(\sum_{i=1}^{m} c_i f_i \right)^{(n)} = \sum_{i=1}^{m} c_i f_i^{(n)}$$

对于两个函数乘积的高阶导数，有以下莱布尼兹公式：

定理 4.5.2 (Leibniz 公式)   设函数 f, g, n 阶可导, 则其乘积 fg 也 n 阶可导, 且

$$(fg)^{(n)} = \sum_{k=0}^{n} C_n^k f^{(n-k)} g^{(k)}$$

证 用数学归纳法

当 $n = 1$ 时, $(fg)' = f'g + fg'$, 显然成立.

设 $n = m$ 时成立,

$$(fg)^{(m)} = \sum_{k=0}^{m} C_m^k f^{(m-k)} g^{(k)}$$

则, 当 $n = m + 1$ 时,

$$\begin{aligned}
(fg)^{(m+1)} &= [(fg)^m]' \\
&= \left[\sum_{k=0}^{m} C_m^k f^{(m-k)} g^{(k)} \right]' \\
&= \sum_{k=0}^{m} C_m^k (f^{(m+1-k)} g^{(k)} + f^{(m-k)} g^{(k+1)}) \\
&= \sum_{k=0}^{m} C_m^k f^{(m+1-k)} g^{(k)} + \sum_{k=0}^{m} C_m^k f^{(m-k)} g^{(k+1)} \\
&= \sum_{k=1}^{m} C_m^k f^{(m+1-k)} g^{(k)} + f^{(m+1)} g + \sum_{j=1}^{m+1} C_m^{j-1} f^{(m+1-j)} g^{(j)} \\
&= \sum_{k=1}^{m} C_m^k f^{(m+1-k)} g^{(k)} + f^{(m+1)} g + \sum_{j=1}^{m} C_m^{j-1} f^{(m+1-j)} g^{(j)} + fg^{(m+1)} \\
&= \sum_{k=1}^{m} C_{m+1}^k f^{((m+1)-k)} g^{(k)} + f^{(m+1)} g + fg^{(m+1)} \\
&= \sum_{k=0}^{m+1} C_{m+1}^k f^{(m+1-k)} g^{(k)} \\
&= (fg)^{(m+1)} \text{ 证毕.}
\end{aligned}$$

例 4.5.6   设 $y = (2x^3 + 1) \cosh x$, 求 $y^{(2010)}$

解 $y^{(2010)} = [(2x^3 + 1) \cosh x]^{(2010)}$

$$\begin{aligned}
&= \sum_{k=0}^{2010} C_{2010}^k (2x^3 + 1)^{(k)} (\cosh x)^{(2010)} \\
&= (2x^3 + 1) \cosh x + C_{2010}^1 (6x^2) \sinh x + C_{2010}^2 (12x) \cosh x + C_{2010}^3 12 \sinh x \\
&= [(2x^3 + 1) + 12 C_{2010}^2 x] \cosh x + (C_{2010}^1 6x^2 + C_{2010}^3 12) \sinh x
\end{aligned}$$

复合函数, 隐函数, 参数方程决定函数的高阶导数

例 4.5.7   设 $y = f(u), u = g(x)$, 对 $y = f(g(x))$, 求 y''

解 $y' = f'(u)g'(x) = f'(g(x))g'(x)$

$$y' = \frac{\mathrm{d}}{\mathrm{d}x} \left(\frac{\mathrm{d}y}{\mathrm{d}x} \right) = \frac{\mathrm{d}}{\mathrm{d}x} \left(\frac{\mathrm{d}y}{\mathrm{d}u} \frac{\mathrm{d}u}{\mathrm{d}x} \right) = \frac{\mathrm{d}}{\mathrm{d}x} \left(\frac{\mathrm{d}y}{\mathrm{d}u} \right) \frac{\mathrm{d}u}{\mathrm{d}x} + \frac{\mathrm{d}y}{\mathrm{d}u} \frac{\mathrm{d}^2 u}{\mathrm{d}x^2}$$

$$= \frac{\mathrm{d}^2 y}{\mathrm{d} u^2} \frac{\mathrm{d} u}{\mathrm{d} x} \frac{\mathrm{d} u}{\mathrm{d} x} + \frac{\mathrm{d} y}{\mathrm{d} u} \frac{\mathrm{d}^2 u}{\mathrm{d} x^2} = \frac{\mathrm{d}^2 y}{\mathrm{d} u^2} \left(\frac{\mathrm{d} u}{\mathrm{d} x} \right)^2 + \frac{\mathrm{d} y}{\mathrm{d} u} \frac{\mathrm{d}^2 u}{\mathrm{d} x^2}$$

例 4.5.8 设 $y = f(x\mathrm{e}^{-x})$，求 y''.

解 $y' = f'(x\mathrm{e}^{-x})(\mathrm{e}^{-x} + (-1)x\mathrm{e}^{-x}) = (1-x)\mathrm{e}^{-x} f'(x\mathrm{e}^{-x})$

$$y'' = [(1-x)\mathrm{e}^{-x} f'(x\mathrm{e}^{-x})]'$$
$$= -\mathrm{e}^{-x} f'(x\mathrm{e}^{-x}) + (x-1)\mathrm{e}^{-x} f'(x\mathrm{e}^{-x}) + [(1-x)\mathrm{e}^{-x}]^2 f''(x\mathrm{e}^{-x})$$

例 4.5.9 设 $y = y(x)$ 由 $\ln \sqrt{x^2 + y^2} = \arctan \dfrac{y}{x}$ 确定，求 y''.

解 $\dfrac{1}{2} \ln(x^2 + y^2) = \arctan \dfrac{y}{x}$

对 x 求导

$$\frac{1}{2} \frac{1}{x^2 + y^2}(2x + 2yy') = \frac{1}{1 + \left(\frac{y}{x}\right)^2} \frac{xy' - y}{x^2}$$

即

$$x + yy' = xy' - y$$

解得

$$y' = \frac{x + y}{x - y}$$

再对 x 求导得

$$y'' = \left(\frac{x+y}{x-y} \right)' = \frac{(1+y')(x-y) - (x+y)(1-y')}{(x-y)^2} = \frac{2xy' - 2y}{(x-y)^2} = \frac{2(x^2 + y^2)}{(x-y)^3}$$

若 $y = y(x)$ 由参数方程确定

$$\begin{cases} x = \varphi(t), \\ y = \psi(t), \end{cases} \quad (\alpha \leqslant t \leqslant \beta) \tag{4.8}$$

则 $\dfrac{\mathrm{d} y}{\mathrm{d} x} = \dfrac{\frac{\mathrm{d} y}{\mathrm{d} t}}{\frac{\mathrm{d} x}{\mathrm{d} t}} = \dfrac{\psi'(t)}{\varphi'(t)}$

$$\frac{\mathrm{d}^2 y}{\mathrm{d} x^2} = \frac{\mathrm{d}}{\mathrm{d} x} \left(\frac{\psi'(t)}{\varphi'(t)} \right) = \frac{\mathrm{d}}{\mathrm{d} t} \left(\frac{\psi'(t)}{\varphi'(t)} \right) \frac{\mathrm{d} t}{\mathrm{d} x} = \frac{\psi'' \varphi'^2 - \psi'^2 \varphi''^2}{(\varphi'(t))^2} \frac{1}{\varphi'(t)} = \frac{\varphi'(t)\psi''(t) - \varphi''(t)\psi'(t)}{(\varphi'(t))^3}$$

例 4.5.10 求

$$\begin{cases} x = \ln(1 + t^2) \\ y = t - \arctan t \end{cases} \tag{4.9}$$

的三阶导数

解 $y' = \dfrac{\frac{\mathrm{d} y}{\mathrm{d} t}}{\frac{\mathrm{d} x}{\mathrm{d} t}} = \dfrac{1 - \frac{1}{1+t^2}}{\frac{2t}{1+t^2}} = \dfrac{t^2}{2t} = \dfrac{t}{2}$

$$y'' = \frac{\mathrm{d}}{\mathrm{d} x} \left(\frac{t}{2} \right) = \frac{1}{2} \frac{\mathrm{d} t}{\mathrm{d} t} \frac{\mathrm{d} t}{\mathrm{d} x} = \frac{1}{2} \frac{1 + t^2}{2t} = \frac{1}{4} \left(t + \frac{1}{t} \right)$$

$$y''' = \frac{\mathrm{d}}{\mathrm{d} x} \left[\frac{1}{4} \left(t + \frac{1}{t} \right) \right] = \frac{\mathrm{d}}{\mathrm{d} t} \left[\frac{1}{4} \left(t + \frac{1}{t} \right) \right] \frac{\mathrm{d} t}{\mathrm{d} x} = \frac{1}{4} \left(1 - \frac{1}{t^2} \right) \frac{1 + t^2}{2t} = \frac{t^2 - 1}{8t^3}$$

例 4.5.11 设 $y = \arctan x$, 求 $y^{(n)}(0)$ 和 $(x\arctan x)^{100}(0)$.

解 由 $y' = \dfrac{1}{1+x^2}$, 得

$$(1+x^2)y' = 1$$

两边关于 x 求 $(n-1)$ 阶导得

$$[(1+x^2)y']^{(n-1)} = 0$$

即

$$(1+x^2)y^n + C_{n-1}^1 2xy^{(n-1)} + C_{n-1}^2 2y^{(n-2)} = 0$$

将 $x = 0$ 带入得

$$y^{(n)}(0) + (n-1)(n-2)y^{n-2}(0) = 0$$

由 $y(0) = 0, y'(0) = 1$ 得

$$y^{(n)}(0) = \begin{cases} 0, & n = 2k \\ (-1)^k(2k)!, & n = 2k+1 \end{cases} \tag{4.10}$$

$$(x\arctan x)^{(100)}(0) = x(\arctan x)^{(100)}|_{x=0} + C_{100}^1(\arctan x)^{(99)}|_{x=0} = 100(-1)^{49}98!$$

4.5.3 高阶微分

若 $y = f(x)$, 则有 $\mathrm{d}f = f'(x)\mathrm{d}x$, 其中 $f'(x)$ 是 x 的函数, 而 $\mathrm{d}x$ 是一个与 x 无关的量. 因此可以把 $\mathrm{d}f$ 看作 x 的函数, 若还可微, 则再求一次微分 $\mathrm{d}(\mathrm{d}f)$, 就称为 $f(x)$ 的二阶微分, 记为 d^2f 或 d^2y. 与高阶导数的推广类似, 可得高阶微分的概念, 如

$\mathrm{d}(\mathrm{d}^2y)$ 称为三阶微分, 记为 $\mathrm{d}^3y = \mathrm{d}(\mathrm{d}^2y)$

一般地, 称 y 的 $n-1$ 阶微分 $\mathrm{d}^{n-1}y$ 的微分 $\mathrm{d}(\mathrm{d}^{n-1}y)$ 为 y 的 n 阶微分, 记为 d^ny 或 d^nf.

$$\mathrm{d}^2f = \mathrm{d}(f'(x)\mathrm{d}x) = \mathrm{d}(f'(x))\mathrm{d}x + f'(x)\mathrm{d}(\mathrm{d}x) = f''(x)\mathrm{d}x^2$$

其中 $\mathrm{d}x^2 = (\mathrm{d}x)^2$.

一般地,

$$\mathrm{d}^nf = \mathrm{d}(\mathrm{d}^{(n-1)}f) = (f^{(n-1)}(x)\mathrm{d}x^{n-1})'\mathrm{d}x = f^{(n)}(x)\mathrm{d}x^n, n = 1, 2, \cdots$$

其中 $\mathrm{d}x^n = (\mathrm{d}x)^n$, 由此可以知将 $f^{(n)}(x)$ 记为 $\dfrac{\mathrm{d}^nf}{\mathrm{d}x^n}$ 的原因.

例 4.5.12 $y = x^x$ 求 d^2y

解
$$y = \mathrm{e}^{x\ln x}$$
$$\mathrm{d}y = \mathrm{e}^{x\ln x}(1+\ln x)\mathrm{d}x = y(1+\ln x)\mathrm{d}x$$
$$\mathrm{d}^2y = \left(\mathrm{d}y(1+\ln x) + \frac{y}{x}\mathrm{d}x\right)\mathrm{d}x$$

注 4.5.1 一阶微分形式不变, 对高阶微分不再成立, 例如

设 $y = f(u), u = g(x)$, 则关于复合函数 $y = f(g(x))$

关于中间变量 u 的二阶微分为

$$\mathrm{d}^2y = \mathrm{d}(f'(u)\mathrm{d}u) = f''(u)(\mathrm{d}u)^2 = f''(g(x))(g'(x))^2(\mathrm{d}x)^2$$

关于自变量 x 的二阶微分为

$$\mathrm{d}^2y = \mathrm{d}[f'(g(x))g'(x)\mathrm{d}x] = [f''(g(x))[g'(x)]^2 + f'(g(x))g''(x)](\mathrm{d}x)^2$$

习题 4.5

1. 求下列函数的高阶导数：

    (1) $y = x^3 + 2x^2 - x + 1$，求 y'''；   (2) $y = x^4 \ln x$，求 y''；

    (3) $y = \dfrac{x^2}{\sqrt{1+x}}$，求 y''；   (4) $y = \dfrac{\ln x}{x^2}$，求 y''；

    (5) $y = x \ln x$，求 y''；   (6) $y = \mathrm{e}^{-x^2}$，求 y'''.

2. 求下列函数在指定点的高阶导数

    (1) $f(x) = 3x^3 + 4x^2 - 5x - 9$，求 $f''(1), f'''(1), f^{(4)}(1)$；

    (2) $f(x) = \dfrac{x}{\sqrt{1+x^2}}$，求 $f''(1), f''(0), f''(-1)$.

3. 求下列函数的 n 阶导数：

    (1) $y = \ln x$；   (2) $y = a^x (a > 0, a \neq 1)$；

    (3) $y = \dfrac{\mathrm{e}^x}{x}$；   (4) $y = \dfrac{1}{x^2 - 5x + 6}$；

    (5) $\begin{cases} x = \dfrac{t}{1+t} \\ y = \dfrac{1-t}{1+t} \end{cases}$ 在 $t > 0$ 处.

4. 设 $f(x)$ 任意次可微，求

    (1) $[f(x^2)]'''$；   (2) $[f(\ln x)]''$；   (3) $[f(\mathrm{e}^{-x})]'''$.

5. 设函数 $y = f(x)$ 由方程 $\sqrt[x]{y} = \sqrt[y]{x}(x > 0, y > 0)$ 所确定，求 $\dfrac{\mathrm{d}^2 y}{\mathrm{d}x^2}$.

6. 求函数 $y = \sin x \sin 2x \sin 3x$ 的 n 阶导数.

7. 设 $f''(t)$ 存在且不为零，求参数方程 $\begin{cases} x = f'(t) \\ y = tf'(t) - f(t) \end{cases}$ 所确定的函数的二阶函数 $\dfrac{\mathrm{d}^2 y}{\mathrm{d}x^2}$.

8. 利用反函数的求导公式 $\dfrac{\mathrm{d}x}{\mathrm{d}y} = \dfrac{1}{y'}$，证明

    (1) $\dfrac{\mathrm{d}^2 x}{\mathrm{d}y^2} = -\dfrac{y''}{(y')^3}$；   (2) $\dfrac{\mathrm{d}^3 x}{\mathrm{d}y^3} = \dfrac{3(y'')^2 - y'y'''}{(y')^5}$.

9. 求 $\mathrm{d}^2(\mathrm{e}^x)$，其中 (1)$x$ 是自变量；(2)$x = \varphi(t)$ 是中间变量.

10. 求函数 $y = (3x^2 - 2)\sin 2x$ 的 100 阶导数.

11. 求复合函数 $y = \mathrm{e}^{\sin x}$ 的二阶微分.

12. 求摆线

$$\begin{cases} x = t - \sin t, \\ y = 1 - \cos t, \end{cases} \quad 0 \leqslant t \leqslant 2\pi$$

在 $t = \pi$ 处二阶导数 $\dfrac{\mathrm{d}^2 y}{\mathrm{d}x^2}$ 的值.

13. 设 $y = \mathrm{e}^x \cos x$，求 $y^{(n)}, y^{(5)}$.

14. 设

$$f(x) = \begin{cases} x^4 \sin \dfrac{1}{x}, & x \neq 0 \\ 0, & x = 0 \end{cases}$$

求 $f''(x)$.

15. 设 $y = x^2 \cos x$，求 $y^{(50)}$.

第 5 章　微分中值定理及其应用

5.1　微分中值定理

微分中值定理反映了函数与导数之间的关系，是利用导数研究函数性质的重要桥梁和工具. 本节我们从 Fermat 引理开始，介绍微分中值定理的系列定理.

5.1.1　函数的极值、Fermat 引理

首先给出函数极值的定义，然后介绍利用导数来研究极值问题.

定义 5.1.1　设 $f(x)$ 在 (a,b) 内有定义，$x_0 \in (a,b)$，若 $\exists U_\delta(x_0) \subset (a,b)$ 使得在该邻域内恒有

$$f(x) \leqslant f(x_0), (f(x) \geqslant f(x_0))$$

则称 x_0 是 $f(x)$ 的一个极大（小）值点，$f(x_0)$ 为 $f(x)$ 的一个极大（小）值.

若在上述定义中，不等号严格成立，则称 x_0 是 $f(x)$ 的一个严格极大（小）值点，$f(x_0)$ 为 $f(x)$ 的一个严格极大（小）值. 极大值点、极小值点统称为极值点，极大值、极小值统称为函数的极值如图 5.1 所示.

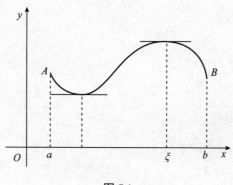

图 5.1

注 5.1.1　(1) 极大、极小是指 x_0 的局部邻域内的大小关系，是局部性质.

(2) 在一个区间内函数的极小值可以大于某些极大值.

(3) 函数在一个区间内的极值点可以有无穷多个.

如 $f(x) = \sin \dfrac{1}{x}, x = \dfrac{1}{2n\pi + \frac{\pi}{2}} \in (0,1)$ 均为极大值点，$x = \dfrac{1}{2n\pi - \frac{\pi}{2}} \in (0,1)$ 均为极小值点

(4) 函数极值不涉及函数的其他性质（连续、可微等）

例如，黎曼函数

$$f(x) = \begin{cases} \dfrac{1}{p}, & x = \dfrac{q}{p} \in (0,1) \\ 0, & x\text{为} (0,1) \text{ 内的无理数} \end{cases} \tag{5.1}$$

每个有理数点均为极大值点，每个无理数点均为极小值点.

(5) 根据定义极值一定是区间内部的点，区间的端点一定不是极值点.

定理 5.1.1 (Fermat 引理)　设 x_0 为 $f(x)$ 的一个极值点，且 $f(x)$ 在 x_0 处可导，则

$$f'(x_0) = 0$$

证　设 x_0 为 $f(x)$ 的极大值点，则存在 $U_\delta(x_0)$，且在该邻域内，

$$f(x) \leqslant f(x_0)$$

因此当 $x > x_0$ 时有

$$\frac{f(x) - f(x_0)}{x - x_0} \leqslant 0$$

当 $x < x_0$ 时有

$$\frac{f(x) - f(x_0)}{x - x_0} \geqslant 0$$

由 $f(x)$ 在 x_0 处可导，

$$f'(x_0) = f'_-(x_0) = \lim_{x \to x_0^-} \frac{f(x) - f(x_0)}{x - x_0} \geqslant 0$$

$$f'(x_0) = f'_+(x_0) = \lim_{x \to x_0^+} \frac{f(x) - f(x_0)}{x - x_0} \leqslant 0$$

故 $f'(x_0) = 0$. 证毕.

该定理的几何意义是：若曲线 $y = f(x)$ 在极值点处可导，则该点处曲线切线平行于 x 轴.

注 5.1.2　使得 $f'(x_0) = 0$ 的点 x_0 统称为 $f(x)$ 的驻点，Fermat 引理告诉我们，若极值点 x_0 处可导，则必为驻点. 但反之不真，如 $y = x^3, y'|_{x=0} = 0$，但 $x = 0$ 不是极值点.

5.1.2　Rolle 微分中值定理

定理 5.1.2　设 $f(x)$ 在闭区间 $[a,b]$ 上连续，在开区间 (a,b) 内可导，且 $f(a) = f(b)$，则至少存在一点 $\xi \in (a,b)$ 使得

$$f'(\xi) = 0$$

证　由 $f(x)$ 在 $[a,b]$ 上连续，所以函数在 $[a,b]$ 上存在最大值 M 与最小 m.

若 $m = M$ 时，则在 $[a,b]$ 上，$f(x)$ 恒为常数，结论显然.

若 $m < M$ 时，由 $f(a) = f(b)$，则 m, M 中至少有一个不等于 $f(a) = f(b)$，不妨设 $m \neq f(a)$. ($m \neq f(b)$)，于是 $\xi \in (a,b)$，使得 $f(\xi) = m$，因此 ξ 是 $f(x)$ 的一个极小值点，由 Fermat 引理可知，$f'(\xi) = 0$. 证毕.

注：定理条件是充分的，三个条件缺少任何一个都不能保证定理结论成立.

$$f_1(x) = \begin{cases} x, & x \in [0,1) \\ 0, & x = 1 \end{cases}, f_2(x) = |x|, x \in [-1,1], f_3(x) = x, x \in [-1,1] \tag{5.2}$$

以上三个函数分别缺少定理中的某个条件，且结论都不成立.

例 5.1.1　设函数 $f(x)$ 在 (a,b) 上可微，证明 $f(x)$ 在 (a,b) 内的两个零点之间必有 $f(x) + f'(x)$ 的零点.

证　令 $F(x) = e^x f(x)$，则 $f(x)$ 的零点，必然是 $F(x)$ 的零点，因此由 Rolle 中值定理，知 $f(x)$ 在 (a,b) 内的两个零点之间必有

$$F'(x) = e^x(f(x) + f'(x))$$

的零点，也即有 $f(x) + f'(x)$ 的零点. 证毕.

例 5.1.2　设 $p_n(x) = \dfrac{1}{2^n n!} \dfrac{d^n}{dx^n}(x^2-1)^n, n = 0,1,2,\cdots$ 为 n 次 Legendre 多项式，证明：$p_n(x)$ 在 $(-1,1)$ 上恰有 n 个不同根.

证　定义

$$q_{2n-m}(x) \equiv \frac{d^m}{dx^m}(x^2-1)^n, m = 0,1,2,\cdots,n-1$$

故当 $m < n$ 时，该式均含有因子 (x^2-1)，即 $q_{2n-m}(x)$ 具有实根 ± 1.

$m = 0$ 时，$q_{2n}(x) = (x^2-1)^n$ 有两个相异实根 ± 1，故 $q_{2n-1}(x) = q'_{2n}(x)$ 在 $(-1,1)$ 内必有根 $x_{11} \epsilon (-1,1)$. 因此，$q_{2n-1}(x)$ 在 $[-1,1]$ 内至少有三个相异实根 $-1, x_{11}, +1$. 对 $q_{2n-2}(x) = q'_{2n-1}(x)$ 使用 Rolle 定理可得，在 $(-1, x_{11}), (x_{11}, 1)$ 内各有一根，记为 $x_{21} \in (-1, x_{11}), x_{22} \in (x_{11}, 1)$，于是 $q_{2n-2}(x)$ 在 $[-1,1]$ 内至少有 4 个相异根 $-1, x_{21}, x_{22}, 1$.

继续执行上述过程，重复 Rolle 定理，用归纳法可证：

$q_{2n-m}(x)$ 在 $[-1,1]$ 上至少有 $m+2$ 个相异实根 $-1, x_{m1}, x_{m2}, \cdots, x_{mm}, 1$，当 $m = n-1$ 时，$q_{n+1}(x)$ 在 $[-1,1]$ 上至少有 $n+1$ 个相异实根. 故 $q_n(x) = q'_{n+1}(x)$ 在 $(-1,1)$ 内至少有 n 个相异实根，而 $q_n(x)$ 是 n 次多项式，它至多有 n 个实根，故它恰有 n 个相异实根，所以 $p_n(x)$ 恰有 n 个相异实根. 证毕.

5.1.3　Lagrange 中值定理

若 Rolle 定理中，要求函数在区间端点有相同的值 $f(a) = f(b)$. 因此一个自然的问题就是，对一般的函数这个结论并不成立，此时会有怎样的结果呢？对此我们有如下结论：

定理 5.1.3 (Lagrange 中值定理)　设 $f(x)$ 在 $[a,b]$ 上连续，(a,b) 内可导，则 $\exists \xi \in (a,b)$，使得

$$f'(\xi) = \frac{f(b) - f(a)}{b - a}$$

证　过点 $A(a, f(a)), B(b, f(b))$ 的直线为：

$$y - f(a) = \frac{f(b) - f(a)}{b - a}(x - a)$$

考察曲线 $y = f(x)$ 减去该直线对应的函数后得到的曲线

$$\varphi(x) = f(x) - f(a) - \frac{f(b) - f(a)}{b - a}(x - a), \quad x \in [a, b]$$

其关系如图 5.2 所示则 $\varphi(x)$ 在 $[a, b]$ 满足 **Rolle** 定理条件，$\exists \xi \epsilon (a, b)$，使得 $\varphi'(\xi) = 0$，即

$$f'(\xi) = \frac{f(b) - f(a)}{b - a} \text{ 证毕.}$$

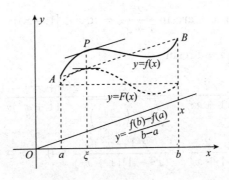

图 5.2

注 5.1.3　在 Lagrange 中值公式中，由 $\xi \in (a, b)$，则 $\exists \theta \in (0, 1)$，使得，

$$\xi = a + \theta(b - a)$$

因此 Lagrange 中值公式也常表示为：

$$f(b) - f(a) = f'(a + \theta(b - a))(b - a), \quad \theta \in (0, 1)$$

或

$$f(x + \Delta x) - f(x) = f'(x + \theta \Delta x)\Delta x, \quad \theta \in (0, 1)$$

即 $\Delta y = f'(x + \theta \Delta x)\Delta x$，增量的精确表示，高阶无穷小表示，$\Delta y = f'(x)\Delta x + o(\Delta x)$.

由 Lagrange 中值定理，可以得到一些重要的结论：

定理 5.1.4　若 $f(x)$ 在 (a, b) 上可导，且 $f'(x) \equiv 0$，则 $f'(x)$ 在 (a, b) 上恒为常数.

证　$\forall x_1, x_2 \in (a, b), x_1 < x_2$ 有

$$f(x_1) - f(x_2) = f'(\xi)(x_1 - x_2) \equiv 0, \quad \xi \in (x_1, x_2)$$

即 $f(x_2) = f(x_1)$，有 x_1, x_2 的任意性知 $f(x) \equiv C, \quad x \in (a, b)$. 证毕.

此定理可推广到闭区间的情况：$[a, b]$ 上连续，(a, b) 内可导，且 $\forall x \in (a, b), f'(x) = 0$，则

$$f(x) \equiv C, \quad x \in [a, b]$$

推论 5.1.1　若 $f(x), g(x)$ 在 (a, b) 上可导，且 $f'(x) = g'(x)$，则 $f(x) = g(x) + C$，$x \in (a, b)$

例 5.1.3　对于 $\forall h > -1$ 且 $h \neq 0$ 证明不等式 $\dfrac{h}{1 + h} < \ln(1 + h) < h$

证　令 $f(x) = \ln(1+x), (x > -1)$，则 $f'(x) = \dfrac{1}{1+x}$. 由 Lagrange 中值定理有，

$$\ln(1+h) = f(h) - f(0) = f'(\theta h)h = \frac{h}{1+\theta h}, \quad \theta \in (0,1)$$

当 $-1 < h < 0$ 时，$0 < 1+h < 1+\theta h < 1$，所以 $\dfrac{h}{1+h} < \ln(1+h) < h$

当 $h > 0$ 时，$1 < 1+\theta h < 1+h$，所以 $\dfrac{h}{1+h} < \ln(1+h) < h$ 证毕.

例 5.1.4　证明 $2\arctan x + \arcsin \dfrac{2x}{1+x^2} = \pi, x \in [1, +\infty)$

证　令 $f(x) = 2\arctan x + \arcsin \dfrac{2x}{1+x^2}$，有

$$f'(x) = \frac{2}{1+x^2} + \frac{1}{\sqrt{1-\left(\frac{2x}{1+x^2}\right)^2}} \frac{2(1+x^2) - 4x^2}{(1+x^2)^2}$$

$$= \frac{2}{1+x^2} + \frac{2(1-x^2)}{(x^2-1)(1+x^2)} = 0, \quad x \in (1, +\infty)$$

因此 $f(x) \equiv C, x \in (1, +\infty)$，由于 $f(x)$ 在 $[1, +\infty)$ 上连续，所以

$$C = \lim_{x \to 1^+} f(x) = \lim_{x \to 1^+} \left(2\arctan x + \arcsin \frac{2x}{1+x^2} \right) = 2\frac{\pi}{4} + \frac{\pi}{2} = \pi \text{ 证毕.}$$

5.1.4　Cauchy 中值定理

前面给出的两个微分中值定理，其中 Lagrange 中值定理是 Rolle 中值定理的推广形式，下面我们给出进一步的推广形式.

定理 5.1.5　设 $f(x)$ 和 $g(x)$ 都在 $[a,b]$ 上连续，(a,b) 内可导，且 $g'(x) \neq 0$，则 $\exists \xi \in (a,b)$，使得

$$\frac{f(b) - f(a)}{g(b) - g(a)} = \frac{f'(\xi)}{g'(\xi)}$$

证　原式可恒等变形为 $f'(\xi) = \dfrac{f(b) - f(a)}{g(b) - g(a)} g'(\xi)$，即 $f'(\xi) - \dfrac{f(b) - f(a)}{g(b) - g(a)} g'(\xi) = 0$

构造辅助函数

$$F(x) = f(x) - \frac{f(b) - f(a)}{g(b) - g(a)} g(x)$$

显然 $F(x)$ 在 $[a,b]$ 上连续，(a,b) 内可导，且满足

$$F(a) = f(a) - \frac{f(b) - f(a)}{g(b) - g(a)} g(a) = \frac{f(a)g(b) - f(b)g(a)}{g(b) - g(a)} = F(b)$$

和

$$F'(x) = f'(x) - \frac{f(b) - f(a)}{g(b) - g(a)} g'(x) = 0$$

由 Rolle 定理，知 $\exists \xi \in (a,b)$，使得 $F'(\xi) = 0$，结论成立. 证毕.

例 5.1.5 设 $f(x)$ 在 $[1,+\infty)$ 上连续,$(1,+\infty)$ 内可导,若 $\mathrm{e}^{-x^2}f'(x)$ 在 $(1,+\infty)$ 上有界,证明:$x\mathrm{e}^{-x^2}f(x)$ 在 $(1,+\infty)$ 上也有界

证 设 $|\mathrm{e}^{-x^2}f'(x)| \leqslant M, x \in (1,+\infty)$,则有

$$|\mathrm{e}^{-x^2}f(x)| = \left|\frac{f(x)}{\mathrm{e}^{x^2}}\right| \leqslant \left|\frac{f(x)-f(1)}{\mathrm{e}^{x^2}}\right| + \left|\frac{f(1)}{\mathrm{e}^{x^2}}\right|$$

$$\leqslant \left|\frac{f(x)-f(1)}{\mathrm{e}^{x^2}-\mathrm{e}}\right| + \frac{|f(1)|}{\mathrm{e}} = \left|\frac{f'(\xi)}{2\xi \mathrm{e}^{\xi^2}}\right| + \frac{|f(1)|}{\mathrm{e}} \leqslant \frac{1}{2}|\mathrm{e}^{-\xi^2}f'(\xi)| + \frac{|f(1)|}{\mathrm{e}}$$

$$\leqslant \frac{M}{2} + \frac{f(1)}{\mathrm{e}} |x\mathrm{e}^{-x^2}f(x)| = \left|\frac{xf(x)}{\mathrm{e}^{x^2}}\right| \leqslant \left|\frac{xf(x)-f(1)}{\mathrm{e}^{x^2}}\right| + \frac{|f(1)|}{\mathrm{e}}$$

$$\leqslant \left|\frac{xf(x)-f(1)}{\mathrm{e}^{x^2}-\mathrm{e}}\right| + \frac{|f(1)|}{\mathrm{e}} = \left|\frac{f(\xi)+\xi f'(\xi)}{2\xi \mathrm{e}^{\xi^2}}\right| + \frac{|f(1)|}{\mathrm{e}}$$

$$\leqslant \left|\frac{f(\xi)}{2\xi \mathrm{e}^{\xi^2}}\right| + \frac{1}{2}|\mathrm{e}^{-\xi^2}f'(\xi)| + \frac{|f(1)|}{\mathrm{e}}$$

$$\leqslant \frac{1}{2}|\mathrm{e}^{-\xi^2}f(\xi)| + \frac{1}{2}|\mathrm{e}^{-\xi^2}f'(\xi)| + \frac{|f(1)|}{\mathrm{e}} \leqslant \frac{M}{4} + \frac{1}{2\mathrm{e}}|f(1)| + \frac{M}{2} + \frac{|f(1)|}{\mathrm{e}}$$

$$= \frac{3M}{4} + \frac{3|f(1)|}{2\mathrm{e}} \quad 证毕.$$

定理 5.1.6(Darboux 达布定理) 设 $f(x)$ 在 (a,b) 内可导,存在 $x_1,x_2 \in (a,b)$,$f'(x_1)f'(x_2) < 0$,则 $\exists \xi \in (x_1,x_2)$,使得 $f'(\xi) = 0$

证 不妨设 $f'(x_1) > 0, f'(x_2) < 0$,($f'(x_1) < 0, f'(x_2) > 0$ 同理)

若 $f(x_1) = f(x_2)$ 结论显然成立;

若 $f(x_1) \neq f(x_2)$,不妨设 $f(x_1) < f(x_2)$,注意到

$$f'(x_2) < 0, \lim_{x \to x_2^-} \frac{f(x)-f(x_2)}{x-x_2} = f'_-(x_2) < 0$$

则存在 $\sigma > 0$ 使得 $\forall x_2' \in (x_2-\sigma, x_2)$,都有 $f(x_2') > f(x_2)$,在 $[x_1,x_2']$ 上由介值定理 $\exists x_0 \in (x_1,x_2')$ 使得

$$f(x_0) = f(x_2)$$

在 $[x_0,x_2']$ 上用 Rolle 定理可得结论. 证毕.

习题 5.1

1. 设 $f'_+(x_0) > 0, f'_-(x_0) < 0$,证明 x_0 是 $f(x)$ 的极小值点.

2. 讨论下列函数在指定区间内是否存在一点 ξ,使得 $f'(\xi) = 0$:

   (1) $f(x) = \begin{cases} x\sin\frac{1}{x}, & 0 < x \leqslant \frac{1}{\pi}; \\ 0, & x = 0 \end{cases}$ (2) $f(x) = |x|, -1 \leqslant x \leqslant 1$.

3. 证明:

   (1) 若函数 f 在 $[a,b]$ 上可导,且 $f'(x) \geqslant m$,则 $f(b) \geqslant f(a) + m(b-a)$;

   (2) 若函数 f 在 $[a,b]$ 上可导,且 $|f'(x)| \leqslant M$,则 $|f(b)-f(a)| \leqslant M(b-a)$;

4. 设函数 $f(x)$ 在 $[a,b]$ 上可导,证明:存在 $\xi \in (a,b)$,使得 $2\xi[f(b)-f(a)] = (b^2-a^2)f'(\xi)$.

5. 设函数 $f(x)$ 在点 a 处具有二阶导数，证明：$\lim\limits_{h \to 0} \dfrac{f(a+h) + f(a-h) - 2f(a)}{h^2} = f''(a)$.

6. 设 $f(x)$ 在闭区间 $[0,1]$ 上连续，在开区间 $(0,1)$ 内可导，$f(0) = f(1) = 0, f\left(\dfrac{1}{2}\right) = 1$，求证：$\exists \xi \in (0,1)$，使得 $f'(\xi) = 1$.

7. 用 Lagrange 公式证明不等式：

   (1) $|\sin x - \sin y| \leqslant |x - y|$；

   (2) $ny^{n-1}(x-y) < x^n - y^n < nx^{n-1}(x-y)(n > 1, x > y > 0)$.

8. 设 $f(x)$ 在 $[0,a]$ 上满足 $|f''(x)| \leqslant M$，且在 $(0,a)$ 内可取得其最大值，证明：$|f'(0)| + |f'(a)| \leqslant Ma$.

9. 设 $a, b > 0$，证明存在 $\xi \in (a, b)$，使得

$$ae^b - be^a = (1 - \xi)e^\xi(a - b)$$

10. 设 $f(x)$ 在 (a, b) 上可导，$x_1, x_2 \in (a, b)$. 如果 $f'(x_1) \cdot f'(x_2) < 0$，证明在 x_1 和 x_2 之间至少存在一点 ξ，使得 $f'(\xi) = 0$.

11. 设函数 $f(x)$ 和 $g(x)$ 在 $[a, b]$ 上连续，在 (a, b) 上可导，证明 (a, b) 内存在一点 ξ，使得

$$\begin{vmatrix} f(a) & f(b) \\ g(a) & g(b) \end{vmatrix} = (b - a)\begin{vmatrix} f(a) & f'(\xi) \\ g(a) & g'(\xi) \end{vmatrix}$$

12. 证明恒等式

$$\arctan \frac{1+x}{1-x} - \arctan x = \begin{cases} \dfrac{\pi}{4}, & x < 1 \\ -\dfrac{3\pi}{4}, & x > 0 \end{cases}$$

13. 判别 e^π 与 π^e 的大小关系.

14. 证明不等式

$$a \ln a + b \ln b > (a + b)[\ln(a + b) - \ln 2], \quad \forall a, b > 0$$

15. 设 $f : R \to R$ 可导. 证明：$f(x) = 0$ 的任何两相异根之间必有 $f'(x) - af(x) = 0$ 的一个根，其中 $a \in R$.

5.2 L'Hospital 法则

利用函数连续和极限的性质，可以由已知函数极限计算相关的极限，如

$$\lim_{x \to a} f(x) = A, \lim_{x \to a} g(x) = B$$

当 A, B 都是不为零的实数时，可通过极限的四则运算或复合运算法则计算 $f(x), g(x)$ 的和差积商的极限及 $f(x)^{g(x)}$ 等形式的极限. 但当 A, B 的值为 0 或无穷时，就不能使用运算后的极限等于极限的相应运算这一运算法则. 这时的极限有可能存在也有可能不存在，一般将这种类型的极限称为不定型极限. 其一般形式包括

$$\frac{0}{0}, \frac{\infty}{\infty}, 0 \cdot \infty, \infty \pm \infty, \infty^0, 1^\infty, 0^0$$

在上述形式中, 本质上都可以转化为 $\dfrac{0}{0}$ 这一种类型, 如 $\dfrac{\infty}{\infty}=\dfrac{1/0}{1/0}=\dfrac{0}{0}$ 型, $0\cdot\infty=0/\dfrac{1}{\infty}=\dfrac{0}{0}$.
这一节利用柯西微分中值定理给出的 L'Hospital 法则是处理不定型极限的有力工具. 为了方便, 一般的不定型除转化为 $\dfrac{0}{0}$ 型外, 也常以 $\dfrac{\infty}{\infty}$ 的形式直接计算.

定理 5.2.1 (洛必达法则)　设函数 $f(x),g(x)$ 在 $(a,a+h)$ 上可导 $(h>0)$, 且 $g'(x)\neq 0$, 若

$$(1)\ \lim_{x\to a^+}f(x)=\lim_{x\to a^+}g(x)=0,\ 或\ (2)\ \lim_{\xi\to a^+}g(x)=\infty$$

且

$$\lim_{x\to a^+}\frac{f'(x)}{g'(x)}\ 存在\ (可为有限数或\infty)$$

则都有

$$\lim_{x\to a^+}\frac{f(x)}{g(x)}=\lim_{x\to a^+}\frac{f'(x)}{g'(x)}$$

证 (1) 设 $\displaystyle\lim_{x\to a^+}\frac{f'(x)}{g'(x)}=A$ 为有限实数, 定义

$$\overline{f}(x)=\begin{cases}f(x), & x\in(a,a+h)\\ 0, & x=a\end{cases},\ \overline{g}(x)=\begin{cases}g(x), & x\in(a,a+h)\\ 0, & x=a\end{cases} \tag{5.3}$$

则 $\overline{f}(x),\overline{g}(x)$ 在 $[a,a+h]$ 上满足 Cauchy 中值定理条件, 则对 $\forall x\in(a,a+h)$ 有

$$\frac{f(x)}{g(x)}=\frac{\overline{f}(x)}{\overline{g}(x)}=\frac{\overline{f}(x)-\overline{f}(a)}{\overline{g}(x)-\overline{g}(a)}=\frac{\overline{f}'(\xi)}{\overline{g}'(\xi)}=\frac{f'(\xi)}{g'(\xi)}$$

显然当 $x\to a^+$ 时, 有 $\xi\to a^+$ 所以可得

$$\lim_{x\to a^+}\frac{f(x)}{g(x)}=\lim_{\xi\to a^+}\frac{f'(\xi)}{g'(\xi)}=A$$

(2) 若 $\displaystyle\lim_{\xi\to a^+}g(x)=\infty$, 由 $\displaystyle\lim_{\xi\to a^+}\frac{f'(x)}{g'(x)}=A$, 由极限的有界性, 知
对 $\forall\epsilon>0,\exists 0<\sigma<h$, 使得对 $\forall\in(a,a+\sigma)$ 时, $\left|\dfrac{f'(x)}{g'(x)}-A\right|<\varepsilon$.
即对 $\forall x\in(a,a+\sigma)$, 有

$$\frac{f(x)}{g(x)}=\frac{f(x)-f(a+\sigma)}{g(x)}+\frac{f(a+\sigma)}{g(x)}$$
$$=\frac{g(x)-g(a+\sigma)}{g(x)}\frac{f(x)-f(a+\sigma)}{g(x)-g(a+\sigma)}+\frac{f(a+\sigma)}{g(x)}$$
$$=\left(1-\frac{g(a+\sigma)}{g(x)}\right)\frac{f'(\xi)}{g'(\xi)}+\frac{f(a+\sigma)}{g(x)}$$

其中 $\xi\in(x,a+\sigma)\subset(a,a+\sigma)$. 所以

$$\left|\frac{f(x)}{g(x)}-A\right|=\left|\left(1-\frac{g(a+\sigma)}{g(x)}\right)\left(\frac{f'(\xi)}{g'(\xi)}-A\right)+\frac{f(a+\sigma)-Ag(a+\sigma)}{g(x)}\right|$$

$$\leqslant \left| 1 - \frac{g(a+\sigma)}{g(x)} \right| \epsilon + \left| \frac{f(a+\sigma) - Ag(a+\sigma)}{g(x)} \right|$$

由 $\lim\limits_{\xi \to a^+} g(x) = \infty$，知 $\exists \sigma_1 > 0$，使得 $x \in (a, a+\sigma_1)$ 时

$$\left| 1 - \frac{g(a+\sigma)}{g(x)} \right| < 2, \quad \left| \frac{f(a+\sigma) - Ag(a+\sigma)}{g(x)} \right| < \epsilon$$

此时 $\left| \dfrac{f(x)}{g(x)} - A \right| < 2\epsilon + \epsilon = 3\epsilon$ 证毕.

注 5.2.1 定理中的第一种情况针对 $\dfrac{0}{0}$ 型的极限问题，第二种情况是关于 $\dfrac{\infty}{\infty}$ 的极限问题，但在定理中仅要求 $\lim\limits_{x \to a^+} g(x) = \infty$ 而对 $\lim\limits_{x \to a^+} f(x)$ 并无要求，只要 $\lim \dfrac{f'}{g'}$ 存在，就有 $\lim \dfrac{f}{g} = \lim \dfrac{f'}{g'}$. 特别地，当 $\lim\limits_{x \to a^+} f(x) \neq \infty$ 时结论依然成立，显然此时运用极限运算的一般性质即可求得结果.

注 5.2.2 定理中以 $x \to a^+$ 的极限过程为例进行的证明，显然该结论可以推广到 $x \to a^-, x \to a, x \to \infty, x \to \pm\infty$ 等其他形式的极限过程.

注 5.2.3 定理中将 $\lim \dfrac{f(x)}{g(x)}$ 的极限问题转化为 $\lim \dfrac{f'(x)}{g'(x)}$，若该形式还是满足定理条件的不定型，则可继续使用该定理求其极限，即求 $\lim \dfrac{f''(x)}{g''(x)}$ 的极限，且在满足条件的情况下可以一直使用下去.

例 5.2.1 求极限 $\lim\limits_{x \to a} \dfrac{x^m - a^m}{x^n - a^n}$.

解 这是一个 $\dfrac{0}{0}$ 型的极限，应用洛必达法则，可得

$$\lim_{x \to a} \frac{x^m - a^m}{x^n - a^n} = \lim_{x \to a} \frac{mx^{m-1}}{nx^{n-1}} = \frac{m}{n} \lim_{x \to a} x^{m-n} = \frac{m}{n} a^{m-n}$$

例 5.2.2 求极限 $\lim\limits_{x \to +\infty} \dfrac{\frac{\pi}{2} - \arctan x}{\sin \frac{1}{x}}$.

解 这是一个 $\dfrac{0}{0}$ 型的极限，直接应用洛必达法则，可得

$$\lim_{x \to +\infty} \frac{\frac{\pi}{2} - \arctan x}{\sin \frac{1}{x}} = \lim_{x \to +\infty} \frac{-\frac{1}{1+x^2}}{\cos \frac{1}{x} \left(-\frac{1}{x^2} \right)} = \lim_{x \to +\infty} \frac{1}{\cos \frac{1}{x}} \lim_{x \to +\infty} \frac{x^2}{1+x^2} = 1$$

例 5.2.3 求极限 $\lim\limits_{x \to 0} \dfrac{\ln(1+x^2)}{\sec x - \cos x}$.

解 这是一个 $\dfrac{0}{0}$ 型的极限，直接应用洛必达法则，可得

$$\lim_{x \to 0} \frac{\ln(1+x^2)}{\sec x - \cos x} = \lim_{x \to 0} \frac{\frac{1}{1+x^2} 2x}{\sec x \tan x + \sin x} = \lim_{x \to 0} \frac{2}{1+x^2} \lim_{x \to 0} \frac{x}{\sec x \tan x + \sin x}$$

再应用洛必达法则可得

$$\lim_{x \to 0} \frac{x}{\sec x \tan x + \sin x} = \lim_{x \to 0} \frac{1}{\sec x \tan^2 x + \sec^3 x + \cos x} = \frac{1}{2}$$

因此
$$\lim_{x\to 0}\frac{\ln(1+x^2)}{\sec x-\cos x}=\lim_{x\to 0}\frac{2}{1+x^2}\frac{1}{2}=1$$

例 5.2.4　求极限 $\lim\limits_{x\to+\infty}\dfrac{x^a}{e^{bx}}(a,b>0)$.

解　这是一个 $\dfrac{\infty}{\infty}$ 的极限，令 $k=[a]+1$，连续使用 k 次洛必达法则可得
$$\lim_{x\to 0}\frac{x^a}{e^{bx}}=\lim_{x\to+\infty}\frac{ax^{a-1}}{be^{bx}}=\lim_{x\to+\infty}\frac{a(a-1)x^{a-2}}{b^2 e^{bx}}$$
$$=\cdots=\lim_{x\to+\infty}\frac{a(a-1)\cdots(a-k+1)x^{a-k}}{b^k e^{bx}}=0$$

下面介绍一些可化为 $\dfrac{0}{0},\dfrac{\infty}{\infty}$ 情形的例子.

例 5.2.5　求极限 $\lim\limits_{x\to 0}x^2 e^{\frac{1}{x^2}}$.

解　这是一个 $0\cdot\infty$，型的极限问题，可转化为 $\dfrac{\infty}{\infty}$ 的形式后使用洛必达法则，为了求导的方便，还可以通过变量代换 $x^2=1/t$，将 $x\to 0$ 的极限过程转化为 $t\to+\infty$ 的极限过程.
$$\lim_{x\to 0}x^2 e^{\frac{1}{x^2}}=\lim_{x\to 0}\frac{e^{\frac{1}{x^2}}}{\frac{1}{x^2}}=\lim_{t\to+\infty}\frac{e^t}{t}=\lim_{t\to+\infty}e^t=+\infty$$

例 5.2.6　求极限 $\lim\limits_{x\to 0}\left(\dfrac{1}{\sin x}-\dfrac{1}{x}\right)$.

解　这是一个 $\infty-\infty$ 型的极限，经过转化后连续使用两次洛必达法则可得
$$\lim_{x\to 0}\left(\frac{1}{\sin x}-\frac{1}{x}\right)=\lim_{x\to 0}\frac{x-\sin x}{x\sin x}=\lim_{x\to 0}\frac{1-\cos x}{\sin x+x\cos x}=\lim_{x\to 0}\frac{\sin x}{2\cos x-x\sin x}=0$$

例 5.2.7　求极限 $\lim\limits_{x\to 0^+}x^{\sin x}$.

解　这是一个 0^0 型的不定型，经恒等变形后，可得
$$\lim_{x\to 0^+}x^{\sin x}=e^{\lim_{x\to 0^+}\sin x\ln x}$$

再将 $0\cdot\infty$ 型继续变换可得
$$上式=e^{\lim_{x\to 0^+}\frac{\ln x}{\csc x}}=e^{\lim_{x\to 0^+}\frac{\frac{1}{x}}{-\cot^2 x}}=e^{\lim_{x\to 0^+}\frac{-\tan^2 x}{x}}=e^{\lim_{x\to 0^+}\frac{-2\tan x\sec^2 x}{1}}=e^0=1$$

例 5.2.8　求极限 $\lim\limits_{x\to 0^+}\ln^x\dfrac{1}{x}$.

解　$\lim\limits_{x\to 0^+}\ln^x\dfrac{1}{x}=e^{\lim_{x\to 0^+}x\ln\ln\frac{1}{x}}=e^{\lim_{t\to+\infty}\frac{\ln\ln t}{t}}=e^{\lim_{t\to+\infty}\frac{1}{t\ln t}}=e^0=1$

例 5.2.9　求极限 $\lim\limits_{x\to+\infty}\left(\dfrac{2}{\pi}\arctan x\right)^x$.

解　$\lim\limits_{x\to+\infty}\left(\dfrac{2}{\pi}\arctan x\right)^x=e^{\lim_{x\to+\infty}x\ln\left(\frac{2}{\pi}\arctan x\right)}=e^{\lim_{x\to+\infty}\frac{\ln\left(\frac{2}{\pi}\arctan x\right)}{\frac{1}{x}}}$
$$=e^{\lim_{x\to+\infty}\frac{1}{-\frac{1}{x^2}}\frac{2}{\pi}\frac{1}{\arctan x}\frac{2}{\pi}\frac{1}{1+x^2}}=e^{\lim_{x\to+\infty}\frac{-x^2}{1+x^2}\frac{1}{\arctan x}}=e^{-\frac{2}{\pi}}$$

注 5.2.4 当 $\lim \dfrac{f}{g}$ 不满足定理条件，如不是 $\dfrac{0}{0}$ 或 $\dfrac{\infty}{\infty}$ 型时，则不能用洛必达法则. 如直接计算可得 $\lim\limits_{x\to\frac{\pi}{2}} \dfrac{1+\sin x}{1-\cos x}=2$. 但错误的使用洛必达法则会得

$$\lim_{x\to\frac{\pi}{2}} \frac{1+\sin x}{1-\cos x} = \lim_{x\to\frac{\pi}{2}} \frac{\cos x}{\sin x} = 0$$

注 5.2.5 定理中 $\lim \dfrac{f'}{g'}$ 存在（或为 ∞）是一个充分条件，此时有 $\lim \dfrac{f}{g}=\lim \dfrac{f'}{g'}$. 从定理的证明过程可知，此时极限 $\lim \dfrac{f}{g}$，仅对应 $\lim \dfrac{f'}{g'}$ 的一个子列，因此当 $\lim \dfrac{f'}{g'}$ 不存在时，不能推得 $\lim \dfrac{f}{g}$ 一定不存在. 此时说明原不定型不能使用洛必达求解，需用其他方法求极限或者证明极限不存在.

例 5.2.10 求极限 $\lim\limits_{x\to+\infty} \dfrac{(x+\sin x)'}{(x-\sin x)'}$.

解 通过对函数变形后直接使用极限运算法则可得

$$\lim_{x\to+\infty} \frac{x+\sin x}{x-\sin x} = \lim_{x\to+\infty} \frac{1+\frac{\sin x}{x}}{1-\frac{\sin x}{x}} = \frac{1+0}{1-0} = 1$$

若直接使用洛必达法则，会变为

$$\lim_{x\to+\infty} \frac{(x+\sin x)'}{(x-\sin x)'} = \lim_{x\to+\infty} \frac{1+\cos x}{1-\cos x}$$

极限不存在，无法得到确定的结论.

习题 5.2

1. 求下列极限：

(1) $\lim\limits_{x\to 0} \dfrac{e^x-e^{-x}}{\sin x}$；

(2) $\lim\limits_{x\to\pi} \dfrac{\sin 3x}{\tan 5x}$；

(3) $\lim\limits_{x\to\frac{\pi}{2}} \dfrac{\ln(\sin x)}{(\pi-2x)^2}$；

(4) $\lim\limits_{x\to a} \dfrac{x^m-a^m}{x^n-a^n}$；

(5) $\lim\limits_{x\to 1} \dfrac{\ln\cos(x-1)}{1-\sin\frac{\pi x}{2}}$；

(6) $\lim\limits_{x\to+\infty} (\pi-2\arctan x)\ln x$.

2. 说明不能用 L'Hospital 法则求下列极限：

(1) $\lim\limits_{x\to 0} \dfrac{x^2\sin\frac{1}{x}}{\sin x}$；

(2) $\lim\limits_{x\to+\infty} \dfrac{x+\sin x}{x-\sin x}$.

3. 证明：$f(x)=x^3 e^{-x^2}$ 为有界函数.

4. 设 $f(x)=\begin{cases} \dfrac{g(x)}{x}, & x\neq 0 \\ 0, & x=0 \end{cases}$，其中 $g(0)=0, g'(0)=0, g''(0)=10$. 求 $f'(0)$.

5. 设函数 $f(x)$ 在 $(a,+\infty)$ 上可导，且 $\lim\limits_{x\to+\infty}[f(x)+f'(x)]=k$，证明 $\lim\limits_{x\to+\infty} f(x)=k$.

6. 设 $f(0)=0, f'(x)$ 在原点的某邻域内连续，且 $f'(0)\neq 0$. 证明：$\lim\limits_{x\to 0^+} x^{f(x)}=1$.

7. 讨论函数

$$f(x) = \begin{cases} \left[\dfrac{(1+x)^{\frac{1}{x}}}{e}\right]^{\frac{1}{x}}, & x > 0 \\ e^{-\frac{1}{2}}, & x \leqslant 0 \end{cases}$$

在 $x = 0$ 处的连续性.

8. 求极限 $\lim\limits_{x \to 0^+} x^\alpha \ln x$，其中 $\alpha > 0$.

9. (1) 求 $\lim\limits_{x \to +\infty} \left(1 + \dfrac{1}{n} - \dfrac{1}{n^2}\right)^n$;

   (2) 求 $\lim\limits_{x \to 0^+} \left(\dfrac{a_1^x + \cdots + a_m^x}{m}\right)^{\frac{1}{x}}$.

10. 求 $\lim\limits_{x \to 0^+} x \ln x$.

11. 求 $\lim\limits_{x \to 0^+} \left(\cot x - \dfrac{1}{x}\right)$.

12. 求 $\lim\limits_{x \to \frac{\pi}{2}} \dfrac{1 + \sin x}{1 - \cos x}$.

13. 求 $\lim\limits_{x \to +\infty} \dfrac{\log_a x}{x^\alpha}$ 与 $\lim\limits_{x \to +\infty} \dfrac{x^\alpha}{a^{\beta x}} (a > 1, \alpha, \beta > 0)$.

14. 求一个 n 次多项式 $P_n(x) = a_0 + a_1 x + a_2 x^2 + \cdots + a_n x^n$，使得

$$e^x = P_n(x) + o(x^n)$$

5.3 Taylor 公式

根据函数微分的定义，若函数 $f(x)$ 在点 x_0 可微，则有

$$f(x) = f(x_0) + f'(x_0)(x - x_0) + o(x - x_0)(x \to x_0)$$

由此可知，若用线性函数 $f(x_0) + f'(x_0)(x - x_0)$ 来近似 $f(x)$，则当 $x \to x_0$ 时，其误差 $R_1(x) = f(x) - [f(x_0) + f'(x_0)(x - x_0)]$ 是 $x - x_0$ 的高阶无穷小. 一般来说，多项式函数是我们熟悉而又简单的函数，对 $f(x)$ 可用 n 次多项式 $P_n(x)$ 来近似. 本节将介绍用多项式逼近函数的问题.

5.3.1 带 Peano 余项的 Taylor 公式

定理 5.3.1 (带 Peano 余项的 Taylor 公式) 设 $f(x)$ 在 x_0 处有 n 阶导数，则存在 x_0 的邻域，对于该邻域中任一点 x，成立

$$f(x) = f(x_0) + \frac{f'(x_0)}{1!}(x - x_0) + \cdots + \frac{f^{(n)}}{n!}(x_0)(x - x_0)^n + r_n(x)$$

其中 $r_n(x) = o((x - x_0)^n)$，此公式为 $f(x)$ 在 $x = x_0$ 处带 Peano 余项的 Taylor 公式.

称

$$T_n(x) = f(x_0) + \frac{1}{1!}f'(x_0)(x - x_0) + \cdots + \frac{1}{n!}f^{(n)}(x_0)(x - x_0)^n$$

为 $f(x)$ 的 n 次 Taylor 多项式，称 $r_n(x) = o((x - x_n)^n)$ 为 Peano 余项.

证 要证该定理，仅需证明 $\lim\limits_{x \to x_0} \dfrac{r_n(x)}{(x-x_0)^n} = 0$.

由 $r_n(x) = f(x) - \sum\limits_{k=0}^{n} \dfrac{f^{(k)}}{k!}(x_0)(x-x_0)^k$，直接计算可得

$$r_n(x_0) = 0, r_n'(x_0) = r_n''(x_0) = \cdots = r_n^{(n-1)}(x_0) = 0$$

于是，反复使用洛必达法则可得

$$\lim_{x \to x_0} \frac{r_n(x)}{(x-x_0)^n} = \lim_{x \to x_0} \frac{r_n(x) - r_n(x_0)}{(x-x_0)^n}$$

$$= \lim_{x \to x_0} \frac{r_n'(x)}{n(x-x_0)^{n-1}} = \cdots = \lim_{x \to x_0} \frac{r_n^{(n-1)}(x)}{n!(x-x_0)}$$

$$= \frac{1}{n!} \lim_{x \to x_0} \frac{f^{(n-1)}(x) - f^{(n-1)}(x_0) - f^{(n)}(x_0)(x-x_0)}{x-x_0}$$

$$= \frac{1}{n!} \left[\lim_{x \to x_0} \frac{f^{(n-1)}(x) - f^{(n-1)}(x_0)}{x-x_0} - f^{(n)}(x_0) \right]$$

$$= \frac{1}{n!} [f^{(n)}(x_0) - f^{(n)}(x_0)] = 0$$

因此可得 $r_n(x) = o[(x-x_0)^n], (x \to x_0)$. 证毕.

特别地，当 $x_0 = 0$ 时，Taylor 公式可表示为

$$f(x) = f(0) + f'(0)x + \cdots + \frac{1}{n!}f^{(n)}(0)x^n + r_n(x)$$

称为 $f(x)$ 的 Maclaurin 公式，余项为 $r_n(x) = o(x^n)$.

例 5.3.1 求 $f(x) = \mathrm{e}^x$ 在 $x = 0$ 处的 Taylor 公式.

解 由 $f^{(k)}(x) = \mathrm{e}^x, k = 0, 1, 2, \cdots$ 知 $f^{(k)}(0) = 1, k = 0, 1, 2, \cdots$，所以

$$\mathrm{e}^x = 1 + x + \frac{1}{2!}x^2 + \frac{1}{3!}x^3 + \cdots + \frac{1}{n!}x^n + r_n(x)$$

其中余项 $r_n(x) = o(x^n)$.

例 5.3.2 求 $f(x) = \sin x, f(x) = \cos x$ 的在 $x = 0$ 处的 Taylor 公式.

解 有 $f(x) = \sin x, f^{(k)}(x) = \sin\left(x + \dfrac{k}{2}\pi\right)$，得

$$f^k(0) = \sin\frac{k}{2}\pi = \begin{cases} 0, & k = 2n \\ (-1)^n, & k = 2n+1 \end{cases} \tag{5.4}$$

所以

$$\sin x = x - \frac{1}{3!}x^3 + \frac{1}{5!}x^5 - \cdots + (-1)^n \frac{1}{(2n+1)!}x^{2n+1} + r_{2n+2}$$

其中余项 $r_{2n+2}(x) = o(x^{2n+2})$. 因为 Taylor 多项式中 x^{2n+2} 的系数为零，所以余项为 $o(x^{2n+2})$.

同理可求：

$$\cos x = 1 - \frac{x^2}{2!} + \frac{x^4}{4!} - \cdots + (-1)^n \frac{x^{2n}}{(2n)!} + r_{2n+1}(x)$$

其中 $r_{2n+1}(x) = o(x^{2n+1})$.

例 5.3.3　求 $f(x) = (1+x)^\alpha, (\alpha \in R)$ 在 $x = 0$ 处的 Taylor 公式.

解
$$f(0) = 1,$$
$$f'(x) = \alpha(1+x)^{\alpha-1}, f'(0) = \alpha,$$
$$f''(x) = \alpha(\alpha-1)(1+x)^{\alpha-2}, f''(0) = \alpha(\alpha-1)$$
$$\cdots$$
$$f^{(k)}(0) = \alpha(\alpha-1)\cdots(\alpha-k+1)$$

记

$$C_\alpha^k = \frac{\alpha(\alpha-1)\cdots(\alpha-k+1)}{k!}, C_\alpha^0 = 1$$

(1) 当 $\alpha = n$ 时,
$$(1+x)^\alpha = (1+x)^n = C_\alpha^0 + C_\alpha^1 x + C_\alpha^2 x^2 + \cdots + C_\alpha^n x^n + r_n(x)$$

其中余项 $r_n(x) = 0$.

(2) $\alpha = -1$ 时, $C_{-1}^k = \dfrac{(-1)(-2)\cdots(-1-k+1)}{k!} = (-1)^k$,
$$\frac{1}{1+x} = 1 - x + x^2 - x^3 + \cdots + (-1)^k x^k + r_n(x)$$

其中 $r_n(x) = o(x^n)$.

(3) $\alpha = \dfrac{1}{2}$ 时,

$$C_{\frac{1}{2}}^k = \frac{\frac{1}{2}\left(-\frac{1}{2}\right)\left(-\frac{3}{2}\right)\cdots\left(\frac{1}{2}-k+1\right)}{k!} = \begin{cases} \dfrac{1}{2}, & k = 1 \\ (-1)^{k-1}\dfrac{(2k-3)!!}{(2k)!!}, & k > 1 \end{cases} \tag{5.5}$$

$$\sqrt{1+x} = 1 + \frac{1}{2}x - \frac{1}{2\cdot 4}x^2 + \frac{1\cdot 3}{2\cdot 4\cdot 6}x^3 - \cdots + (-1)^{n-1}\frac{(2n-3)!!}{(2n)!!}x^n + r_n(x)$$

其中 $r_n(x) = o(x^n)$.

(4) $\alpha = -\dfrac{1}{2}$ 时, $C_{-\frac{1}{2}}^k = \dfrac{(-\frac{1}{2})(-\frac{3}{2})\cdots(-\frac{1}{2}-k+1)}{k!} = (-1)^k \dfrac{(2k-1)!!}{(2k)!!}$

$$\frac{1}{\sqrt{1+x}} = 1 - \frac{1}{2}x + \frac{1\cdot 3}{2\cdot 4}x^2 - \frac{1\cdot 3\cdot 5}{2\cdot 4\cdot 6}x^3 - \cdots + (-1)^n\frac{(2n-1)!!}{(2n)!!}x^n + r_n(x)$$

其中 $r_n(x) = o(x^n)$.

当直接求函数的高价导数比较困难时, 很难直接用定义求其 Taylor 公式, 此时可根据 Taylor 公式的唯一性和多项式的性质, 利用已知函数的 Taylor 公式来求解, 一般把这种方法称为间接法.

例 5.3.4　求 $f(x) = e^{-\frac{x^2}{2}}$ 在 $x = 0$ 处的 Tayor 公式.

解　令 $u = -\dfrac{x^2}{2}$, 根据 e^u 的 Tayor 公式可得,

$$f(x) = e^{-\frac{x^2}{2}} = 1 + \left(-\frac{x^2}{2}\right) + \frac{1}{2!}\left(-\frac{x^2}{2}\right)^2 + \cdots + \frac{1}{n!}\left(-\frac{x^2}{2}\right)^n + o(x^{2n})$$

$$= \sum_{n=0}^{\infty} \frac{(-1)^n}{n!2^n}x^{2n} + o(x^{2n})$$

例 5.3.5 求 $f(x) = \sqrt[3]{2 - \cos x}$ 在 $x = 0$ 处的 Tayor 公式.

解 记 $f(x) = \sqrt[3]{1 + (1 - \cos x)}$，令 $1 - \cos x = u$，显然 $x \to 0, u \to 0$.

由 $\sqrt[3]{1 + u} = 1 + \dfrac{u}{3} - \dfrac{u^2}{9} + o(u^2) = 1 + \dfrac{1 - \cos x}{3} - \dfrac{1}{9}(1 - \cos x)^2 + o[(1 - \cos x)^2]$

和

$$1 - \cos x = \frac{x^2}{2} - \frac{x^4}{24} + o(x^4)$$

得

$$\sqrt[3]{2 - \cos x} = 1 + \frac{x^2}{6} - \frac{1}{24}x^4 + o(x^4)$$

定理 5.3.2 设 $f(x)$ 在 x_0 的邻域内 $n + 2$ 阶可导，则它的 $n + 1$ 次 Taylor 多项式的导数恰为 $f'(x)$ 的 n 次 Taylor 多项式.

证 由 $f(x)$ 的 $n + 1$ 次 Taylor 多项式

$$P_{n+1}(x) = \sum_{k=0}^{n+1} \frac{f^{(k)}(x_0)}{k!}(x - x_0)^k$$

知

$$P'_{n+1}(x) = \sum_{k=0}^{n} \frac{f^{(k+1)}(x_0)}{k!}(x - x_0)^k$$

即为 $f'(x)$ 的 n 次 Taylor 多项式. 证毕.

例 5.3.6 求 $f(x) = \ln(1 + x)$ 在 $x = 0$ 处的 Taylor 公式.

解 设 $\ln(1 + x) = a_0 + a_1 x + \cdots + a_n x^n + o(x^n)$，则

$$[\ln(1 + x)]' = a_1 + 2a_2 x + \cdots + na_n x^{n-1} + o(x^{n-1})$$

再根据

$$[\ln(1 + x)]' = \frac{1}{1 + x} = 1 - x + x^2 - x^3 + \cdots + (-1)^{n-1}x^{n-1} + o(x^{n-1})$$

比较对应的系数可得

$$ka_k = (-1)^{k-1}, \text{所以} a_k = \frac{(-1)^{k-1}}{k}$$

又由于 $a_0 = \ln 1 = 0$，可得

$$\ln(1 + x) = x - \frac{1}{2}x^2 + \frac{1}{3}x^3 - \cdots + \frac{(-1)^{n-1}}{n}x^n + o(x^n)$$

例 5.3.7 求 $f(x) = \arctan x$ 在 $x = 0$ 处的 Taylor 公式.

解 设 $\arctan x = a_0 + a_1 x + \cdots + a_{2n+1}x^{2n+1} + o(x^{2n+1})$，则 $a_0 = 0$

$$(\arctan x)' = a_1 + 2a_2 x + \cdots + (2n + 1)a_{2n+1}x^{2n} + o(x^{2n})$$

再根据

$$(\arctan x)' = \frac{1}{1+x^2} = 1 - x^2 + x^4 + \cdots + (-1)^n x^{2n} + o(x^{2n})$$

比较可得 $(2k)a_{2k} = 0$，$(2k+1)a_{2k+1} = (-1)^k$，即

$a_{2k} = 0, a_{2k+1} = \dfrac{(-1)^k}{(2k+1)}$ 所以

$$\arctan x = x - \frac{1}{3}x^3 + \frac{1}{5}x^5 - \cdots + (-1)^n \frac{x^{2n+1}}{(2n+1)} + o(x^{2n+2})$$

例 5.3.8 求 $f(x) = \sqrt{x}$ 在 $x=1$ 处的 Taylor 公式

解 记 $\sqrt{x} = \sqrt{1+(x-1)}$，当 $x \to 1$ 时，有 $x-1 \to 0$. 令 $(x-1)$，

$$\sqrt{x} = \sqrt{1+u} = (1+u)^\alpha$$
$$= 1 + \frac{1}{2}(x-1) - \frac{1}{2\cdot4}(x-1)^2 + \frac{1\cdot3}{2\cdot4\cdot6}(x-1)^3$$
$$+ \cdots + (-1)^{n-1}\frac{(2n-1)!!}{(2n)!!}(x-1)^{n-1} + o[(x-1)^n]$$

带 Peano 余项的 Taylor 公式，仅在展开点 x_0 的小邻域内进行讨论，相应的余项只能对逼近误差进行定性的描述，不能估计误差的大小，也不能表示一个给定区间内的逼近情况. 下面介绍能解决这个问题的带 Lagrange 余项的 Taylor 公式.

5.3.2 带 Lagrange 余项的 Taylor 公式

定理 5.3.3（带 Lagrange 余项的 Taylor 公式） 设 $f(x)$ 在 $[a,b]$ 上具有 n 阶连续导数，且在 (a,b) 内有 $n+1$ 阶导数，$x_0 \in [a,b]$，对于 $\forall x \in [a,b]$，有

$$f(x) = f(x_0) + f'(x_0)(x-x_0) + \frac{f''(x_0)}{2!}(x-x_0)^2 + \cdots + \frac{f^{(n)}}{n!}(x_0)(x-x_0)^n + r_n(x)$$

其中 $r_n(x) = \dfrac{f^{(n+1)}(\xi)}{(n+1)!}(x-x_0)^{n+1}$，$\xi$ 介于 x_0 与 x 之间.

上式称为 $f(x)$ 在 $x=x_0$ 处的带 Lagrange 余项的 Taylor 公式，余项 $r_n(x) = \dfrac{f^{(n+1)}(\xi)}{(n+1)!}(x-x_0)^{n+1}$ 称为 Lagrange 余项.

证 构造辅助函数：

$$G(t) = f(x) - \sum_{k=0}^{n} \frac{1}{k!}f^{(k)}(t)(x-t)^k, H(t) = (x-t)^{n+1}$$

则仅需证明 $G(x_0) = \dfrac{f^{(n+1)}(\xi)}{(n+1)!}H(x_0)$.

不妨设 $x_0 < x$，（$x > x_0$ 类似），则 $G(t), H(t)$ 在 $[x_0, x]$ 上连续，(x_0, x) 内可导，且

$$G(t) = f(x) - f(t) - \frac{f'(t)}{1!}(x-t) - \frac{f''(t)}{2!}(x-t)^2 - \cdots + \frac{f^{(n)}(t)}{n!}(x-t)^n$$
$$G'(t) = -f'(t) + f'(t) - f''(t)(x-t) + f''(t)(x-t) - \frac{1}{2!}f'''(t)(x-t)^2$$

$$-\cdots+\frac{1}{(n-1)!}f^{(n)}(t)(x-t)^{n-1}-\frac{f^{(n+1)}(t)}{(n+1)!}(x-t)^n$$

即

$$G'(t)=-\frac{f^{(n+1)}(t)}{n!}(x-t)^n,\quad H'(t)=-(n+1)(x-t)^n$$

显然，在 (x_0,x) 上，$H'(t)\neq 0$，由 $G(x)=H(x)=0$，知

$$\frac{G(x_0)}{H(x_0)}=\frac{G(x)-G(x_0)}{H(x)-H(x_0)}=\frac{G'(\xi)}{H'(\xi)}=\frac{f^{(n+1)}(\xi)}{(n+1)!},\xi\in(x_0,x)$$

故 $G(x_0)=\dfrac{f^{(n+1)}(\xi)}{(n+1)!}H(x_0)$. 证毕.

特别地，当 $n=0$ 时，

$$f(x)=f(x_0)+f'(\xi)(x-x_0)$$

ξ 介于 x_0 与 x 之间，上式称为 Lagrange 公式.

注 5.3.1   带 Lagrange 余项的 Taylor 公式包含带 Peano 余项的 Taylor 公式，带 Peano 余项的 Taylor 公式条件弱于带 Lagrange 余项.

注 5.3.2   带 Lagrange 余项的 Taylor 公式可以有如下形式：

$$f(x+\Delta x)=f(x)+f'(x)\Delta x+\cdots+\frac{1}{n!}f^{(n)}(x)(\Delta x)^n+\frac{f^{(n+1)}(\xi)}{(n+1)!}(\Delta x)^{n+1}$$

$$=f(x)+f'(x)\Delta x+\cdots+\frac{1}{n!}f^{(n)}(x)(\Delta x)^n+\frac{f^{(n+1)}(x+\theta\Delta x)}{(n+1)!}(\Delta x)^{n+1},\ \theta\in(0,1)$$

带 Peano 余项的 Taylor 公式：

$$f(x+\Delta x)=f(x)+f'(x)\Delta x+\cdots+\frac{1}{n!}f^{(n)}(x)(\Delta x)^n+o((\Delta x)^n)$$

下面给出几个常见函数的带 Lagrange 余项的 Taylor 公式：

(1) $\mathrm{e}^x=1+x+\dfrac{1}{2!}x^2+\dfrac{1}{3!}x^3+\cdots+\dfrac{1}{n!}x^n+r_n(x)$,

$r_n(x)=\dfrac{\mathrm{e}^{\theta x}}{(n+1)!}x^{n+1},\theta\in(0,1),\quad x\in(-\infty,+\infty)$

(2) $\sin x=x-\dfrac{1}{3!}x^3+\dfrac{1}{5!}x^5-\cdots+(-1)^n\dfrac{1}{(2n+1)!}x^{2n+1}+r_{2n+2}$,

$r_{2n+2}(x)=\dfrac{x^{2n+3}}{(2n+3)!}\sin(\theta x+\dfrac{2n+3}{2}\pi),\theta\in(0,1),\quad x\in(-\infty,+\infty)$

(3) $\cos x=1-\dfrac{x^2}{2!}+\dfrac{x^4}{4!}-\cdots+(-1)^n\dfrac{x^{2n}}{(2n)!}+r_{2n+1}(x)$

$r_{2n+1}(x)=\dfrac{x^{2n+2}}{(2n+2)!}\cos(\theta x+\dfrac{2n+2}{2}\pi),\theta\in(0,1),\quad x\in(-\infty,+\infty)$

(4) $\ln(1+x)=x-\dfrac{1}{2}x^2+\dfrac{1}{3}x^3-\cdots+\dfrac{(-1)^{n-1}}{n}x^n+r_n(x)$

$r_n(x)=(-1)^{n+1}\dfrac{x^{n+1}}{(1+\theta x)^{n+1}},\theta\in(0,1),\quad x\in(-1,1)$

(5) $(1+x)^\alpha=1+\alpha x+\dfrac{\alpha(\alpha-1)}{2!}x^2+\cdots+\dfrac{\alpha(\alpha-1)\cdots(\alpha-n+1)}{n!}x^n+r_n(x)$,

$r_n(x)=\dfrac{\alpha(\alpha-1)\cdots(\alpha-n)}{(n+1)!}(1+\theta x)^{(\alpha-n+1)}x^{n+1},\theta\in(0,1),\quad x\in(-1,1)$

5.3.3 Taylor 公式的应用

1. 求极限

例 5.3.9 求极限 $\lim\limits_{x \to 0} \dfrac{1}{x} \left(\dfrac{1}{x} - \dfrac{1}{\tan x} \right)$.

解 $\lim\limits_{x \to 0} \dfrac{1}{x} \left(\dfrac{1}{x} - \dfrac{1}{\tan x} \right) = \lim\limits_{x \to 0} \dfrac{\tan x - x}{x^2 \tan x} = \lim\limits_{x \to 0} \dfrac{\tan x - x}{x^3}$

由 $\tan x = \dfrac{\sin x}{\cos x}$，将 $\sin x, \cos x$ 的 Taylor 展式带入得

$$\tan x = \frac{\sin x}{\cos x} = \sin x \frac{1}{1 + (\cos x - 1)}$$

$$= \left[x - \frac{1}{3!} x^3 + o(x^4) \right] \left[1 + (1 - \cos x) + (1 - \cos x)^2 + o[(1 - \cos x)^2] \right]$$

$$= \left[x - \frac{1}{3!} x^3 + o(x^4) \right] \left[1 + \left(\frac{x^2}{2!} + o(x^3) \right) + \left[\frac{x^2}{2!} + o(x^3) \right]^2 + o(x^4) \right]$$

$$= \left[x - \frac{1}{3!} x^3 + o(x^4) \right] \left[1 + \frac{x^2}{2!} + o(x^3) \right] = x + \frac{1}{6} x^3 + o(x^3)$$

所以 $\lim\limits_{x \to 0} \dfrac{1}{x} \left(\dfrac{1}{x} - \dfrac{1}{\tan x} \right) = \lim\limits_{x \to 0} \dfrac{\frac{1}{6} x^3 + o(x^3)}{x^3} = \dfrac{1}{6}$.

例 5.3.10 求极限 $\lim\limits_{x \to \infty} \left[\left(x^3 - x^2 + \dfrac{x}{2} \right) e^{\frac{1}{x}} - \sqrt{x^6 - 1} \right]$.

解 由 $\sqrt{x^6 - 1} = x^3 \sqrt{1 + \dfrac{1}{x^6}}$，因此将 $\sqrt{1 + \dfrac{1}{x^6}}$ 和 $e^{\frac{1}{x}}$ 分别展开为 $\dfrac{1}{x}$ 的多项式：

$$\sqrt{x^6 - 1} = x^3 \sqrt{1 + \frac{1}{x^6}} = x^3 \left[1 + \frac{1}{2} \frac{1}{x^6} + o\left(\frac{1}{x^6} \right) \right] = x^3 + \frac{1}{6x^3} + o\left(\frac{1}{x^3} \right)$$

$$e^{\frac{1}{x}} = 1 + \frac{1}{x} + \frac{1}{2x^2} + \frac{1}{6x^3} + o\left(\frac{1}{x^3} \right)$$

$$\left[\left(x^3 - x^2 + \frac{x}{2} \right) e^{\frac{1}{x}} - \sqrt{x^6 - 1} \right]$$

$$= \left(x^3 - x^2 + \frac{1}{2} x \right) \left(1 + \frac{1}{x} + \frac{1}{2x^2} + \frac{1}{6x^3} + o\left(\frac{1}{x^3} \right) \right) - x^3 - \frac{1}{6x^3} + o\left(\frac{1}{x^3} \right)$$

$$= x^3 + x^2 + \frac{1}{2} x + \frac{1}{6} - x^2 - x - \frac{1}{2} + o\left(\frac{1}{x} \right) + \frac{1}{2} x + \frac{1}{2} + o\left(\frac{1}{x} \right) - x^3 + o\left(\frac{1}{x} \right)$$

$$= \frac{1}{6} + o\left(\frac{1}{x} \right)$$

所以

$$\lim\limits_{x \to \infty} \left[\left(x^3 - x^2 + \frac{x}{2} \right) e^{\frac{1}{x}} - \sqrt{x^6 - 1} \right] = \frac{1}{6}.$$

在使用 Taylor 公式求极限时，会涉及到展开式的次数的问题，若展开次数不够则无法求出极限，若展开次数过高则会带来多余的计算量. 关于展开次数的一般规律，可以和式子中的已有多项式次数做比较，一般展开到最高次数即可. 例如上述第一个例子中，分母为 x^3，因此分子展开到余项为 $o(x^3)$ 恰好可计算出极限.

例 5.3.11 设 $0 < x_1 < \dfrac{\pi}{2}, x_{n+1} = \sin x_n, \quad (n = 1, 2, \cdots)$

证明：(1) $\lim\limits_{n \to \infty} x_n = 0$;　　　(2) $x_n^2 \sim \dfrac{3}{n}, \quad (n \to \infty)$

证 (1) 由 $0 < x_1 < \dfrac{\pi}{2}$ 可得

$$0 < x_2 = \sin x_1 < 1 < \frac{\pi}{2}$$

设 $0 < x_n < \dfrac{\pi}{2}$，由 $x_{n+1} = \sin x_n < x_n$，可得 $\{x_n\}$ 单调有界，因此有极限.

设 $\lim\limits_{n \to \infty} x_n = a, 0 \leqslant a < 1$，对 $x_{n+1} = \sin x_n$ 求极限，可得 $a = \sin a$ 解得 $a = 0$，即 $\lim\limits_{n \to \infty} x_n = 0$.

(2)
$$\lim_{x \to \infty} n x_n^2 = \lim_{x \to \infty} \frac{n}{\frac{1}{x_n^2}} = \lim_{x \to \infty} \frac{1}{\frac{1}{x_n^2} - \frac{1}{x_{n-1}^2}}$$

$$= \lim_{x \to \infty} \frac{1}{\frac{1}{\sin^2 x_{n-1}} - \frac{1}{x_{n-1}^2}} = \lim_{x \to \infty} \frac{x_{n-1}^2 \sin^2 x_{n-1}}{x_{n-1}^2 - \sin^2 x_{n-1}}$$

$$= \lim_{x \to \infty} \frac{x_{n-1}^4}{x_{n-1}^2 - \left(x_{n-1} - \frac{1}{3!} x_{n-1}^3 + o(x_{n-1}^3)\right)^2} = \lim_{x \to \infty} \frac{x_{n-1}^4}{\frac{1}{3} x_{n-1}^4 + o(x_{n-1}^4)}$$

$$= 3.$$

在极限计算过程中也可以使用海涅原理和洛必达法则进行计算，

$$\lim_{x \to \infty} \frac{x_{n-1}^2 \sin^2 x_{n-1}}{x_{n-1}^2 - \sin^2 x_{n-1}} = \lim_{t \to 0} \frac{t^2 \sin^2 t}{t^2 - \sin^2 t}$$

$$= \lim_{t \to 0} \frac{t^4}{t^2 - \sin^2 t} = \lim_{t \to 0} \frac{4t^3}{2t - 2\sin t \cos t} = \lim_{t \to 0} \frac{12t^2}{2 - \cos 2t}$$

$$= 3 \text{ 证毕.}$$

2. 证明不等式

例 5.3.12 证明 $(1 + x)^\alpha < 1 + \alpha x + \dfrac{\alpha(\alpha - 1)}{2} x^2, \quad (1 < \alpha < 2, x > 0)$.

证
$$f(x) = (1 + x)^\alpha$$

$$= 1 + \alpha x + \frac{\alpha(\alpha - 1)}{2} x^2 + \frac{\alpha(\alpha - 1)(\alpha - 2)}{6} (\theta x)^3$$

$$< 1 + \alpha x + \frac{\alpha(\alpha - 1)}{2} x^2 \quad \theta \in (0, 1) \text{ 证毕.}$$

例 5.3.13 设 $f(x)$ 在 $[a, b]$ 上二阶可导，$f(a) = f(b) = 0$，证明

$$\max_{a \leqslant x \leqslant b} |f(x)| \leqslant \frac{1}{8} (b - a)^2 \max_{a \leqslant x \leqslant b} |f''(x)|$$

证 因为 $|f(x)|$ 在 $[a, b]$ 上连续，故 $\exists x_0 \in [a, b]$ 使得

$$|f(x_0)| = \max_{a \leqslant x \leqslant b} |f(x)|$$

当 $x_0 = a$ 或 b 时，结论显然成立.

当 $x_0 \in (a,b)$ 时，将函数在 x_0 点展开，分别求 a,b 两点处的值

$$0 = f(a) = f(x_0) + f'(x_0)(a - x_0) + \frac{1}{2}f''(\xi_1)(a - x_0)^2$$

$$0 = f(b) = f(x_0) + f'(x_0)(b - x_0) + \frac{1}{2}f''(\xi_2)(b - x_0)^2$$

根据 $f'(x_0) = 0$ 可得

$$|f(x_0)| \leqslant \frac{1}{2}(x_0 - a)^2 f''(\xi_1), |f(x_0)| \leqslant \frac{1}{2}(b - x_0)^2 f''(\xi_2)$$

显然有 $|f(x_0)| \leqslant \frac{1}{2}(x_0 - a)^2 \cdot \max\limits_{x \in [a,b]} |f''(x)|$，且 $|f(x_0)| \leqslant \frac{1}{2}(x_0 - b)^2 \cdot \max\limits_{x \in [a,b]} |f''(x)|$

将两式相乘可得

$$|f(x_0)|^2 \leqslant \frac{1}{4}(x_0 - a)^2(x_0 - b)^2 \cdot \left(\max\limits_{x \in [a,b]} |f''(x)|\right)^2$$

在根据 $(x_0 - a)(b - x_0) \leqslant \dfrac{(b-a)^2}{4}$

可得

$$|f(x_0)|^2 \leqslant \frac{1}{4}\frac{(b-a)^4}{4^2} \cdot \left(\max\limits_{x \in [a,b]} |f''(x)|\right)^2$$

即

$$|f(x_0)| \leqslant \frac{1}{8}(b-a)^2 \cdot \max |f''(x)| \quad \text{证毕.}$$

3. 近似计算

例 5.3.14　(1) 计算 e 的值，使其误差不超过 10^{-6}；

(2) 证明 e 是无理数.

证　(1) 根据函数 e^x 的 Taylor 展式：

$$\mathrm{e}^x = 1 + x + \frac{x^2}{2!} + \cdots + \frac{x^n}{n!} + \frac{\mathrm{e}^{\theta x}}{(n+1)!}x^{n+1}, 0 < \theta < 1, x \in (-\infty, +\infty)$$

取 $x = 1$ 可得

$$e = 1 + 1 + \frac{1}{2!} + \cdots + \frac{1}{n!} + \frac{\mathrm{e}^\theta}{(n+1)!}$$

则，要是误差满足

$$r_n(1) = \frac{\mathrm{e}^\theta}{(n+1)!} < \frac{3}{(n+1)!} < 10^{-6}$$

仅需 $(n+1)! > 3 \times 10^6$，即 $n > 9$.

所以有

$$r_9(1) = \frac{3}{10!} = \frac{3}{362880} < 10^{-6}$$

(2) 证对 $\forall n$ 都有等式

$$n!\mathrm{e} - n!\left[1 + 1 + \frac{1}{2!} + \frac{1}{3!} + \cdots + \frac{1}{n!}\right] = \frac{\mathrm{e}^{\theta}}{n+1}$$

若 e 是有理数，则可表示为 $\mathrm{e} = \frac{p}{q}(p,q \in \mathbb{Z}^+)$. 因此当 $n > q$ 时，$n!\mathrm{e} = n!\frac{p}{q}$ 为正整数. 从而等式左边为整数，而右边满足

$$\frac{\mathrm{e}^{\theta}}{n+1} < \frac{\mathrm{e}}{n+1} < \frac{3}{n+1}$$

当 $n \geqslant 2$ 时为非整数，矛盾! 证毕.

习题 5.3

1. 由 Lagrange 中值定理知

$$\ln(1+x) = \frac{x}{1+\theta(x)x}, 0 < \theta(x) < 1,$$

证明：$\lim\limits_{x\to 0} \theta(x) = \frac{1}{2}$.

2. 设 $f(x) = \sqrt[3]{x}$，用二阶 Taylor 公式计算 $f(1.01)$ 的近似值.

3. 设函数 $f(x)$ 在闭区间 $[0,1]$ 上二阶可导，且 $f(0) = f(1), |f''(x)| \leqslant 2$. 求证：$|f'(x)| \leqslant 1$.

4. 设函数 $f(x)$ 在 $(-\infty, +\infty)$ 内三阶可导，若 $f(x)$ 和 $f'''(x)$ 在 $(-\infty, +\infty)$ 内有界，证明 $f'(x)$ 和 $f''(x)$ 在 $(-\infty, +\infty)$ 内有界.

5. 求函数 $f(x) = xe^x$ 的 n 阶麦克劳林展开（Peano 余项）.

6. 设 $f(x)$ 在若干测试点处的函数值如表 5.1 所列：

表 5.1

x	1.4	1.7	2.3	3.1
$f(x)$	65	58	44	36

试用一个四阶多项式求 $f(2.8)$ 的近似值.

7. 求下列函数带配亚诺型余项的麦克劳林公式：

(1) $f(x) = \frac{1}{\sqrt{1+x}}$;

(2) $f(x) = \arctan x$ 到含 x^5 的项.

8. 求下列函数在指定点处带拉格朗日余项的泰勒公式：

(1) $f(x) = x^3 + 4x^2 + 5$，在 $x = 1$ 处;

(2) $f(x) = \frac{1}{1+x}$，在 $x = 0$ 处.

9. 设 $f(x+h) = f(x) + f'(x)h + \frac{1}{2!}f''(x)h^2 + \cdots + \frac{1}{n!}f^{(n)}(x+\theta h)h^n, (0 < \theta < 1)$，且 $f^{(n+1)}(x) \neq 0$，证明：$\lim\limits_{h\to 0} \theta = \frac{1}{n+1}$.

10. 用 $f(x) = \sqrt{x}$ 的二次 Lagrange Taylor 公式计算 $\sqrt{1.15}$ 的近似值.

11. 将多项式 $P(x) = 1 + 3x + x^2 + 4x^3 + x^4$ 表示为 $x+1$ 的多项式（即为 $x_0 = -1$ 处的 Taylor 展开式）.

12. 设 $f(x)$ 在 $[0,1]$ 上 2 阶可导，$|f(0)| \leqslant 1, |f(1)| \leqslant 1, |f''(x)| \leqslant 2, \forall x \in [0,1]$. 证明：$|f'(x)| \leqslant 3, \forall x \in [0,1]$.

13. 求下列函数在 $x = 0$ 处的 Taylor 公式（展开到指定的 n 次）：

　　(1) $f(x) = \dfrac{1}{\sqrt[3]{1-x}}, n = 4$;　　　　(2) $f(x) = \cos(x+\alpha), n = 4$.

14. 求下列函数在指定点处的 Taylor 公式：

　　(1) $f(x) = -2x^3 + 3x^2 - 2, x_0 = 1$;　　　　(2) $f(x) = \ln x, x_0 = e$.

15. 利用 Taylor 公式求近似值（精确到 10^{-4}）：

　　(1) $\log 11$;　　　　(2) $\sqrt[3]{e}$;　　　　(3) $\sin 31^o$.

16. 利用泰勒公式计算 $\lim\limits_{x \to 0} \dfrac{\ln(1+x) - \sin x}{\sqrt{1+x^2} - \cos x^2}$.

17. $\lim\limits_{x \to \infty} x^{\frac{3}{2}}(\sqrt{x+1} + \sqrt{x-1} - 2\sqrt{x})$.

18. 如果在 $[0,1]$ 上用麦克劳林公式作 e^x 的近似值，问要取多大的 n 才能使误差不超过 10^{-4}？

19. 设函数 $f(x)$ 在 $[0,1]$ 上二阶可导，且满足 $|f''(x)| \leqslant 1, f(x)$ 在区间 $(0,1)$ 内取到最大值 $\dfrac{1}{4}$. 证明：$|f(0)| + |f(1)| \leqslant 1$.

20. 设函数 $f(x)$ 在 $[0,1]$ 上二阶可导，且 $f(0) = f(1) = 0, \min\limits_{0 \leqslant x \leqslant 1} f(x) = -1$. 证明：

$$\max\limits_{0 \leqslant x \leqslant 1} f''(x) \geqslant 8$$

21. 将 $f(x) = \sin x$ 在 $x = \pi$ 处进行 Taylor 展开到 6 次.

22. 求用 e^x 的 10 次泰勒多项式求 e 的近似值时的估计误差.

23. 应用泰勒公式计算极限 $\lim\limits_{x \to 0} \dfrac{\cos x - e^{-\frac{x^2}{2}}}{x^4}$.

24. 求 $f(x) = \sqrt[3]{2 - \cos x}$ 在 $x = 0$ 处的 4 次泰勒多项式.

5.4　利用导数研究函数的性质

　　本节介绍利用函数来研究函数的单调性、极值问题、凹凸性等性质，在此基础上给出描绘函数图像的方法.

5.4.1　单调性

　　应用 Lagrange 中值定理，可得函数增减性与导数的如下关系

　　定理 5.4.1　设 $f(x)$ 在区间 I 上可导，则

　　(1) $f(x)$ 在 I 单调增加的充分必要条件是，对 $\forall x \in I, f'(x) \geqslant 0$;

　　(2) $f(x)$ 在 I 单调减少的充分必要条件是，对 $\forall x \in I, f'(x) \leqslant 0$.

　　特别地，若 $f'(x) > 0, (f'(x) < 0) x \in I$，则 $f(x)$ 在 I 上严格单增（单减）.

　　证　(1) 若 $\forall x \in I, f'(x) \geqslant 0$，则 $\forall x_1, x_2 \in I, x_1 < x_2$，存在 $\xi \in (x_1, x_2) \subset I$ 使得

$$f(x_1) - f(x_2) = f'(\xi)(x_1 - x_2) \leqslant 0$$

即 $f(x_1) \leqslant f(x_2)$，$f(x)$ 单调增加.

当 $f'(x) > 0$ 时，则 $f(x_1) < f(x_2)$，因此函数 $f(x)$ 严格单增.

若 $f(x)$ 单调增加，则对 $\forall x', x \in I$，且 $x' \neq x$

有 $\dfrac{f(x') - f(x)}{x' - x} \geqslant 0$，根据极限的保号性可得

$$f'(x) = \lim_{x' \to x} \frac{f(x') - f(x)}{x' - x} \geqslant 0$$

(2) 同理可得 $f(x)$ 单减（严格单减）与 $f'(x)$ 符号关系. 证毕.

注 5.4.1 在定理中，当把充分必要条件中的 $f'(x) \geqslant 0$ 加强为 $f'(x) > 0$，则该条件成为函数严格单增的充分条件，不是充分必要条件. 实际上，当 $f(x)$ 在区间 I 上可导且除有限个点外均有 $f'(x) > 0$ 时，仍可得到 $f(x)$ 在 I 上严格单增.

例 5.4.1 研究函数 $y = x^3$ 在 $(-\infty, +\infty)$ 上的单调性.

解 根据函数严格单增的定义易知，函数严格单调递增. 进一步，根据在 $(-\infty, +\infty)$ 上，$y' = 3x^2 \geqslant 0$，且等号仅在 $x = 0$ 处成立. 所以 $y = x^3$ 在 $(-\infty, +\infty)$ 上严格单调递增.

例 5.4.2 证明不等式 $\tan x > x + \dfrac{1}{3}x^3, x \in (0, \pi/2)$.

解 令

$$f(x) = \tan x - x + \frac{1}{3}x^3$$

则有

$$f'(x) = \frac{1}{\cos^2 x} - 1 + x^2 = \tan^2 x - x^2$$

由 $\tan x > x, x \in (0, \pi/2)$，因此 $f'(x) > 0$ 所以函数在该区间上严格单调递增. 又 $f(0) = 0$，所以

$$0 = f(0) < f(x) = \tan x - x + \frac{1}{3}x^3, \forall x \in (0, \pi/2)$$

5.4.2 极值问题

根据费马引理，若 x_0 为 $f(x)$ 的极值点，当 $f(x)$ 在 x_0 处可导时，则有 $f'(x_0) = 0$. 故 $f(x)$ 的全部极值点必在使 $f'(x) = 0$ 和使 $f'(x)$ 不存在的连续点集之中. 故求函数的极值点时，应先求 $f(x)$ 的驻点及 $f'(x)$ 不存在的点，再进一步判别. 特别地，当函数在 x_0 的两侧有不同的单调性时，该点一定是极值点，根据函数单调性和导数符号的关系，可有如下使用导数判断极值的方法.

定理 5.4.2 设 $f(x)$ 在 x_0 的某一邻域中有定义，且 $f(x)$ 在 x_0 点连续：

(1) 设 $f(x)$ 在 $U_\sigma(x_0)$ 内可导，则

若 $(x_0 - \sigma, x_0)$ 内 $f'(x) \geqslant 0, (x_0, x_0 + \sigma)$ 内 $f'(x) \leqslant 0$，则 x_0 为 $f(x)$ 的极大值点；

若 $(x_0 - \sigma, x_0)$ 内 $f'(x) \leqslant 0, (x_0, x_0 + \sigma)$ 内 $f'(x) \geqslant 0$，则 x_0 为 $f(x)$ 的极小值点；

若 $(x_0 - \sigma, x_0)$ 内 $f'(x)$ 是符号与在 $(x_0, x_0 + \sigma)$ 内符号相同，则 x_0 不是 $f(x)$ 的极值点.

(2) 设 $f'(x_0) = 0$ 且 $f(x)$ 在 x_0 处二阶可导，则

若 $f''(x_0) < 0$，则 x_0 为极大值点；

若 $f''(x_0) > 0$，则 x_0 为极小值点；

若 $f''(x_0) = 0$，则 x_0 可能为极值点也可能不是极值点.

证 (1) 根据导数符号与函数单调性的关系和极值的定义，结论显然成立.

(2) 由 $f'(x) = 0$，知 $f(x)$ 在 x_0 点的 Taylor 展式为：

$$f(x) = f(x_0) + f'(x_0)(x - x_0) + \frac{f''(x_0)}{2!}(x - x_0)^2 + o[(x - x_0)^2]$$

$$= f(x_0) + \frac{1}{2}f''(x_0)(x - x_0)^2 + o[(x - x_0)^2]$$

由此可得

$$\frac{f(x) - f(x_0)}{(x - x_0)^2} = \frac{1}{2}f''(x_0) + \frac{o[(x - x_0)^2]}{(x - x_0)^2}$$

故 x 在 x_0 的充分小邻域内时有 $\dfrac{f(x) - f(x_0)}{(x - x_0)^2}$ 与 $f''(x_0)$ 同号. 所以

$f''(x_0) < 0$ 时，$f(x) < f(x_0)$，即 x_0 为极大值点；$f''(x_0) > 0$ 时，$f(x) > f(x_0)$，即 x_0 为极小值点. 证毕.

例 5.4.3 求 $f(x) = (2x - 5)\sqrt[3]{x^2}$ 的极值点与极值.

解 $f(x) = 2x^{\frac{5}{3}} - 5x^{\frac{2}{3}}$ 在 $(-\infty, +\infty)$ 上连续，由

$$f'(x) = \frac{10}{3}x^{\frac{2}{3}} - \frac{10}{3}x^{-\frac{1}{3}} = \frac{10}{3}x^{-\frac{1}{3}}(x - 1)$$

可得 $x = 1$ 是驻点，$x = 0$ 是不可导点. 将根据这两个特殊点得到的区间，及区间上函数和导数的性质列表如表 5.2 所示：

表 5.2

x	$(-\infty, 0)$	0	$(0, 1)$	1	$(1, +\infty)$
$f'(x)$	$+$	不存在	$-$	0	$+$
$f(x)$	$\nearrow$	0	$\searrow$	-3	$\nearrow$

由此可得：

$x = 0$ 是极大值点，极大值为 $f(0) = 0$；$x = 1$ 是极小值点，极小值为 $f(1) = -3$.

例 5.4.4 求 $f(x) = x^2 + \dfrac{432}{x}$ 的极值点与极值.

解 函数定义域为 $(-\infty, 0) \cup (0, +\infty)$.

$$f'(x) = 2x - \frac{432}{x^2} = \frac{2(x^3 - 216)}{x^2} = 0$$

得函数的唯一驻点为 $x = 6$.

由 $f''(x) = 2 + \dfrac{864}{x^3}$，得 $f''(6) = 2 + \dfrac{864}{6^3} = 6 > 0$，所以

$x = 6$ 是极小值点，且极小值 $f(6) = 108$.

5.4.3 最值问题

在实际问题往往会涉及函数在一个区间上的最大值、最小值的问题，函数取到最大、最小值的点称为最大、最小值点，统称为函数的最值点. 函数的最大、最小值统称为函数的最值. 我们知道对于有限闭区间上的连续函数，必能取到最大和最小值，而对于开区间则不一定成立. 一般地，设 $f(x)$ 定义在闭区间 $[a,b]$ 上，若函数的最值点在区间 (a,b) 内，则它必为函数的极值点，此外 $x=a,x=b$ 也可能是函数的最值点. 因此，只需求出 $f(x)$ 的全部极值点，计算出最值点处的函数值后再与 $f(a),f(b)$ 比较，即可求出 $f(x)$ 在 $[a,b]$ 上的最值.

例 5.4.5 求函数 $f(x)=|2x^3-9x^2+12x|$ 在 $\left[-4,\dfrac{5}{2}\right]$ 上的最值.

解 将函数中的绝对值去掉后得

$$f(x)=|x(2x^2-9x+12)|=\begin{cases} -x(2x^2-9x+12), & -\dfrac{1}{4}\leqslant x\leqslant 0 \\ x(2x^2-9x+12), & 0<x\leqslant \dfrac{5}{2} \end{cases} \tag{5.6}$$

由此可得

$$f'(x)=\begin{cases} -6x^2+18x-12, & -\dfrac{1}{4}\leqslant x<0 \\ 6x^2-18x+12, & 0<x<\dfrac{5}{2} \end{cases} \tag{5.7}$$

在 $x=0$ 点，由于 $f'(0+0)=12,f'(0-0)=-12$，所以 $x=0$ 是 $f(x)$ 的不可导点.

由 $f'(x)=0$ 得 $f(x)$ 的驻点为 $x=1,2$. 由

$$f(-\tfrac{1}{4})=\frac{115}{32},f(0)=0,f(1)=5,f(2)=4,f\left(\frac{5}{2}\right)=5$$

知 $f(x)$ 在 $x=0$ 处取得最小值 0，在 $x=1$ 或 $x=\dfrac{5}{2}$ 处取到最大值 5.

例 5.4.6 在边长为 a 的铁皮的四角剪去同样大小的正方形，做成一个无盖的盒子，问如何剪才能使盒子的容积最大？

解 设小正方形边长为 x，则 $x\in\left(0,\dfrac{a}{2}\right)$.

$V=x(a-2x)^2$,

$V'(x)=(a-2x)^2+2x(a-2x)(-2)=(a-2x)(a-6x)$

$x=\dfrac{a}{6}\in\left(0,\dfrac{a}{2}\right)$ 是唯一驻点，且 $V''\left(\dfrac{a}{6}\right)=-6(a-\dfrac{a}{3})<0$

所以 $x=\dfrac{a}{6}$ 极大值点，且是 $V(x)$ 在 $\left(0,\dfrac{a}{2}\right)$ 上的最大值点，最大值为 $\dfrac{2}{27}a^3$.

5.4.4 函数的凸性

函数的凸性描述的是函数图像上不同的两点之间的曲线段与连接该两点的直线段之间的关系，如图 5.3 所示，其定义如下：

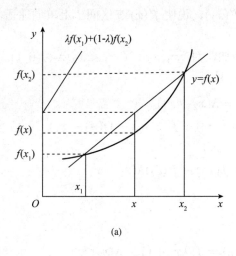 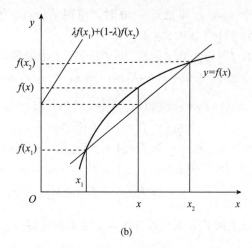

图 **5.3**

定义 5.4.1　设函数 $f(x)$ 在区间 I 上有定义，对 $\forall x_1, x_2 \in I, \lambda \in (0,1)$, 若

$$f[\lambda x_1 + (1-\lambda)x_2] \leqslant \lambda f(x_1) + (1-\lambda)f(x_2)$$

则称 $f(x)$ 是 I 上的下凸函数.

　　当不等号严格成立时，则称 $f(x)$ 是 I 上的严格下凸函数.

　　若

$$f[\lambda x_1 + (1-\lambda)x_2] \geqslant \lambda f(x_1) + (1-\lambda)f(x_2)$$

则称 $f(x)$ 是 I 上的上凸函数.

　　当不等号严格成立时，则称 $f(x)$ 是 I 上的严格上凸函数.

　　通过一阶导数可以研究函数的单调性，二阶导数与函数凸性的关系如下：

定理 5.4.3(二阶导数与凸性的关系)　设 $f(x)$ 在区间 I 上二阶可导，则 $f(x)$ 在 I 上下凸等价于 $f''(x) \geqslant 0, x \in I$.

　　特别地，若 $f''(x) > 0$ 则 $f(x)$ 在 I 上严格下凸.

　　证　若 $f(x)$ 在 I 上下凸，则 $\forall x \in I$, 及 $\Delta x > 0$ 有

$$f\left(\frac{x + \Delta x + x - \Delta x}{2}\right) \leqslant \frac{1}{2}(f(x + \Delta x) + f(x - \Delta x))$$

即 $f(x + \Delta x) + f(x - \Delta x) \geqslant 2f(x)$ 或 $f(x + \Delta x) - f(x) \geqslant f(x) - f(x - \Delta x)$

　　对 $\forall x_1, x_2 \in I, x_1 < x_2$ 取 $\Delta x_n = \dfrac{x_2 - x_1}{n}$, 于是有

$$f(x_2) - f(x_2 - \Delta x_n) \geqslant f(x_2 - \Delta x_n) - f(x_2 - 2\Delta x_n) \geqslant \cdots$$
$$\geqslant f(x_2 - (n-1)\Delta x_n) - f(x_2 - n\Delta x_n) = f(x_1 + \Delta x_n) - f(x_1)$$

所以

$$\frac{f(x_2) - f(x_2 - \Delta x_n)}{\Delta x_n} \geqslant \frac{f(x_1 + \Delta x_n) - f(x_1)}{\Delta x_n}$$

令 $n \to \infty$ 即 $\Delta x_n \to 0$ 时，可得 $f'(x_2) \geqslant f'(x_1)$，说明 $f'(x)$ 在区间 I 上单调递增，从而得到 $f''(x) \geqslant 0, x \in I$.

若 $f''(x) \geqslant 0, x \in I$，则 $f'(x)$ 在 I 上单调增加，对 $\forall x_1, x_2 \in I, x_1 < x_2, \lambda \in (0,1)$.

令 $x_0 = \lambda x_1 + (1-\lambda)x_2$，则 $x_1 < x_0 < x_2$，且

$$x_0 - x_1 = (1-\lambda)(x_2 - x_1), x_2 - x_0 = \lambda(x_2 - x_1)$$
$$f(x_1) = f(x_0) + f'(\xi_1)(x_1 - x_0) = f(x_0) + f'(\xi_1)(\lambda - 1)(x_2 - x_1)$$
$$\geqslant f(x_0) + f'(x_0)(\lambda - 1)(x_2 - x_1)$$
$$f(x_2) = f(x_0) + f'(\xi_2)(x_2 - x_0) = f(x_0) + f'(\xi_2)\lambda(x_2 - x_1)$$
$$\geqslant f(x_0) + f'(x_0)\lambda(x_2 - x_1)$$

以上两式分别乘以 $\lambda, 1-\lambda$ 并求和可得

$$\lambda f(x_1) + (1-\lambda)f(x_2) \geqslant f(x_0) = f(\lambda x_1 + (1-\lambda)x_2)$$

当 $f''(x) > 0$ 时，可得 $f'(x)$ 在 I 严格单调增加，上述不等式严格成立，从而 $f(x)$ 在 I 上严格下凸. 证毕.

注 5.4.2 若在 I 上 $f''(x) > 0$ 除有限点外成立，则仍有 $f(x)$ 在 I 上严格下凸，例如函数 $y = x^4$ 显然严格下凸，其二阶导数 $y'' = 12x^2 \geqslant 0$，除 $x = 0$ 外均严格大于零，结论成立.

定义 5.4.2 (曲线的拐点) 曲线上凸、下凸的分界点，称为曲线的拐点.

函数的凸性与函数一阶导数的单调性有密切联系，因此与使用一阶导数判定函数的单调性类似，可以根据函数的二阶导数来判定函数的拐点.

定理 5.4.4 设 $f(x)$ 在区间上连续 $(x_0 - \sigma, x_0 + \sigma) \subset I$

(1) 若 $f(x)$ 在 $U_\sigma(x_0)$ 内二阶可导，且在 $(x_0 - \sigma, x_0), (x_0, x_0 + \sigma)$ 上，$f''(x)$ 符号相反，则 $(x_0, f(x_0))$ 为曲线 $y = f(x)$ 的拐点.

(2) 若在 $(x_0 - \sigma, x_0), (x_0, x_0 + \sigma)$ 内 $f''(x)$ 符号相同，则 $(x_0, f(x_0))$ 不是曲线的拐点.

(3) 若 $f(x)$ 在 $U_\sigma(x_0)$ 内二阶可导，若 $(x_0, f(x_0))$ 是曲线 $y = f(x)$ 的拐点，则 $f''(x_0) = 0$.

注 5.4.3 求 $y = f(x)$ 的拐点，即从 $f''(x) = 0$ 的点及 $f''(x)$ 不存在的点中进一步判断.

例 5.4.7 求 $y = \arctan x$ 的凸性区间.

解 由 $y' = \dfrac{1}{1+x^2}, y'' = \dfrac{-2x}{(1+x^2)^2}$，可得

$x > 0$ 时，$y'' < 0, y = \arctan x$ 上凸；$x < 0$ 时，$y'' > 0, y = \arctan x$ 下凸.

例 5.4.8 求曲线 $y = x^{\frac{2}{3}}(x^2 - 4x)$ 的拐点.

解 由 $y = x^{\frac{8}{3}} - 4x^{\frac{5}{3}}, y' = \dfrac{8}{3}x^{\frac{5}{3}} - \dfrac{20}{3}x^{\frac{2}{3}}$，可得

$$y'' = \frac{40}{9}x^{\frac{2}{3}} - \frac{40}{9}x^{-\frac{1}{3}} = \frac{40}{9}x^{-\frac{1}{3}}(x-1)$$

$x = 0$ 时，y'' 不存在，且 $x = 0$ 的左右两侧 y'' 符号相反，$(0,0)$ 为曲线拐点；

$x = 1$ 时，$y'' = 0$，且 $x = 1$ 的左右两侧 y'' 符号相反，$(1, -3)$ 为曲线拐点如表 5.3 所示.

表 5.3

x	$(-\infty, 0)$	0	$(0, 1)$	1	$(1, +\infty)$
$f''(x)$	$+$	不存在	$-$	0	$+$
$f(x)$	下凸	0	上凸	-3	下凸

关于凸函数，有如下著名的 Jensen 不等式.

定理 5.4.5 (Jensen 不等式)   若 $f(x)$ 是区间 I 上的下凸（上凸）函数，则对

$$\forall x_i \in I, \sum_{i=1}^{n} \lambda_i = 1, \lambda_i > 0, i = 1, 2, \cdots, n$$

成立:

$$f\left(\sum_{i=1}^{n} \lambda_i x_i\right) \leqslant (\geqslant) \sum_{i=1}^{n} \lambda_i f(x_i)$$

特别地，当 $\lambda_i = \dfrac{1}{n}$ 时，有

$$f\left(\frac{1}{n}\sum_{i=1}^{n} x_i\right) \leqslant (\geqslant) \frac{1}{n}\sum_{i=1}^{n} f(x_i)$$

证（归纳法） 当 $n = 2$ 时，根据下凸函数的定义，结论显然成立. 假设 $n = k$ 时结论成立，当 $n = k+1$ 时，

$$\begin{aligned}
f\left(\sum_{i=1}^{k+1} \lambda_i x_i\right) &= f(\lambda_1 x_1 + \lambda_2 x_2 + \cdots + \lambda_k x_k + \lambda_{k+1} x_{k+1}) \\
&= f\left[(1 - \lambda_{k+1})\frac{\lambda_1 x_1 + \cdots + \lambda_k x_k}{1 - \lambda_{k+1}} + \lambda_{k+1} x_{k+1}\right] \\
&\leqslant (1 - \lambda_{k+1})f\left(\frac{\lambda_1 x_1 + \cdots + \lambda_k x_k}{1 - \lambda_{k+1}}\right) + \lambda_{k+1} f(x_{k+1}) \\
&\leqslant (1 - \lambda_{k+1})\frac{\lambda_1 f(x_1) + \cdots + \lambda_k f(x_k)}{1 - \lambda_{k+1}} + \lambda_{k+1} f(x_{k+1}) \\
&= \lambda_1 f(x_1) + \cdots + \lambda_k f(x_k) + \lambda_{k+1} f(x_{k+1}) \quad \text{证毕.}
\end{aligned}$$

例 5.4.9   比较 e^{π} 与 π^{e} 的大小.

解   根据对数函数的单调性，等价于比较 $\pi \ln e$ 与 $e \ln \pi$ 的大小，即比较 $\dfrac{\ln e}{e}$ 与 $\dfrac{\ln \pi}{\pi}$ 的大小.

因此构造辅助函数，$f(x) = \dfrac{\ln x}{x}(x > 0)$，由 $f'(x) = \dfrac{1 - \ln x}{x^2}$，知 $f'(x) < 0, x \in (e, +\infty)$，即 $f(x)$ 在 $[e, +\infty)$ 上严格递减.

所以有 $f(e) < f(\pi)$，即 $\dfrac{\ln e}{e} < \dfrac{\ln \pi}{\pi}$ 由此可得 $\pi \ln e < e \ln \pi$ 和 $e^{\pi} < \pi^{e}$.

例 5.4.10   证明 $\tan x + 2\sin x > 3x, \quad x \in \left(0, \dfrac{\pi}{2}\right)$.

证   令 $f(x) = \tan x + 2\sin x - 3x$，则

$$f'(x) = \sec^2 x + 2\cos x - 3 = \tan^2 x + 2\cos x - 2.$$

$$f''(x) = 2\tan x\sec^2 x - 2\sin x = 2\sin x(\sec^3 x - 1) > 0, \quad x \in \left(0, \frac{\pi}{2}\right).$$

可知 $f'(x)$ 在 $\left[0, \frac{\pi}{2}\right]$ 上严格增加，故 $f'(x) > f'(0) = 0, \quad x \in \left(0, \frac{\pi}{2}\right)$

进一步知，$f(x)$ 在 $\left[0, \frac{\pi}{2}\right)$ 上严格增加，故 $f(x) > f(0) = 0$ 证毕.

例 5.4.11 设 $a, b \geqslant 0, p, q$ 满足 $\frac{1}{p} + \frac{1}{q} = 1, p, q > 0$. 求证：

$$ab < \frac{1}{p}a^p + \frac{1}{q}b^q$$

证 若 a, b 中至少有一个为零时结论得证，当 $a, b > 0$ 时，不等式可恒等变形为：

$$\frac{1}{p}\ln a^p + \frac{1}{q}\ln b^q \leqslant \ln\left(\frac{1}{p}a^p + \frac{1}{q}b^q\right)$$

设 $f(x) = \ln x$，则 $f''(x) = -\frac{1}{x^2} < 0$ 因此 $f(x)$ 是上凸函数.

根据 Jensen 不等式可得

$$\frac{1}{p}f(a^p) + \frac{1}{q}f(b^q) \leqslant f\left(\frac{1}{p}a^p + \frac{1}{q}b^q\right) \text{ 证毕.}$$

注 5.4.4 由 $\ln x$ 是上凸函数，知

$$\frac{\ln x_1 + \cdots + \ln x_n}{n} \leqslant \ln\frac{x_1 + \cdots + x_n}{n}$$

进一步可得我们熟悉的均值不等式

$$\sqrt[n]{x_1 \cdots x_n} \leqslant \frac{x_1 + \cdots + x_n}{n}$$

5.4.5 函数作图

1. 曲线的渐近线

若 $\lim\limits_{x \to a^+(x \to a^-)} f(x) = \infty$ 则称 $x = a$ 是曲线 $y = f(x)$ 的一条垂直渐近线.

如果曲线 $y = f(x)$ 上的点 $(x, f(x))$ 到直线 $y = ax + b$ 的距离，当 $x \to +\infty$ 或 $x \to -\infty$ 时趋于零，则称直线 $y = ax + b$ 为曲线 $y = f(x)$ 的一条渐近线.

特别地，当 $a = 0$ 时，称为水平渐近线，否则称为斜渐近线.

斜渐近线的求法：根据渐近线的定义，当 $y = ax + b$ 是 $y = f(x)$ 的渐近线时，由 $\lim\limits_{x \to \pm\infty}[f(x) - (ax + b)] = 0$，可得

$$\lim_{x \to \pm\infty}[f(x) - ax] = b$$

则

$$\lim_{x \to \pm\infty}\left[\frac{f(x)}{x} - a\right] = \lim_{x \to \pm\infty}\frac{1}{x}[f(x) - ax] = 0$$

所以 $\lim\limits_{x \to \pm\infty}\frac{f(x)}{x} = a$，从而可得 $b = \lim\limits_{x \to \pm\infty}[f(x) - ax]$

反之，由上式确定的 a, b，那么 $y = ax + b$ 是曲线 $y = f(x)$ 的一条渐近线.

注 5.4.5 若上极限的计算对 $x \to \infty$ 成立，则 $y = ax + b$ 关于 $y = f(x)$ 在 $x \to +\infty$ 和 $x \to -\infty$ 两个方向都是渐进线.

例 5.4.12 求曲线 $y = (2+x)\mathrm{e}^{\frac{1}{x}}$ 的渐近线.

解 由 $\lim\limits_{x \to \infty} \dfrac{y}{x} = \lim\limits_{x \to \infty} \left(1 + \dfrac{2}{x}\right)\mathrm{e}^{\frac{1}{x}} = 1 = a.$

$$b = \lim_{x \to \infty} y - ax = \lim_{x \to \infty} (2+x)\mathrm{e}^{\frac{1}{x}} - x$$
$$= \lim_{t \to 0^+} \left(2 + \frac{1}{t}\right)\mathrm{e}^t - \frac{1}{t} = \lim_{t \to 0^+} \frac{(2t+1)\mathrm{e}^t - 1}{t}$$
$$= \lim_{t \to 0^+} (2t+3)\mathrm{e}^t = 3$$

所以得斜渐近线 $y = x + 3$.

由 $\lim\limits_{x \to 0^+} y = \lim\limits_{x \to 0^+} (2+x)\mathrm{e}^{\frac{1}{x}} = +\infty$ 知 $x = 0$ 是垂直渐近线.

例 5.4.13 求曲线 $y = x^2\left(x\mathrm{e}^{\frac{1}{2x}} - \sqrt{x^2+x}\right)$ 的渐近线.

解 $\lim\limits_{x \to +\infty} \dfrac{y}{x} = \lim\limits_{x \to +\infty} x\left(x\mathrm{e}^{\frac{1}{2x}} - \sqrt{x^2+x}\right)$

$$= \lim_{t \to 0^+} \frac{1}{t}\left(\frac{\mathrm{e}^{\frac{t}{2}}}{t} - \frac{\sqrt{1+t}}{t}\right) = \lim_{t \to 0^+} \frac{\mathrm{e}^{\frac{t}{2}} - \sqrt{1+t}}{t^2}$$
$$= \lim_{t \to 0^+} \frac{\frac{1}{2}\mathrm{e}^{\frac{t}{2}} - \frac{1}{2\sqrt{1+t}}}{2t} = \frac{1}{4}\lim_{t \to 0^+} \frac{1}{2}\mathrm{e}^{\frac{t}{2}} + \frac{1}{2}\frac{1}{(1+t)^{\frac{3}{2}}} = \frac{1}{4}.$$
$$b = \lim_{x \to +\infty}\left[y - \frac{1}{4}x\right] = \lim_{x \to +\infty}\left[x^3\mathrm{e}^{\frac{1}{2x}} - x^2\sqrt{x^2+x} - \frac{1}{4}x\right] = \lim_{t \to 0^+} \frac{\mathrm{e}^{\frac{t}{2}} - \sqrt{1+t} - \frac{1}{4}t^2}{t^3}$$

根据：
$$\mathrm{e}^{\frac{t}{2}} = 1 + \frac{t}{2} + \frac{t^2}{8} + \frac{t^3}{48} + o(t^3), \sqrt{1+t} = 1 + \frac{1}{2}t - \frac{1}{8}t^2 + \frac{1}{16}t^3 + o(t^3)$$

可得
$$b = \lim_{t \to 0} \frac{-\frac{1}{24}t^3 + o(t^3)}{t^3} = -\frac{1}{24}$$

由此可得斜渐近线为 $y = \dfrac{1}{4}x - \dfrac{1}{24}$.

由 $\lim\limits_{x \to 0^+} x^2\left(x\mathrm{e}^{\frac{1}{2x}} - \sqrt{x^2+x}\right) = \lim\limits_{t \to +\infty} \dfrac{\mathrm{e}^{\frac{t}{2}} - \sqrt{1+t}}{t^3} = \lim\limits_{t \to +\infty} \dfrac{\frac{1}{2}\mathrm{e}^{\frac{t}{2}} - \frac{1}{2\sqrt{1+t}}}{3t^2} = +\infty$ 知 $x = 0$ 是垂直渐近线.

$\lim\limits_{x \to -\infty} x^2\left(x\mathrm{e}^{\frac{1}{2x}} - \sqrt{x^2+x}\right) = -\infty$，此时无渐近线.

2. 函数作图的一般步骤

要作出函数图像，可以充分利用函数的相关性质，以及找出函数性质变化的关键点，其一般步骤可概况为：

(1) $f(x)$ 的定义域、奇偶性、周期性及间断点；

(2) 求 $f(x)$ 的驻点及不可导的点；

(3) 求 $f''(x)$ 的零点及不存在的点；

(4) 以上述点为分点划分定义域为一些小区间，列表，判别函数在各小区间上的单调性、极值点，曲线的凸性及拐点等；

(5) 曲线 $y = f(x)$ 的渐近线（斜、水平、垂直）；

(6) 在坐标系中标出曲线上的一点特殊点：极值点、拐点与坐标轴的交点，补充一些关键点，再根据曲线的凸性及渐近线的位置，即可画出 $y = f(x)$ 的图象.

例 5.4.14 作出 $y = \dfrac{(x-1)^2}{3(x+1)}$ 函数的图像

解 (1) 定义域为 $(-\infty, -1) \cup (-1, +\infty)$，且无奇偶性和周期性；

(2) 由 $f' = \dfrac{(x-1)(x+3)}{3(x+1)^2} = 0$ 得驻点 $x = -3, x = 1$；

(3) 由 $f'' = \dfrac{8}{3(x+1)^3}$ 无零点，故无拐点；

(4) 根据上述信息，函数单调性凸性区间如表 5.4 所列

表 5.4

x	$(-\infty, -3)$	-3	$(-3, -1)$	$(-1, 1)$	1	$(1, +\infty)$
$f'(x)$	$+$	0	$-$	$-$	0	$+$
$f''(x)$	$-$	$-$	$-$	$+$	$+$	$+$
$f(x)$	上凸单增	极大值 $-\dfrac{8}{3}$	上凸单减	下凸单减	极小值 0	下凸单增

(5) 斜渐近线 $y = \dfrac{x}{3} - 1$，垂直渐近线 $x = -1$.

根据上述信息，作出函数图像如图 5.4 所示：

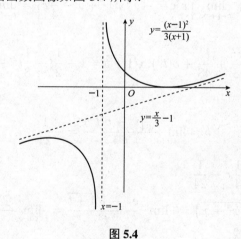

图 5.4

例 5.4.15 作出函数 $y = \sqrt[3]{(x-2)(x+1)^2} = (x-2)^{\frac{1}{3}}(x+1)^{\frac{2}{3}}$ 的图像.

解 定义域为 $(-\infty, +\infty)$.

$$y' = \frac{1}{3}(x-2)^{-\frac{2}{3}}(x+1)^{\frac{2}{3}} + \frac{2}{3}(x-2)^{\frac{1}{3}}(x+1)^{-\frac{1}{3}}$$

$$= (x-2)^{-\frac{2}{3}}(x+1)^{-\frac{1}{3}}\left[\frac{1}{3}(x+1) + \frac{2}{3}(x-2)\right]$$

$$= (x-2)^{-\frac{2}{3}}(x+1)^{-\frac{1}{3}}(x-1).$$

$$y'' = \left[-\frac{2}{3}(x-2)^{-\frac{5}{3}}(x+1)^{-\frac{1}{3}} - \frac{1}{3}(x-2)^{-\frac{2}{3}}(x+1)^{-\frac{4}{3}}\right](x-1) + (x-2)^{-\frac{2}{3}}(x+1)^{-\frac{1}{3}}$$

$$= (x-2)^{-\frac{5}{3}}(x+1)^{-\frac{4}{3}}\left(-\frac{2}{3}(x+1) - \frac{1}{3}(x-2)\right)(x-1) + (x-2)^{-\frac{2}{3}}(x+1)^{-\frac{1}{3}}$$

$$= (x-2)^{-\frac{5}{3}}(x+1)^{-\frac{4}{3}}(x-x^2) + (x-2)^{-\frac{2}{3}}(x+1)^{-\frac{1}{3}}$$

$$= -2(x-2)^{-\frac{5}{3}}(x+1)^{-\frac{4}{3}}$$

$x = -1, 2$ 时，y', y'' 均不存在；

$x = 1$ 时，$y' = 0$

$$k = \lim_{x\to\infty}\frac{y}{x} = \lim_{x\to\infty}\sqrt[3]{\left(1-\frac{2}{x}\right)\left(1+\frac{1}{x}\right)^2} = 1$$

$$b = \lim_{x\to\infty}\sqrt[3]{\left(1-\frac{2}{x}\right)\left(1+\frac{1}{x}\right)^2} - x$$

$$= \lim_{x\to\infty}x\left(1-\frac{3x+2}{x^3}\right)^{\frac{1}{3}} - x$$

$$= \lim_{x\to\infty}x\left(1-\frac{1}{3}\frac{3x+2}{x^3} + o\left(\frac{1}{x^2}\right)\right) - x = 0$$

可得渐近线 $y = x$.

$y(0) = -\sqrt[3]{2}, y(-1) = 0, y(2) = 0$.

根据上述信息将函数的单调性，凸性区间列表如表 5.5 所示.

表 5.5

x	$(-\infty, -1)$	-1	$(-1, 1)$	1	$(1, 2)$	2	$(2, +\infty)$
$f'(x)$	$+$	$\times$	$-$	0	$+$	$\times$	$+$
$f''(x)$	$+$	$\times$	$+$	$+$	$+$	$\times$	$-$
$f(x)$	下凸单增	极大值	下凸单减	极小值	下凸单增	0	上凸单增

最后作出函数图像如图 5.5 所示：

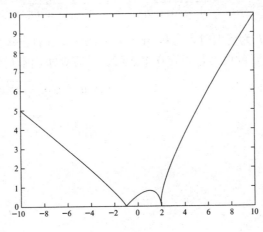

图 5.5

习题 5.4

1. 求下列函数的极值点，并确定它们的单调区间：

   (1) $y = 2x^3 - 3x^2 - 12x + 1$;　　　　　　(2) $y = \sqrt{x}\ln x$.

2. 求下列曲线的拐点，并确定函数的保凸区间：

   (1) $y = -x^3 + 3x^2$;　　　　　　(2) $y = \dfrac{1}{1+x^2}$.

3. 证明：当 $x \in \left(0, \dfrac{\pi}{2}\right)$ 时，$\tan x > x$.

4. 求函数 $f(x) = \sqrt[3]{6x^2 - x^3}$ 的极值.

5. 求 $y = \dfrac{x^2}{x^2+1}$ 在拐点处的切线方程.

6. 求下列数列的最大值：

   (1) $\left\{\dfrac{n^{10}}{2^n}\right\}$;　　　　　　(2) $\left\{\sqrt[n]{n}\right\}$.

7. 作出下列函数的图象

   (1) $y = \dfrac{x^2}{1+x}$;　　　　　　(2) $y = \dfrac{2x}{1+x^2}$.

8. 求函数 $f(x) = x^p + (1-x)^p (p > 1)$ 在 $[0,1]$ 上的最值.

9. 将一块半径为 r 的圆铁片剪去一个圆心角 θ 的扇形后做成一个漏斗，问 θ 为何值时漏斗的容积最大？

10. 设 $f(x)$ 在 x_0 处二阶可导，证明：$f(x)$ 在 x_0 处取到极大值（极小值）的必要条件是 $f'(x_0) = 0$ 且 $f''(x_0) \leqslant 0(f''(x_0) \geqslant 0)$.

11. 设 $f(x) = (x-a)^n\varphi(x), \varphi(x)$ 在 $x = a$ 连续且 $\varphi(a) \neq 0$，讨论 $f(x)$ 在 $x = a$ 处的极值情况.

12. 设 $f(x)$ 在 $x = a$ 处有 n 阶连续导数，且 $f'(a) = f''(a) = \cdots = f^{(n-1)}(a) = 0, f^{(n)}(a) \neq 0$，讨论 $f(x)$ 在 $x = a$ 处的极值情况.

13. 设 $a > \ln 2 - 1$，证明：当 $x > 0$ 时，$x^2 - 2ax + 1 < e^x$

14. 设 a,b 为实数，证明：

$$\frac{|a+b|}{1+|a+b|} \leqslant \frac{|a|}{1+|a|} + \frac{|b|}{1+|b|}$$

15. 设 $k > 0$，试问当 k 为何值时，方程 $\arctan x - kx = 0$ 有正实根？

16. 判断下列函数所表示的曲线是否存在渐近线，若存在求出渐近线方程：

   (1) $y = \dfrac{x^2}{1+x}$;　　　　　　(2) $y = \sqrt{6x^2 - 8x + 3}$.

第 6 章　不定积分

在前面的内容中，我们学习了函数的微分法. 就像加法有逆运算减法一样，微分法也有逆运算 积分法. 给定一个函数，求其导数是微分法的基本问题，反之，给定一个函数，求一个未知函数，使其导数是给定的函数，这样的运算称为积分. 本章将讨论基本的积分方法，并与后面的定积分一起组成了一元函数的积分学.

6.1　不定积分概念与基本积分公式

6.1.1　原函数与不定积分

设 $f(x) = x, F(x) = \dfrac{x^2}{2}$，则有 $F'(x) = f(x)$，且对于任意的常数 C，满足 $[F(x) + C]' = f(x)$，即 $f(x)$ 是 $F(x)$ 的导数，$f(x)$ 也是函数 $F(x) + C$ 的导数，那么如何刻画 $F(x)$ 与 $f(x)$ 的关系呢？下面的定义给出了回答.

定义 6.1.1　设函数 $f(x)$ 与 $F(x)$ 在区间 I 上有定义. 若在区间 I 上，成立

$$F'(x) = f(x) \text{或} \mathrm{d}F(x) = f(x)\mathrm{d}x$$

则称 $F(x)$ 为 $f(x)$ 在区间 I 上的一个原函数，称表达式 $F(x) + C$ 为 $f(x)$ 在区间 I 上的不定积分，记为 $\displaystyle\int f(x)\mathrm{d}x$，即

$$\int f(x)\mathrm{d}x = F(x) + C$$

其中称 $\displaystyle\int$ 为积分号，$f(x)$ 为被积函数，$f(x)\mathrm{d}x$ 为被积表达式，x 为积分变量，C 是任意常数.

设 $F(x)$ 是 $f(x)$ 在区间 I 上的一个原函数，根据上面的定义，可以得到如下结论：

结论 1 原函数 $F(x)$ 不唯一. 因为对于任意常数 $C, F(x) + C$ 为 $f(x)$ 在区间 I 上的原函数.

结论 2 设 $G(x)$ 是 $f(x)$ 在区间 I 上的另一个原函数，则 $G(x)$ 与 $F(x)$ 之间只差一个常数，即存在常数 C，使得 $G(x) = F(x) + C$. 因为根据假设有 $[G(x) - F(x)]' = 0, x \in I$，由拉格朗日中值定理的推论可知存在常数 $C, G(x) - F(x) = C, x \in I$，所以有 $G(x) = F(x) + C$.

结论 3 若 C 是任意常数，则 $F(x) + C$ 为 $f(x)$ 在区间 I 上的全部原函数，即不定积分 $\displaystyle\int f(x)\mathrm{d}x$ 就是 $f(x)$ 在区间 I 上的全部原函数，这时任意常数 C 又称为**积分常数**，可以取任一实数值，且有

$$\left[\int f(x)\mathrm{d}x\right]' = [F(x) + C]' = f(x)$$

$$\mathrm{d}\left[\int f(x)\mathrm{d}x\right] = \mathrm{d}[F(x)+C] = f(x)\mathrm{d}x$$

不定积分的几何意义 若 $F(x)$ 是 $f(x)$ 的一个原函数，则称 $y = F(x)$ 的图形为 $f(x)$ 的一条**积分曲线**. 于是 $f(x)$ 的不定积分 $F(x)+C$ 在几何上表示一族积分曲线，其上在点 x 处的切线相互平行，如图 6.1 所示.

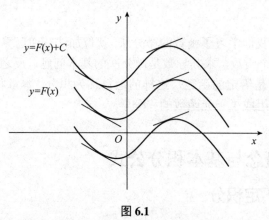

图 6.1

在求出不定积分后，若需要求具体的一个原函数时，则可以根据条件 $y_0 = F(x_0)$ 确定常数 C，于是就得到过点 (x_0, y_0) 的积分曲线，即可得满足条件的原函数.

例 6.1.1 设曲线通过点 $(1,2)$，且其上任一点处的切线斜率等于这点横坐标的两倍，求此曲线方程.

解 设曲线方程为 $y = f(x)$，根据题意可知

$$\frac{\mathrm{d}y}{\mathrm{d}x} = 2x$$

因为 $(x^2)' = 2x$，所以 $\int 2x\mathrm{d}x = x^2 + C$. 由于曲线通过点 $(1,2)$，即 $2 = f(1)$，于是求出 $C = 1$，故所求曲线方程为 $y = x^2 + 1$.

6.1.2 基本积分表

根据不定积分的定义和导数公式，可以得到如下的基本积分公式.

基本积分表 1

1. $\displaystyle\int k\mathrm{d}x = kx + C$

2. $\displaystyle\int x^\alpha \mathrm{d}x = \frac{x^{\alpha+1}}{\alpha+1} + C, \quad (\alpha \neq -1)$

3. $\displaystyle\int \frac{1}{x}\mathrm{d}x = \ln|x| + C, \quad (x \neq 0)$

4. $\displaystyle\int \mathrm{e}^x \mathrm{d}x = \mathrm{e}^x + C$

5. $\displaystyle\int a^x \mathrm{d}x = \frac{a^x}{\ln a} + C, \quad (a > 0, a \neq 1)$

6. $\displaystyle\int \sin x\mathrm{d}x = -\cos x + C$

7. $\displaystyle\int \cos x\mathrm{d}x = \sin x + C$

8. $\displaystyle\int \sec^2 x\mathrm{d}x = \tan x + C$

9. $\displaystyle\int \csc^2 x\mathrm{d}x = -\cot x + C$

10. $\displaystyle\int \sec x\tan x\mathrm{d}x = \sec x + C$

11. $\displaystyle\int \csc x \cot x \mathrm{d}x = -\csc x + C$　　　12. $\displaystyle\int \sinh x \mathrm{d}x = \cosh x + C$

13. $\displaystyle\int \cosh x \mathrm{d}x = \sinh x + C$

14. $\displaystyle\int \frac{1}{1+x^2}\mathrm{d}x = \arctan x + C = -\operatorname{arccot} x + C'$

15. $\displaystyle\int \frac{1}{\sqrt{1-x^2}}\mathrm{d}x = \arcsin x + C = -\arccos x + C'$

　　上面的基本积分公式非常重要，需要熟练记忆并灵活使用. 然而仅有这些公式还不够，比如对于像基本初等函数 $\tan x, \ln x, \arcsin x$ 等都是不能直接利用这些公式求原函数的. 因此，还需要讨论一些求积分的运算法则，其中最简单的积分运算法则就是线性法则.

定理 6.1.1　若函数 $f(x)$ 与 $g(x)$ 在区间 I 上存在原函数，$\alpha, \beta \in (-\infty, +\infty)$ 是常数，则 $\alpha f(x) + \beta g(x)$ 在区间 I 上存在原函数，且有

$$\int [\alpha f(x) + \beta g(x)]\mathrm{d}x = \alpha \int f(x)\mathrm{d}x + \beta \int g(x)\mathrm{d}x \tag{6.1}$$

证　设 $f(x)$ 与 $g(x)$ 在区间 I 上的原函数分别为 $F(x)$ 与 $G(x)$，则由求导法则有

$$[\alpha F(x) + \beta G(x)]' = \alpha F'(x) + \beta G'(x) = \alpha f(x) + \beta g(x), \quad x \in I$$

由此可知 $\alpha F(x) + \beta G(x)$ 是 $\alpha f(x) + \beta g(x)$ 在区间 I 上的原函数，于是有

$$\begin{aligned}\int [\alpha f(x) + \beta g(x)]\mathrm{d}x &= \alpha F(x) + \beta G(x) + C \\ &= \alpha F(x) + \beta G(x) + \alpha C_1 + \beta C_2 \\ &= \alpha \int f(x)\mathrm{d}x + \beta \int g(x)\mathrm{d}x \ \text{证毕.}\end{aligned}$$

注 6.1.1　任意常数可以写成两个任意常数的线性形式.

线性法则 (6.1) 可以推广到多个函数，具体形式为

$$\int \left(\sum_{i=1}^{n} \alpha_i f_i(x)\right)\mathrm{d}x = \sum_{i=1}^{n}\left(\alpha_i \int f_i(x)\mathrm{d}x\right)$$

例 6.1.2　求积分 $\displaystyle\int (a_0 x^n + a_1 x^{n-1} + \cdots + a_{n-1}x + a_n)\mathrm{d}x$.

解　$\displaystyle\int (a_0 x^n + a_1 x^{n-1} + \cdots + a_{n-1}x + a_n)\mathrm{d}x = \frac{a_0}{n+1}x^{n+1} + \frac{a_1}{n}x^n + \cdots + \frac{a_{n-1}}{2}x^2 + a_n x + C$

例 6.1.3　求积分 $\displaystyle\int \left(\frac{3}{1+x^2} - \frac{2}{\sqrt{1-x^2}}\right)\mathrm{d}x$.

解　$\displaystyle\int \left(\frac{3}{1+x^2} - \frac{2}{\sqrt{1-x^2}}\right)\mathrm{d}x = 3\int \frac{1}{1+x^2}\mathrm{d}x - 2\int \frac{1}{\sqrt{1-x^2}}\mathrm{d}x$

$$= 3\arctan x - 2\arcsin x + C$$

例 6.1.4　求积分 $\displaystyle\int \frac{1+2x^2}{x^2(1+x^2)}\mathrm{d}x$.

解 $\displaystyle\int \frac{1+2x^2}{x^2(1+x^2)}\mathrm{d}x = \int \frac{1+x^2+x^2}{x^2(1+x^2)}\mathrm{d}x = \int \frac{\mathrm{d}x}{x^2} + \int \frac{\mathrm{d}x}{1+x^2} = -\frac{1}{x} + \arctan x + C$

例 6.1.5 求积分 $\displaystyle\int \frac{\cos 2x}{\sin x + \cos x}\mathrm{d}x$.

解 $\displaystyle\int \frac{\cos 2x}{\sin x + \cos x}\mathrm{d}x = \int \frac{\cos^2 x - \sin^2 x}{\cos x + \sin x}\mathrm{d}x = \int (\cos x - \sin x)\mathrm{d}x = \sin x + \cos x + C$

注 6.1.2 例 6.1.4 和例 6.1.5 是利用公式 (6.1) 将一个复杂的积分化为若干个简单的已知的不定积分之和，这种方法称为分项积分法. 同时求解过程表明初等变形在积分运算中很关键.

6.1.3 不定积分存在的条件

前面我们已经求过一些函数的不定积分，自然会提出问题：是否所有函数都有原函数？根据导函数没有第一类间断点的性质，我们知道存在函数 $f(x)$，它没有原函数，比如符号函数

$$\operatorname{sgn} x = \begin{cases} 1, & x > 0 \\ 0, & x = 0 \\ -1, & x < 0 \end{cases}$$

在 $(-\infty, +\infty)$ 上没有原函数. 因此，有必要讨论被积函数需要满足什么条件时才存在原函数.

定理 6.1.2 (原函数存在定理) 若 $f(x)$ 在区间 I 上连续，则 $f(x)$ 在区间 I 上存在原函数 $F(x)$，即对于 $x \in I$，有 $F'(x) = f(x)$.

此定理的证明将在下一章给出.

例 6.1.6 求积分 $\displaystyle\int f(x)\mathrm{d}x$，其中 $f(x) = \begin{cases} \mathrm{e}^x, & x \geqslant 0 \\ x+1, & x < 0 \end{cases}$

解 易验证 $f(x)$ 在 $(-\infty, +\infty)$ 上连续，于是可知 $f(x)$ 在 $(-\infty, +\infty)$ 上存在原函数.

当 $x \geqslant 0$ 时，$\displaystyle\int f(x)\mathrm{d}x = \int \mathrm{e}^x \mathrm{d}x = \mathrm{e}^x + C_1$;

当 $x < 0$ 时，$\displaystyle\int f(x)\mathrm{d}x = \int (x+1)\mathrm{d}x = \frac{x^2}{2} + x + C_2$,

所以

$$\int f(x)\mathrm{d}x = \begin{cases} \mathrm{e}^x + C_1, & x \geqslant 0 \\ \dfrac{x^2}{2} + x + C_2, & x < 0 \end{cases}$$

由于 $f(x)$ 的原函数可导，因而连续，故有 $1 + C_1 = C_2$，即 $C_2 = C_1 + 1$，于是

$$\int f(x)\mathrm{d}x = \begin{cases} \mathrm{e}^x + C_1, & x \geqslant 0 \\ \dfrac{x^2}{2} + x + C_1 + 1, & x < 0 \end{cases}$$

习题 6.1

1. 求一曲线，它经过点 $(3,2)$，且在任一点处切线的斜率等于该点横坐标的平方.
2. 设 $F(x)$ 是 $f(x)$ 在区间 I 上的一个原函数，证明函数 $xf(x)$ 在 I 上的存在原函数.

3. 求下列不定积分:

(1) $\displaystyle\int\left(x+\frac{1}{x\sqrt{x}}\right)^2\mathrm{d}x$;

(2) $\displaystyle\int\frac{x^4-x^2-1}{x^2+1}\mathrm{d}x$;

(3) $\displaystyle\int\frac{x^2+x-1}{x-1}\mathrm{d}x$;

(4) $\displaystyle\int(3^x-5^x)^2\mathrm{d}x$;

(5) $\displaystyle\int\cos^2\frac{x}{2}\mathrm{d}x$;

(6) $\displaystyle\int\tan^2 x\mathrm{d}x$;

(7) $\displaystyle\int\frac{1}{1-\cos 2x}\mathrm{d}x$;

(8) $\displaystyle\int|x|\mathrm{d}x$.

4. 求积分 $\displaystyle\int f(x)\mathrm{d}x$, 其中 $f(x)=\begin{cases}\cos x, & x<0\\ 2x+1, & 0\leqslant x\leqslant 1\\ 2^x, & x>1\end{cases}$

5. 求下列积分:

(1) $\displaystyle\int\sqrt{x\sqrt{x\sqrt{x}}}\mathrm{d}x$;

(2) $\displaystyle\int\frac{1}{\sin^2 x\cos^2 x}\mathrm{d}x$;

(3) $\displaystyle\int\left(\sqrt{\frac{1-x}{1+x}}+\sqrt{\frac{1+x}{1-x}}\right)\mathrm{d}x$;

(4) $\displaystyle\int\max\{1,x\}\mathrm{d}x$.

6.2　换元积分法与分部积分法

6.2.1　换元积分法

换元积分法是求不定积分的一种基本方法, 它与复合函数的微分法相对应. 该方法的特点是引入新的积分变量, 改变被积函数的形式, 以使得新的不定积分容易求出. 由于引入的新变量属性的不同, 换元积分法又分为第一换元法和第二换元法.

定理 6.2.1 (第一换元法)　设函数 $f(u)$ 在区间 $[\alpha,\beta]$ 有原函数 $F(u), u=\varphi(x)$ 在区间 $[a,b]$ 有连续导数且 $\alpha\leqslant\varphi(x)\leqslant\beta$, 则

$$\int f(\varphi(x))\varphi'(x)\mathrm{d}x=\int f(u)\mathrm{d}u=F(u)+C=F(\varphi(x))+C \qquad (6.2)$$

证　由复合函数的求导法则可得

$$\frac{\mathrm{d}}{\mathrm{d}x}[F(\varphi(x))]=\frac{\mathrm{d}F(u)}{\mathrm{d}u}\cdot\frac{\mathrm{d}u}{\mathrm{d}x}=f(\varphi(x))\varphi'(x)$$

于是根据不定积分的定义可知公式 (6.2) 成立. 证毕.

例 6.2.1　求 $\displaystyle\int\sin 2x\mathrm{d}x$.

解法 1　$\displaystyle\int\sin 2x\mathrm{d}x=\frac{1}{2}\int\sin 2x\mathrm{d}(2x)=-\frac{1}{2}\cos 2x+C$

解法 2　$\displaystyle\int\sin 2x\mathrm{d}x=2\int\sin x\cos x\mathrm{d}x=2\int\sin x\mathrm{d}\sin x=2\cdot\frac{1}{2}\sin^2 x+C=\sin^2 x+C$

解法 3
$$\int\sin 2x\mathrm{d}x=2\int\sin x\cos x\mathrm{d}x=-2\int\cos x\mathrm{d}\cos x$$
$$=-2\cdot\frac{1}{2}\cos^2 x+C=-\cos^2 x+C$$

注 6.2.1 例 6.2.1 从不同角度引入三种不同形式的新变量，关键是要将原来的被积表达式凑成形式 $f(\varphi(x))d(\varphi(x))$，且 $f(u)$ 有原函数，因此第一换元法也称**凑微分法**. 另外此题的三种解法得到了三种不同形式的原函数，事实上这三种不同形式的原函数互相之间仅相差一个常数. 此例说明积分第一换元法有极强的灵活性.

例 6.2.2 求 $\displaystyle\int \frac{1}{3x+2}\mathrm{d}x$.

解 令 $u = 3x + 2$，则

$$\int \frac{1}{3x+2}\mathrm{d}x = \frac{1}{3}\int \frac{1}{3x+2}\mathrm{d}(3x+2) = \frac{1}{3}\int \frac{1}{u}\mathrm{d}u = \frac{1}{3}\ln|u| + C = \frac{1}{3}\ln|3x+2| + C$$

一般地，$\displaystyle\int f(ax+b)\mathrm{d}x = \frac{1}{a}\left[\int f(u)\mathrm{d}u\right]_{u=ax+b}$

例 6.2.3 求 $\displaystyle\int \frac{1}{x^2+a^2}\mathrm{d}x(a>0)$.

解

$$\int \frac{1}{x^2+a^2}\mathrm{d}x = \frac{1}{a^2}\int \frac{1}{\frac{x^2}{a^2}+1}\mathrm{d}x = \frac{1}{a}\int \frac{1}{\left(\frac{x}{a}\right)^2+1}\mathrm{d}\frac{x}{a} = \frac{1}{a}\arctan\frac{x}{a} + C$$

例 6.2.4 求 $\displaystyle\int \frac{1}{x^2-a^2}\mathrm{d}x(a>0)$.

解

$$\int \frac{1}{x^2-a^2}\mathrm{d}x = \frac{1}{2a}\int \left(\frac{1}{x-a} - \frac{1}{x+a}\right)\mathrm{d}x$$
$$= \frac{1}{2a}[\ln|x-a| - \ln|x+a|] + C = \frac{1}{2a}\ln\left|\frac{x-a}{x+a}\right| + C$$

类似地，有 $\displaystyle\int \frac{1}{a^2-x^2}\mathrm{d}x = \frac{1}{2a}\ln\left|\frac{x+a}{x-a}\right| + C(a>0)$.

例 6.2.5 求 $\displaystyle\int \tan x\mathrm{d}x$.

解 $\displaystyle\int \tan x\mathrm{d}x = \int \frac{\sin x}{\cos x}\mathrm{d}x = -\int \frac{1}{\cos x}\mathrm{d}\cos x = -\ln|\cos x| + C$

类似地，有 $\displaystyle\int \cot x\mathrm{d}x = \ln|\sin x| + C$.

例 6.2.6 求 $\displaystyle\int \cos^4 x\mathrm{d}x$.

解

$$\int \cos^4 x\mathrm{d}x = \int \left(\frac{1+\cos 2x}{2}\right)^2\mathrm{d}x = \int \frac{1+2\cos 2x+\cos^2 2x}{4}\mathrm{d}x$$
$$= \frac{1}{8}\int (3+4\cos 2x+\cos 4x)\mathrm{d}x = \frac{3x}{8} + \frac{1}{4}\sin 2x + \frac{1}{32}\sin 4x + C$$

例 6.2.7 求 $\displaystyle\int \sin^4 x\cos^3 x\mathrm{d}x$.

解

$$\int \sin^4 x\cos^3 x\mathrm{d}x = \int \sin^4 x(1-\sin^2 x)\cos x\mathrm{d}x$$
$$= \int (\sin^4 x - \sin^6 x)\mathrm{d}\sin x = \frac{1}{5}\sin^5 x - \frac{1}{7}\sin^7 x + C$$

例 6.2.8　求 $\int \sin mx \cos nx \mathrm{d}x (m \neq n)$.

解　由三角公式 $\sin mx \cos nx = \dfrac{1}{2}[\sin(m+n)x + \sin(m-n)x]$，可得

$$\int \sin mx \cos nx \mathrm{d}x = \frac{1}{2} \int [\sin(m+n)x + \sin(m-n)x]\mathrm{d}x$$
$$= -\frac{1}{2}\left[\frac{\cos(m+n)x}{m+n} + \frac{\cos(m-n)x}{m-n}\right] + C$$

例 6.2.9　求 $\int \sec x \mathrm{d}x$.

解法 1　$\displaystyle\int \sec x \mathrm{d}x = \int \frac{\sec x(\sec x + \tan x)}{\sec x + \tan x}\mathrm{d}x = \ln|\sec x + \tan x| + C$

解法 2

$$\int \sec x \mathrm{d}x = \int \frac{\cos x}{\cos^2 x}\mathrm{d}x = \int \frac{\mathrm{d}\sin x}{1 - \sin^2 x} = \frac{1}{2}\ln\left|\frac{1+\sin x}{1-\sin x}\right| + C$$
$$= \frac{1}{2}\ln\left|\frac{(1+\sin x)^2}{(1-\sin x)(1+\sin x)}\right| + C = \ln\left|\frac{1+\sin x}{\cos x}\right| + C = \ln|\sec x + \tan x| + C$$

类似地，可以求得 $\displaystyle\int \csc x \mathrm{d}x = \ln|\csc x - \cot x| + C$.

定理 6.2.2（第二换元法）　设函数 $x = \varphi(t)$ 在区间 I 上单调、可导，且 $\varphi'(t) \neq 0$，又 $F(t)$ 是 $f(\varphi(t))\varphi'(t)$ 的原函数，则有换元公式

$$\int f(x)\mathrm{d}x = \int f(\varphi(t))\varphi'(t)\mathrm{d}t = F(t) + C = F(\varphi^{-1}(x)) + C \tag{6.3}$$

其中 $\varphi^{-1}(x)$ 是 $x = \varphi(t)$ 的反函数.

证　由复合函数的求导法则可得

$$\frac{\mathrm{d}}{\mathrm{d}x}[F(\varphi^{-1}(x))] = \frac{\mathrm{d}F(t)}{\mathrm{d}t} \cdot \frac{\mathrm{d}t}{\mathrm{d}x} = f(\varphi(t))\varphi'(t) \cdot \frac{1}{\varphi'(t)} = f(x)$$

于是根据不定积分的定义可知公式 (6.3) 成立. 证毕.

例 6.2.10　求 $\int \sqrt{a^2 - x^2}\mathrm{d}x (a > 0)$.

解　设 $x = a\sin t, t \in \left(-\dfrac{\pi}{2}, \dfrac{\pi}{2}\right)$，则 $t = \arcsin \dfrac{x}{a}$，于是

$$\int \sqrt{a^2 - x^2}\mathrm{d}x = \int a^2 \cos^2 t \mathrm{d}t = \frac{a^2}{2}\int(1 + \cos 2t)\mathrm{d}t$$
$$= \frac{a^2}{2}\left(t + \frac{\sin 2t}{2}\right) + C = \frac{a^2}{2}(t + \sin t \cos t) + C$$
$$= \frac{a^2}{2}\arcsin\frac{x}{a} + \frac{1}{2}x\sqrt{a^2 - x^2} + C$$

例 6.2.11　求 $\int \dfrac{1}{\sqrt{a^2 + x^2}}\mathrm{d}x (a > 0)$.

解 设 $x = a\tan t, t \in \left(-\dfrac{\pi}{2}, \dfrac{\pi}{2}\right)$，则 $t = \arctan\dfrac{x}{a}$，于是

$$\int \frac{1}{\sqrt{a^2 + x^2}}\mathrm{d}x = \int \frac{a\sec^2 t}{a\sec t}\mathrm{d}t = \int \sec t\mathrm{d}t = \ln|\sec t + \tan t| + C_1$$

$$= \ln\left|\frac{x}{a} + \frac{\sqrt{a^2 + x^2}}{a}\right| + C_1 = \ln|x + \sqrt{a^2 + x^2}| + C(C = C_1 - \ln a)$$

注 6.2.2 上面例题中出现的任意常数的处理方式在求不定积分计算中经常遇到.

例 6.2.12 求 $\displaystyle\int \frac{\mathrm{d}x}{x^2\sqrt{x^2 - 1}}$.

解法 1 设 $x = \sec t, t \in \left(0, \dfrac{\pi}{2}\right)$，则 $t = \arccos\dfrac{1}{x}$，于是

$$\int \frac{\mathrm{d}x}{x^2\sqrt{x^2 - 1}} = \int \frac{\sec t \cdot \tan t}{\sec^2 t \cdot \tan t}\mathrm{d}t = \int \cos t\mathrm{d}t = \sin t + C = \frac{\tan t}{\sec t} + C = \frac{1}{x}\sqrt{x^2 - 1} + C$$

解法 2 设 $x = \dfrac{1}{t}$，则

$$\int \frac{\mathrm{d}x}{x^2\sqrt{x^2 - 1}} = -\int \frac{t}{\sqrt{1 - t^2}}\mathrm{d}t = \sqrt{1 - t^2} + C = \frac{1}{x}\sqrt{x^2 - 1} + C$$

注 6.2.3 第二换元法中常用三角函数去掉根式，这种方法也称**三角代换**，上面例题的第二种解法称为**倒代换**，它对于一些特殊被积函数很有效.

例 6.2.13 求 $\displaystyle\int \frac{\mathrm{d}x}{\sqrt{x}(1 + \sqrt[3]{x})}$.

解 被积函数的定义域为 $x > 0$. 设 $x = t^6$，即 $t = \sqrt[6]{x}$，则

$$\int \frac{\mathrm{d}x}{\sqrt{x}(1 + \sqrt[3]{x})} = 6\int \frac{t^2\mathrm{d}t}{1 + t^2} = 6\int \left(1 - \frac{1}{1 + t^2}\right)\mathrm{d}t$$

$$= 6(t - \arctan t) + C = 6(\sqrt[6]{x} - \arctan \sqrt[6]{x}) + C$$

6.2.2 分部积分法

在许多不定积分中，其被积函数是两个属于不同类型函数的乘积，比如 $\displaystyle\int x\ln x\mathrm{d}x$，它不能用前面介绍的积分方法求原函数，下面学习一种可以求这类不定积分的积分方法 —— 分部积分法，它是基于函数乘积的求导法则.

定理 6.2.3 (分部积分法) 设函数 $u(x), v(x)$ 在区间 I 上可导，若 $u'(x)v(x)$ 在区间 I 上存在原函数，则 $u(x)v'(x)$ 在区间 I 上也存在原函数，且有

$$\int u(x)v'(x)\mathrm{d}x = u(x)v(x) - \int u'(x)v(x)\mathrm{d}x \tag{6.4}$$

证 由乘积求导公式

$$[u(x)v(x)]' = u'(x)v(x) + u(x)v'(x), \quad (x \in I)$$

可得

$$u(x)v'(x) = [u(x)v(x)]' - u'(x)v(x)$$

因上式右端在区间 I 上存在原函数，故左端的原函数也存在，且两端求不定积分有

$$\int u(x)v'(x)\mathrm{d}x = \int [u(x)v(x)]'\mathrm{d}x - \int u'(x)v(x)\mathrm{d}x$$

$$=u(x)v(x) - \int u'(x)v(x)\mathrm{d}x$$

即公式 (6.4) 成立. 证毕.

公式 (6.4) 称为**分部积分公式**，也常写作如下微分的形式

$$\int u(x)\mathrm{d}v(x) = u(x)v(x) - \int v(x)\mathrm{d}u(x) \tag{6.5}$$

例 6.2.14　求 $\int x\ln x\mathrm{d}x$.

解　令 $u=\ln x, v'=x$，则有 $u'=\dfrac{1}{x}, v=\dfrac{x^2}{2}$. 由公式 (6.4) 可得

$$\int x\ln x\mathrm{d}x = \int \ln x\mathrm{d}\frac{x^2}{2} = \frac{x^2}{2}\ln x - \int \frac{x^2}{2}\mathrm{d}\ln x = \frac{x^2}{2}\ln x - \frac{1}{2}\int x\mathrm{d}x = \frac{x^2}{2}\ln x - \frac{1}{4}x^2 + C$$

例 6.2.15　求 $\int \arcsin x\mathrm{d}x$.

解　$\displaystyle\int \arcsin x\mathrm{d}x = \int \arcsin x(x)'\mathrm{d}x = x\arcsin x - \int x(\arcsin x)'\mathrm{d}x$

$$= x\arcsin x - \int \frac{x}{\sqrt{1-x^2}}\mathrm{d}x = x\arcsin x + \sqrt{1-x^2} + C$$

例 6.2.16　求 $\int x^3\arctan x\mathrm{d}x$.

解　$\displaystyle\int x^3\arctan x\mathrm{d}x = \int \arctan x\mathrm{d}\frac{x^4}{4} = \frac{x^4}{4}\arctan x - \frac{1}{4}\int \frac{x^4}{1+x^2}\mathrm{d}x$

$$= \frac{x^4}{4}\arctan x - \frac{1}{4}\int \left(x^2 - 1 + \frac{1}{1+x^2}\right)\mathrm{d}x$$

$$= \frac{x^4-1}{4}\arctan x - \frac{1}{12}x^3 + \frac{x}{4} + C$$

例 6.2.17　求 $\int x\sin x\mathrm{d}x$.

解　$\displaystyle\int x\sin x\mathrm{d}x = \int x(-\cos x)'\mathrm{d}x = -x\cos x + \int \cos x\mathrm{d}x = -x\cos x + \sin x + C$

例 6.2.18　求 $\int x^2\mathrm{e}^x\mathrm{d}x$.

解　$\displaystyle\int x^2\mathrm{e}^x\mathrm{d}x = \int x^2(\mathrm{e}^x)'\mathrm{d}x = x^2\mathrm{e}^x - \int 2x\mathrm{e}^x\mathrm{d}x$

$$= x^2\mathrm{e}^x - 2x\mathrm{e}^x + \int 2\mathrm{e}^x\mathrm{d}x = (x^2 - 2x + 2)\mathrm{e}^x + C$$

例 6.2.19　求 $I = \int \mathrm{e}^{ax}\sin bx\mathrm{d}x (a\neq 0)$.

解　根据分部积分公式，有

$$I = \int \mathrm{e}^{ax} \sin bx \mathrm{d}x = \frac{1}{a} \int \sin bx \mathrm{d}\mathrm{e}^{ax} = \frac{1}{a}\mathrm{e}^{ax} \sin bx - \frac{b}{a} \int \mathrm{e}^{ax} \cos bx \mathrm{d}x$$

$$= \frac{1}{a}\mathrm{e}^{ax} \sin bx - \frac{b}{a^2} \int \cos bx \mathrm{d}\mathrm{e}^{ax} = \frac{1}{a}\mathrm{e}^{ax} \sin bx - \frac{b}{a^2}\mathrm{e}^{ax} \cos bx - \frac{b^2}{a^2}I$$

解方程，可得

$$I = \frac{1}{a^2 + b^2}(a \sin bx - b \cos bx)\mathrm{e}^{ax} + C$$

同理可得 $\displaystyle\int \mathrm{e}^{ax} \cos bx \mathrm{d}x = \frac{1}{a^2 + b^2}(b \sin bx + a \cos bx)\mathrm{e}^{ax} + C$

例 6.2.20　已知 $f(x)$ 的一个原函数是 e^{-x^2}，求 $\displaystyle\int xf'(x)\mathrm{d}x$.

解　因为 e^{-x^2} 是 $f(x)$ 的原函数，所以有

$$\int f(x)\mathrm{d}x = \mathrm{e}^{-x^2} + C$$

且 $f(x) = -2x\mathrm{e}^{-x^2}$，于是由分部积分公式可得

$$\int xf'(x)\mathrm{d}x = \int x\mathrm{d}f(x) = xf(x) - \int f(x)\mathrm{d}x = -2x^2\mathrm{e}^{-x^2} - \mathrm{e}^{-x^2} + C$$

例 6.2.21　求 $\displaystyle\int \sec^3 x\mathrm{d}x$.

解　由分部积分公式有

$$\int \sec^3 x\mathrm{d}x = \int \sec x \mathrm{d}\tan x = \sec x \tan x - \int \tan x \mathrm{d}\sec x$$

$$= \sec x \tan x - \int \tan^2 x \sec x\mathrm{d}x = \sec x \tan x - \int (\sec^3 x - \sec x)\mathrm{d}x$$

移项可求得 $\displaystyle\int \sec^3 \mathrm{d}x = \frac{1}{2}(\sec x \tan x + \ln|\sec x + \tan x|) + C$.

有些不定积分既可以用第二换元法求，也可以用分部积分方法求.

例 6.2.22　求 $\displaystyle\int \sqrt{x^2 + a^2}\mathrm{d}x$.

解　$\displaystyle\int \sqrt{x^2 + a^2}\mathrm{d}x = x\sqrt{x^2 + a^2} - \int \frac{x^2}{\sqrt{x^2 + a^2}}\mathrm{d}x = x\sqrt{x^2 + a^2} - \int \frac{x^2 + a^2 - a^2}{\sqrt{x^2 + a^2}}\mathrm{d}x$

$$= x\sqrt{x^2 + a^2} + \int \frac{a^2}{\sqrt{x^2 + a^2}}\mathrm{d}x - \int \sqrt{x^2 + a^2}\mathrm{d}x$$

移项，解得

$$\int \sqrt{x^2 + a^2}\mathrm{d}x = \frac{1}{2}\left(x\sqrt{x^2 + a^2} + \int \frac{a^2}{\sqrt{x^2 + a^2}}\mathrm{d}x\right)$$

$$= \frac{1}{2}\left(x\sqrt{x^2 + a^2} + a^2 \ln|x + \sqrt{x^2 + a^2}| + C\right)$$

例 6.2.23　求 $\displaystyle\int \frac{x \arctan x}{\sqrt{1 + x^2}}\mathrm{d}x$.

解 因为 $(\sqrt{1+x^2})' = \dfrac{x}{\sqrt{1+x^2}}$，所以

$$\int \frac{x\arctan x}{\sqrt{1+x^2}}\mathrm{d}x = \int \arctan x\,\mathrm{d}\sqrt{1+x^2} = \sqrt{1+x^2}\arctan x - \int \sqrt{1+x^2}\,\mathrm{d}\arctan x$$

$$= \sqrt{1+x^2}\arctan x - \int \sqrt{1+x^2}\cdot\frac{1}{1+x^2}\mathrm{d}x$$

$$= \sqrt{1+x^2}\arctan x - \int \frac{1}{\sqrt{1+x^2}}\mathrm{d}x$$

$$= \sqrt{1+x^2}\arctan x - \ln(x+\sqrt{1+x^2}) + C$$

例 6.2.24 求 $I_n = \displaystyle\int \frac{\mathrm{d}x}{(x^2+a^2)^n}(n=1,2,\cdots)$.

解 由例 6.2.3，$I_1 = \displaystyle\int \frac{1}{x^2+a^2}\mathrm{d}x = \frac{1}{a}\arctan\frac{x}{a} + C$.

当 $n \geqslant 2$ 时，进行初等变形有

$$I_n = \int \frac{1}{(x^2+a^2)^n}\mathrm{d}x = \frac{1}{a^2}\int \frac{x^2+a^2-x^2}{(x^2+a^2)^n}\mathrm{d}x = \frac{I_{n-1}}{a^2} - \frac{1}{a^2}\int \frac{x^2}{(x^2+a^2)^n}\mathrm{d}x$$

对右端的第二项利用分部积分公式，可得

$$\int \frac{x^2}{(x^2+a^2)^n}\mathrm{d}x = -\frac{1}{2(n-1)}\int x\,\mathrm{d}\left[\frac{1}{(x^2+a^2)^{n-1}}\right] = -\frac{x}{2(n-1)(x^2+a^2)^{n-1}} + \frac{1}{n-1}I_{n-1}$$

代入可得 $I_n = \dfrac{I_{n-1}}{a^2} + \dfrac{x}{2(n-1)a^2(x^2+a^2)^{n-1}} - \dfrac{I_{n-1}}{2(n-1)a^2}$，于是得到递推关系

$$\begin{cases} I_n = \dfrac{2n-3}{2(n-1)a^2}I_{n-1} + \dfrac{x}{2(n-1)a^2(x^2+a^2)^{n-1}}, & (n \geqslant 2) \\[2mm] I_1 = \dfrac{1}{a}\arctan\dfrac{x}{a} + C \end{cases}$$

例 6.2.25 求 $I = \displaystyle\int \frac{\mathrm{e}^{-\sin x}\sin 2x}{(1-\sin x)^2}\mathrm{d}x$.

解 令 $t = \sin x$，则

$$I = 2\int \frac{\mathrm{e}^{-\sin x}\sin x}{(1-\sin x)^2}\mathrm{d}\sin x = 2\int \frac{t\mathrm{e}^{-t}}{(1-t)^2}\mathrm{d}t$$

$$= 2\left[-\int \frac{\mathrm{e}^{-t}}{1-t}\mathrm{d}t + \int \frac{\mathrm{e}^{-t}}{(1-t)^2}\mathrm{d}t\right] = 2\left[-\int \frac{\mathrm{e}^{-t}}{1-t}\mathrm{d}t + \int \mathrm{e}^{-t}\mathrm{d}\left(\frac{1}{1-t}\right)\right]$$

$$= 2\frac{\mathrm{e}^{-t}}{1-t} + C = \frac{2\mathrm{e}^{-\sin x}}{1-\sin x} + C$$

本节所给出的例题大多可以用作基本积分公式，整理为如下的基本积分表.

基本积分表 2

1. $\displaystyle\int \tan x\,\mathrm{d}x = -\ln|\cos x| + C$

2. $\displaystyle\int \cot x\,\mathrm{d}x = \ln|\sin x| + C$

3. $\displaystyle\int \sec x\,\mathrm{d}x = \ln|\sec x + \tan x| + C$

4. $\displaystyle\int \csc x\,\mathrm{d}x = \ln|\csc x - \cot x| + C$

5. $\int \dfrac{\mathrm{d}x}{x^2+a^2} = \dfrac{1}{a}\arctan\dfrac{x}{a} + C$

6. $\int \dfrac{\mathrm{d}x}{x^2-a^2} = \dfrac{1}{2a}\ln|\dfrac{x-a}{x+a}| + C$

7. $\int \dfrac{1}{\sqrt{a^2-x^2}}\mathrm{d}x = \arcsin\dfrac{x}{a} + C$

8. $\int \dfrac{1}{\sqrt{x^2\pm a^2}}\mathrm{d}x = \ln|x+\sqrt{x^2\pm a^2}| + C$

9. $\int \sqrt{a^2-x^2}\,\mathrm{d}x = \dfrac{1}{2}x\sqrt{a^2-x^2} + \dfrac{a^2}{2}\arcsin\dfrac{x}{a} + C$

10. $\int \sqrt{x^2\pm a^2}\,\mathrm{d}x = \dfrac{1}{2}x\sqrt{x^2\pm a^2} \pm \dfrac{a^2}{2}\ln|x+\sqrt{x^2\pm a^2}| + C$

习题 6.2

1. 应用换元法求下列不定积分：

(1) $\int \left(1-\dfrac{1}{x^2}\right)\mathrm{e}^{x+\frac{1}{x}}\mathrm{d}x$;

(2) $\int \dfrac{x}{\sqrt{1-3x^2}}\mathrm{d}x$;

(3) $\int \dfrac{1+\cos x}{x+\sin x}\mathrm{d}x$;

(4) $\int \dfrac{x}{x^2+4x+5}\mathrm{d}x$;

(5) $\int \dfrac{\arcsin\frac{x}{2}}{\sqrt{4-x^2}}\mathrm{d}x$;

(6) $\int \cos^3 x\,\mathrm{d}x$;

(7) $\int \sin 2x\cos 3x\,\mathrm{d}x$;

(8) $\int \tan^{10}x\sec^2 x\,\mathrm{d}x$;

(9) $\int \dfrac{\mathrm{d}x}{x(\ln x)\ln(\ln x)}$;

(10) $\int \dfrac{\ln x-1}{\ln^2 x}\mathrm{d}x$;

(11) $\int \dfrac{\sqrt{\ln(x+\sqrt{1+x^2})+5}}{\sqrt{1+x^2}}\mathrm{d}x$;

(12) $\int \dfrac{\arctan\frac{1}{x}}{1+x^2}\mathrm{d}x$;

(13) $\int \dfrac{\arctan\sqrt{x}}{\sqrt{x}(1+x)}\mathrm{d}x$;

(14) $\int \dfrac{\mathrm{d}x}{1+\mathrm{e}^x}$;

(15) $\int \dfrac{\mathrm{d}x}{\mathrm{e}^x+\mathrm{e}^{-x}}$;

(16) $\int \dfrac{\ln(x+\sqrt{1+x^2})}{\sqrt{1+x^2}}\mathrm{d}x$;

(17) $\int \dfrac{x^2}{\sqrt{a^2-x^2}}\mathrm{d}x$;

(18) $\int \dfrac{1}{x^2\sqrt{a^2-x^2}}\mathrm{d}x(a>0)$;

(19) $\int \dfrac{1}{\sqrt{(x^2+1)^3}}\mathrm{d}x$;

(20) $\int \dfrac{1}{x\sqrt{x^2-1}}\mathrm{d}x$.

2. 应用分部积分方法求下列不定积分：

(1) $\int \arccos x\,\mathrm{d}x$;

(2) $\int x^2\mathrm{e}^{-2x}\,\mathrm{d}x$;

(3) $\int \arctan x\,\mathrm{d}x$;

(4) $\int x\arctan x\,\mathrm{d}x$;

(5) $\int x\tan^2 x\,\mathrm{d}x$;

(6) $\int x^2\cos x\,\mathrm{d}x$;

(7) $\int x\sin x\cos x\,\mathrm{d}x$;

(8) $\int \ln(x+\sqrt{1+x^2})\,\mathrm{d}x$;

(9) $\int \mathrm{e}^{\sqrt{x}}\,\mathrm{d}x$;

(10) $\int \sin(\ln x)\,\mathrm{d}x$;

(11) $\int \dfrac{\ln(1+x)}{(2-x)^2}\mathrm{d}x$;

(12) $\int \dfrac{x\mathrm{e}^x\,\mathrm{d}x}{(\mathrm{e}^x+1)^2}$.

3. 求下列不定积分:

(1) $\displaystyle\int \frac{\mathrm{d}x}{x(1+2\ln x)}$;

(2) $\displaystyle\int \frac{\mathrm{d}x}{\sqrt{2x+3}+\sqrt{2x-1}}$;

(3) $\displaystyle\int \frac{\mathrm{d}x}{\mathrm{e}^x - \mathrm{e}^{-x}}$;

(4) $\displaystyle\int \sin^2 x \cos^5 x \mathrm{d}x$;

(5) $\displaystyle\int \tan^3 x \sec^3 x \mathrm{d}x$;

(6) $\displaystyle\int \frac{\mathrm{d}x}{\sin^3 x \cos x}$;

(7) $\displaystyle\int \frac{\mathrm{d}x}{x(x^7+3)}$;

(8) $\displaystyle\int \frac{1}{x^3} \mathrm{e}^{\frac{1}{x}} \mathrm{d}x$;

(9) $\displaystyle\int x^3 \sqrt{4-x^2} \mathrm{d}x$;

(10) $\displaystyle\int \frac{x+1}{x^2\sqrt{x^2-1}} \mathrm{d}x$;

(11) $\displaystyle\int \frac{\mathrm{d}x}{x\sqrt{x^2+x+1}}$;

(12) $\displaystyle\int \frac{\arctan \mathrm{e}^x}{\mathrm{e}^{2x}} \mathrm{d}x$;

(13) $\displaystyle\int \frac{x\mathrm{e}^{-x}}{(1+\mathrm{e}^{-x})^2} \mathrm{d}x$;

(14) $\displaystyle\int \left[\frac{f(x)}{f'(x)} - \frac{f^2(x)f''(x)}{f'^3(x)}\right] \mathrm{d}x$,其中 $f(x)$ 有二阶连续导数.

4. 求下列不定积分:

(1) $\displaystyle\int \frac{x+\sin x \cdot \cos x}{(\cos x - x\sin x)^2} \mathrm{d}x$;

(2) $\displaystyle\int \mathrm{e}^{-\frac{x}{2}} \frac{\cos x - \sin x}{\sqrt{\sin x}} \mathrm{d}x$;

(3) $\displaystyle\int \frac{1}{x^2\sqrt{b^2+x^2}} \mathrm{d}x (b>0)$;

(4) $\displaystyle\int \frac{\mathrm{d}x}{\sqrt{1+\mathrm{e}^x}}$;

(5) $\displaystyle\int \mathrm{e}^x \sin^2 x \mathrm{d}x$;

(6) $\displaystyle\int \frac{x}{1+\sin x} \mathrm{d}x$;

(7) $\displaystyle\int \frac{x+\sin x}{1+\cos x} \mathrm{d}x$;

(8) $\displaystyle\int \frac{x^5}{\sqrt{1+x^2}} \mathrm{d}x$.

5. 用多种方法求下列积分:

(1) $\displaystyle\int \frac{\mathrm{d}x}{1+\cos x}$,

(2) $\displaystyle\int \frac{\mathrm{d}x}{\sin x + \cos x}$,

(3) $\displaystyle\int \frac{\sin x}{1+\sin x} \mathrm{d}x$,

(4) $\displaystyle\int \frac{\cos x}{\sin x - \cos x} \mathrm{d}x$,

(5) $\displaystyle\int \frac{\ln(x+\sqrt{1+x^2})}{(1+x^2)^{\frac{3}{2}}} \mathrm{d}x$.

6.3 有理函数和可化为有理函数的不定积分

前面我们曾经提到,有的函数没有原函数. 虽然连续函数有原函数,但是很多函数的原函数不能用初等函数表示,比如初等函数 $\mathrm{e}^{-x^2}, \dfrac{\sin x}{x}, \dfrac{\cos x}{x}, \dfrac{1}{\ln x}$,和 $\sqrt{1-k^2\sin^2 x}(0<k^2<1)$ 的原函数都不能由初等函数表示. 本节将讨论几类特殊的函数,它们的原函数都是初等函数.

6.3.1 有理函数的不定积分

定义 6.3.1 形如 $\dfrac{P(x)}{Q(x)}$ 的分式函数称为有理函数,其中 $P(x), Q(x)$ 分别是 n 次和 m 次多项式:

$$P_n(x) = a_n x^n + a_{n-1}x^{n-1} + \cdots + a_0, a_n \neq 0$$

$$Q_m(x) = b_m x^m + b_{m-1} x^{m-1} + \cdots + b_0, b_m \neq 0$$

当 $n \geqslant m$ 时，称 $\dfrac{P(x)}{Q(x)}$ 为有理假分式，当 $n < m$ 时，称 $\dfrac{P(x)}{Q(x)}$ 为有理真分式.

利用多项式的除法，可以将有理假分式表示为一个多项式和一个有理真分式之和. 由于多项式的原函数易于求出，其结果仍然是一个多项式，因而有理函数的不定积分问题只需要考虑有理真分式.

求有理真分式的不定积分的关键，是将有理真分式化为简单分式之和，再求简单分式的不定积分. 化有理真分式为简单分式之和将用到代数学中的两个定理，其证明在此略去，读者可参看相关代数书籍.

定理 6.3.1　实系数多项式 $Q(x)$ 在实数范围内可分解为一次和（或）二次的乘积：

$$Q(x) = b_m(x-\alpha_1)^{r_1} \cdots (x-\alpha_k)^{r_k}(x^2+\beta_1 x+\gamma_1)^{s_1} \cdots (x^2+\beta_l x+\gamma_l)^{s_l} \tag{6.6}$$

其中 $r_1 + \cdots + r_k + 2s_1 + \cdots + 2s_l = m, \alpha_i, \beta_j, \gamma_j$ 都是实数，且 $\beta_j^2 - 4\gamma_j < 0 (i = 1, \cdots, k, j = 1, \cdots, l)$

定理 6.3.2　$P(x), Q(x)$ 分别是 n 次和 m 次实系数，$n < m$，且 $Q(x)$ 已经分解为(6.6) 的形式，则有理函数 $\dfrac{P(x)}{Q(x)}$ 可以分解成如下的部分分式之和的形式：

$$\begin{aligned}
\frac{P(x)}{Q(x)} = & \frac{A_{1,1}}{x-\alpha_1} + \cdots + \frac{A_{1,r_1}}{(x-\alpha_1)^{r_1}} + \cdots + \frac{A_{k,1}}{x-\alpha_k} + \cdots + \frac{A_{k,r_k}}{(x-\alpha_1)^{r_k}} \\
& + \frac{B_{1,1}x+C_{1,1}}{x^2+\beta_1 x+\gamma_1} + \cdots + \frac{B_{1,s_1}x+C_{1,s_1}}{(x^2+\beta_1 x+\gamma_1)^{s_1}} + \cdots \\
& + \frac{B_{l,1}x+C_{l,1}}{x^2+\beta_l x+\gamma_l} + \cdots + \frac{B_{l,s_l}x+C_{l,s_l}}{(x^2+\beta_l x+\gamma_l)^{s_l}}
\end{aligned} \tag{6.7}$$

其中 $A_{i,j}, B_{i,j}, C_{i,j} (i = 1, \cdots, k, j = 1, \cdots, l)$ 都是实数.

公式 (6.7) 称为有理真分式 $\dfrac{P(x)}{Q(x)}$ 的**部分分式分解**，其中部分分式共有四种不同形式，即最简单的四种真分式：

$$\frac{A}{x-a}, \frac{A}{(x-a)^k}, \frac{Ax+B}{x^2+px+q}, \frac{Ax+B}{(x^2+px+q)^k}, p^2-4q < 0, k \geqslant 2$$

因此，有理真分式的不定积分就转化为这四种真分式的不定积分：

(1)　$\displaystyle\int \frac{A}{x-a}\mathrm{d}x = A\ln|x-a| + C$;

(2)　$\displaystyle\int \frac{A}{(x-a)^k}\mathrm{d}x = \frac{A}{(1-k)(x-a)^{k-1}} + C$;

(3)　$\displaystyle\int \frac{Ax+B}{x^2+px+q}\mathrm{d}x = \frac{1}{2}\int \frac{A(2x+p)+2B-Ap}{x^2+px+q}\mathrm{d}x$

　　　　$= \dfrac{A}{2}\ln|x^2+px+q| + \dfrac{2B-Ap}{\sqrt{4q-p^2}}\arctan\dfrac{2x+p}{\sqrt{4q-p^2}} + C$;

(4)　$\displaystyle\int \frac{Ax+B}{(x^2+px+q)^k}\mathrm{d}x = \frac{A}{2}\int \frac{(2x+p)\mathrm{d}x}{(x^2+px+q)^k} + \int \frac{B-\frac{Ap}{2}}{(x^2+px+q)^k}\mathrm{d}x$

　　　　$= \dfrac{A}{2(1-k)(x^2+px+q)^{k-1}}$

$$+\left(B-\frac{Ap}{2}\right)\int\frac{\mathrm{d}x}{\left[\left(x+\frac{p}{2}\right)^2+\left(q-\frac{p^2}{4}\right)\right]^k}.$$

第四类有理真分式的不定积分中含有积分 $\int\dfrac{\mathrm{d}x}{(x^2+a^2)^k}$，它就是第二节的例 6.2.24，因此已经得到这四类有理真分式的不定积分，并且原函数只有三种函数类型：有理函数，对数函数和反正切函数.

一般地，使用**待定系数法**将有理真分式化为部分分式之和.

例 6.3.1　求 $\int\dfrac{\mathrm{d}x}{x(x-1)^2}$.

解　先将有理真分式化为部分分式之和，设

$$\frac{1}{x(x-1)^2}=\frac{A_1}{x}+\frac{A_2}{x-1}+\frac{A_3}{(x-1)^2}$$

其中 A_1,A_2,A_3 是待定的实数. 将上式去分母，得到恒等式

$$A_1(x-1)^2+A_2x(x-1)+A_3x=1 \tag{6.8}$$

比较等式两端同幂次的系数，有

$$\begin{cases}A_1+A_2=0\\2A_1+A_2-A_3=0\\A_1=1\end{cases}$$

求解可得 $A_1=1,A_2=-1,A_3=1$. 于是有

$$\int\frac{\mathrm{d}x}{x(x-1)^2}=\int\left[\frac{1}{x}-\frac{1}{x-1}+\frac{1}{(x-1)^2}\right]\mathrm{d}x=\ln|x|-\ln|x-1|-\frac{1}{x-1}+C$$

注 6.3.1　此题中还可以用代特殊值的方法求 A_1,A_2,A_3 的值. 比如，在恒定式 (6.8) 中，令 $x=0$，可得 $A_1=1$，令 $x=1$，可得 $A_3=1$，再令 $x=2$，可得 $A_2=-1$. 此方法称为**代值法**，在将有理真分式化为部分分式之和时十分有用.

例 6.3.2　求 $\int\dfrac{\mathrm{d}x}{x^3+1}$.

解　被积函数的分母可分解为

$$x^3+1=(x+1)(x^2-x+1)$$

为了将有理真分式化为部分分式之和，设

$$\frac{1}{x^3+1}=\frac{A_1}{x+1}+\frac{A_2x+A_3}{x^2-x+1}$$

其中 A_1,A_2,A_3 是待定的实数. 将上式去分母，得到恒等式

$$A_1(x^2-x+1)+(A_2x+A_3)(x+1)=1$$

比较等式两端同幂次的系数，求解可得

$$A_1=\frac{1}{3},A_2=-\frac{1}{3},A_3=\frac{2}{3}$$

从而有

$$\int \frac{\mathrm{d}x}{x^3+1} = \frac{1}{3}\int \left(\frac{1}{x+1} - \frac{x-2}{x^2-x+1}\right)\mathrm{d}x$$

$$= \frac{1}{3}\ln|x+1| - \frac{1}{6}\int \frac{\mathrm{d}(x^2-x+1)}{x^2-x+1} + \frac{1}{2}\int \frac{\mathrm{d}x}{(x-\frac{1}{2})^2+\frac{3}{4}}$$

$$= \frac{1}{6}\ln \frac{(x+1)^2}{x^2-x+1} + \frac{1}{\sqrt{3}}\arctan \frac{2x-1}{\sqrt{3}} + C$$

例 6.3.3 求 $\displaystyle\int \frac{\mathrm{d}x}{1+\mathrm{e}^{\frac{x}{2}}+\mathrm{e}^{\frac{x}{3}}+\mathrm{e}^{\frac{x}{6}}}$.

解 令 $t=\mathrm{e}^{\frac{x}{6}}$，则 $x=6\ln t$. 于是有

$$\int \frac{\mathrm{d}x}{1+\mathrm{e}^{\frac{x}{2}}+\mathrm{e}^{\frac{x}{3}}+\mathrm{e}^{\frac{x}{6}}} = \int \frac{6}{t(1+t)(1+t^2)}\mathrm{d}t = \int \left(\frac{6}{t} - \frac{3}{1+t} - \frac{3t+3}{1+t^2}\right)\mathrm{d}t$$

$$= 6\ln|t| - 3\ln|1+t| - \frac{3}{2}\ln(1+t^2) - 3\arctan t + C$$

$$= x - 3\ln(1+\mathrm{e}^{\frac{x}{6}}) - \frac{3}{2}\ln(1+\mathrm{e}^{\frac{x}{3}}) - 3\arctan \mathrm{e}^{\frac{x}{6}} + C$$

6.3.2　可化为有理函数的不定积分

1.　三角函数有理式的积分

由三角函数与常数经过有限次四则运算构成的表达式，称为三角函数有理式，一般可记为 $R(\sin x,\cos x)$，这里 $R(u,v)$ 是关于变量 u,v 的有理函数，即是关于 u,v 的两个二元多项式之商.

若令

$$u = \tan \frac{x}{2}, x \in (-\pi,\pi) \tag{6.9}$$

则有

$$x = 2\arctan u, \sin x = \frac{2u}{1+u^2}, \cos x = \frac{1-u^2}{1+u^2}, \mathrm{d}x = \frac{2}{1+u^2}\mathrm{d}u,$$

于是

$$\int R(\sin x,\cos x)\mathrm{d}x = \int R\left(\frac{2u}{1+u^2}, \frac{1-u^2}{1+u^2}\right)\frac{2}{1+u^2}\mathrm{d}u$$

上式表明三角函数有理式的不定积分可以通过换元公式 (6.9) 化为有理函数的不定积分，因而其原函数也是初等函数，公式 (6.9) 称为**万能代换**.

例 6.3.4 求 $\displaystyle\int \frac{\sin x+\cos x}{\sin^3 x}\mathrm{d}x$.

解法 1 令 $u=\tan \frac{x}{2}$，则有

$$\int \frac{\sin x+\cos x}{\sin^3 x}\mathrm{d}x = \frac{1}{4}\int \frac{(1+u^2)(1+2u-u^2)}{u^3}\mathrm{d}u = \frac{1}{4}\int \frac{1+2u+2u^3-u^4}{u^3}\mathrm{d}u$$

$$= \frac{u}{2} - \frac{u^2}{8} - \frac{1}{2u} - \frac{1}{8u^2} + C$$

$$= \frac{1}{2}\tan\frac{x}{2} - \frac{1}{2}\cot\frac{x}{2} - \frac{1}{8}\tan^2\frac{x}{2} - \frac{1}{8}\cot^2\frac{x}{2} + C$$

$$= -\cot x - \frac{1}{2}\csc^2 x + C' \quad \left(C' = C + \frac{1}{4}\right)$$

解法 2

$$\int\frac{\sin x + \cos x}{\sin^3 x}\mathrm{d}x = \int\csc^2 x\mathrm{d}x + \int\frac{1}{\sin^3 x}\mathrm{d}(\sin x) = -\cot x - \frac{1}{2}\csc^2 x + C$$

注 6.3.2 万能代换对求三角函数有理式的不定积分总是有效的，但不一定是最简便的，所以对于具体题目，需灵活处理.

例 6.3.5 求 $\int\dfrac{\mathrm{d}x}{\sin^2 x + 4\cos^2 x}$.

解 因为

$$\frac{1}{\sin^2 x + 4\cos^2 x} = \frac{\sec^2 x}{\tan^2 x + 4}$$

所以可令 $u = \tan x$，于是有

$$\int\frac{\mathrm{d}x}{\sin^2 x + 4\cos^2 x} = \int\frac{\mathrm{d}u}{u^2 + 4} = \frac{1}{2}\arctan\frac{u}{2} + C = \frac{1}{2}\arctan\frac{\tan x}{2} + C$$

2. 简单无理函数的不定积分

我们这里只考虑一类特殊无理函数 $R\left(x, \sqrt[n]{\dfrac{ax + b}{cx + d}}\right)$ 的不定积分，其中 $R(u, v)$ 是关于变量 u, v 的有理函数. 我们的目的是通过合适的变换，将其中的无理运算化掉，使之成为有理函数.

若令 $t = \sqrt[n]{\dfrac{ax + b}{cx + d}}$，则 $x = \dfrac{dt^n - b}{a - ct^n}$，从而将 $R\left(x, \sqrt[n]{\dfrac{ax + b}{cx + d}}\right)$ 的不定积分化为有理函数的不定积分：

$$\int R\left(x, \sqrt[n]{\frac{ax + b}{cx + d}}\right)\mathrm{d}x = \int R\left(\frac{dt^n - b}{a - ct^n}, t\right)\mathrm{d}\left(\frac{dt^n - b}{a - ct^n}\right)$$

例 6.3.6 求 $\int\dfrac{\mathrm{d}x}{1 + \sqrt[3]{x + 2}}$.

解 令 $t = \sqrt[3]{x + 2}$，则 $x = t^3 - 2, \mathrm{d}x = 3t^2\mathrm{d}t$，于是

$$\int\frac{\mathrm{d}x}{1 + \sqrt[3]{x + 2}} = \int\frac{3t^2}{1 + t}\mathrm{d}t = 3\int\left(t - 1 + \frac{1}{1 + t}\right)\mathrm{d}t = 3\left(\frac{t^2}{2} - t + \ln|1 + t|\right) + C$$

$$= \frac{3}{2}\sqrt[3]{(x + 2)^2} - 3\sqrt[3]{x + 2} + 3\ln|1 + \sqrt[3]{x + 2}| + C$$

例 6.3.7 求 $\int\sqrt[3]{\dfrac{2 - x}{2 + x}}\dfrac{\mathrm{d}x}{(2 - x)^2}$.

解 令 $t = \sqrt[3]{\dfrac{2 - x}{2 + x}}$，则

$$x = \frac{2(1 - t^3)}{1 + t^3}, \mathrm{d}x = -\frac{12t^2\mathrm{d}t}{(1 + t^3)^2}, \frac{1}{2 - x} = \frac{1 + t^3}{4t^3}$$

于是得到

$$\int \sqrt[3]{\frac{2-x}{2+x}} \frac{\mathrm{d}x}{(2-x)^2} = -\frac{3}{4} \int \frac{\mathrm{d}t}{t^3} = \frac{3}{8t^2} + C = \frac{3}{8} \sqrt[3]{\left(\frac{2+x}{2-x}\right)^2} + C$$

习题 6.3

1. 求下列有理函数的不定积分：

(1) $\displaystyle\int \frac{x}{2x^2 - 3x - 2} \mathrm{d}x$;

(2) $\displaystyle\int \frac{x\mathrm{d}x}{(x+1)(x+2)(x+3)}$;

(3) $\displaystyle\int \frac{x^5 + x^4 - 8}{x^3 - 4x} \mathrm{d}x$;

(4) $\displaystyle\int \frac{\mathrm{d}x}{(1+2x)(1+x^2)}$;

(5) $\displaystyle\int \frac{\mathrm{d}x}{x(x+1)(x^2+x+1)}$;

(6) $\displaystyle\int \frac{x^3+1}{x(x-1)^3} \mathrm{d}x$;

(7) $\displaystyle\int \frac{\mathrm{d}x}{x(x^8+1)}$;

(8) $\displaystyle\int \frac{\mathrm{d}x}{x^4+1}$.

2. 求下列积分：

(1) $\displaystyle\int \frac{\mathrm{d}x}{\sin x + 2\cos x + 3}$;

(2) $\displaystyle\int \frac{\sin x}{1 + \sin x + \cos x} \mathrm{d}x$;

(3) $\displaystyle\int \frac{\mathrm{d}x}{2 + \sin^2 x}$;

(4) $\displaystyle\int \frac{\mathrm{d}x}{1 + \sqrt[3]{1+x}}$;

(5) $\displaystyle\int \frac{\sqrt[3]{x}}{x(x\sqrt{x} + \sqrt[3]{x})} \mathrm{d}x$;

(6) $\displaystyle\int \sqrt{\frac{2-x}{1+x}} \mathrm{d}x$.

3. 求下列积分：

(1) $\displaystyle\int \frac{2x^4 + 5x^2 - 2}{2x^3 - x - 1} \mathrm{d}x$;

(2) $\displaystyle\int \frac{1+x^2}{x^4+1} \mathrm{d}x$;

(3) $\displaystyle\int \frac{\mathrm{d}x}{\sin^4 x}$（用多种方法）;

(4) $\displaystyle\int \frac{1}{x} \sqrt{\frac{1+x}{x}} \mathrm{d}x$.

第7章 定积分

7.1 定积分的定义

7.1.1 问题提出

积分学从萌芽到成熟历经了 2500 多年. 事实上, 早在毕达哥拉斯学派关于不可分公度的发现以及关于数与无限这两个概念的定义中, 就已经孕育了积分学的思想方法; 古希腊时阿基米德等数学家利用穷竭法求出了球的体积和表面积公式, 其中包含了积分的思想; 公元 1 世纪时中国的《九章算术》一书中有不少求面积和体积的公式. 但在 18 世纪以前, 由于人们对无限运算过程还没有形成正确认识, 还不清楚实数系统的结构, 更不了解连续函数的定义和性质, 因而没有形成处理求面积问题的统一方法.

法国数学家 Cauchy 是第一个明确提出利用 "划分函数的定义区间, 求在子区间上矩形的面积之和, 再取极限" 的方法来求面积的数学家. 下面通过实例来说明.

例 7.1.1 求曲边梯形的面积

求由连续曲线 $y = f(x)(f(x) \geqslant 0)$ 与两条直线 $x = a, x = b$ 以及 x 轴所围成的曲边梯形的面积 A.

曲边梯形如图 7.1(a) 所示, 在区间 $[a,b]$ 内插入 $n-1$ 个分点: $a = x_0 < x_1 < x_2 < \cdots < x_{n-1} < x_n = b$, 将区间 $[a,b]$ 分成 n 个小区间 $[x_{i-1}, x_i], i = 1, \cdots, n$. 在每一个小区间 $[x_{i-1}, x_i]$ 上任取一点 ξ_i, 以 $[x_{i-1}, x_i]$ 为底, $f(\xi_i)$ 为高的小矩形面积为 $A_i = f(\xi_i) \triangle x_i$, 用小矩形面积总和近似取代曲边梯形面积如图 7.1(b) 所示, 即

$$A \approx \sum_{i=1}^{n} f(\xi_i) \Delta x_i (\Delta x_i = x_i - x_{i-1})$$

显然当划分 $[a,b]$ 的分点越多, 且划分得比较细密时, 小矩形总面积总和就越接近曲边

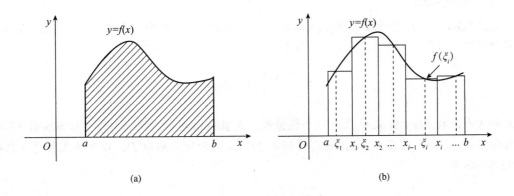

(a)　　　　　　　　　(b)

图 7.1

梯形面积. 当划分无限加细, 即小区间的最大长度 $\lambda = \max\limits_{1 \leqslant i \leqslant n} \{\Delta x_i\}$ 趋近于零, 即 $\lambda \to 0$ 时, 若上面的和式无限接近某一常数, 则这个常数就是曲边梯形的面积, 即将曲边梯形的面积表示成了这些小矩形面积和的极限:

$$A = \lim_{\lambda \to 0} \sum_{i=1}^{n} f(\xi_i) \triangle x_i$$

下面我们再看一个实例.

例 7.1.2 变速直线运动的路程

设某物体作直线运动, 已知速度 $v = v(t)$ 是时间间隔 $[T_1, T_2]$ 上的一个连续函数, 且 $v(t) \geqslant 0$, 求物体在这段时间内所经过的路程.

在时间段 $[T_1, T_2]$ 上, 插入 $n-1$ 个分点, 将整段时间划分成 n 个小时间段: $T_1 = t_0 < t_1 < t_2 < \cdots < t_{n-1} < t_n = T_2$, 在每个小时间段上 $[t_{i-1}, t_i]$ 任意选取一点 τ_i, 在小时间段上 $[t_{i-1}, t_i]$ 将物体看作是做速度为 $v(\tau_i)$ 的匀速运动, 因此在这小段时间内物体经过的路程的近似值为 $v(\tau_i) \Delta t_i, \Delta t_i = t_i - t_{i-1}$, 将各小段的路程近似值相加, 便得到整个时间段 $[T_1, T_2]$ 上路程的近似值 $\sum\limits_{i=1}^{n} v(\tau_i) \Delta t_i$. 当对时间段 $[T_1, T_2]$ 进行无限细分时, 若这个近似值有极限, 则该极限就是路程的精确值.

上面的两个实例, 一个是求曲边梯形的面积, 一个是求变速直线运动的路程, 都可以归结为一类特殊和式的极限, 且过程都是一样的, 即"**划分, 求近似和, 取极限**".

7.1.2　定积分的定义

定义 7.1.1　设 $x_1, x_2, \cdots, x_{n-1}(a < x_1 < x_2 < \cdots < x_{n-1} < b)$ 是 $[a, b]$ 上的任意 $n-1$ 个点, 它们将区间 $[a, b]$ 分成 n 个小区间: $\Delta x_i = x_i - x_{i-1}, i = 1, 2, \cdots, n, x_0 = a, x_n = b$. 称分点 $\{x_i\}_{i=0}^{n}$ 或者子区间 $\{\Delta_i\}_{i=0}^{n}$ 为 $[a, b]$ 的一个划分（**Partition**）或分割, 记为

$$P = \{x_0, x_1, \cdots, x_n\} \text{或} P = \{\Delta_1, \Delta_2, \cdots, \Delta_n\}$$

小区间 Δ_i 的长度为 $\Delta x_i = x_i - x_{i-1}(i = 1, 2, \cdots, n)$, 称

$$\|P\| = \max_{1 \leqslant i \leqslant n} \{\Delta x_i\}$$

为划分 P 的**模**或**宽度**.

定义 7.1.2　设 $f(x)$ 是定义在 $[a, b]$ 上的一个函数, 对于 $[a, b]$ 的一个划分 $P = \{\Delta_1, \Delta_2, \cdots, \Delta_n\}$, 在每个区间上任取一点 $\xi_i(\xi_i \in \Delta_i)$, 并作和

$$S_n = \sum_{i=1}^{n} f(\xi_i) \Delta x_i$$

称此和式为函数 $f(x)$ 在 $[a, b]$ 上的一个**积分和**, 或 **Riemann 和**（黎曼和）. 若有实数 I, 对任意给定的 $\varepsilon > 0$, 存在 $\delta > 0$, 使得对满足 $\|P\| < \delta$ 的任意划分 P, 以及其上任意选取的点 $\{\xi_i\}$, 都有

$$\left| \sum_{i=1}^{n} f(\xi_i) \Delta x_i - I \right| < \varepsilon$$

则称函数 $f(x)$ 在 $[a,b]$ 上 **Riemann 可积（黎曼可积）**，简称**可积**，数值 I 称为 $f(x)$ 在 $[a,b]$ 上的**定积分** (Definite Integral)，记为

$$I = \int_a^b f(x)\mathrm{d}x$$

其中称 $\int$ 为**积分号**，$f(x)$ 为**被积函数**，$f(x)\mathrm{d}x$ 为**被积表达式**，x 为**积分变量**，$[a,b]$ 为**积分区间**，a,b 分别称为定积分的**下限**和**上限**.

注 7.1.1　对比定积分定义的"$\varepsilon-\delta$"叙述与函数极限定义的"$\varepsilon-\delta$"叙述，发现两者在表达形式上很类似，所以定积分也常被写成如下的极限形式：

$$I = \lim_{\|P\|\to 0} \sum_{i=1}^n f(\xi_i)\Delta x_i = \int_a^b f(x)\mathrm{d}x$$

然而必须指出的是，积分和的极限与函数的极限在本质上是有很大差别的. 关于函数极限 $\lim\limits_{x\to x_0} f(x)$，对极限变量 x 的每一个取值，$f(x)$ 的值是唯一确定的；而关于积分和，对于每一个固定的 $\|P\|$，积分和并不唯一. 所以积分和的极限要比函数极限复杂.

注 7.1.2　定积分的值与积分变量的字母无关，只与被积函数和积分上下限有关，即有

$$\int_a^b f(x)\mathrm{d}x = \int_a^b f(t)\mathrm{d}t = \int_a^b f(u)\mathrm{d}u$$

注 7.1.3　定义 7.1.2 中区间 $[a,b]$ 的划分 P 的分法和 ξ_i 的取法都是任意的.

注 7.1.4　当 $a \geqslant b$ 时，规定 $\int_b^a f(x)\mathrm{d}x = -\int_a^b f(x)\mathrm{d}x$. 特别地，$\int_a^a f(x)\mathrm{d}x = 0$.

注 7.1.5 (定积分的几何意义)　如图 7.2 所示，设函数 $f(x)$ 在 $[a,b]$ 上连续，当 $f(x) \geqslant 0$ 时，$\int_a^b f(x)\mathrm{d}x = A$ 表示曲边梯形的面积；当 $f(x) \leqslant 0$ 时，$\int_a^b f(x)\mathrm{d}x = -A$ 表示曲边梯形面积的负值. 当 $f(x)$ 符号不定时，$\int_a^b f(x)\mathrm{d}x$ 表示曲线 $f(x)$ 与两条直线 $x=a,x=b$ 及 x 轴所围图形的各部分面积的代数和，即

$$\int_a^b f(x)\mathrm{d}x = A_1 - A_2 + A_3 - A_4$$

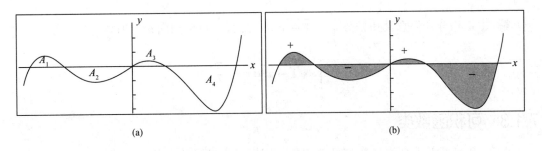

(a)　　　　　　　　　　　　　　(b)

图 7.2

例 7.1.3 设 $f(x)$ 是 $[a,b]$ 上的常值函数：$f(x) = A, x \in [a,b]$，则 $f(x)$ 在 $[a,b]$ 上可积，且

$$\int_a^b f(x)\mathrm{d}x = A(b-a)$$

证 因为对于 $[a,b]$ 的任一划分 $P: a = x_0 < x_1 < x_2 < \cdots < x_{n-1} < x_n = b$，以及任意取点 $\xi_i \in [x_{i-1}, x_i](i = 1, 2, \cdots, n)$，都有

$$\sum_{i=1}^n f(\xi_i) \triangle x_i = A \sum_{i=1}^n (x_i - x_{i-1}) = A(b-a)$$

所以

$$I = \lim_{\|P\| \to 0} \sum_{i=1}^n f(\xi_i) \triangle x_i = \int_a^b A \mathrm{d}x = A(b-a) \text{ 证毕.}$$

例 7.1.4 利用定积分定义证明 Dirichlet 函数 $D(x)$ 在 $[0,1]$ 上不可积，其中

$$D(x) = \begin{cases} 1, & x \text{ 是有理数} \\ 0, & x \text{ 是无理数} \end{cases}$$

证 由实数性质知，对于区间 $[0,1]$ 的任意划分 $P = \{x_0, x_1, \cdots, x_n\}$，在所有小区间 $[x_{i-1}, x_i](i = 1, 2, \cdots, n)$ 上都既存在有理数，又存在无理数. 若取有理数 $\xi_i \in [x_{i-1}, x_i]$，无理数 $\eta_i \in [x_{i-1}, x_i]$，则

$$\sum_{i=1}^n D(\xi_i) \triangle x_i = b - a = 1, \sum_{i=1}^n D(\eta_i) \triangle x_i = 0$$

于是对于任意 P，都有 $\displaystyle\sum_{i=1}^n D(\xi_i) \triangle x_i = 1 \neq \sum_{i=1}^n D(\eta_i) \triangle x_i = 0$. 故由定积分定义知 $\displaystyle\int_0^1 D(x)\mathrm{d}x$ 不存在. 证毕.

例 7.1.5 利用定积分几何意义计算 $\displaystyle\int_0^1 \sqrt{1-x^2}\mathrm{d}x$.

解 由定积分几何意义知积分 $\displaystyle\int_0^1 \sqrt{1-x^2}\mathrm{d}x$ 表示 $\dfrac{1}{4}$ 单位圆面积，所以

$$\int_0^1 \sqrt{1-x^2}\mathrm{d}x = \frac{\pi}{4}$$

7.1.3 可积函数类

例 7.1.4 说明并非任意函数都是可积的，因而函数满足什么条件才可积，或者得到判断函数可积的准则是很基本且重要的问题. 下面先给出可积的一个必要条件.

定理 7.1.1 若 $f(x)$ 在 $[a,b]$ 上可积，则 $f(x)$ 在 $[a,b]$ 上有界.

证 利用反证法. 由定义知, 当 $\|P\| \to 0$ 时, $f(x)$ 的 Riemann 和 $\sum_{i=1}^{n} f(\xi_i) \triangle x_i$ 有极限 I. 取 $\varepsilon = 1$, 则存在 $\delta > 0$, 对任意的划分 P 和任意 $\xi_i \in [x_{i-1}, x_i]$, 只要 $\|P\| < \delta$, 就有

$$\left| \sum_{i=1}^{n} f(\xi_i) \Delta x_i \right| < |I| + 1$$

若 $f(x)$ 在 $[a, b]$ 上无界, 则一定存在一个小区间 $[x_{k-1}, x_k]$, $f(x)$ 在 $[x_{k-1}, x_k]$ 上无界. 取定 $\xi_i \in [x_{i-1}, x_i], i \neq k$, 取 ξ_k 满足 $|f(\xi_k)\Delta x_k| > |I| + 1 + \left| \sum_{i \neq k} f(\xi_i)\Delta x_i \right|$. 于是有

$$|I| + 1 > \left| \sum_{i=1}^{n} f(\xi_i)\Delta x_i \right| \geqslant |f(\xi_k)\Delta x_k| - \left| \sum_{i \neq k} f(\xi_i)\Delta x_i \right| > |I| + 1$$

因而推出矛盾, 所以 $f(x)$ 在 $[a, b]$ 上有界. 证毕.

注 7.1.6 定理 7.1.1 的逆命题不成立, 即闭区间上的有界函数不一定可积, 例 7.1.4 中的 Dirichlet 函数就是一个反例.

这里先叙述可积函数类的基本结论, 其证明将在下一节完成.

结论 7.1.1 若函数 $f(x)$ 在闭区间 $[a, b]$ 上连续, 则 $f(x)$ 在区间 $[a, b]$ 上可积.

结论 7.1.2 若函数 $f(x)$ 在闭区间 $[a, b]$ 上单调有界, 则 $f(x)$ 在区间 $[a, b]$ 上可积.

结论 7.1.3 若函数 $f(x)$ 在闭区间 $[a, b]$ 上有界, 且至多有有限个间断点, 则 $f(x)$ 在区间 $[a, b]$ 上可积.

注 7.1.7 结论 7.1.1 是可积性理论中最基本的结论, 它保证了 (曲边梯形) 面积数学定义的合理性.

注 7.1.8 设函数 $f(x)$ 在 $[a, b]$ 上连续, 记 $q_i = \dfrac{1}{b-a} \triangle x_i$, 则 $q_i > 0, \sum\limits_{i=1}^{n} q_i = 1$, 因而和式 $\dfrac{1}{b-a} \sum\limits_{i=1}^{n} f(\xi_i) \triangle x_i = \sum\limits_{i=1}^{n} q_i f(\xi_i)$ 表示函数值 $f(\xi_i)$ 的加权平均, 所以定义 $f(x)$ 在 $[a, b]$ 上的平均值为 $\dfrac{1}{b-a} \displaystyle\int_{a}^{b} f(x)\mathrm{d}x$.

例 7.1.6 设 $a < b$, 证明: $\displaystyle\int_{a}^{b} x\mathrm{d}x = \dfrac{1}{2}(b^2 - a^2)$.

证 因为 $f(x) = x$ 在区间 $[a, b]$ 上连续, 所以它在 $[a, b]$ 上可积, 即无论采用什么样的区间划分 P 以及无论取什么样的点 ξ_i, 当 $\|P\| \to 0$ 时, 黎曼和的极限都存在且相等 (严格证明见下一节). 于是为了计算方便, 可以选取特殊的区间划分和取特殊点, 这里考虑将区间等分以及取右端点: $a < a + h < \cdots < a + (n-1)h < b, \xi_i = a + ih, h = \dfrac{b-a}{n}, i = 1, 2, \cdots, n.$ 于是由定积分的定义有

$$\int_{a}^{b} x\mathrm{d}x = \lim_{n\to\infty} \sum_{i=1}^{n} (a+ih)h = \lim_{n\to\infty} \left[a \sum_{i=1}^{n} \frac{b-a}{n} + \sum_{i=1}^{n} \left(\frac{b-a}{n} \right)^2 i \right]$$

$$= a(b-a) + (b-a)^2 \lim_{n\to\infty} \sum_{i=1}^{n} \frac{i}{n^2} = a(b-a) + \frac{(b-a)^2}{2} \lim_{n\to\infty} \frac{n(n+1)}{n^2}$$

$$= \frac{1}{2}(b^2 - a^2). \text{ 证毕}.$$

习题 7.1

1. 讨论下列函数在所给区间上是否可积，并说明理由.

   (1) $f(x) = [x], x \in [-2, 2]$;

   (2) $f(x) = \text{sgn}\, x, x \in [-1, 1]$;

   (3) $f(x) = \begin{cases} \dfrac{\sin x}{x}, & x \neq 0, \\ 2, & x = 0, \end{cases} \quad x \in [0, 1]$;

   (4) $f(x) = \begin{cases} \dfrac{1}{x}, & x \neq 0, \\ 1, & x = 0, \end{cases} \quad x \in [0, 1]$.

2. 将积分区间等分，选取特殊值 ξ_i，计算下面定积分：

   (1) $\displaystyle\int_0^1 x^2 \mathrm{d}x$;

   (2) $\displaystyle\int_0^\pi \sin x \mathrm{d}x$.

3. 请选取适当的划分和点集 $\{\xi_i\}$，计算 $\displaystyle\int_1^2 \frac{1}{x} \mathrm{d}x$.

7.2 可积条件

本节讨论函数可积的条件，上一节已经知道函数可积必有界，这节将学习 Darboux 的工作，即对有界函数的可积性给出了判别准则.

7.2.1 Darboux（达布）和

设 $f(x)$ 在 $[a, b]$ 上有界，记 $f(x)$ 在 $[a, b]$ 上的上确界和下确界分别为 M 和 m，则有 $m \leqslant f(x) \leqslant M$. 给定划分 P，记 $f(x)$ 在 $[x_{i-1}, x_i]$ 的上确界和下确界分别为 M_i 和 $m_i (i = 1, 2, \cdots, n)$，即 $M_i = \sup\{f(x) | x \in [x_{i-1}, x_i]\}, m_i = \inf\{f(x) | x \in [x_{i-1}, x_i]\}$，称 $\omega = M - m, \omega_i = M_i - m_i$ 分别为区间 $[a, b]$ 和 $[x_{i-1}, x_i]$ 上的振幅. 定义和式 $\overline{S}(P)$ 和 $\underline{S}(P)$ 为

$$\overline{S}(P) = \sum_{i=1}^n M_i \triangle x_i, \underline{S}(P) = \sum_{i=1}^n m_i \triangle x_i$$

$\overline{S}(P)$ 和 $\underline{S}(P)$ 分别被称为相应于划分 P 的 Darboux 大和与 Darboux 小和（统称为 Darboux 和），如图 7.3(a)

显然对于任意 $\xi_i \in [x_{i-1}, x_i]$，有

$$m \leqslant m_i \leqslant f(\xi_i) \leqslant M_i \leqslant M$$

因而对于函数 $f(x)$ 的任意一个 Riemann 和 $S(P) = \sum_{i=1}^n f(\xi_i) \triangle x_i$，自然成立如下关系式

$$m(b - a) \leqslant \underline{S}(P) \leqslant S(P) \leqslant \overline{S}(P) \leqslant M(b - a)$$

从几何上看，如图 7.3(a)，当 $\|P\| \to 0$ 时，若顶边为实线的矩形面积之和 $\overline{S}(P)$ 与顶边为虚线的矩形面积之和 $\underline{S}(P)$ 的极限存在且相等，则 $f(x)$ 是可积的，反之亦成立，此时图 7.3(b) 中的阴影部分的面积和趋于零. 为了严格证明这一结论，先引入三个引理.

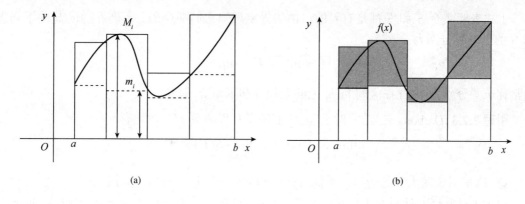

图 7.3

引理 7.2.1 设 P' 是在划分 P 中加入分点得到的新的划分，称为 P 的加细，则 Darboux 大和不增，Darboux 小和不减，即

$$\overline{S}(P') \leqslant \overline{S}(P), \underline{S}(P) \leqslant \underline{S}(P')$$

证 不失一般性，这里只证明增加一个分点的情形，增加多个分点的情形请读者自行完成.

设 $P : a = x_0 < x_1 < x_2 < \cdots < x_{n-1} < x_n = b$，在区间 $[x_{i-1}, x_i]$ 上增加一个分点 $x' \in (x_{i-1}, x_i)$，即 $P' : a = x_0 < x_1 < x_2 < \cdots < x_{i-1} < x' < x_i \cdots < x_{n-1} < x_n = b$. 记 $f(x)$ 在区间 $[x_{i-1}, x']$ 和 $[x', x_i]$ 上的上确界分别为 M_i' 和 M_i''，则有

$$M_i' \leqslant M_i, M_i'' \leqslant M_i$$

于是有

$$M_i'(x' - x_{i-1}) + M_i''(x_i - x') \leqslant M_i(x_i - x_{i-1})$$

由于 P' 与 P 的其他分点是一样的，即 $\overline{S}(P')$ 与 $\overline{S}(P)$ 的其他项是相等的，所以有

$$\overline{S}(P') \leqslant \overline{S}(P)$$

同理可证 $\underline{S}(P) \leqslant \underline{S}(P')$. 证毕.

关于划分加细的 Darboux 和，还可以得到进一步的结论.

推论 7.2.1 若 P' 是划分 P 添加 k 个新划分点而形成的新划分，则有

$$0 \leqslant \overline{S}(P) - \overline{S}(P') \leqslant k\omega\|P\|, 0 \leqslant \underline{S}(P') - \underline{S}(P) \leqslant k\omega\|P\|$$

记 $\overline{S}$ 是 $f(x)$ 在区间 $[a, b]$ 的所有划分的 Darboux 大和组成的集合，而 $\underline{S}$ 是所有划分的 Darboux 小和组成的集合.

引理 7.2.2 对任意两个划分 P_1, P_2，成立以下关系式：

$$m(b-a) \leqslant \underline{S}(P_2) \leqslant \overline{S}(P_1) \leqslant M(b-a)$$

证 记 $P = P_1 + P_2$ 是由划分 P_1, P_2 的所有划分点合并而得的新划分（重复的点只算一次），则 P 既是 P_1 的加细，也是 P_2 的加细. 根据 Darboux 和的性质以及利用引理 7.2.1，可得

$$m(b-a) \leqslant \underline{S}(P_2) \leqslant \underline{S}(P) \leqslant \overline{S}(P) \leqslant \overline{S}(P_1) \leqslant M(b-a)$$

上式表明集合 $\overline{S}$ 和 $\underline{S}$ 都是有界的，由确界定理知它们都存在上下确界，记 $\overline{S}$ 的下确界和 $\underline{S}$ 的上确界分别为

$$\overline{I} = \inf \overline{S}, \ \underline{I} = \sup \underline{S}$$

通常称 $\overline{I}, \underline{I}$ 分别为 $f(x)$ 在区间 $[a,b]$ 上的上积分和下积分. 证毕.

引理 7.2.3 (Darboux 定理)   对于 $[a,b]$ 上任意有界函数 $f(x)$，均有

$$\lim_{\|P\|\to 0} \overline{S}(P) = \overline{I}, \quad \lim_{\|P\|\to 0} \underline{S}(P) = \underline{I}$$

证 这里只证明大和的情形，类似可证小和的情形，请读者自行完成.

由于 $\overline{I} = \inf \overline{S}$，所以对于任意给定的 $\varepsilon > 0$，存在划分 $P_0 : a = x_0 < x_1 < \cdots < x_k = b$，满足

$$0 \leqslant \overline{S}(P_0) - \overline{I} < \frac{\varepsilon}{2}$$

取

$$\delta = \frac{\varepsilon}{2k\omega + 1}$$

对于任意的划分 $P, \|P\| < \delta$，记 $P' = P_0 + P$ 是将划分 P_0 与 P 的所有划分点合并而形成的新划分（重复的点只算一次），利用引理 7.2.1 与推论 7.2.1，可得

$$0 \leqslant \overline{S}(P) - \overline{S}(P') \leqslant k\omega\delta, \quad \overline{S}(P') \leqslant \overline{S}(P_0)$$

于是有

$$0 \leqslant \overline{S}(P) - \overline{I} = \overline{S}(P) - \overline{S}(P') + \overline{S}(P') - \overline{I} \leqslant k\omega\delta + \overline{S}(P_0) - \overline{I} < \frac{\varepsilon}{2} + \frac{\varepsilon}{2} = \varepsilon$$

即 $\lim\limits_{\|P\|\to 0} \overline{S}(P) = \overline{I}$. 证毕.

7.2.2   Riemann 可积的充分必要条件

经过前面的准备，现在讨论有界函数的可积条件. 这里将介绍可积的充分必要条件以及它的三个等价形式.

定理 7.2.1 有界函数 $f(x)$ 在 $[a,b]$ 上可积的充分必要条件是 $f(x)$ 在 $[a,b]$ 上的上积分与下积分相等：$\overline{I} = \underline{I}$.

证（必要性） 设 $f(x)$ 可积且积分值为 I，则对任意的 $\varepsilon > 0$，存在 $\delta > 0$，使得对任意划分

$$P : a = x_0 < x_1 < x_2 < \cdots < x_{n-1} < x_n = b$$

和任意点 $\xi_i \in [x_{i-1}, x_i]$，只要 $\|P\| < \delta$，便有 $\left|\sum\limits_{i=1}^{n} f(\xi_i) \triangle x_i - I\right| < \frac{\varepsilon}{2}$.

特别地，取 ξ_i 是 $[x_{i-1}, x_i]$ 中满足 $0 \leqslant M_i - f(\xi_i) < \frac{\varepsilon}{2(b-a)}$ 的点，于是

$$\left|\overline{S}(P) - \sum_{i=1}^{n} f(\xi_i)\Delta x_i\right| = \sum_{i=1}^{n}[M_i - f(\xi_i)]\Delta x_i < \frac{\varepsilon(b-a)}{2(b-a)} = \frac{\varepsilon}{2}$$

所以

$$\left|\overline{S}(P)-I\right|\leqslant\left|\overline{S}(P)-\sum_{i=1}^{n}f(\xi_i)\Delta x_i\right|+\left|\sum_{i=1}^{n}f(\xi_i)\Delta x_i-I\right|<\frac{\varepsilon}{2}+\frac{\varepsilon}{2}=\varepsilon$$

即 $\lim\limits_{\|P\|\to 0}\overline{S}(P)=I$. 再由引理 7.2.3 可知 $\lim\limits_{\|P\|\to 0}\overline{S}(P)=\overline{I}$, 所以有 $\overline{I}=I$. 同理可证 $\underline{I}=I$, 于是 $\overline{I}=\underline{I}$.

（充分性） 根据 Darboux 和的定义，对任意一种划分 P，均有

$$\underline{S}(P)\leqslant\sum_{i=1}^{n}f(\xi_i)\Delta x_i\leqslant\overline{S}(P)$$

由 $\lim\limits_{\|P\|\to 0}\overline{S}(P)=\overline{I}=\underline{I}=\lim\limits_{\|P\|\to 0}\underline{S}(P)$，上式所有项取极限，由夹逼性可得 $\lim\limits_{\|P\|\to 0}\sum_{i=1}^{n}f(\xi_i)\triangle x_i$ 存在，故 $f(x)$ 在 $[a,b]$ 可积. 证毕.

利用前面定义过的 $\omega_i=M_i-m_i$ 是 $f(x)$ 在 $[x_{i-1},x_i]$ 上的振幅，定理 7.2.1 还有如下的等价表述.

定理 7.2.2 有界函数 $f(x)$ 在 $[a,b]$ 上可积的充分必要条件是

$$\lim_{\|P\|\to 0}\sum_{i=1}^{n}\omega_i\triangle x_i=0$$

证（必要性） 若 $f(x)$ 在 $[a,b]$ 上可积，则由定理 7.2.1 可知有 $\overline{I}=\underline{I}$，即

$$\lim_{\|P\|\to 0}\overline{S}(P)=\lim_{\|P\|\to 0}\underline{S}(P)$$

于是 $0=\lim\limits_{\|P\|\to 0}[\overline{S}(P)-\underline{S}(P)]=\lim\limits_{\|P\|\to 0}\sum_{i=1}^{n}(M_i-m_i)\triangle x_i=\lim\limits_{\|P\|\to 0}\sum_{i=1}^{n}\omega_i\triangle x_i$

（充分性） 若 $\lim\limits_{\|P\|\to 0}\sum_{i=1}^{n}\omega_i\triangle x_i=0$，则由引理 7.2.3 可得

$$\overline{I}-\underline{I}=\lim_{\|P\|\to 0}\overline{S}(P)-\lim_{\|P\|\to 0}\underline{S}(P)=\lim_{\|P\|\to 0}\sum_{i=1}^{n}\omega_i\triangle x_i=0$$

于是有 $\overline{I}=\underline{I}$，根据定理 7.2.1 可得 $f(x)$ 在 $[a,b]$ 上可积. 证毕.

注 7.2.1 定理 7.2.2 对于判别某些函数不可积非常方便，例如，对于 $[0,1]$ 上的 Dirichlet 函数，不管如何作划分，它在每个小区间 $[x_{i-1},x_i]$ 上的振幅恒有 $\omega_i=1$，于是

$$\lim_{\|P\|\to 0}\sum_{i=1}^{n}\omega_i\Delta x_i=\lim_{\|P\|\to 0}\sum_{i=1}^{n}\Delta x_i=1$$

所以 Dirichlet 函数在 $[0,1]$ 上是不可积的.

根据引理 7.2.3 的证明过程可以得到如下事实：对任意给定的 $\varepsilon>0$，只要有一个划分 P'，使得 $0\leqslant\overline{S}(P')-\overline{I}<\frac{\varepsilon}{2}$（或 $0\leqslant\underline{I}-\underline{S}(P')<\frac{\varepsilon}{2}$），那么就一定存在某个 $\delta>0$，对满足 $\|P\|<\delta$ 的任意一种划分 P，必有 $0\leqslant\overline{S}(P)-\overline{I}<\varepsilon$（或 $0\leqslant\underline{I}-\underline{S}(P)<\varepsilon$）. 基于此事实，可得定理 7.2.1 又一等价形式，它在实际应用中更为方便.

定理 7.2.3　　有界函数 $f(x)$ 在 $[a,b]$ 上可积的充分必要条件是，对任意给定的 $\varepsilon>0$，存在某一划分 P，使得相应的振幅满足 $\sum\limits_{i=1}^{n}\omega_i\Delta x_i<\varepsilon$.

除了上面的三个可积准则，下面的可积准则也会经常用到.

定理 7.2.4　　有界函数 $f(x)$ 在 $[a,b]$ 上可积的充分必要条件是：对任意给定的 $\varepsilon>0,\eta>0$，存在某一划分 P，使得在划分 P 的所有小区间中满足振幅 $\omega_{i'}\geqslant\varepsilon$ 的小区间 $\Delta_{i'}$ 的总长度 $\sum\limits_{i'}\Delta x_{i'}<\eta$.

证（必要性）　若 $f(x)$ 在 $[a,b]$ 上可积，则由定理 7.2.3，对于 $\sigma=\varepsilon\eta>0$，存在某一划分 P，使得 $\sum\limits_{i}\omega_i\triangle x_i<\sigma$. 于是有

$$\varepsilon\sum_{i'}\Delta x_{i'}\leqslant\sum_{i'}\omega_{i'}\Delta x_{i'}\leqslant\sum_{i}\omega_i\triangle x_i<\sigma=\varepsilon\eta$$

因而可得 $\sum\limits_{i'}\Delta x_{i'}<\eta$.

（充分性）　当 $M=m$ 时，由例 7.1.1 知结论成立.

当 $M>m$ 时，任给 $\varepsilon'>0$，取 $\varepsilon=\dfrac{\varepsilon'}{2(b-a)}>0,\eta=\dfrac{\varepsilon'}{2(M-m)}>0$. 根据假设，存在某一划分 P，使得振幅 $\omega_{i'}\geqslant\varepsilon$ 的小区间 $\Delta_{i'}$ 的总长度 $\sum\limits_{i'}\Delta x_{i'}<\eta$. 设 P 中其余满足 $\omega_{i''}<\varepsilon$ 那些小区间为 $\Delta_{i''}$，于是有

$$\sum_{i}\omega_i\triangle x_i=\sum_{i'}\omega_{i'}\Delta x_{i'}+\sum_{i''}\omega_{i''}\Delta x_{i''}<(M-m)\sum_{i'}\Delta x_{i'}+\varepsilon\sum_{i''}\Delta x_{i''}$$

$$<(M-m)\eta+\varepsilon(b-a)=\frac{\varepsilon'}{2}+\frac{\varepsilon'}{2}=\varepsilon'$$

故由定理 7.2.3 可知 $f(x)$ 在 $[a,b]$ 上可积. 证毕.

例 7.2.1　证明 Riemann 函数 $R(x)$ 在 $[0,1]$ 上可积.

证　已知 Riemann 函数在 $[0,1]$ 的表达式为

$$R(x)=\begin{cases}\dfrac{1}{q}, & x=\dfrac{p}{q}\,(p,q\text{ 互素},\ p<q)\\[2mm]0, & x=0,1\text{ 或 }(0,1)\text{ 内的无理数}\end{cases}$$

根据 Riemann 函数的定义可知，对任意给定的 $\varepsilon>0$，在 $[0,1]$ 上使得 $R(x)>\dfrac{\varepsilon}{2}$ 的点至多只有有限个，不妨设是 k 个，记为 $0<p_1<p_2<\cdots<p_k<1$. 构造区间 $[0,1]$ 的划分 $P:0=x_0<x_1<x_2<\cdots<x_{2k-1}=1$，使得满足

$$p_1\in[x_0,x_1),x_1-x_0<\frac{\varepsilon}{2k}$$

$$p_2\in[x_2,x_3),x_3-x_2<\frac{\varepsilon}{2k}$$

$$\cdots\cdots$$

$$p_{k-1}\in[x_{2k-4},x_{2k-3}),x_{2k-3}-x_{2k-4}<\frac{\varepsilon}{2k}$$

$$p_k\in[x_{2k-2},x_{2k-1}),x_{2k-1}-x_{2k-2}<\frac{\varepsilon}{2k}$$

由于

$$\sum_{i=1}^{2k-1} \omega_i \Delta x_i = \sum_{j=0}^{k-1} \omega_{2j+1} \Delta x_{2j+1} + \sum_{j=1}^{k-1} \omega_{2j} \Delta x_{2j}$$

在等式右端的第一个和式中，有 $\Delta x_{2j+1} < \dfrac{\varepsilon}{2k}$ 且 $\omega_{2j+1} \leqslant 1$；在第二个和式中，有 $\omega_{2j} \leqslant \dfrac{\varepsilon}{2}$ 且 $\displaystyle\sum_{j=1}^{k-1} \triangle x_{2j} < 1$. 于是有

$$\sum_{i=1}^{2k-1} \omega_i \Delta x_i < \varepsilon$$

所以由定理 7.2.3 可知 Riemann 函数可积. 再根据定积分的定义可得 $\displaystyle\int_0^1 R(x)\mathrm{d}x = 0$. 证毕.

下面的例题是利用定理 7.2.4 证明复合函数的可积性.

例 7.2.2 设 $f(x)$ 在 $[a,b]$ 上连续，$\varphi(t)$ 在 $[\alpha,\beta]$ 上可积，$a \leqslant \varphi(t) \leqslant b, t \in [\alpha,\beta]$，证明函数 $f(\varphi(t))$ 在 $[\alpha,\beta]$ 上可积.

证 任给 $\varepsilon > 0, \eta > 0$. 由 $f(x)$ 在 $[a,b]$ 上连续可知 $f(x)$ 在 $[a,b]$ 上一致连续，于是对给定的 $\varepsilon > 0$，存在 $\delta > 0$，当 $x', x'' \in [a,b]$ 且 $|x' - x''| < \delta$ 时，

$$|f(x') - f(x'')| < \varepsilon$$

由于 $\varphi(t)$ 在 $[\alpha,\beta]$ 上可积，因而对上述的 $\delta > 0, \eta > 0$，存在某一划分 P，使得在 P 的小区间中，$\omega_{i'}(\varphi) \geqslant \delta$ 的所有小区间 $\Delta_{i'}$ 的总长 $\displaystyle\sum_{i'} \Delta t_{i'} < \eta$，而在其余小区间 $\Delta_{i''}$ 上 $\omega_{i''}(\varphi) < \delta$.

对于函数 $f(\varphi(t)), t \in [\alpha,\beta]$，根据上面的分析，它在小区间 $\Delta_{i''}$ 上的振幅 $\omega_{i''}(f(\varphi)) < \varepsilon$，至多在所有小区间 $\Delta_{i'}$ 上的振幅 $\omega_{i'}(f(\varphi)) \geqslant \varepsilon$，而由上面讨论可知这些小区间的总长 $\displaystyle\sum_{i'} \Delta t_{i'} < \eta$，根据定理 7.2.4 可得 $f(\varphi(t))$ 在 $[\alpha,\beta]$ 上可积. 证毕.

7.2.3　三类可积函数可积性的证明

下面将利用上面介绍的可积准则证明上一节的结论 7.1.1–7.1.3.

定理 7.2.5 若函数 $f(x)$ 在 $[a,b]$ 上连续，则 $f(x)$ 在区间 $[a,b]$ 上可积.

证 设 $f(x)$ 在 $[a,b]$ 上连续，则它在 $[a,b]$ 上一致连续，即对任意 $\varepsilon > 0$，存在 $\delta > 0$，对任意 $x', x'' \in [a,b]$，只要 $|x' - x''| < \delta$，就有

$$|f(x') - f(x'')| < \frac{\varepsilon}{b-a}$$

因此，对于任意划分 P，只要 $\|P\| < \delta$, 便有

$$\omega_i = \max_{x \in [x_{i-1}, x_i]} f(x) - \min_{x \in [x_{i-1}, x_i]} f(x) < \frac{\varepsilon}{b-a} \quad (i = 1, 2, \cdots, n)$$

于是

$$\sum_{i=1}^{n} \omega_i \Delta x_i < \frac{\varepsilon}{b-a} \sum_{i=1}^{n} \Delta x_i = \varepsilon$$

由定理 7.2.2 知 $f(x)$ 在 $[a, b]$ 上可积. 证毕.

定理 7.2.6　若函数 $f(x)$ 在区间 $[a, b]$ 上单调有界，则 $f(x)$ 在区间 $[a, b]$ 上可积.

证　若 $f(a) = f(b)$，则 $f(x)$ 在区间 $[a, b]$ 上是常数函数，所以可积.

若 $f(a) \neq f(b)$，不妨设 $f(x)$ 在 $[a, b]$ 上单调增加，则在任意的划分 P 的任意小区间 $[x_{i-1}, x_i]$ 上，$f(x)$ 的振幅为

$$\omega_i = f(x_i) - f(x_{i-1})$$

对任意给定的 $\varepsilon > 0$，取 $\delta = \dfrac{\varepsilon}{f(b) - f(a)} > 0$，当 $\|P\| < \delta$ 时，

$$\sum_{i=1}^{n} \omega_i \Delta x_i = \sum_{i=1}^{n} [f(x_i) - f(x_{i-1})] \Delta x_i < \frac{\varepsilon}{f(b) - f(a)} \sum_{i=1}^{n} [f(x_i) - f(x_{i-1})] = \varepsilon$$

由定理 7.2.2 知，$f(x)$ 在 $[a, b]$ 上可积. 证毕.

定理 7.2.7　若函数 $f(x)$ 在区间 $[a, b]$ 上有界，且至多有有限个间断点，则 $f(x)$ 在区间 $[a, b]$ 上可积.

证　只证 $f(x)$ 在 $[a, b]$ 上只有一个间断点 $x = c \in (a, b)$，类似可证有有限多个间断点或者间断点在端点的情形，请读者自行完成.

设 $|f(x)| \leqslant M$，对任意的 $\varepsilon > 0$，取 $a < a' < c < b' < b$，使得

$$b' - a' < \frac{\varepsilon}{6M}$$

由于 $f(x)$ 在 $[a, a']$ 上连续，因而可积，于是存在划分 $P^{(1)} : a = p_0^{(1)} < p_1^{(1)} < \cdots < p_{k-1}^{(1)} < p_k^{(1)} = a'$，使得

$$\sum_{i=1}^{k} \omega_i^1 \Delta x_i^{(1)} < \frac{\varepsilon}{3}$$

同理由 $f(x)$ 在 $[b', b]$ 上连续可积知，存在划分 $P^{(2)} : b' = p_0^{(2)} < p_1^{(2)} < \cdots < p_{l-1}^{(2)} < p_l^{(2)} = b$，使得

$$\sum_{i=1}^{l} \omega_i^2 \Delta x_i^{(2)} < \frac{\varepsilon}{3}$$

将 $[a, a']$ 的划分 $P^{(1)}$ 与 $[b', b]$ 的划分 $P^{(2)}$ 合并形成区间 $[a, b]$ 的划分 $P : a = p_0^{(1)} < p_1^{(1)} < \cdots < p_{k-1}^{(1)} < p_k^{(1)} < p_0^{(2)} < p_1^{(2)} < \cdots < p_{l-1}^{(2)} < p_l^{(2)}$，对划分 P，成立

$$\sum_{i=1}^{k+l+1} \omega_i \Delta x_i < \varepsilon$$

根据定理 7.2.3 知 $f(x)$ 在区间 $[a, b]$ 上可积. 证毕.

习题 7.2

1. 设 $f(x)$ 在 $[a,b]$ 上可积，c,d 是常数，$c \in [a,b], d \neq f(c)$. 定义函数

$$g(x) = \begin{cases} f(x), & x \in [a,b], x \neq c \\ d, & x = c \end{cases}$$

证明 $g(x)$ 在 $[a,b]$ 上可积，且 $\displaystyle\int_a^b g(x)\mathrm{d}x = \int_a^b f(x)\mathrm{d}x$.

2. 设 $f(x)$ 在 $[a,b]$ 上可积，对区间 $[a,b]$ 作等分划分 $P: \xi_i = a + \dfrac{b-a}{n}i, \Delta x_i = \dfrac{b-a}{n}$ $(n = 1, 2, \dots)$，证明：$\displaystyle\lim_{n\to\infty} \sum_{i=1}^n f(\xi_i)\Delta x_i = \int_a^b f(x)\mathrm{d}x$.

3. 设函数 $f(x)$ 在 $[a,b]$ 上有定义，且对于任给的 $\varepsilon > 0$，存在 $[a,b]$ 上的可积函数 $g(x)$，使得 $|f(x) - g(x)| < \varepsilon, x \in [a,b]$. 证明：$f(x)$ 在 $[a,b]$ 上可积.

4. 设 $f(x)$ 在 $[a,b]$ 上可积，且在 $[a,b]$ 上满足 $|f(x)| \geqslant m > 0$，证明 $\dfrac{1}{f(x)}$ 在 $[a,b]$ 上可积.

5. 设 $f(x)$ 在 $[a,b]$ 上有界，且在 $(a,b]$ 上连续，$x = a$ 是其间断点，证明：$f(x)$ 在 $[a,b]$ 上可积.

6. 利用定理 7.2.4 证明 Riemann 函数在 $[0,1]$ 上可积.

7. 设 $f(x)$ 在 $[a,b]$ 上有界，其间断点为 $\{x_n\}_{n=1}^\infty$，且 $\displaystyle\lim_{n\to\infty} x_n$ 存在，证明 $f(x)$ 在 $[a,b]$ 上可积.

8. 证明引理 7.2.3 关于 Darboux 小和的结论：对于 $[a,b]$ 上任意有界函数 $f(x)$，均有

$$\lim_{\|P\|\to 0} \underline{S}(P) = \underline{I}$$

7.3 定积分的基本性质

本节在定积分定义和函数可积准则的基础上，讨论定积分的一些基本性质，这些性质无论是在定积分的理论分析还是计算与应用都是非常重要的.

定理 7.3.1 (线性性) 设函数 $f(x)$ 和 $g(x)$ 在 $[a,b]$ 上可积，α, β 是常数，则 $\alpha f(x) + \beta g(x)$ 在 $[a,b]$ 上可积，且

$$\int_a^b [\alpha f(x) + \beta g(x)]\mathrm{d}x = \alpha \int_a^b f(x)\mathrm{d}x + \beta \int_a^b g(x)\mathrm{d}x$$

证 当 $\alpha = \beta = 0$ 时，结论显然成立.

当 $\alpha^2 + \beta^2 \neq 0$ 时，由于 $f(x)$ 和 $g(x)$ 在 $[a,b]$ 上可积，则对于任给的 $\varepsilon > 0$，存在 $\delta > 0$，使得对于满足 $\|P\| < \delta$ 的 $[a,b]$ 的任一划分 P：

$$a = x_0 < x_1 < x_2 < \cdots < x_{n-1} < x_n = b$$

以及任意取点 $\xi_i \in [x_{i-1}, x_i](i = 1, 2, \cdots, n)$，都有

$$\left| \sum_{i=1}^n f(\xi_i) \triangle x_i - \int_a^b f(x)\mathrm{d}x \right| < \varepsilon$$

$$\left|\sum_{i=1}^{n} g(\xi_i)\triangle x_i - \int_a^b g(x)\mathrm{d}x\right| < \varepsilon$$

于是可得

$$\left|\sum_{i=1}^{n}[\alpha f(\xi_i)+\beta g(\xi_i)]\triangle x_i - \left[\alpha\int_a^b f(x)\mathrm{d}x + \beta\int_a^b g(x)\mathrm{d}x\right]\right| < (|\alpha|+|\beta|)\varepsilon$$

因而根据定积分定义可知定理结论成立. 证毕.

注 7.3.1 定理 7.3.1 常见的特殊情形为:

$$\int_a^b \alpha f(x)\mathrm{d}x = \alpha\int_a^b f(x)\mathrm{d}x,\ \int_a^b [f(x)\pm g(x)]\mathrm{d}x = \int_a^b f(x)\mathrm{d}x \pm \int_a^b g(x)\mathrm{d}x$$

注7.3.2 定理 7.3.1 还可以推广到任意有限个函数的情形. 设函数 $f_1(x), f_2(x), \cdots, f_n(x)$ $(n\geqslant 2, n\in N)$ 在 $[a,b]$ 上可积, $\alpha_1, \alpha_2, \cdots, \alpha_n$ 是常数, 则 $\alpha_1 f_1(x)+\alpha_2 f_2(x)+\cdots+\alpha_n f_n(x)$ 在 $[a,b]$ 上可积, 且

$$\int_a^b [\alpha_1 f_1(x)+\alpha_2 f_2(x)+\cdots+\alpha_n f_n(x)]\mathrm{d}x$$
$$= \alpha_1\int_a^b f_1(x)\mathrm{d}x + \alpha_2\int_a^b f_2(x)\mathrm{d}x + \cdots + \alpha_n\int_a^b f_n(x)\mathrm{d}x$$

定理 7.3.2 (乘积可积性) 设函数 $f(x)$ 和 $g(x)$ 在 $[a,b]$ 上可积, 则 $f(x)\cdot g(x)$ 在 $[a,b]$ 上可积.

证 由于 $f(x)$ 和 $g(x)$ 在 $[a,b]$ 上可积, 因此它们在 $[a,b]$ 上有界, 即存在 $M>0$, 使得
$$|f(x)|\leqslant M, |g(x)|\leqslant M, x\in[a,b]$$

对 $[a,b]$ 的任意划分 P:
$$a = x_0 < x_1 < x_2 < \cdots < x_{n-1} < x_n = b$$

和任意两点 $\xi_i, \eta_i\in[x_{i-1}, x_i]$, 有
$$|f(\xi_i)g(\xi_i)-f(\eta_i)g(\eta_i)| = |[f(\xi_i)g(\xi_i)-f(\eta_i)g(\xi_i)]+[f(\eta_i)g(\xi_i)-f(\eta_i)g(\eta_i)]|$$
$$\leqslant |f(\xi_i)-f(\eta_i)||g(\xi_i)| + |f(\eta_i)||g(\xi_i)-g(\eta_i)|$$

若记 $f(x), g(x)$ 和 $f(x)\cdot g(x)$ 在小区间 $[x_{i-1}, x_i]$ 上的振幅 $\omega_i(f), \omega_i(g)$ 和 $\omega_i(f\cdot g)$, 则由上式可得

$$\omega_i(f\cdot g)\leqslant M[\omega_i(f)+\omega_i(g)]$$

根据 $f(x), g(x)$ 的可积性知, 对任给的 $\varepsilon>0$, 存在划分 $P: a = x_0 < x_1 < x_2 < \cdots < x_{n-1} < x_n = b$, 使得

$$\sum_{i=1}^{n}\omega_i(f)\triangle x_i < \frac{\varepsilon}{2M},\ \sum_{i=1}^{n}\omega_i(g)\triangle x_i < \frac{\varepsilon}{2M}$$

于是有

$$\sum_{i=1}^{n}\omega_i(f\cdot g)\triangle x_i < M\cdot\frac{\varepsilon}{2M} + M\cdot\frac{\varepsilon}{2M} = \varepsilon$$

故 $f(x)\cdot g(x)$ 在 $[a,b]$ 上可积. 证毕.

注 7.3.3 一般地，乘积的积分并不等于积分的乘积，即：

$$\int_a^b f(x) \cdot g(x)\mathrm{d}x \neq \int_a^b f(x)\mathrm{d}x \cdot \int_a^b g(x)\mathrm{d}x$$

定理 7.3.3（区间可加性） 设 $c \in (a, b)$，则 $f(x)$ 在 $[a, b]$ 上可积的充分必要条件为 $f(x)$ 在 $[a, c]$ 和 $[c, b]$ 上可积，且

$$\int_a^b f(x)\mathrm{d}x = \int_a^c f(x)\mathrm{d}x + \int_c^b f(x)\mathrm{d}x \tag{7.1}$$

证（必要性） 设 $f(x)$ 在 $[a, b]$ 上可积，则对于任意给定的 $\varepsilon > 0$，存在 $[a, b]$ 的划分 $P: a = x_0 < x_1 < x_2 < \cdots < x_{n-1} < x_n = b$，使得

$$\sum_{i=1}^n \omega_i \triangle x_i < \varepsilon \tag{7.2}$$

不妨假设 c 是 P 的分点（若 c 不是 P 的分点，考虑 $P' = P \cup \{c\}$，则由引理 7.2.1 可知，对于 P'，不等式 (7.2) 仍成立），则

$$a = x_0 < x_1 < x_2 < \cdots < x_k = c$$

和

$$c = x_k < x_{k+1} < \cdots < x_{n-1} < x_n = b$$

分别是区间 $[a, c]$ 和 $[c, b]$ 的一个划分（$1 < k < n$），且有

$$\sum_{i=1}^k \omega_i \triangle x_i < \sum_{i=1}^n \omega_i \triangle x_i < \varepsilon, \sum_{i=k+1}^n \omega_i \triangle x_i < \sum_{i=1}^n \omega_i \triangle x_i < \varepsilon$$

于是根据定理 7.2.3 可知 $f(x)$ 在 $[a, c]$ 和 $[c, b]$ 上可积.

由上面的分析，有

$$\sum_{i=1}^n f(\xi_i) \triangle x_i = \sum_{i=1}^k f(\xi_i) \triangle x_i + \sum_{i=k+1}^n f(\xi_i) \triangle x_i$$

于是令 $\|P\| \to 0$，可得

$$\int_a^b f(x)\mathrm{d}x = \int_a^c f(x)\mathrm{d}x + \int_c^b f(x)\mathrm{d}x$$

（充分性） 设 $f(x)$ 在 $[a, c]$ 和 $[c, b]$ 上可积，则对于任意给定的 $\varepsilon > 0$，存在 $[a, c]$ 和 $[c, b]$ 的划分 $P_1: a = x_0' < x_1' < x_2' < \cdots < x_k' = c, P_2: c = x_0'' < x_1'' < \cdots < x_l'' < x_n = b$ 使得

$$\sum_{i=1}^k \omega_i' \triangle x_i' < \frac{\varepsilon}{2}, \sum_{i=1}^l \omega_i'' \triangle x_i'' < \frac{\varepsilon}{2}$$

合并 P_1 和 P_2 构成 $[a, b]$ 的划分 P，记 $n = k + l$，则有

$$\sum_{i=1}^n \omega_i \triangle x_i = \sum_{i=1}^k \omega_i' \triangle x_i' + \sum_{i=1}^l \omega_i'' \triangle x_i'' < \frac{\varepsilon}{2} + \frac{\varepsilon}{2} = \varepsilon$$

所以 $f(x)$ 在 $[a, b]$ 上可积. 证毕.

注 7.3.4 若 $c > b$，且 $f(x)$ 在 $[a, c]$ 上可积，则公式 (7.1) 仍然成立.

定理 7.3.4 (保序性) 设函数 $f(x)$ 和 $g(x)$ 在 $[a, b]$ 上可积，且 $f(x) \geqslant g(x), x \in [a, b]$，则

$$\int_a^b f(x)\mathrm{d}x \geqslant \int_a^b g(x)\mathrm{d}x \tag{7.3}$$

证 由于 $f(x) \geqslant g(x)$ 等价于 $f(x) - g(x) \geqslant 0$，因而所证结论等价于：若 $f(x)$ 在 $[a, b]$ 上可积，$f(x) \geqslant 0, x \in [a, b]$，成立

$$\int_a^b f(x)\mathrm{d}x \geqslant 0$$

对 $[a, b]$ 的任意划分 $P : a = x_0 < x_1 < x_2 < \cdots < x_{n-1} < x_n = b$ 和任意点 $\xi_i \in [x_{i-1}, x_i]$，因为 $f(\xi_i) \geqslant 0$，所以

$$\sum_{i=1}^n f(\xi_i) \triangle x_i \geqslant 0$$

于是由极限的性质知

$$\int_a^b f(x)\mathrm{d}x = \lim_{\|P\| \to 0} \sum_{i=1}^n f(\xi_i) \triangle x_i \geqslant 0 \text{ 证毕.}$$

推论 7.3.1 若 $f(x)$ 在 $[a, b]$ 上可积，且 $m \leqslant f(x) \leqslant M, x \in [a, b]$，则成立

$$m(b-a) \leqslant \int_a^b f(x)\mathrm{d}x \leqslant M(b-a) \tag{7.4}$$

定理 7.3.5 (绝对可积性) 设函数 $f(x)$ 在 $[a, b]$ 上可积，则 $|f(x)|$ 在 $[a, b]$ 上可积，且

$$\left| \int_a^b f(x)\mathrm{d}x \right| \leqslant \int_a^b |f(x)|\mathrm{d}x \tag{7.5}$$

证 由 $f(x)$ 在 $[a, b]$ 上可积可知，对于任意给定的 $\varepsilon > 0$，存在 $[a, b]$ 的划分 $P : a = x_0 < x_1 < x_2 < \cdots < x_{n-1} < x_n = b$，使得

$$\sum_{i=1}^n \omega_i(f) \triangle x_i < \varepsilon$$

对于任意 $\xi, \eta \in [x_{i-1}, x_i]$，有

$$||f(\xi)| - |f(\eta)|| \leqslant |f(\xi) - f(\eta)|$$

即有

$$0 \leqslant \omega_i(|f|) \leqslant \omega_i(f)$$

其中 $\omega_i(|f|)$ 是 $|f|$ 在 $[x_{i-1}, x_i]$ 上的振幅. 于是有

$$\sum_{i=1}^n \omega_i(|f|) \triangle x_i \leqslant \sum_{i=1}^n \omega_i(f) \triangle x_i < \varepsilon$$

由定理 7.2.3 知 $|f(x)|$ 在 $[a, b]$ 上可积.

又因为

$$-|f(x)| \leqslant f(x) \leqslant |f(x)|$$

于是由保序性可得

$$-\int_a^b |f(x)|\mathrm{d}x \leqslant \int_a^b f(x)\mathrm{d}x \leqslant \int_a^b |f(x)|\mathrm{d}x$$

所以不等式 (7.5) 成立. 证毕.

定理 7.3.6 (积分第一中值定理) 设函数 $f(x), g(x)$ 在 $[a,b]$ 上连续，且 $g(x)$ 在 $[a,b]$ 上不变号，则至少存在一点 $\xi \in [a,b]$，使得

$$\int_a^b f(x)g(x)\mathrm{d}x = f(\xi) \int_a^b g(x)\mathrm{d}x \tag{7.6}$$

证 不妨设 $g(x) \geqslant 0, x \in [a,b]$. 因为 $f(x), g(x)$ 在 $[a,b]$ 上连续，所以可积. 设 M, m 是 $f(x)$ 在 $[a,b]$ 上的最大值和最小值，则有

$$mg(x) \leqslant f(x)g(x) \leqslant Mg(x)$$

于是由积分的保序性可得

$$m\int_a^b g(x)\mathrm{d}x \leqslant \int_a^b f(x)g(x)\mathrm{d}x \leqslant M\int_a^b g(x)\mathrm{d}x$$

若 $\int_a^b g(x)\mathrm{d}x = 0$，则等式 (7.6) 自然成立. 若 $\int_a^b g(x)\mathrm{d}x > 0$，则有

$$m \leqslant \frac{\int_a^b f(x)g(x)\mathrm{d}x}{\int_a^b g(x)\mathrm{d}x} \leqslant M$$

再由介值性定理知至少存在一点 $\xi \in [a,b]$，使得

$$f(\xi) = \frac{\int_a^b f(x)g(x)\mathrm{d}x}{\int_a^b g(x)\mathrm{d}x}$$

整理即可得等式 (7.6). 证毕.

推论 7.3.2 (积分中值定理) 在定理 7.3.6 中，若令 $g(x) = 1, x \in [a,b]$，则至少存在一点 $\xi \in [a,b]$ 或者 $0 \leqslant \theta \leqslant 1$，使得

$$\int_a^b f(x)\mathrm{d}x = f(\xi)(b-a) = f(a + \theta(b-a))(b-a) \tag{7.7}$$

注 7.3.5 积分中值定理有明显的几何意义. 当 $f(x) \geqslant 0$，积分中值定理表明在区间 $[a,b]$ 上至少存在一点 ξ，使得由 $f(x)$ 与 x 轴，直线 $x = a, x = b$ 所围的曲边梯形面积等于以区间 $[a,b]$ 为底，$f(\xi)$ 为高的矩形的面积，如图 7.4 所示.

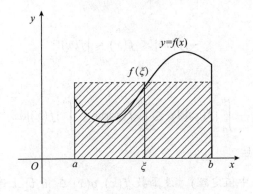

图 7.4

例 7.3.1 设 $f(x)$ 在 $[a,b]$ 上可微，且有 $f(a) = 0, f'(x) \leqslant M(x \in [a,b])$
证明：

$$\int_a^b f(x)\mathrm{d}x \leqslant \frac{M}{2}(b-a)^2$$

证 由 Lagrange 中值定理和题设可知

$$f(x) = f(x) - f(a) = f'(\xi)(x-a) \leqslant M(x-a), a < \xi < x, x \in (a,b]$$

于是根据积分保序性和例 7.1.6 的结论可得

$$\int_a^b f(x)\mathrm{d}x \leqslant \int_a^b M(x-a)\mathrm{d}x = \frac{M}{2}(b-a)^2 \text{ 证毕.}$$

例 7.3.2 设 $f(x)$ 在 $[a,b]$ 上连续且非负，则 $\int_a^b f(x)\mathrm{d}x = 0$ 的充分必要条件是 $f(x) \equiv 0, x \in [a,b]$

证 充分性显然成立. 必要性采用反证法证明.

若 $f(x) \not\equiv 0, x \in [a,b]$，则存在点 $x_0 \in (a,b)$（当 $x_0 = a, b$ 时类似可证），使得 $f(x_0) > 0$（对于 $f(a) > 0$ 或者 $f(b) > 0$ 类似可证）. 由 $f(x)$ 的连续性可知对于 $\varepsilon = \dfrac{f(x_0)}{2} > 0$，存在 $0 < \delta < \min\{x_0 - a, b - x_0\}$，当 $x \in (x_0 - \delta, x_0 + \delta) \subset (a,b)$ 时，成立

$$f(x) > \frac{f(x_0)}{2}$$

于是由积分区间可加性和保序性可得

$$\int_a^b f(x)\mathrm{d}x = \int_a^{x_0-\delta} f(x)\mathrm{d}x + \int_{x_0-\delta}^{x_0+\delta} f(x)\mathrm{d}x + \int_{x_0+\delta}^b f(x)\mathrm{d}x$$

$$\geqslant \int_{x_0-\delta}^{x_0+\delta} f(x)\mathrm{d}x > \int_{x_0-\delta}^{x_0+\delta} \frac{f(x_0)}{2} = \delta f(x_0) > 0$$

导致矛盾，即得所证. 证毕.

例 7.3.3 证明不等式：$\dfrac{1}{2} < \displaystyle\int_{\frac{\pi}{4}}^{\frac{\pi}{2}} \frac{\sin x}{x}\mathrm{d}x < \dfrac{\sqrt{2}}{2}$

证 设 $f(x) = \dfrac{\sin x}{x}, x \in \left[\dfrac{\pi}{4}, \dfrac{\pi}{2}\right]$. 因为

$$f'(x) = \frac{x\cos x - \sin x}{x^2} = \frac{\cos x(x - \tan x)}{x^2} < 0$$

所以 $f(x)$ 在 $\left[\dfrac{\pi}{4}, \dfrac{\pi}{2}\right]$ 单调下降，故它在区间 $\left[\dfrac{\pi}{4}, \dfrac{\pi}{2}\right]$ 的最大值 M 和最小值 m 在端点取得，且分别为

$$M = f\left(\frac{\pi}{4}\right) = \frac{2\sqrt{2}}{\pi}, m = f\left(\frac{\pi}{2}\right) = \frac{2}{\pi}$$

于是由推论 7.3.1 可得

$$\frac{1}{2} = \frac{2}{\pi} \cdot \left(\frac{\pi}{2} - \frac{\pi}{4}\right) < \int_{\frac{\pi}{4}}^{\frac{\pi}{2}} \frac{\sin x}{x}\mathrm{d}x < \frac{2\sqrt{2}}{\pi} \cdot \left(\frac{\pi}{2} - \frac{\pi}{4}\right) = \frac{\sqrt{2}}{2} \text{ 证毕.}$$

例 7.3.4 设 $f(x)$ 在 $[0, +\infty)$ 可导，且 $\lim\limits_{x \to +\infty} f(x) = 1$，求极限 $\lim\limits_{x \to +\infty} \int_x^{x+2} tf(t)\sin\dfrac{2}{t}\mathrm{d}t$.

解 由积分中值定理知存在 $\xi_x \in [x, x+2](x > 0)$，使得

$$\int_x^{x+2} tf(t)\sin\frac{2}{t}\mathrm{d}t = \xi_x f(\xi_x)\sin\frac{2}{\xi_x}(x + 2 - x) = 2f(\xi_x)\xi_x\sin\frac{2}{\xi_x}$$

于是

$$\lim_{x \to +\infty} \int_x^{x+2} tf(t)\sin\frac{2}{t}\mathrm{d}t = 2\lim_{\xi_x \to +\infty} f(\xi_x) \cdot \lim_{\xi_x \to +\infty} \xi_x\sin\frac{2}{\xi_x} = 4\lim_{\xi_x \to +\infty} \frac{\sin\frac{2}{\xi_x}}{\frac{2}{\xi_x}} = 4$$

例 7.3.5 (Cauchy-Schwarz 不等式) 设 $f(x), g(x)$ 在 $[a, b]$ 上连续，证明：

$$\left(\int_a^b f(x)g(x)\mathrm{d}x\right)^2 \leqslant \int_a^b f^2(x)\mathrm{d}x \cdot \int_a^b g^2(x)\mathrm{d}x \tag{7.8}$$

证 因为对于任意 $t \in \mathbb{R}, [f(x) + tg(x)]^2 \geqslant 0$，所以根据定积分保序性和线性性可知

$$0 \leqslant F(t) = \int_a^b [f(x) + tg(x)]^2\mathrm{d}x = \int_a^b f^2(x)\mathrm{d}x + 2t\int_a^b f(x)g(x)\mathrm{d}x + t^2\int_a^b g^2(x)\mathrm{d}x$$

于是有

$$\Delta = 4\left(\int_a^b f(x)g(x)\mathrm{d}x\right)^2 - 4\int_a^b f^2(x)\mathrm{d}x \cdot \int_a^b g^2(x)\mathrm{d}x \leqslant 0$$

整理即可得到所需证的不等式. 证毕.

例 7.3.6 设 $f(x)$ 在区间 $[0, 1]$ 上连续，且 $1 \leqslant f(x) \leqslant 3$. 证明：

$$1 \leqslant \int_0^1 f(x)\mathrm{d}x \int_0^1 \frac{1}{f(x)}\mathrm{d}x \leqslant \frac{4}{3}$$

证 由 Cauchy-Schwarz 不等式可得

$$\int_0^1 f(x)\mathrm{d}x \int_0^1 \frac{1}{f(x)}\mathrm{d}x \geqslant \left[\int_0^1 \sqrt{f(x)}\sqrt{\frac{1}{f(x)}}\mathrm{d}x\right]^2 = 1$$

由题设可知 $[f(x)-1][f(x)-3] \leqslant 0$，从而 $\dfrac{[f(x)-1][f(x)-3]}{f(x)} \leqslant 0$，即有 $f(x) + \dfrac{3}{f(x)} \leqslant 4$，于是

$$\int_0^1 \left[f(x) + \frac{3}{f(x)} \right] \mathrm{d}x \leqslant \int_0^1 4\mathrm{d}x = 4$$

由于

$$\int_0^1 f(x)\mathrm{d}x \int_0^1 \frac{3}{f(x)}\mathrm{d}x \leqslant \frac{1}{4}\left[\int_0^1 f(x)\mathrm{d}x + \int_0^1 \frac{3}{f(x)}\mathrm{d}x\mathrm{d}x \right]^2 \leqslant 4$$

故有 $1 \leqslant \displaystyle\int_0^1 f(x)\mathrm{d}x \int_0^1 \frac{1}{f(x)}\mathrm{d}x \leqslant \frac{4}{3}$ 证毕.

例 7.3.7　设 $f(x)$ 在 $[a,b]$ 上连续且 $f(x) > 0$，证明：

$$\frac{1}{b-a}\int_a^b \ln f(x)\mathrm{d}x \leqslant \ln\left(\frac{1}{b-a}\int_a^b f(x)\mathrm{d}x \right)$$

证　将区间 $[a,b]n$ 等分，并设分点 $x_i = a + \dfrac{i(b-a)}{n}(i=1,2,\cdots,n)$，于是 $\Delta x_i = \dfrac{b-a}{n}(i=1,2,\cdots,n)$. 由于 $\ln x$ 为 $(0,+\infty)$ 的上凸函数，因此根据 Jensen 不等式可得

$$\sum_{i=1}^n \frac{1}{n}\ln f(x_i) \leqslant \ln\left(\sum_{i=1}^n \frac{1}{n}f(x_i) \right)$$

于是有

$$\frac{1}{b-a}\sum_{i=1}^n \ln f(x_i)\Delta x_i \leqslant \ln\left(\frac{1}{b-a}\sum_{i=1}^n f(x_i)\Delta x_i \right)$$

因为 $f(x), \ln f(x)$ 都在 $[a,b]$ 上连续，所以可积，在上式中，令 $n \to \infty$，则由定积分定义可得结论

$$\frac{1}{b-a}\int_a^b \ln f(x)\mathrm{d}x \leqslant \ln\left(\frac{1}{b-a}\int_a^b f(x)\mathrm{d}x \right)$$ 证毕.

习题 7.3

1. 求函数 $f(x) = 2 + x$ 在区间 $[0,2]$ 上的平均值.

2. 设 $f(x)$ 在 $[a,b]$ 上连续，且 $\displaystyle\int_a^b f(x)\mathrm{d}x = 0$，则 $f(x)$ 在 $[a,b]$ 上至少存在一个零点.

3. 设 $f(x), g(x)$ 在 $[a,b]$ 上可积，举例说明一般情况下

$$\int_a^b f(x)g(x)\mathrm{d}x \neq \int_a^b f(x)\mathrm{d}x \cdot \int_a^b g(x)\mathrm{d}x$$

4. 举例说明：$|f(x)|$ 或 $f^2(x)$ 在 $[a,b]$ 上可积，但 $f(x)$ 在 $[a,b]$ 上不可积.

5. 证明不等式：

(1) $1 < \displaystyle\int_0^1 \mathrm{e}^{x^2}\mathrm{d}x < \mathrm{e}$;　　　　　　(2) $1 < \displaystyle\int_0^{\frac{\pi}{2}} \frac{\sin x}{x}\mathrm{d}x < \frac{\pi}{2}$.

6. 利用定积分性质比较积分的大小:

(1) $\displaystyle\int_0^{\frac{\pi}{2}} \sin x \mathrm{d}x$ 与 $\displaystyle\int_0^{\frac{\pi}{2}} x \mathrm{d}x$;　　　　　　(2) $\displaystyle\int_1^{e} x \mathrm{d}x$ 与 $\displaystyle\int_1^{e} \ln x \mathrm{d}x$;

(3) $\displaystyle\int_0^{-2} \mathrm{e}^x \mathrm{d}x$ 与 $\displaystyle\int_0^{-2} x \mathrm{d}x$.

7. 设函数 $f(x), g(x)$ 在 $[a,b]$ 上可积, 记

$$M(x) = \max_{x\in[a,b]}\{f(x),g(x)\}, m(x) = \min_{x\in[a,b]}\{f(x),g(x)\}$$

证明: $M(x), m(x)$ 在 $[a,b]$ 上可积.

8. $f(x)$ 在区间 $[a,b]$ 上连续, 在 (a,b) 内可导, 且满足

$$\frac{2}{b-a}\int_a^{\frac{a+b}{2}} f(x)\mathrm{d}x = f(b)$$

证明: 存在 $\xi \in (a,b)$, 使得 $f'(\xi) = 0$.

9. (Minkowski 不等式) 设 $f(x), g(x)$ 在 $[a,b]$ 上连续, 证明:

$$\left(\int_a^b [f(x)+g(x)]^2 \mathrm{d}x\right)^{\frac{1}{2}} \leqslant \left(\int_a^b f^2(x)\mathrm{d}x\right)^{\frac{1}{2}} + \left(\int_a^b g^2(x)\mathrm{d}x\right)^{\frac{1}{2}}$$

10. 证明不等式:

(1) $\displaystyle\int_0^{2\pi} |a\cos x + b\sin x|\mathrm{d}x < 2\pi\sqrt{a^2+b^2}$;

(2) $3\sqrt{\mathrm{e}} < \displaystyle\int_{\mathrm{e}}^{4\mathrm{e}} \frac{\ln x}{\sqrt{x}}\mathrm{d}x < 6$.

11. 利用积分中值定理求极限: $\displaystyle\lim_{x\to 0} \frac{\displaystyle\int_{\sin x}^{x} \sqrt{2+t^2}\mathrm{d}t}{x\sin^2 x}$.

12. (Hölder 不等式) 设 $f(x), g(x)$ 在 $[a,b]$ 上连续, $p, q > 0$ 且满足 $\dfrac{1}{p} + \dfrac{1}{q} = 1$, 证明:

$$\int_a^b |f(x)g(x)|\mathrm{d}x \leqslant \left(\int_a^b |f(x)|^p \mathrm{d}x\right)^{\frac{1}{p}} \left(\int_a^b |g(x)|^q \mathrm{d}x\right)^{\frac{1}{q}}$$

13. (积分第一中值定理) 积分第一中值定理还有条件较弱的形式: 设 $f(x), g(x)$ 在 $[a,b]$ 上可积, $g(x)$ 在 $[a,b]$ 上不变号, $m, M(m < M)$ 分别是 $f(x)$ 在 $[a,b]$ 上的下确界和上确界, 则存在 $\eta \in [m,M]$, 使得

$$\int_a^b f(x)g(x)\mathrm{d}x = \eta \int_a^b g(x)\mathrm{d}x$$

7.4　微积分基本定理

前面学习了定积分的定义和性质以及函数的可积性, 本节将讨论积分与微分之间的关系, 并回答上一章提出的问题"连续函数存在原函数".

7.4.1 变限积分与原函数的存在性

设函数 $f(x)$ 在 $[a,b]$ 上可积，对于任意的 $x \in [a,b]$，根据定积分区间可加性，可知 $f(x)$ 在 $[a,x]$ 上可积，因此积分

$$\int_a^x f(t)\mathrm{d}t, x \in [a,b]$$

的值随 x 的值而唯一确定，即确定了一个 x 的函数，称之为 $f(x)$ 在 $[a,b]$ 上的**变上限积分**. 上式给出了一种全新的定义函数的方法，它将在讨论微分与积分的联系上起着重要作用，下面首先考查这类函数的分析性质.

定理 7.4.1 设函数 $f(x)$ 在 $[a,b]$ 上可积，定义函数

$$F(x) = \int_a^x f(t)\mathrm{d}t, x \in [a,b] \tag{7.9}$$

则

(1) $F(x)$ 在 $[a,b]$ 上连续;

(2) 若 $f(x)$ 在 $[a,b]$ 上连续，则 $F(x)$ 在 $[a,b]$ 上可微，且有

$$F'(x) = \frac{\mathrm{d}}{\mathrm{d}x} \int_a^x f(t)\mathrm{d}t = f(x), x \in [a,b] \tag{7.10}$$

证 对于任意 $x, x + \Delta x \in [a,b]$，由定义，

$$\Delta F = F(x + \Delta x) - F(x) = \int_x^{x+\Delta x} f(t)\mathrm{d}t, x \in [a,b]$$

(1) 因为函数 $f(x)$ 在 $[a,b]$ 上可积，所以有界，设 $|f(x)| \leqslant M$. 于是有

$$|\Delta F| = \left| \int_x^{x+\Delta x} f(t)\mathrm{d}t \right| \leqslant M |\Delta x|$$

所以当 $\Delta x \to 0$ 时，$\Delta F \to 0$，即 $F(x)$ 在 $[a,b]$ 上连续.

(2) 由于 $f(x)$ 在 $[a,b]$ 上连续，因此由积分中值定理可得

$$\Delta F = F(x + \Delta x) - F(x) = \int_x^{x+\Delta x} f(t)\mathrm{d}t = f(x + \theta \Delta x)\Delta x, 0 \leqslant \theta \leqslant 1$$

于是

$$F'(x) = \lim_{\Delta x \to 0} \frac{\Delta F}{\Delta x} = \lim_{\Delta x \to 0} f(x + \theta \Delta x) = f(x) \text{ 证毕.}$$

注 7.4.1 当 $f(x) \geqslant 0, x \in [a,b]$，变上限积分有明确的几何意义. $\int_a^x f(t)\mathrm{d}t$ 表示由曲线 $f(t)$ 与直线 $t = a, t = x, y = 0$ 所围图形的面积，$\Delta F = \int_x^{x+\Delta x} f(t)\mathrm{d}t$ 表示由曲线 $f(t)$ 与直线 $t = x, x + \Delta x, y = 0$ 所围小窄曲边梯形的面积，当 $\Delta x \to 0, \Delta F$ 是无穷小，如图 7.5 所示.

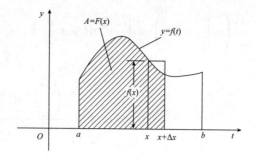

图 7.5

注 7.4.2 类似地，可以定义变下限积分 $\int_x^b f(t)\mathrm{d}t, x \in [a,b]$，变上限积分和变下限积分统称为**变限积分**. 当 $f(x)$ 在 $[a,b]$ 上连续时，根据定积分性质，可得

$$\frac{\mathrm{d}}{\mathrm{d}x}\int_x^b f(t)\mathrm{d}t = -\frac{\mathrm{d}}{\mathrm{d}x}\int_b^x f(t)\mathrm{d}t = -f(x), \quad x \in [a,b]$$

进一步地，变限积分还有复合形式.

推论 7.4.1 设函数 $f(x)$ 在 $[a,b]$ 上连续，$\varphi(x), \psi(x)$ 在 $[a,b]$ 上可导，且当 $x \in [a,b]$ 时，$\varphi(x) \in [a,b], \psi(x) \in [a,b]$，则有

$$\frac{\mathrm{d}}{\mathrm{d}x}\int_{\varphi(x)}^{\psi(x)} f(t)\mathrm{d}t = f(\psi(x))\psi'(x) - f(\varphi(x))\varphi'(x), x \in [a,b]$$

证 根据前面的分析，只需要证明 $\dfrac{\mathrm{d}}{\mathrm{d}x}\displaystyle\int_a^{\psi(x)} f(t)\mathrm{d}t = f(\psi(x))\psi'(x)$ 即可.

记 $u = \psi(x), y = \displaystyle\int_a^{\psi(x)} f(t)\mathrm{d}t = \int_a^u f(t)\mathrm{d}t$，则由求导的链式法则可知

$$\frac{\mathrm{d}y}{\mathrm{d}x} = \frac{\mathrm{d}y}{\mathrm{d}u} \cdot \frac{\mathrm{d}u}{\mathrm{d}x} = \left(\frac{\mathrm{d}}{\mathrm{d}u}\int_a^u f(t)\mathrm{d}t\right) \cdot \psi'(x) = f(u)\psi'(x) = f(\psi(x))\psi'(x) \text{ 证毕.}$$

根据定理 7.4.1，可以直接得到下面的结论.

定理 7.4.2 (原函数存在定理) 若 $f(x)$ 在 $[a,b]$ 上连续，则变限积分 $F(x) = \displaystyle\int_a^x f(t)\mathrm{d}t$ 是 $f(x)$ 在 $[a,b]$ 上的一个原函数.

例 7.4.1 求下列函数的导数：

(1) $\displaystyle\int_1^x t\cos t\mathrm{d}t$;   (2) $\displaystyle\int_{2x}^2 \sqrt{1+t^2}\mathrm{d}t$;   (3) $\displaystyle\int_{\sin x}^{x^2} \ln(2+t)\mathrm{d}t$;   (4) $\displaystyle\int_1^{x^3} x\mathrm{e}^{t^2}\mathrm{d}t$.

解 (1) $\dfrac{\mathrm{d}}{\mathrm{d}x}\displaystyle\int_1^x t\cos t\mathrm{d}t = x\cos x$.

(2) $\dfrac{\mathrm{d}}{\mathrm{d}x}\displaystyle\int_{2x}^2 \sqrt{1+t^2}\mathrm{d}t = -\sqrt{1+(2x)^2} \cdot (2x)' = -2\sqrt{1+4x^2}$.

(3) $\dfrac{\mathrm{d}}{\mathrm{d}x}\displaystyle\int_{\sin x}^{x^2} \ln(2+t)\mathrm{d}t = \ln(2+x^2) \cdot (x^2)' - \ln(2+\sin x) \cdot (\sin x)'$

$= 2x\ln(2+x^2) - \cos x\ln(2+\sin x)$

(4) $\dfrac{\mathrm{d}}{\mathrm{d}x}\displaystyle\int_1^{x^3} x\mathrm{e}^{t^2}\mathrm{d}t = \dfrac{\mathrm{d}}{\mathrm{d}x}\left(x\displaystyle\int_1^{x^3}\mathrm{e}^{t^2}\mathrm{d}t\right) = \displaystyle\int_1^{x^3}\mathrm{e}^{t^2}\mathrm{d}t + x\dfrac{\mathrm{d}}{\mathrm{d}x}\int_1^{x^3}\mathrm{e}^{t^2}\mathrm{d}t = \displaystyle\int_1^{x^3}\mathrm{e}^{t^2}\mathrm{d}t + 3x^3\mathrm{e}^{x^6}.$

例 7.4.2 求极限：

(1) $\displaystyle\lim_{x\to 0}\dfrac{\displaystyle\int_{\cos x}^1 \mathrm{e}^{-t^2}\mathrm{d}t}{x^2}$;

(2) $\displaystyle\lim_{x\to +\infty}\dfrac{\left(\displaystyle\int_1^x \mathrm{e}^{t^2}\mathrm{d}t\right)^2}{\displaystyle\int_1^x \mathrm{e}^{2t^2}\mathrm{d}t}.$

解 (1) 这是 $\dfrac{0}{0}$ 型极限，由 L'Hospital 法则可得

$$\lim_{x\to 0}\dfrac{\displaystyle\int_{\cos x}^1 \mathrm{e}^{-t^2}\mathrm{d}t}{x^2} = \lim_{x\to 0}\dfrac{\sin x\mathrm{e}^{-(\cos x)^2}}{2x} = \dfrac{1}{2\mathrm{e}}.$$

(2) 这是 $\dfrac{\infty}{\infty}$ 型极限，由 L'Hospital 法则可得

$$\lim_{x\to +\infty}\dfrac{\left(\displaystyle\int_1^x \mathrm{e}^{t^2}\mathrm{d}t\right)^2}{\displaystyle\int_1^x \mathrm{e}^{2t^2}\mathrm{d}t} = \lim_{x\to +\infty}\dfrac{2\left(\displaystyle\int_1^x \mathrm{e}^{t^2}\mathrm{d}t\right)\mathrm{e}^{x^2}}{\mathrm{e}^{2x^2}} = \lim_{x\to +\infty}\dfrac{2\displaystyle\int_1^x \mathrm{e}^{t^2}\mathrm{d}t}{\mathrm{e}^{x^2}} = \lim_{x\to +\infty}\dfrac{2\mathrm{e}^{x^2}}{2x\mathrm{e}^{x^2}} = 0.$$

例 7.4.3 设 $f(x)$ 在 $(0,+\infty)$ 内连续，且 $f(x) > 0$. 证明：函数 $F(x) = \dfrac{\displaystyle\int_0^x tf(t)\mathrm{d}t}{\displaystyle\int_0^x f(t)\mathrm{d}t}$ 在 $(0,+\infty)$ 内单调增加.

证 由题意，对于任意 $x \in (0,+\infty)$, $\displaystyle\int_0^x f(t)\mathrm{d}t > 0$. 因为

$$F'(x) = \dfrac{xf(x)\displaystyle\int_0^x f(t)\mathrm{d}t - f(x)\displaystyle\int_0^x tf(t)\mathrm{d}t}{\left(\displaystyle\int_0^x f(t)\mathrm{d}t\right)^2} = \dfrac{f(x)\displaystyle\int_0^x (x-t)f(t)\mathrm{d}t}{\left(\displaystyle\int_0^x f(t)\mathrm{d}t\right)^2} \geqslant 0,$$

所以 $F(x)$ 在 $(0,+\infty)$ 内单调增加. 证毕.

例 7.4.4 设 $f(x)$ 在 $(-\infty,+\infty)$ 上连续，证明：$\displaystyle\int_0^x (x-t)f(t)\mathrm{d}t = \displaystyle\int_0^x\left[\displaystyle\int_0^t f(u)\mathrm{d}u\right]\mathrm{d}t.$

证 记 $F(x) = \displaystyle\int_0^x (x-t)f(t)\mathrm{d}t, G(x) = \displaystyle\int_0^x\left[\displaystyle\int_0^t f(u)\mathrm{d}u\right]\mathrm{d}t$. 因为 $f(x)$ 在 $(-\infty,+\infty)$ 上连续，所以 $\displaystyle\int_0^x f(t)\mathrm{d}t$ 在 $(-\infty,+\infty)$ 上可导，从而 $F(x), G(x)$ 在 $(-\infty,+\infty)$ 上可导. 又

$$F'(x) = \dfrac{\mathrm{d}}{\mathrm{d}x}\left[x\displaystyle\int_0^x f(t)\mathrm{d}t - \displaystyle\int_0^x tf(t)\mathrm{d}t\right] = \displaystyle\int_0^x f(t)\mathrm{d}t + xf(x) - xf(x) = \displaystyle\int_0^x f(t)\mathrm{d}t,$$

$$G'(x) = \displaystyle\int_0^x f(u)\mathrm{d}u = \displaystyle\int_0^x f(t)\mathrm{d}t.$$

且

$$F(0) = G(0) = 0$$

故可得 $F(x) = G(x)$. 证毕.

例 7.4.5 设函数 $f(x)$ 在 $[a,b]$ 上二阶可导, 且 $f''(x) > 0$, 证明:

$$\int_a^b f(x)\mathrm{d}x \geqslant (b-a)f\left(\frac{a+b}{2}\right)$$

证 构造辅助函数

$$g(x) = \int_a^x f(t)\mathrm{d}t - (x-a)f\left(\frac{a+x}{2}\right), \quad x \in [a,b]$$

于是只需证明 $g(b) \geqslant 0$ 即可.

因为

$$g'(x) = f(x) - f\left(\frac{a+x}{2}\right) - \frac{(x-a)}{2}f'\left(\frac{a+x}{2}\right)$$

$$= f'(\xi)\left(x - \frac{a+x}{2}\right) - \frac{(x-a)}{2}f'\left(\frac{a+x}{2}\right) = \frac{(x-a)}{2}\left[f'(\xi) - f'\left(\frac{a+x}{2}\right)\right]$$

其中 $\frac{a+x}{2} < \xi < x$, 由题设 $f''(x) > 0$ 知 $f'(\xi) - f'\left(\frac{a+x}{2}\right) > 0$, 所以当 $b \geqslant x > a$ 时, $g'(x) > 0$. 又 $g(a) = 0$, 故有 $g(b) > 0$. 证毕.

例 7.4.6 设 $f(x)$ 在 $[0,1]$ 上可导, 且 $f(0) = 0, 0 \leqslant f'(x) \leqslant 1$. 证明: $\int_0^1 f^3(x)\mathrm{d}x \leqslant \left(\int_0^1 f(x)\mathrm{d}x\right)^2$.

证 因为 $f(0) = 0, 0 \leqslant f'(x) \leqslant 1$, 所以 $f(x) \geqslant 0$.

设 $F(x) = \left(\int_0^x f(t)\mathrm{d}t\right)^2 - \int_0^x f^3(t)\mathrm{d}t, x \in [0,1]$, 则

$$F'(x) = 2f(x)\left(\int_0^x f(t)\mathrm{d}t\right) - f^3(x) = f(x)\left[2\int_0^x f(t)\mathrm{d}t - f^2(x)\right]$$

令 $G(x) = 2\int_0^x f(t)\mathrm{d}t - f^2(x)$, 则

$$G'(x) = 2f(x) - 2f(x)f'(x) \geqslant 0$$

由 $G(0) = 0$ 可知 $G(x) \geqslant 0$, 于是有 $F'(x) \geqslant 0$.

又 $F(0) = 0$, 故有 $F(x) \geqslant 0, x \in [0,1]$, 即有 $F(1) \geqslant 0$, 所以不等式成立. 证毕.

注 7.4.3 变限积分在解决定积分相关问题时有非常重要的作用, 且使用灵活, 形式多变, 望读者多加训练.

7.4.2　Newton-Leibniz 公式

前面我们学习了定积分的定义，发现利用定义求积分值是一件非常困难的事情. 下面将给出一个便捷的求积分的方法.

先看一个力学问题. 设物体在时间段 $[0,t]$ 的速度为 $v(t)$，所走过的路程为 $S(t)$，那么它在时间段 $[T_1,T_2]$ 所走过的路程可以表示为

$$S = S(T_2) - S(T_1)$$

另根据定积分定义知物体在时间段 $[T_1,T_2]$ 所走过的路程又可以表示为 $\int_{T_1}^{T_2} v(t)\mathrm{d}t$，于是得到

$$\int_{T_1}^{T_2} v(t)\mathrm{d}t = S(T_2) - S(T_1)$$

由于 $v(t) = S'(t)$，因而上式可以解释为 $v(t)$ 在区间 $[T_1,T_2]$ 上的积分值可以用它的一个原函数在区间端点的函数值之差来表示. 这个结论是否具有一般性呢？下面的定理将给出回答.

定理 7.4.3 (Newton-Leibniz 公式)　设 $f(x)$ 在 $[a,b]$ 上连续，$F(x)$ 是 $f(x)$ 在 $[a,b]$ 上一个原函数，则成立

$$\int_a^b f(x)\mathrm{d}x = F(b) - F(a) \tag{7.11}$$

证　由定理 7.4.2 知变限积分 $\int_a^x f(t)\mathrm{d}t$ 也是 $f(x)$ 在 $[a,b]$ 上一个原函数，于是 $F(x)$ 与 $\int_a^x f(t)\mathrm{d}t$ 只差一个常数，即

$$\int_a^x f(t)\mathrm{d}t = F(x) + C$$

将 $x = a$ 代入，可得 $C = -F(a)$. 再将 $x = b$ 代入，即可得

$$\int_a^b f(t)\mathrm{d}t = \int_a^b f(x)\mathrm{d}x = F(b) - F(a) \text{ 证毕.}$$

注 7.4.4　公式 (7.11) 称为 Newton-Leibniz 公式. 公式中 $F(b) - F(a)$ 根据 $F(x)$ 的形式还常被记为 $F(x)\big|_a^b$ 或 $[F(x)]_a^b$，即

$$\int_a^b f(x)\mathrm{d}x = F(b) - F(a) = F(x)\big|_a^b = [F(x)]_a^b$$

注 7.4.5　定理 7.4.3 的条件可以减弱：设 $f(x)$ 在 $[a,b]$ 上可积，且在 $[a,b]$ 上有原函数 $F(x)$，公式 (7.11) 仍成立. 证明请读者自行完成.

例 7.4.7　计算积分：

(1) $\displaystyle\int_0^{\frac{\pi}{2}} (2\cos x - \sin x + 1)\mathrm{d}x$；　　　　　(2) $\displaystyle\int_0^{\pi} \sqrt{\sin^3 x - \sin^5 x}\,\mathrm{d}x$.

解　(1) $\displaystyle\int_0^{\frac{\pi}{2}} (2\cos x - \sin x + 1)\mathrm{d}x = [2\sin x + \cos x + x]_0^{\frac{\pi}{2}} = 1 + \dfrac{\pi}{2}$.

(2) $\displaystyle\int_0^\pi \sqrt{\sin^3 x - \sin^5 x}\,\mathrm{d}x = \int_0^\pi |\cos x|\sqrt{\sin^3 x}\,\mathrm{d}x = \int_0^{\frac{\pi}{2}} \cos x(\sin x)^{\frac{3}{2}}\,\mathrm{d}x - \int_{\frac{\pi}{2}}^\pi \cos x(\sin x)^{\frac{3}{2}}\,\mathrm{d}x$

$\displaystyle = \frac{2}{5}(\sin x)^{\frac{5}{2}}\Big|_0^{\frac{\pi}{2}} - \frac{2}{5}(\sin x)^{\frac{5}{2}}\Big|_{\frac{\pi}{2}}^\pi = \frac{4}{5}$

例 7.4.8　利用定积分定义求极限：$\displaystyle\lim_{n\to\infty}\frac{1}{n}\sum_{k=1}^n \sin\frac{k\pi}{n}$.

解　$\displaystyle\lim_{n\to\infty}\frac{1}{n}\sum_{k=1}^n \sin\frac{k\pi}{n}$ 可以变形为 $\displaystyle\frac{1}{\pi}\lim_{n\to\infty}\sum_{k=1}^n \sin\frac{k\pi}{n}\cdot\frac{\pi}{n}$，此和式是连续函数 $\sin x$ 在区间 $[0,\pi]$ 对应区间 n 等分，分点取区间 $\left[\dfrac{(k-1)\pi}{n},\dfrac{k\pi}{n}\right]$ 右端点的积分和，于是有

$$\lim_{n\to\infty}\frac{1}{n}\sum_{k=1}^{n.}\sin\frac{k\pi}{n} = \frac{1}{\pi}\int_0^\pi \sin x\,\mathrm{d}x = \frac{2}{\pi}$$

例 7.4.9　设 $f(x)$ 连续，且 $f(x) = x + \sqrt{1-x^2}\displaystyle\int_0^1 xf(x)\,\mathrm{d}x$，求 $f(x)$.

解　设 $\displaystyle\int_0^1 xf(x)\,\mathrm{d}x = A$，则 $f(x) = x + A\sqrt{1-x^2}$. 于是

$$A = \int_0^1 xf(x)\,\mathrm{d}x = \int_0^1 x(x + A\sqrt{1-x^2})\,\mathrm{d}x$$

$$= \int_0^1 x^2\,\mathrm{d}x + A\int_0^1 x\sqrt{1-x^2}\,\mathrm{d}x = \frac{1}{3} + A[-\frac{1}{2}\cdot\frac{2}{3}(1-x^2)^{\frac{3}{2}}]_0^1 = \frac{1}{3} + \frac{A}{3}$$

由此可解得 $A = \dfrac{1}{2}$，故 $f(x) = x + \dfrac{1}{2}\sqrt{1-x^2}$.

例 7.4.10　设函数 $f(x)$ 在 $[a,b]$ 上二阶可导，$f\left(\dfrac{a+b}{2}\right) = 0$，且 $|f''(x)| \leqslant M$，证明：

$$\left|\int_a^b f(x)\,\mathrm{d}x\right| \leqslant \frac{M(b-a)^3}{24}$$

证　$f(x)$ 在 $\dfrac{a+b}{2}$ 处的一阶 Taylor 公式为

$$f(x) = f\left(\frac{a+b}{2}\right) + f'\left(\frac{a+b}{2}\right)\left(x - \frac{a+b}{2}\right) + \frac{1}{2}f''(\xi)\left(x - \frac{a+b}{2}\right)^2$$

$$= f'\left(\frac{a+b}{2}\right)\left(x - \frac{a+b}{2}\right) + \frac{1}{2}f''(\xi)\left(x - \frac{a+b}{2}\right)^2$$

其中 ξ 介于 x 与 $\dfrac{a+b}{2}$ 之间. 对等式两端求 a 到 b 的积分，得到

$$\int_a^b f(x)\,\mathrm{d}x = \int_a^b f'\left(\frac{a+b}{2}\right)\left(x - \frac{a+b}{2}\right)\mathrm{d}x + \int_a^b \frac{1}{2}f''(\xi)\left(x - \frac{a+b}{2}\right)^2\mathrm{d}x$$

$$= \frac{1}{2}f'\left(\frac{a+b}{2}\right)\left(x - \frac{a+b}{2}\right)^2\Big|_a^b + \int_a^b \frac{1}{2}f''(\xi)\left(x - \frac{a+b}{2}\right)^2\mathrm{d}x$$

$$= \frac{1}{2}\int_a^b f''(\xi)\left(x - \frac{a+b}{2}\right)^2 \mathrm{d}x$$

于是由积分保序性可得

$$\left|\int_a^b f(x)\mathrm{d}x\right| = \left|\frac{1}{2}\int_a^b f''(\xi)\left(x - \frac{a+b}{2}\right)^2 \mathrm{d}x\right| \leqslant \frac{1}{2}\int_a^b |f''(\xi)|\left(x - \frac{a+b}{2}\right)^2 \mathrm{d}x$$

$$= \frac{M}{2}\int_a^b \left(x - \frac{a+b}{2}\right)^2 \mathrm{d}x = \frac{M(b-a)^3}{24} \text{ 证毕}.$$

推论 7.4.2 设 $f(x)$ 在 $[a,b]$ 上可积，且在开区间 (a,b) 上有原函数 $F(x)$.

(1) 若 $F(x)$ 在 $[a,b]$ 上连续，则

$$\int_a^b f(x)\mathrm{d}x = F(b) - F(a)$$

(2) 若 $F(x)$ 在端点 a 处存在右极限 $F(a+)$，端点 b 处存在左极限 $F(b-)$，则成立

$$\int_a^b f(x)\mathrm{d}x = F(b-) - F(a+)$$

例 7.4.11 求积分 $\int_0^2 f(x)\mathrm{d}x$，其中 $f(x) = \begin{cases} 2x, & 0 \leqslant x \leqslant 1 \\ 5, & 1 < x \leqslant 2 \end{cases}$

解 $f(x)$ 在区间 $[0,2]$ 上可积，根据定积分可加性与推论 7.4.2 可得

$$\int_0^2 f(x)\mathrm{d}x = \int_0^1 f(x)\mathrm{d}x + \int_1^2 f(x)\mathrm{d}x = \int_0^1 2x\mathrm{d}x + \int_1^2 5\mathrm{d}x = x^2\big|_0^1 + 5x\big|_1^2 = 6$$

习题 7.4

1. 求下列函数的导数：

(1) $F(x) = \int_x^1 (1 + t^2)\mathrm{d}t$;

(2) $F(x) = \int_{\cos x}^{\sin x} \frac{1}{1 - t^2}\mathrm{d}t$;

(3) $F(x) = \int_{x^2}^{\ln x} (x + \mathrm{e}^t)\mathrm{d}t$;

(4) $F(x) = \int_0^x \mathrm{e}^{t^2 - x^2}\mathrm{d}t$.

2. 求极限：

(1) $\lim\limits_{x\to 0} \dfrac{\int_0^x \cos t^2 \mathrm{d}t}{x}$;

(2) $\lim\limits_{x\to +\infty} \dfrac{\int_0^x (\arctan t)^2 \mathrm{d}t}{\sqrt{x^2 + 1}}$;

(3) $\lim\limits_{x\to 0} \dfrac{\int_0^{x^2} \sin\sqrt{t}\mathrm{d}t}{x\sin^2 x}$;

(4) $\lim\limits_{x\to\infty} \dfrac{\int_1^x [t^2(\mathrm{e}^{\frac{1}{t}} - 1) - t]\mathrm{d}t}{x}$.

3. 利用定积分定义求极限：

(1) $\lim\limits_{n\to\infty} \sum\limits_{i=1}^n \dfrac{1}{n + i}$;

(2) $\lim\limits_{n\to\infty} \sum\limits_{i=1}^n \dfrac{n}{n^2 + i^2}$;

(3) $\lim\limits_{n\to\infty} \dfrac{1}{n^{\alpha+1}} \sum\limits_{i=1}^n i^\alpha$.

4. 计算下列积分:

　(1) $\displaystyle\int_0^{\frac{\pi}{2}}(2\cos x+\sin x-1)\mathrm{d}x$;　　　　　　(2) $\displaystyle\int_{-4}^4|x^2-2x-3|\mathrm{d}x$;

　(3) $\displaystyle\int_{-2}^2\max\{x,x^2\}\mathrm{d}x$;

　(4) $\displaystyle\int_{-1}^1 f(x)\mathrm{d}x, f(x)=\begin{cases}x+2, & -1\leqslant x<0 \\ \mathrm{e}^x, & 0\leqslant x\leqslant 1\end{cases}$

5. 已知函数 $y=y(x)$ 由方程 $\displaystyle\int_0^{x+y}\mathrm{e}^{-t^2}\mathrm{d}t=\int_0^x x\sin(t^2)\mathrm{d}t$ 所确定, 求 $y'(0)$.

6. 利用微分中值定理证明积分中值定理: 设 $f(x)$ 在 $[a,b]$ 上连续, 则至少存在一点 $\xi\in$ (a,b), 使得

$$\int_a^b f(x)\mathrm{d}x=f(\xi)(b-a)$$

即积分中值定理中的中值点一定能在开区间 (a,b) 内取得.

7. 证明不等式: 设 $0<p<q$, 则 $\ln\dfrac{q}{p}\leqslant\dfrac{q-p}{p}$.

8. 设 $f(x)$ 在 $[a,b]$ 上连续, 令 $F(x)=\displaystyle\int_a^x f(t)(x-t)\mathrm{d}t$, 证明: $F''(x)=f(x), x\in[a,b]$.

9. 设 $f(x)$ 在 $[a,b]$ 上连续, 且 $f(x)>0$, 证明:

$$\int_a^b f(x)\mathrm{d}x\int_a^b\frac{1}{f(x)}\mathrm{d}x\geqslant(b-a)^2$$

10. 设 $f(x)$ 在 $[0,+\infty)$ 上连续, 且 $\displaystyle\lim_{x\to+\infty}f(x)=A$, 证明: $\displaystyle\lim_{x\to+\infty}\frac{\displaystyle\int_0^x f(t)\mathrm{d}t}{x}=A$.

11. 设 $f(x)$ 在区间 $[a,b]$ 上有二阶导数, 证明: 存在 $c\in(a,b)$, 使得

$$\int_a^b f(x)\mathrm{d}x=(b-a)f\left(\frac{a+b}{2}\right)+\frac{1}{24}f''(c)(b-a)^3$$

12. 设 $f(x),g(x)$ 在区间 $[a,b]$ 上连续, 且 $\displaystyle\int_a^b g(x)\mathrm{d}x=0$, 证明: 存在 $\xi\in(a,b)$, 使得

$$f(\xi)\int_\xi^b g(x)\mathrm{d}x=g(\xi)$$

13. 设 $f(x)$ 在 $[0,1]$ 上连续可微且满足 $f(0)=0, 0<f'(x)\leqslant 1$, 证明:

$$\left(\int_0^1 f(x)\mathrm{d}x\right)^2\geqslant\int_0^1 f^3(x)\mathrm{d}x$$

14. 设 $f(x)$ 在 $[a,b]$ 上连续且单调增加, 证明:

$$\int_a^b xf(x)\mathrm{d}x\geqslant\frac{a+b}{2}\int_a^b f(x)\mathrm{d}x$$

15. 利用定积分定义求极限:

(1) $\displaystyle\lim_{n\to\infty}\sin\frac{\pi}{n}\sum_{i=1}^{n}\frac{1}{2+\frac{\pi i}{n}}$;

(2) $\displaystyle\lim_{n\to\infty}\sqrt[n]{\left(1+\frac{1}{n}\right)\left(1+\frac{2}{n}\right)\cdots\left(1+\frac{n}{n}\right)}$;

(3) $\displaystyle\lim_{n\to\infty}\frac{\sqrt[n]{n!}}{n}$.

16. 求极限：

(1) 设 $f(x)$ 在 $x=1$ 处可导，且 $f(1)=0, f'(1)=1$，求 $\displaystyle\lim_{x\to 1}\frac{\displaystyle\int_{1}^{x}\left(t\int_{t}^{1}f(u)\mathrm{d}u\right)\mathrm{d}t}{(1-x)^3}$;

(2) $\displaystyle\lim_{x\to 0^+}\frac{\displaystyle\int_{x}^{\sin x}\cos t^2\mathrm{d}t}{\displaystyle\int_{0}^{x^3}\mathrm{e}^{t^2}\mathrm{d}t}$;

(3) $\displaystyle\lim_{n\to\infty}\int_{0}^{1}\frac{x^n}{1+x}\mathrm{d}x$.

17. 设 $f(x)$ 在 $[a,b]$ 上可积，且在 $[a,b]$ 上有原函数 $F(x)$，公式 (7.11) 仍成立.

18. 设 $f(x)$ 是区间 $[0,1]$ 上单调递减的连续函数，证明：对任意的 $\alpha\in[0,1]$，成立

$$\int_{0}^{\alpha}f(x)\mathrm{d}x\geqslant\alpha\int_{0}^{1}f(x)\mathrm{d}x$$

19. 设 $y=f(x)$ 是区间 $[0,1]$ 上连续，且有 $\displaystyle\int_{0}^{1}f(t)\mathrm{d}t=3\int_{0}^{\frac{1}{3}}\mathrm{e}^{1-x^2}\left(\int_{0}^{x}f(t)\mathrm{d}t\right)\mathrm{d}x$. 证明至少存在一个 $\xi\in(0,1)$，使得

$$f(\xi)=2\xi\int_{0}^{\xi}f(x)\mathrm{d}x$$

20. （Young 不等式）设 $y=f(x)$ 是区间 $[0,+\infty)$ 上单调递增的连续函数，且 $f(0)=0$，其反函数记 $x=f^{-1}(y)$. 证明：

$$\int_{0}^{a}f(x)\mathrm{d}x+\int_{0}^{b}f^{-1}(y)\mathrm{d}y\geqslant ab\quad(a>0,b>0)$$

7.5 定积分计算法

Newton-Leibniz 公式是直接利用原函数求定积分的值，当被积函数比较复杂时，实施过程有一定的难度. 回忆第六章在求原函数时，曾经使用过换元法和分部积分法，本节将学习从定积分出发直接建立换元法和分部积分法来求定积分值，具有更广泛的适应性.

7.5.1 定积分换元法

定理 7.5.1 设 $f(x)$ 在 $[a,b]$ 上连续，$x=\varphi(t)$ 在区间 $[\alpha,\beta]$ 有连续导数，且
$$a\leqslant\varphi(t)\leqslant b,\varphi(\alpha)=a,\varphi(\beta)=b$$

则有

$$\int_a^b f(x)\mathrm{d}x = \int_\alpha^\beta f(\varphi(t))\varphi'(t)\mathrm{d}t. \tag{7.12}$$

证 设 $F(x)$ 是 $f(x)$ 在 $[a,b]$ 上的一个原函数，记 $\Phi(t) = F(\varphi(t))$，由

$$\Phi'(t) = f(\varphi(t))\varphi'(t)$$

知 $\Phi(t)$ 是 $f(\varphi(t))\varphi'(t)$ 的一个原函数，因而有

$$\int_\alpha^\beta f(\varphi(t))\varphi'(t)\mathrm{d}t = \Phi(\beta) - \Phi(\alpha) = F(\varphi(\beta)) - F(\varphi(\alpha)) = F(b) - F(a) = \int_a^b f(x)\mathrm{d}x \ \text{证毕}.$$

例 7.5.1 计算 $\displaystyle\int_0^1 x^2\sqrt{1-x^2}\mathrm{d}x$.

解 令 $x = \sin t, \sin 0 = 0, \sin\dfrac{\pi}{2} = 1, 0 \leqslant \sin t \leqslant 1$，则有

$$\int_0^1 x^2\sqrt{1-x^2}\mathrm{d}x = \int_0^{\frac{\pi}{2}} \sin^2 t|\cos t|\cos t\mathrm{d}t = \int_0^{\frac{\pi}{2}} \frac{1-\cos 4t}{8}\mathrm{d}t = \left[\frac{t}{8} - \frac{\sin 4t}{32}\right]_0^{\frac{\pi}{2}} = \frac{\pi}{16}$$

注 7.5.1 当 $\alpha > \beta$ 时，公式 (7.12) 仍成立.

例 7.5.2 计算定积分：

(1) $\displaystyle\int_0^1 x(1-x)^n\mathrm{d}x (n$ 是正整数)；

(2) $\displaystyle\int_{-2}^{-\sqrt{2}} \frac{\mathrm{d}x}{\sqrt{x^2-1}}$.

解 (1) 令 $t = 1-x$，即 $x = 1-t$，当 $x = 0$ 时 $t = 1$，当 $x = 1$ 时 $t = 0, 0 \leqslant t \leqslant 1$，则有

$$\int_0^1 x(1-x)^n\mathrm{d}x = -\int_1^0 (1-t)t^n\mathrm{d}t = \int_0^1 (t^n - t^{n+1})\mathrm{d}t$$

$$= \left[\frac{1}{n+1}t^{n+1} - \frac{1}{n+2}t^{n+2}\right]_0^1 = \frac{1}{(n+1)(n+2)}$$

(2) 令 $x = \sec t$，则

$$\int_{-2}^{-\sqrt{2}} \frac{\mathrm{d}x}{\sqrt{x^2-1}} = \int_{\frac{2\pi}{3}}^{\frac{3\pi}{4}} \frac{\mathrm{d}\sec t}{|\tan t|} = -\int_{\frac{2\pi}{3}}^{\frac{3\pi}{4}} \frac{\sec t \tan t}{\tan t}\mathrm{d}t = -\int_{\frac{2\pi}{3}}^{\frac{3\pi}{4}} \sec t\mathrm{d}t = \ln\frac{2+\sqrt{3}}{1+\sqrt{2}}$$

注 7.5.2 通过上面的例题可以看出，定积分的换元法是与不定积分的换元法不一样的，它是带着换元变量进行，不需要将新变量换回原变量. 同时定积分换元法也没有不定积分中第一换元法和第二换元法的区别. 这在实际使用时会带来很大的便利. 此外，使用定积分换元法特别需要注意三点：

(1) 变换一定要满足条件，容易忽略条件 $\varphi(t)$ 在相应的积分区间有连续导数，比如

$$\int_{-1}^1 \frac{1}{(1+x^2)\sqrt{1+x^2}}\mathrm{d}x$$

不能用变换 $x = \dfrac{1}{t}$，因为当 $x = 0$ 时，$t \to \infty$；

(2) 被积函数、积分变量和上下限同时都需要代换，且换元前后的积分上限对上限，下限对下限；

(3) 遇到被积函数开平方时需要注意符号.

此外,定积分的换元法可以证明定积分的一些独特的性质,比如对称性,周期性或循环等,且它们在实际计算中有很重要的作用.

定理 7.5.2 设 $f(x)$ 是定义在对称区间 $[-a,a](a>0)$ 上的连续函数,记 $F(x) = \int_0^x f(t)\mathrm{d}t, x \in [-a,a]$. 证明:若 $f(x)$ 是奇函数,则 $F(x)$ 是偶函数;若 $f(x)$ 是偶函数,则 $F(x)$ 是奇函数.

证 令 $t = -u$,则

$$F(-x) = \int_0^{-x} f(t)\mathrm{d}t = -\int_0^x f(-u)\mathrm{d}u$$

于是当 $f(x)$ 是奇函数时,

$$F(-x) = -\int_0^x f(-u)\mathrm{d}u = \int_0^x f(u)\mathrm{d}u = F(x)$$

所以 $F(x)$ 是偶函数. 当 $f(x)$ 是偶函数时,

$$F(-x) = -\int_0^x f(-u)\mathrm{d}u = -\int_0^x f(u)\mathrm{d}u = -F(x)$$

所以 $F(x)$ 是奇函数. 证毕.

注 7.5.3 当 $f(x)$ 是连续的奇函数时,它的所有原函数都是偶函数;若 $f(x)$ 是连续的偶函数时,它只有一个原函数是奇函数.

由定理 7.5.2 直接可得如下推论.

推论 7.5.1 (定积分对称性) 设 $f(x)$ 在区间 $[-a,a](a>0)$ 上连续.
(1) 若 $f(x)$ 是偶函数,则 $\int_{-a}^a f(x)\mathrm{d}x = 2\int_0^a f(x)\mathrm{d}x$;
(2) 若 $f(x)$ 是奇函数,则 $\int_{-a}^a f(x)\mathrm{d}x = 0$.

例 7.5.3 计算 $\int_{-1}^1 \dfrac{x^2 + x\cos x}{1 + \sqrt{1-x^2}}\mathrm{d}x$.

解 因为 $\dfrac{x\cos x}{1 + \sqrt{1-x^2}}$ 连续且是奇函数,$\dfrac{x^2}{1 + \sqrt{1-x^2}}$ 连续且是偶函数,所以

$$\int_{-1}^1 \frac{x\cos x}{1 + \sqrt{1-x^2}}\mathrm{d}x = 0$$

于是

$$\int_{-1}^1 \frac{x^2 + x\cos x}{1 + \sqrt{1-x^2}}\mathrm{d}x = 2\int_0^1 \frac{x^2}{1 + \sqrt{1-x^2}}\mathrm{d}x + 0$$
$$= 2\int_0^1 \frac{x^2(1 - \sqrt{1-x^2})}{1 - (1-x^2)}\mathrm{d}x = 2\int_0^1 (1 - \sqrt{1-x^2})\mathrm{d}x$$
$$= 2 - 2\int_0^1 \sqrt{1-x^2}\mathrm{d}x = 2 - \frac{\pi}{2}$$

注 7.5.4　例 7.5.3 计算过程中用到了定积分的对称性和定积分几何意义，$\int_0^1 \sqrt{1-x^2}\mathrm{d}x$ 表示以原点为圆心的单位圆的 $\dfrac{1}{4}$ 面积.

例 7.5.4　设 $f(x)$ 是以 T 为周期的连续函数，证明：对于任意的实数 a，成立

$$\int_a^{a+T} f(x)\mathrm{d}x = \int_0^T f(x)\mathrm{d}x \tag{7.13}$$

证　由定积分可加性可得

$$\int_a^{a+T} f(x)\mathrm{d}x = \int_a^0 f(x)\mathrm{d}x + \int_0^T f(x)\mathrm{d}x + \int_T^{a+T} f(x)\mathrm{d}x$$

而

$$\int_T^{a+T} f(x)\mathrm{d}x \xlongequal{t=x-T} \int_0^a f(t+T)\mathrm{d}t = \int_0^a f(t)\mathrm{d}t = \int_0^a f(x)\mathrm{d}x$$

故有

$$\int_a^{a+T} f(x)\mathrm{d}x = \int_a^0 f(x)\mathrm{d}x + \int_0^a f(x)\mathrm{d}x + \int_0^T f(x)\mathrm{d}x = \int_0^T f(x)\mathrm{d}x \text{ 证毕.}$$

例 7.5.5　设 $f(x)$ 在 $(-\infty, +\infty)$ 上连续且周期为 T，证明：

$$\lim_{x\to+\infty} \frac{1}{x} \int_0^x f(t)\mathrm{d}t = \frac{1}{T} \int_0^T f(x)\mathrm{d}x$$

证　由题设知，$f(x)$ 在 $(-\infty, +\infty)$ 上有界.

对任意的 $x > 0$，存在自然数 n，满足 $0 \leqslant x - nT < T$，于是

$$\int_0^x f(t)\mathrm{d}t = \int_0^T f(t)\mathrm{d}t + \int_T^{2T} f(t)\mathrm{d}t + \cdots + \int_{(n-1)T}^{nT} f(t)\mathrm{d}t + \int_{nT}^x f(t)\mathrm{d}t$$

$$= n\int_0^T f(t)\mathrm{d}t + \int_{nT}^x f(t)\mathrm{d}t$$

又由积分中值定理可知

$$\int_{nT}^x f(t)\mathrm{d}t = f(\xi)(x - nT), \quad \xi \in [nT, x]$$

因此有

$$\lim_{x\to+\infty} \frac{1}{x} \int_0^x f(t)\mathrm{d}t = \lim_{x\to+\infty} \frac{1}{x}[n\int_0^T f(t)\mathrm{d}t + \int_{nT}^x f(t)\mathrm{d}t]$$

$$= \lim_{x\to+\infty} \frac{nT}{x} \cdot \frac{n}{nT} \int_0^T f(t)\mathrm{d}t + \lim_{x\to+\infty} \frac{f(\xi)(x-nT)}{x}$$

$$= \frac{1}{T} \int_0^T f(t)\mathrm{d}t = \frac{1}{T} \int_0^T f(x)\mathrm{d}x \text{ 证毕.}$$

例 7.5.6　设 $f(x)$ 在 $[0, 1]$ 上连续，证明：

$$(1) \qquad\qquad \int_0^{\frac{\pi}{2}} f(\sin x)\mathrm{d}x = \int_0^{\frac{\pi}{2}} f(\cos x)\mathrm{d}x \tag{7.14}$$

(2)
$$\int_0^\pi xf(\sin x)\mathrm{d}x = \frac{\pi}{2}\int_0^\pi f(\sin x)\mathrm{d}x \tag{7.15}$$

并计算 $\int_0^\pi \dfrac{x\sin x}{1+\cos^2 x}\mathrm{d}x$.

证 (1) 令 $x=\dfrac{\pi}{2}-t$，则有

$$\int_0^{\frac{\pi}{2}} f(\sin x)\mathrm{d}x = -\int_{\frac{\pi}{2}}^0 f\left(\sin\left(\frac{\pi}{2}-t\right)\right)\mathrm{d}t = \int_0^{\frac{\pi}{2}} f(\cos x)\mathrm{d}x$$

(2) 令 $x=\pi-t$，则有

$$\int_0^\pi xf(\sin x)\mathrm{d}x = -\int_\pi^0 (\pi-t)f(\sin(\pi-t))\mathrm{d}t = \pi\int_0^\pi f(\sin t)\mathrm{d}t - \int_0^\pi tf(\sin t)\mathrm{d}t$$

$$= \pi\int_0^\pi f(\sin x)\mathrm{d}x - \int_0^\pi xf(\sin x)\mathrm{d}x$$

由上式可以解得

$$\int_0^\pi xf(\sin x)\mathrm{d}x = \frac{\pi}{2}\int_0^\pi f(\sin x)\mathrm{d}x$$

因而

$$\int_0^\pi \frac{x\sin x}{1+\cos^2 x}\mathrm{d}x = \frac{\pi}{2}\int_0^\pi \frac{\sin x}{1+\cos^2 x}\mathrm{d}x = -\frac{\pi}{2}\arctan(\cos x)\big|_0^\pi = \frac{\pi^2}{4} \text{ 证毕.}$$

注 7.5.5　例 7.5.6 证明过程中出现了循环，这也是定积分换元法的独特之处，有时会给定积分的计算带来方便.

例 7.5.7　计算 $\int_0^a \dfrac{\mathrm{d}x}{x+\sqrt{a^2-x^2}}$.

解　令 $x=a\sin t$，则

$$\int_0^a \frac{\mathrm{d}x}{x+\sqrt{a^2-x^2}} = \int_0^{\frac{\pi}{2}} \frac{a\cos t}{a\sin t + a|\cos t|}\mathrm{d}t = \int_0^{\frac{\pi}{2}} \frac{\cos t}{\sin t+\cos t}\mathrm{d}t$$

因为

$$\int_0^{\frac{\pi}{2}} \frac{\cos t}{\sin t+\cos t}\mathrm{d}t = \int_0^{\frac{\pi}{2}} \frac{\sin t}{\sin t+\cos t}\mathrm{d}t$$

所以

$$2\int_0^{\frac{\pi}{2}} \frac{\cos t}{\sin t+\cos t}\mathrm{d}t = \int_0^{\frac{\pi}{2}} \frac{\cos t}{\sin t+\cos t}\mathrm{d}t + \int_0^{\frac{\pi}{2}} \frac{\sin t}{\sin t+\cos t}\mathrm{d}t = \int_0^{\frac{\pi}{2}} \frac{\sin t+\cos t}{\sin t+\cos t}\mathrm{d}t = \frac{\pi}{2}$$

故

$$\int_0^a \frac{\mathrm{d}x}{x+\sqrt{a^2-x^2}} = \int_0^{\frac{\pi}{2}} \frac{\cos t}{\sin t+\cos t}\mathrm{d}t = \frac{\pi}{4}$$

7.5.2 定积分分部积分法

由不定积分的分部积分公式和 Newton-Leibniz 公式可以直接得到定积分的分部积分公式.

定理 7.5.3 设 $u(x), v(x)$ 在 $[a, b]$ 上有连续导数，则

$$\int_a^b u(x)v'(x)\mathrm{d}x = [u(x)v(x)]_a^b - \int_a^b u'(x)v(x)\mathrm{d}x \tag{7.16}$$

公式 (7.16) 也可以写成微分的形式：

$$\int_a^b u(x)\mathrm{d}v(x) = [u(x)v(x)]_a^b - \int_a^b v(x)\mathrm{d}u(x) \tag{7.17}$$

例 7.5.8 计算定积分：

(1) $\displaystyle\int_0^{\frac{1}{2}} \arcsin x\mathrm{d}x$;　　　　(2) $\displaystyle\int_0^{\frac{\pi}{4}} \frac{x\mathrm{d}x}{1 + \cos 2x}$;　　　　(3) $\displaystyle\int_0^1 \frac{\ln(1+x)}{(2+x)^2}\mathrm{d}x$.

解

(1) $\displaystyle\int_0^{\frac{1}{2}} \arcsin x\mathrm{d}x = [x\arcsin x]_0^{\frac{1}{2}} - \int_0^{\frac{1}{2}} \frac{x}{\sqrt{1-x^2}}\mathrm{d}x = \frac{1}{2}\cdot\frac{\pi}{6} + \sqrt{1-x^2}\big|_0^{\frac{1}{2}} = \frac{\pi}{12} + \frac{\sqrt{3}}{2} - 1$

(2) 因为 $\dfrac{x\mathrm{d}x}{1+\cos 2x} = \dfrac{x\mathrm{d}x}{2\cos^2 x} = \dfrac{x}{2}\mathrm{d}(\tan x)$，所以

$$\int_0^{\frac{\pi}{4}} \frac{x\mathrm{d}x}{1+\cos 2x} = \int_0^{\frac{\pi}{4}} \frac{x}{2}\mathrm{d}(\tan x) = \frac{x}{2}\tan x\big|_0^{\frac{\pi}{4}} - \frac{1}{2}\int_0^{\frac{\pi}{4}} \tan x\mathrm{d}x$$

$$= \frac{\pi}{8} - \frac{1}{2}\ln\sec x\big|_0^{\frac{\pi}{4}} = \frac{\pi}{8} - \frac{\ln 2}{4}$$

(3) 因为 $\dfrac{1}{(2+x)^2}\mathrm{d}x = -\mathrm{d}\dfrac{1}{2+x}$，所以

$$\int_0^1 \frac{\ln(1+x)}{(2+x)^2}\mathrm{d}x = -\int_0^1 \ln(1+x)\mathrm{d}\frac{1}{2+x} = -\frac{\ln(1+x)}{2+x}\bigg|_0^1 + \int_0^1 \frac{1}{2+x}\mathrm{d}\ln(1+x)$$

$$= -\frac{\ln 2}{3} + \int_0^1 \frac{1}{(2+x)(1+x)}\mathrm{d}x = -\frac{\ln 2}{3} + [\ln(1+x) - \ln(2+x)]_0^1$$

$$= \frac{5}{3}\ln 2 - \ln 3$$

例 7.5.9 计算 $I_n = \displaystyle\int_0^{\frac{\pi}{2}} \sin^n x\mathrm{d}x$（$n$ 是自然数）.

解 当 $n \geqslant 2$ 时，由分部积分公式

$$I_n = \int_0^{\frac{\pi}{2}} \sin^n x\mathrm{d}x = -\int_0^{\frac{\pi}{2}} \sin^{n-1} x\mathrm{d}\cos x$$

$$= -[\sin^{n-1} x\cos x]_0^{\frac{\pi}{2}} + (n-1)\int_0^{\frac{\pi}{2}} \sin^{n-2} x\cos^2 x\mathrm{d}x$$

$$= 0 + (n-1)\int_0^{\frac{\pi}{2}} \sin^{n-2} x(1-\sin^2 x)\mathrm{d}x = (n-1)I_{n-2} - (n-1)I_n$$

于是可得递推式：

$$I_n = \frac{n-1}{n}I_{n-2}$$

由于

$$I_0 = \frac{\pi}{2}, I_1 = \int_0^{\frac{\pi}{2}} \sin x \mathrm{d}x = 1$$

因而有

$$I_n = \begin{cases} \dfrac{n-1}{n}\cdot\dfrac{n-3}{n-2}\cdots\dfrac{1}{2}\cdot\dfrac{\pi}{2} = \dfrac{(2m-1)!!}{(2m)!!}\cdot\dfrac{\pi}{2}, & n=2m(m=1,2,\cdots) \\ \dfrac{n-1}{n}\cdot\dfrac{n-3}{n-2}\cdots\dfrac{2}{3}\cdot 1 = \dfrac{(2m)!!}{(2m+1)!!}, & n=2m+1(m=0,1,2,\cdots) \end{cases} \tag{7.18}$$

进一步，可由公式 (7.18) 可以推导出著名的 **Wallis**（沃利斯）公式：

$$\lim_{m\to\infty}\left[\frac{(2m)!!}{(2m-1)!!}\right]^2\cdot\frac{1}{2m+1} = \frac{\pi}{2} \tag{7.19}$$

事实上，由定积分保序性可知

$$\int_0^{\frac{\pi}{2}}\sin^{2m+1}x\mathrm{d}x < \int_0^{\frac{\pi}{2}}\sin^{2m}x\mathrm{d}x < \int_0^{\frac{\pi}{2}}\sin^{2m-1}x\mathrm{d}x$$

利用公式 (7.18) 可得不等式

$$\frac{(2m)!!}{(2m+1)!!} < \frac{(2m-1)!!}{(2m)!!}\cdot\frac{\pi}{2} < \frac{(2m-2)!!}{(2m-1)!!}$$

于是有

$$a_m = \left[\frac{(2m)!!}{(2m-1)!!}\right]^2\cdot\frac{1}{2m+1} < \frac{\pi}{2} < \left[\frac{(2m)!!}{(2m-1)!!}\right]^2\cdot\frac{1}{2m} = b_m$$

又

$$0 < b_m - a_m = \left[\frac{(2m)!!}{(2m-1)!!}\right]^2\cdot\left(\frac{1}{2m} - \frac{1}{2m+1}\right) < \frac{1}{2m}\cdot\frac{\pi}{2}$$

于是有极限的性质可得

$$\lim_{m\to\infty}a_m = \lim_{m\to\infty}\left[\frac{(2m)!!}{(2m-1)!!}\right]^2\cdot\frac{1}{2m+1} = \frac{\pi}{2}$$

推论 7.5.2 (推广的分部积分公式) 设函数 $u(x),v(x)$ 在 $[a,b]$ 有 $n+1$ 阶连续导数，则有

$$\int_a^b u(x)v^{(n+1)}(x)\mathrm{d}x = [u(x)v^{(n)}(x) - u'(x)v^{(n-1)}(x) + \cdots + (-1)^n u^{(n)}(x)v(x)]_a^b$$

$$+ (-1)^{n+1}\int_a^b u^{(n+1)}(x)v(x)\mathrm{d}x \tag{7.20}$$

可以用数学归纳法证明此公式，请读者自行完成.

作为本节的结尾，将给出分部积分的两个应用.

定理 7.5.4 (Taylor 公式的积分型余项) 设 $f(x)$ 在 (a,b) 上有 $n+1$ 阶连续导数, 则对于任意的 $x_0 \in (a,b)$, 有

$$f(x) = \sum_{i=0}^{n} \frac{f^{(i)}(x_0)}{i!}(x-x_0)^i + R_n(x) \tag{7.21}$$

其中

$$R_n(x) = \frac{1}{n!}\int_{x_0}^{x}(x-t)^n f^{(n+1)}(t)\mathrm{d}t, \quad x \in (a,b) \tag{7.22}$$

称 $R_n(x)$ 为 Taylor 公式的积分型余项.

证 反复应用分部积分公式可得

$$\begin{aligned}
f(x) - f(x_0) &= \int_{x_0}^{x}f'(t)\mathrm{d}t = \int_{x_0}^{x}f'(t)\mathrm{d}(t-x) \\
&= [f'(t)(t-x)]_{x_0}^{x} - \int_{x_0}^{x}(t-x)f''(t)\mathrm{d}t = f'(x_0)(x-x_0) - \int_{x_0}^{x}f''(t)\mathrm{d}\frac{(t-x)^2}{2} \\
&= f'(x_0)(x-x_0) + \frac{(x-x_0)^2}{2}f''(x_0) + \frac{1}{2}\int_{x_0}^{x}(t-x)^2 f'''(t)\mathrm{d}t \\
&\quad\cdots\cdots \\
&= \sum_{i=1}^{n}\frac{f^{(i)}(x_0)}{i!}(x-x_0)^i + \frac{1}{n!}\int_{x_0}^{x}(x-t)^n f^{(n+1)}(t)\mathrm{d}t
\end{aligned}$$

由于 $f^{(n+1)}(t)$ 连续, $(x-t)^n$ 在 $[x_0,x]$（或者 $[x,x_0]$）上定号, 因此由积分第一中值定理可得

$$R_n(x) = \frac{1}{n!}f^{(n+1)}(\xi)\int_{x_0}^{x}(x-t)^n\mathrm{d}t = \frac{1}{(n+1)!}f^{(n+1)}(\xi)(x-x_0)^{n+1}$$

其中 $\xi = x_0 + \theta(x-x_0), 0 \leqslant \theta \leqslant 1$. 这是以前学习过的 Lagrange 型余项.

若直接用积分中值定理, $R_n(x)$ 还可以表示为

$$\begin{aligned}
R_n(x) &= \frac{1}{n!}f^{(n+1)}(\xi)(x-\xi)^n(x-x_0)(\xi = x_0 + \theta(x-x_0), 0 \leqslant \theta \leqslant 1) \\
&= \frac{1}{n!}f^{(n+1)}(x_0 + \theta(x-x_0))[(x-x_0-\theta(x-x_0)]^n(x-x_0)
\end{aligned}$$

即

$$R_n(x) = \frac{1}{n!}f^{(n+1)}(x_0 + \theta(x-x_0))(1-\theta)^n(x-x_0)^{n+1}. \tag{7.23}$$

公式 (7.23) 称为 Taylor 公式的 **Cauchy 型余项**. 证毕.

定理 7.5.5 (积分第二中值定理) 设函数 $f(x)$ 在 $[a,b]$ 上可积, $g(x)$ 在 $[a,b]$ 上单调, 则存在 $\xi \in [a,b]$, 使得

$$\int_{a}^{b}f(x)g(x)\mathrm{d}x = g(a)\int_{a}^{\xi}f(x)\mathrm{d}x + g(b)\int_{\xi}^{b}f(x)\mathrm{d}x \tag{7.24}$$

证 这里只对 $f(x)$ 在 $[a,b]$ 连续，$g(x)$ 在 $[a,b]$ 上单调且 $g'(x)$ 在 $[a,b]$ 上可积的特殊情形进行证明，其他情形的证明请读者自行完成.

设

$$F(x) = \int_a^x f(t)\mathrm{d}t, x \in [a,b]$$

因为 $f(x)$ 在 $[a,b]$ 上连续，所以 $F(x)$ 在 $[a,b]$ 上可导. 利用分部积分法

$$\int_a^b f(x)g(x)\mathrm{d}x = F(x)g(x)\big|_a^b - \int_a^b F(x)g'(x)\mathrm{d}x = g(b)\int_a^b f(x)\mathrm{d}x - \int_a^b F(x)g'(x)\mathrm{d}x$$

对于上式右端的第二项，由于 $g(x)$ 单调，因此 $g'(x)$ $[a,b]$ 上定号，根据积分第一中值定理知，存在 $\xi \in [a,b]$，使得

$$\int_a^b F(x)g'(x)\mathrm{d}x = F(\xi)\int_a^b g'(x)\mathrm{d}x = [g(b)-g(a)]\int_a^\xi f(t)\mathrm{d}t$$

于是有

$$\int_a^b f(x)g(x)\mathrm{d}x = g(b)\int_a^b f(x)\mathrm{d}x - [g(b)-g(a)]\int_a^\xi f(t)\mathrm{d}t$$

$$= g(a)\int_a^\xi f(x)\mathrm{d}x + g(b)\int_\xi^b f(x)\mathrm{d}x \text{ 证毕.}$$

推论 7.5.3 设函数 $f(x)$ 在 $[a,b]$ 上可积.

(1) 若函数 $g(x)$ 在 $[a,b]$ 上单调递减，且 $g(x) \geqslant 0$，则存在 $\xi \in [a,b]$，使得

$$\int_a^b f(x)g(x)\mathrm{d}x = g(a)\int_a^\xi f(x)\mathrm{d}x \tag{7.25}$$

(2) 若函数 $g(x)$ 在 $[a,b]$ 上单调递增，且 $g(x) \geqslant 0$，则存在 $\eta \in [a,b]$，使得

$$\int_a^b f(x)g(x)\mathrm{d}x = g(b)\int_\eta^b f(x)\mathrm{d}x \tag{7.26}$$

习题 7.5

1. 利用定积分换元法计算下列定积分：

(1) $\int_0^{\frac{\pi}{2}} \sin^7 x \cos x\mathrm{d}x$;

(2) $\int_{-\frac{1}{2}}^{\frac{1}{2}} \frac{(\arcsin x)^2}{\sqrt{1-x^2}}\mathrm{d}x$;

(3) $\int_0^{\frac{\pi}{2}} \sin^3 x \cos^4 x\mathrm{d}x$;

(4) $\int_1^2 \frac{\mathrm{d}x}{x(1+x^4)}$;

(5) $\int_0^1 \frac{\mathrm{d}x}{(x^2+1)\sqrt{x^2+1}}$;

(6) $\int_0^{\frac{1}{2}} \frac{\mathrm{d}x}{\sqrt{(1-x^2)^3}}$;

(7) $\int_0^a \frac{1}{x+\sqrt{a^2-x^2}}\mathrm{d}x(a>0)$;

(8) $\int_0^1 \frac{\mathrm{d}x}{\sqrt{1+\mathrm{e}^{2x}}}$;

(9) $\int_{-2}^{-\sqrt{2}} \frac{\mathrm{d}x}{x\sqrt{x^2-1}}$;

(10) $\int_0^{\ln 2} \sqrt{1-\mathrm{e}^{-2x}}\mathrm{d}x$;

(11) $\int_0^1 \frac{\arcsin\sqrt{x}}{\sqrt{x(1-x)}}\mathrm{d}x$;

(12) $\int_0^1 \left(\frac{x-1}{x+1}\right)^4 \mathrm{d}x$;

(13) $\int_0^1 \frac{\sin^2 x}{\sin x + \cos x}\mathrm{d}x$.

2. 利用定积分分部积分法计算下列定积分：

(1) $\displaystyle\int_{\frac{1}{e}}^{e} |\ln x| \mathrm{d}x$;

(2) $\displaystyle\int_{1}^{e} x^2 \ln x \mathrm{d}x$;

(3) $\displaystyle\int_{0}^{1} \arcsin x \mathrm{d}x$;

(4) $\displaystyle\int_{0}^{1} x^2 \arctan x \mathrm{d}x$;

(5) $\displaystyle\int_{0}^{\frac{\pi}{4}} \frac{x}{\cos^2 x} \mathrm{d}x$;

(6) $\displaystyle\int_{0}^{\frac{\pi}{4}} x \tan^2 x \mathrm{d}x$;

(7) $\displaystyle\int_{1}^{e} \sin(\ln x) \mathrm{d}x$;

(8) $\displaystyle\int_{0}^{1} \frac{\ln(1+x)}{(2-x)^2} \mathrm{d}x$;

(9) $\displaystyle\int_{0}^{\pi} (x \sin x)^2 \mathrm{d}x$;

(10) $\displaystyle\int_{0}^{\sqrt{\ln 2}} x^3 \mathrm{e}^{-x^2} \mathrm{d}x$;

(11) $\displaystyle\int_{0}^{1} \frac{\arcsin \sqrt{x}}{\sqrt{x(1-x)}} \mathrm{d}x$;

(12) $\displaystyle\int_{0}^{\frac{\pi}{4}} \frac{x \sin x}{\cos^3 x} \mathrm{d}x$;

(13) $\displaystyle\int_{0}^{1} x f(x) \mathrm{d}x$, 其中 $f(x) = \displaystyle\int_{1}^{x^2} \mathrm{e}^{-t^2} \mathrm{d}t$.

3. 计算下列定积分：

(1) $\displaystyle\int_{-1}^{2} f(2x-1) \mathrm{d}x$, 其中 $f(x) = \begin{cases} \mathrm{e}^x, & x \geqslant 0, \\ x^2+1, & x < 0; \end{cases}$

(2) $\displaystyle\int_{-\frac{1}{2}}^{\frac{1}{2}} \ln\left(\frac{1-x}{1+x}\right) \arcsin \sqrt{1-x^2} \sqrt{1-4x^2} \mathrm{d}x$;

(3) $\displaystyle\int_{0}^{\pi} x \sin^4 x \mathrm{d}x$;

(4) $I_n = \displaystyle\int_{0}^{n\pi} \sqrt{1 - \sin 2x} \mathrm{d}x$ (n 是自然数);

(5) $I_n = \displaystyle\int_{0}^{\pi} \cos^n x \mathrm{d}x$ (n 是自然数);

(6) $I_n = \displaystyle\int_{1}^{e} x \ln^n x \mathrm{d}x$ (n 是自然数).

4. 设 $f(x)$ 在 $(0, +\infty)$ 上连续, 且满足 $f(x) = \ln x - \displaystyle\int_{1}^{e} f(x) \mathrm{d}x$, 求 $f(x)$.

5. 设 $f(x) = \displaystyle\int_{1}^{x} \frac{\ln t}{1+t} \mathrm{d}t, x \in (0, +\infty)$, 求 $f\left(\dfrac{1}{x}\right) + f(x)$.

6. 设 $f(x)$ 在 $[0, \pi]$ 上连续, 且 $\displaystyle\int_{0}^{\pi} f(x) \mathrm{d}x = 0$, $\displaystyle\int_{0}^{\pi} f(x) \cos x \mathrm{d}x = 0$, 证明在 $(0, \pi)$ 内至少存在两个不同的点 ξ, η, 使得 $f(\xi) = f(\eta) = 0$.

7. 计算下列定积分：

(1) $\displaystyle\int_{0}^{1} \frac{\mathrm{d}x}{(2x^2+1)\sqrt{x^2+1}}$;

(2) $\displaystyle\int_{0}^{a} x^2 \sqrt{\frac{a-x}{a+x}} \mathrm{d}x (a > 0)$;

(3) $\displaystyle\int_{0}^{\frac{\pi}{2}} \frac{1}{2 + \sin x} \mathrm{d}x$;

(4) $\displaystyle\int_{0}^{\frac{\pi}{4}} \frac{x \sec^2 x}{(1 + \tan x)^2} \mathrm{d}x$;

(5) $\displaystyle\int_{0}^{1} \arctan \sqrt{\frac{1-x}{1+x}} \mathrm{d}x$;

(6) $\displaystyle\int_{0}^{\pi} \frac{x}{1 + \sin^2 x} \mathrm{d}x$;

(7) $\displaystyle\int_{0}^{n\pi} x |\sin x| \mathrm{d}x$;

(8) $\displaystyle\int_{0}^{2} \frac{(x-1)^2 + 1}{(x-1)^2 + x^2(x-2)^2} \mathrm{d}x$.

8. 证明推论 7.5.3.

9. 设 $f(x)$ 是递减有界函数，证明：对于任意的自然数 n，成立

$$I_n = \int_{-\pi}^{\pi} f(x)\sin(2n+1)x\mathrm{d}x \leqslant 0$$

10. 利用 Wallis 公式证明 Stirling 公式：

$$\lim_{n \to +\infty} \frac{n!}{\sqrt{2\pi n}\left(\frac{n}{\mathrm{e}}\right)^n} = 1$$

11. 设 $f(x) = \arctan x$, A 为常数. 若 $B = \lim_{n \to \infty}\left[\sum_{k=1}^{n} f\left(\frac{k}{n}\right) - An\right]$ 存在，求 A, B.

7.6 定积分的几何应用

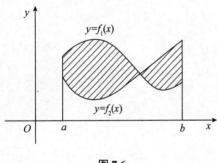

图 7.6

在本章第一节，我们已经知道定积分的几何意义是曲边梯形的面积，比如由连续曲线 $y = f(x)$，直线 $x = a, x = b(a < b)$ 和 x 轴所围曲边梯形的面积为

$$A = \int_a^b |f(x)|\mathrm{d}x$$

当平面图形是由连续曲线 $y = f_1(x), y = f_2(x)$，与直线 $x = a, x = b(a < b)$ 所围，如图 7.6 所示，其面积为

$$A = \int_a^b |f_1(x) - f_2(x)|\mathrm{d}x$$

一般地，定积分应用问题是通过划分、近似、求和与取极限四步来实现的.

设待求量 U 是分布在区间 $[a,b]$ 上，且对区间 $[a,b]$ 具有可加性，$U(x)$ 表示 U 对应于区间 $[a,x](a \leqslant x \leqslant b)$ 的部分量. 利用定积分求 U 的步骤为：

第一步在区间 $[a,b]$ 上任取一个长度为 Δx 的一个小区间 $[x, x+\Delta x]$，求出局部量 $\Delta U = f(x)\mathrm{d}x + o(\Delta x)$ 的近似值 $f(x)\mathrm{d}x$，并称 $f(x)\mathrm{d}x$ 为整体量 U 的微元.

第二步将所得的微元在区间 $[a,b]$ 上"无限累加"，则待求量 U 可以表示为

$$U = \int_a^b f(x)\mathrm{d}x$$

上述分析问题的方法称为**微元法**，下面将利用微元法解决一系列的实际问题，包括求面积、弧长与体积等的几何问题，以及求功、压力与引力等的物体问题.

注 7.6.1 微元法适用的条件是 $\Delta U - f(x)\mathrm{d}x = o(x)$，微元法使用的关键是求出 $f(x)\mathrm{d}x$.

7.6.1 平面图形的面积

例 7.6.1 计算由曲线 $y = x^3 - 6x$ 与 $y = x^2$ 所围图形的面积.

解 如图 7.7 所示，两条曲线的交点坐标 (x, y) 满足

$$\begin{cases} y = x^3 - 6x \\ y = x^2 \end{cases}$$

解得交点为 $(-2, 4), (0, 0), (3, 9)$. 选取 x 为积分变量，$x \in [-2, 3]$，于是所围图形的面积为

$$A = \int_{-2}^{3} |(x^3 - 6x) - x^2| \mathrm{d}x = \int_{-2}^{0} (x^3 - 6x - x^2) \mathrm{d}x$$

$$+ \int_{0}^{3} (x^2 - x^3 + 6x) \mathrm{d}x = \frac{253}{12}$$

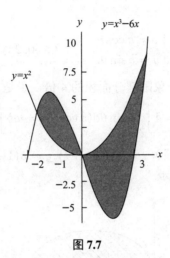

图 7.7

例 7.6.2 计算由曲线 $y^2 = 2x$ 和直线 $y = x - 4$ 所围图形的面积.

解 两条曲线的交点坐标 (x, y) 满足

$$\begin{cases} y^2 = 2x \\ y = x - 4 \end{cases}$$

解得交点为 $(2, -2), (8, 4)$，如图 7.8 所示.

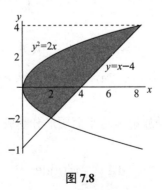

图 7.8

选取 y 为积分变量，$y \in [-2, 4]$，于是所围图形的面积为

$$A = \int_{-2}^{4} \left| (4 + y) - \frac{y^2}{2} \right| \mathrm{d}y = \int_{-2}^{4} \left(4 + y - \frac{y^2}{2} \right) \mathrm{d}y = 18$$

若曲线 C 以极坐标形式表示：

$$\begin{cases} x = x(t) \\ y = y(t) \end{cases} \quad t \in [T_1, T_2] \tag{7.27}$$

其中 $x(t)$ 在 $[T_1, T_2]$ 上具有连续导数，且 $x'(t) \neq 0$，利用定积分的换元法可以证明，由连续曲线 (7.27)，直线 $x = a, x = b$ 和 $y = 0$ 所围区域的面积为

$$A = \int_{T_1}^{T_2} |y(t)x'(t)| \mathrm{d}t. \tag{7.28}$$

例 7.6.3　求椭圆 $\dfrac{x^2}{a^2} + \dfrac{y^2}{b^2} = 1(a > 0, b > 0)$ 的面积.

解　椭圆的参数方程

$$\begin{cases} x = a\cos\theta, \\ y = b\sin\theta, \end{cases} \quad \theta \in [0, 2\pi]$$

由对称性知总面积等于位于第一象限部分面积的 4 倍，于是

$$A = 4\int_0^a y(x)\mathrm{d}x = 4\int_{\frac{\pi}{2}}^0 b\sin\theta\mathrm{d}(a\cos\theta) = 4ab\int_0^{\frac{\pi}{2}} \sin^2\theta\mathrm{d}\theta = \pi ab$$

例 7.6.4　求由旋轮线（摆线）$x = a(t - \sin t), y = a(1 - \cos t)(a > 0)$ 的一拱与 x 轴所围平面图形的面积，如图 7.9 所示.

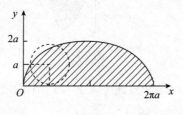

图 7.9

解　摆线的一拱可取 $t \in [0, 2\pi]$，所求面积为

$$A = \int_0^{2\pi} a(1 - \cos t)[a(t - \sin t)]'\mathrm{d}t = a^2\int_0^{2\pi}(1 - \cos t)^2\mathrm{d}t = 3\pi a^2$$

当曲线 C 以参数形式表示：

$$r = r(\theta), \quad \theta \in [\alpha, \beta] \tag{7.29}$$

其中 $r(\theta)$ 在 $[\alpha, \beta]$ 上连续，且 $\beta - \alpha \leqslant 2\pi$，求由 C 与两条射线 $\theta = \alpha, \theta = \beta$ 所围曲边扇形的面积.

如图 7.10 所示，过极点引一族射线将平面图形分割成若干个近似的扇形，此时面积微元可以表示为

$$\mathrm{d}A = \frac{1}{2}r^2(\theta)\mathrm{d}\theta$$

于是曲边扇形的面积为

$$A = \frac{1}{2}\int_\alpha^\beta r^2(\theta)\mathrm{d}\theta \tag{7.30}$$

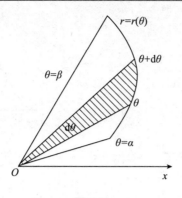

图 **7.10**

例 7.6.5 求下列平面图形的面积：
(1) 由双纽线 $r^2 = a^2 \cos 2\theta (a > 0)$ 所围；
(2) 由心形线 $r = a(1 + \cos \theta)(a > 0)$ 所围；
(3) 由三叶玫瑰线 $r = a \sin 3\theta (a > 0), \theta \in [0, \pi]$ 所围.

解 (1) 由 $r^2 = a^2 \cos 2\theta$ 知 $\cos 2\theta \geqslant 0$，所以 θ 的取值范围为 $\left[-\dfrac{\pi}{4}, \dfrac{\pi}{4}\right], \left[\dfrac{3\pi}{4}, \dfrac{5\pi}{4}\right]$. 由对称性（如图 7.11 所示），所求面积等于图形在第一象限部分的面积的 4 倍，即

$$A = 4 \times \frac{1}{2} \int_0^{\frac{\pi}{4}} r^2(\theta) \mathrm{d}\theta = 2 \int_0^{\frac{\pi}{4}} a^2 \cos 2\theta \mathrm{d}\theta = a^2$$

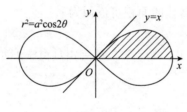

图 **7.11**

(2) 由于 $r = a(1 + \cos(-\theta)) = r = a(1 + \cos \theta)$，因而图形关于极轴对称，所以由对称性（如图 7.12 所示），所求面积为

$$A = 2 \times \frac{1}{2} \int_0^{\pi} r^2(\theta) \mathrm{d}\theta = \int_0^{\pi} a^2 (1 + \cos \theta)^2 \mathrm{d}\theta = \frac{3}{2} \pi a^2$$

(3) 由对称性（如图 7.13 所示），所求面积等于半叶"玫瑰"的面积的 6 倍，即

$$A = 6 \times \frac{1}{2} \int_0^{\frac{\pi}{6}} r^2(\theta) \mathrm{d}\theta = 3a^2 \int_0^{\frac{\pi}{6}} \sin^2(3\theta) \mathrm{d}\theta = \frac{\pi}{4} a^2$$

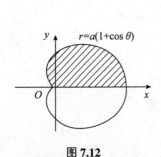

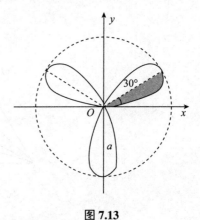

图 7.12　　　　　　　　　　　　　　　　　　　图 7.13

7.6.2　旋转曲面的面积

图 7.14

在中学，我们学习过圆台的侧面积，如图 7.14 所示，斜高为 l，上下圆半径为 r_1, r_2 的圆台的侧面积为

$$A = \pi(r_1 + r_2)l$$

现在讨论由光滑曲线 $C : y = f(x)(f(x) \geqslant 0), x \in [a,b]$ 绕 x 轴旋转所得曲面的面积.

如图 7.15 所示，任取微元 $[x, x + \Delta x]$，对应的曲线弧段绕 x 轴旋转所得的旋转体用圆台取近似，圆台的上下圆半径分别为 $f(x)$ 和 $f(x + \Delta x)$，斜高为 $\sqrt{\Delta x^2 + \Delta y^2}, \Delta y = f(x + \Delta x) - f(x)$，于是小旋转体的面积可近似为

$$\Delta A \approx \pi[f(x) + f(x + \Delta x)]\sqrt{\Delta x^2 + \Delta y^2} = \pi[f(x) + f(x + \Delta x)]\sqrt{1 + \left(\frac{\Delta y}{\Delta x}\right)^2}\Delta x$$

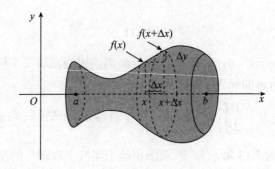

图 7.15

又因为

$$f(x + \Delta x) = f(x) + o(1), \frac{\Delta y}{\Delta x} = f'(x) + o(1)(\Delta x \to 0)$$

所以

$$\Delta A = \pi[2f(x) + o(1)](\sqrt{1 + (f'(x))^2})\Delta x$$
$$= 2\pi f(x)\sqrt{1 + (f'(x))^2}\Delta x + o(\Delta x)$$

因而可得旋转曲面的面积微元为

$$\mathrm{d}A = 2\pi f(x)\sqrt{1+(f'(x))^2}\mathrm{d}x$$

故旋转曲面面积为

$$A = 2\pi \int_a^b f(x)\sqrt{1+(f'(x))^2}\mathrm{d}x \tag{7.31}$$

若光滑曲线 C 由参数方程

$$x = x(t), y = y(t)(y(t) \geqslant 0), \quad t \in [\alpha, \beta]$$

给出，则有定积分的换元法可知 C 绕 x 轴所得旋转曲面的面积为

$$A = 2\pi \int_\alpha^\beta y(t)\sqrt{(x'(t))^2+(y'(t))^2}\mathrm{d}t \tag{7.32}$$

例 7.6.6 求下列旋转曲面面积：
(1) 曲线 $y = \sqrt{R^2-x^2}, x \in [-R, R]$ 绕 x 轴所得的旋转曲面；
(2) 曲线 $y^2 = x(y > 0), x \in [1,4]$ 绕 x 轴所得的旋转曲面；
(3) 旋轮线一拱与 x 轴所围图形绕 x 轴所得的旋转曲面.

解
(1) 此旋转曲面就是球面：$x^2+y^2+z^2 = R^2$，因而就是求球面的面积. 由 $y' = \dfrac{-x}{\sqrt{R^2-x^2}}$
知

$$A = 2\pi \int_{-R}^R \sqrt{R^2-x^2}\sqrt{1+\frac{x^2}{R^2-x^2}}\mathrm{d}x = 2\pi \int_{-R}^R R\mathrm{d}x = 4\pi R^2$$

(2) $y = \sqrt{x}, y' = \dfrac{1}{2\sqrt{x}}$，于是所求面积为

$$A = \int_1^4 2\pi\sqrt{x}\sqrt{1+\frac{1}{4x}}\mathrm{d}x = \int_1^4 \pi\sqrt{1+4x}\mathrm{d}x = \frac{\pi}{6}(17\sqrt{17}-5\sqrt{5})$$

(3) 如图 7.9 所示，$t \in [0, 2\pi]$，根据公式 (7.32) 可得

$$A = 2\pi a^2 \int_0^{2\pi} (1-\cos t)\sqrt{(1-\cos t)^2+\sin^2 t}\mathrm{d}t$$

$$= 2\pi a^2 \int_0^{2\pi} (1-\cos t)\sqrt{2(1-\cos t)}\mathrm{d}t = 8\pi a^2 \int_0^{2\pi} \sin^3\frac{t}{2}\mathrm{d}t = \frac{64}{3}\pi a^2$$

7.6.3 旋转体的体积

首先讨论平行截面面积为已知立体的体积. 如图 7.16 所示，设 Ω 为三维空间中的一立体，它夹在垂直于 x 轴的两平面 $x = a$ 与 $x = b(a < b)$ 之间. 若在任意一点 $x \in [a,b]$ 处做垂直于 x 轴的平面，其截 Ω 的截面面积为 x 的函数，记为 $A(x)$.

设截面面积函数 $A(x)$ 在 $[a,b]$ 上连续，则 Ω 的微元为

$$\mathrm{d}V = A(x)\Delta x$$

于是可得平行截面面积为已知立体 Ω 的体积为

$$V = \int_a^b A(x)\mathrm{d}x$$

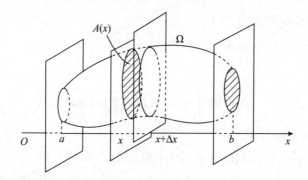

图 7.16

例 7.6.7 求椭球体 $\Omega : \dfrac{x^2}{a^2} + \dfrac{y^2}{b^2} + \dfrac{z^2}{c^2} \leqslant 1$ 的体积.

解 以平面 $x = x_0(|x_0| \leqslant a)$ 截椭球体, 可得一椭圆:

$$\frac{y^2}{b^2\left(1 - \frac{x_0^2}{a^2}\right)} + \frac{z^2}{c^2\left(1 - \frac{x_0^2}{a^2}\right)} \leqslant 1$$

于是截面面积函数为

$$A(x) = \pi bc\left(1 - \frac{x^2}{a^2}\right), \quad x \in [-a, a]$$

所以椭球体 Ω 的体积为

$$V = \pi bc \int_{-a}^{a}\left(1 - \frac{x^2}{a^2}\right)\mathrm{d}x = \frac{4}{3}\pi abc$$

特别地, 当 $a = b = c$ 时, 可得半径为 a 的球体的体积为 $V = \dfrac{4}{3}\pi a^3$.

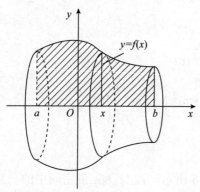

图 7.17

下面讨论旋转体的体积. 设 Ω 是由连续曲线 C: $y = f(x), a \leqslant x \leqslant b$ 绕 x 轴旋转一周所成的立体, 如图 7.17 所示, 则截面面积函数为

$$A(x) = \pi f^2(x)$$

于是旋转体 Ω 的体积

$$V = \pi \int_a^b f^2(x)\mathrm{d}x \tag{7.33}$$

若曲线 C 由参数方程

$$x = x(t), y = y(t)(y(t) \geqslant 0), \\ t \in [\alpha, \beta]$$

给出, 且 $x'(t)(\neq 0)$ 和 $y(t)$ 在 $[\alpha, \beta]$ 上连续, 则其绕 x 轴旋转所得的旋转体的体积公式为

$$V = \pi \int_\alpha^\beta y^2(t)|x'(t)|\mathrm{d}t \tag{7.34}$$

例 7.6.8 求下列立体的体积:

(1) 半径为 R 的球体;

(2) 由旋轮线一拱 $x(t) = a(t - \sin t), y(t) = a(1 - \cos t)(a > 0), x \in [0, 2\pi]$ 与 x 轴所围区域绕 x 轴旋转所成的立体.

(3) 由圆 $x^2 + (y - R)^2 \leqslant r^2 (0 < r < R)$ 绕 x 轴旋转所得的圆环体.

解 (1) 球体可由上半圆周 $y = \sqrt{R^2 - x^2}$ 与 x 轴所围区域绕 x 轴旋转所得, 于是球体体积为

$$V = \pi \int_{-R}^{R} (R^2 - x^2) \mathrm{d}x = \frac{4}{3} \pi R^3$$

(2) 所求体积为

$$V = \pi \int_{\alpha}^{\beta} y^2(t) |x'(t)| \mathrm{d}t = \pi a^3 \int_{0}^{2\pi} (1 - \cos t)^3 \mathrm{d}t = 5\pi^2 a^3$$

(3) 圆周 $x^2 + (y - R)^2 = r^2$ 的上下半圆分别为

$$y = f_2(x) = R + \sqrt{r^2 - x^2}, \text{和} y = f_1(x) = R - \sqrt{r^2 - x^2}, |x| \leqslant r$$

于是圆环体的截面面积函数为

$$A(x) = \pi[(y_2(x))^2 - (y_1(x))^2] = 4\pi R \sqrt{r^2 - x^2}, \quad x \in [-r, r]$$

故所求体积为

$$V = 4\pi R \int_{-r}^{r} \sqrt{r^2 - x^2} \mathrm{d}x = 2\pi^2 r^2 R$$

7.6.4 平面曲线的弧长与曲率

1. 平面曲线的弧长

首先建立曲线弧长的概念.

设平面曲线弧 $C = \overset{\frown}{AB}$, 如图 7.18 所示, 在弧上依次取分点:

$$A = M_0, M_1, \cdots, M_i, \cdots, M_n = B$$

它们构成对曲线 C 的一个划分, 记为 T, 然后依次用折线连接相邻分点, 得到 C 的 n 条弦 $\overline{M_{i-1}M_i}$, 记

$$\|T\| = \max_{1 \leqslant i \leqslant n} |M_{i-1}M_i|, \; s_T = \sum_{i=1}^{n} |M_{i-1}M_i|$$

分别表示对应划分 T 的最长弦的长度和折线的总长度.

定义 7.6.1 若对于曲线 C 的任意划分 T, 存在有限极限

$$\lim_{\|T\| \to 0} s_T = s$$

则称曲线 C 是可求长的, 并将极限 s 定义为曲线 C 的**弧长**.

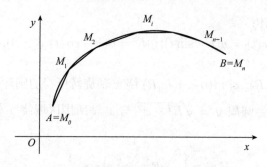

图 7.18

定义 7.6.2　设曲线 C 由参数方程

$$x = x(t), y = y(t), \quad t \in [\alpha, \beta] \tag{7.35}$$

给出. 若 $x(t)$ 与 $y(t)$ 在 $[\alpha, \beta]$ 上连续可微, 且 $x'^2(t) + y'^2(t) \neq 0, t \in [\alpha, \beta]$, 则称曲线 C 是一条**光滑曲线**.

定理 7.6.1　设曲线 C 由参数方程 (7.35) 给出, 若 C 是光滑的, 则 C 是可求长的, 且弧长为

$$s = \int_\alpha^\beta \sqrt{x'^2(t) + y'^2(t)} \mathrm{d}t \tag{7.36}$$

证　对 C 作划分 $T = \{M_0, M_1, \cdots, M_n\}$, 并设 M_0 与 M_n 分别对应 $t = \alpha$ 与 $t = \beta$, 且

$$P_i(x_i, y_i) = (x(t_i), y(t_i)), i = 1, 2, \cdots, n - 1$$

于是与 T 对应地得到区间 $[\alpha, \beta]$ 的一个划分

$$T' : \alpha = t_0 < t_1 < t_2 < \cdots < t_{n-1} < t_n = \beta$$

在 T' 的每个小区间 $\Delta_i = [t_{i-1}, t_i]$ 上, 由 Lagrange 中值公式可得

$$\Delta x_i = x(t_i) - x(t_{i-1}) = x'(\xi_i)\Delta t_i, \Delta y_i = y(t_i) - y(t_{i-1}) = y'(\eta_i)\Delta t_i, \xi_i, \eta_i \in \Delta_i$$

于是曲线 C 的内接折线总长为

$$s_T = \sum_{i=1}^n \sqrt{\Delta x_i^2 + \Delta y_i^2} = \sum_{i=1}^n \sqrt{x'^2(\xi_i) + y'^2(\eta_i)}\Delta t_i$$

由于 C 是光滑曲线, 因而可以证明 $\|T\| \to 0$ 与 $\|T'\| \to 0$ 等价. 又由于 $\sqrt{x'^2(t) + y'^2(t)}$ 在 $[\alpha, \beta]$ 上连续, 于是可积, 从而有

$$\lim_{\|T\| \to 0} \sum_{i=1}^n \sqrt{x'^2(\xi_i) + y'^2(\xi_i)}\Delta t_i = \int_\alpha^\beta \sqrt{x'^2(t) + y'^2(t)} \mathrm{d}t$$

故只需证明

$$\lim_{\|T\| \to 0} s_T = \lim_{\|T'\| \to 0} \sum_{i=1}^n \sqrt{x'^2(\xi_i) + y'^2(\xi_i)}\Delta t_i$$

记

$$\sigma_i = \sqrt{x'^2(\xi_i) + y'^2(\eta_i)} - \sqrt{x'^2(\xi_i) + y'^2(\xi_i)}$$

则

$$|\sigma_i| \leqslant ||y'(\eta_i)| - |y'(\xi_i)|| \leqslant |y'(\eta_i) - y'(\xi_i)|, i = 1, 2, \cdots, n$$

由 $y'(t)$ 在 $[\alpha, \beta]$ 上连续知它在 $[\alpha, \beta]$ 上一致连续，从而对任意的 $\varepsilon > 0$，存在 $\delta > 0$，当 $\|T'\| < \delta, , \xi_i, \eta_i \in \Delta_i$ 时，成立

$$|\sigma_i| < \frac{\varepsilon}{\beta - \alpha}, \quad i = 1, 2, \cdots, n$$

于是有

$$\left|\sum_{i=1}^{n} \sigma_i \Delta t_i\right| < \frac{\varepsilon}{\beta - \alpha} \left|\sum_{i=1}^{n} \Delta t_i\right| = \varepsilon$$

即公式 (7.36) 成立.

若光滑曲线 C 由直角坐标形式给出

$$y = f(x), \quad x \in [a, b]$$

可将 x 视为参数，于是 C 的弧长为

$$s = \int_a^b \sqrt{1 + f'^2(x)} \mathrm{d}x. \tag{7.37}$$

若光滑曲线 C 由极坐标方程给出

$$r = r(\theta), \quad \theta \in [\alpha, \beta]$$

则可将其化为 θ 的参数方程：

$$x = r(\theta)\cos\theta, y = r(\theta)\sin\theta, \quad \theta \in [\alpha, \beta]$$

于是 C 的弧长为

$$s = \int_\alpha^\beta \sqrt{r^2(\theta) + r'^2(\theta)} \mathrm{d}\theta. \text{ 证毕.} \tag{7.38}$$

例 7.6.9　求下列曲线弧段的弧长：

(1) 曲线 $y = \frac{2}{3}x^{\frac{3}{2}}$ 上相应于 x 从 a 到 b 的一段弧；

(2) 旋轮线一拱 $x(t) = a(t - \sin t), y(t) = a(1 - \cos t)(a > 0), x \in [0, 2\pi]$；

(3) 曲线 $r = a\left(\sin\dfrac{\theta}{3}\right)^3 (a > 0)$ 对应 θ 从 0 到 2π 的弧段.

解　(1) $y' = x^{\frac{1}{2}}$，所求弧长为

$$s = \int_a^b \sqrt{1 + (x^{\frac{1}{2}})^2} \mathrm{d}x = \int_a^b \sqrt{1 + x} \mathrm{d}x = \frac{2}{3}[(1 + b)^{\frac{3}{2}} - (1 + a)^{\frac{3}{2}}]$$

(2) $x'(t) = a(1 - \cos t), y'(t) = a\sin t$，所求弧长为

$$s = \int_\alpha^\beta \sqrt{x'^2(t) + y'^2(t)} \mathrm{d}t = \int_0^{2\pi} \sqrt{2a^2(1 - \cos t)} \mathrm{d}t = 2a \int_0^{2\pi} \sin\frac{t}{2} \mathrm{d}t = 8a$$

(3) $r' = a \left(\sin \dfrac{\theta}{3} \right)^2 \cos \dfrac{\theta}{3}$，所求弧长为

$$s = \int_\alpha^\beta \sqrt{r^2(\theta) + r'^2(\theta)}\,\mathrm{d}\theta = \int_0^{3\pi} \sqrt{a^2 \left(\sin \dfrac{\theta}{3} \right)^6 + a^2 \left(\sin \dfrac{\theta}{3} \right)^4 \left(\cos \dfrac{\theta}{3} \right)^2}\,\mathrm{d}\theta$$

$$= a \int_0^{3\pi} \left(\sin \dfrac{\theta}{3} \right)^2 \mathrm{d}\theta = \dfrac{3}{2}\pi a$$

2. 曲 率

二阶导数的符号反映的是曲线弯曲的方向，而曲率是反映曲线弯曲的程度.

首先给出弧微分的概念. 在公式 (7.36) 中，将积分上限换为变量 t，就得到曲线 (7.35) 由端点 M_0 到动点 $M(x(t), y(t))$ 的弧长，即

$$s(t) = \int_\alpha^t \sqrt{x'^2(\tau) + y'^2(\tau)}\,\mathrm{d}\tau$$

由被积函数连续可知 $s(t)$ 可导且

$$\dfrac{\mathrm{d}s}{\mathrm{d}t} = \sqrt{\left(\dfrac{\mathrm{d}x}{\mathrm{d}t} \right)^2 + \left(\dfrac{\mathrm{d}y}{\mathrm{d}t} \right)^2}$$

于是有

$$\mathrm{d}s = \sqrt{(\mathrm{d}x)^2 + (\mathrm{d}y)^2} = \sqrt{x'^2(t) + y'^2(t)}\,\mathrm{d}t \tag{7.39}$$

$s(t)$ 的微分 $\mathrm{d}s$ 称为**弧微分**，上式就是弧微分公式. 弧微分有几何意义，如图 7.19 所示，PR 为曲线在点 P 处的切线，在直角三角形 PQR 中，直角边 PQ 为 $\mathrm{d}x$，直角边 QR 为 $\mathrm{d}y$，斜边 PR 就是 $\mathrm{d}s$，此三角形称为 **微分三角形**.

下面讨论曲率. 首先分析影响曲线弯曲程度的因素.

如图 7.20(a) 所示，弧段弯曲的程度越大，切线的转角 $\Delta\alpha$ 就越大；如图 7.20(b) 所示，转角相同，弧段越短弯曲程度越大.

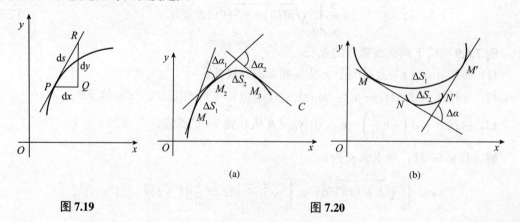

图 7.19　　　　　　　　　图 7.20

定义 7.6.3 设 M, M' 是平面光滑曲线 C 上的点，$\alpha(t)$ 表示曲线在点 $M(x(t), y(t))$ 处切线的切线倾角，$\Delta\alpha = \alpha(t + \Delta t) - \alpha(t)$ 表示点 M 沿曲线移动到 $M'(x(t + \Delta t), y(t + \Delta t))$

时切线的倾角的增量，如图 7.21 所示. 记 $\overparen{MM'} = \Delta s$，则称

$$\overline{K} = \left| \frac{\Delta \alpha}{\Delta s} \right|$$

为弧段 $\overparen{MM'}$ 的**平均曲率**. 若存在极限

$$K = \lim_{\Delta t \to 0} \left| \frac{\Delta \alpha}{\Delta s} \right| = \lim_{\Delta s \to 0} \left| \frac{\Delta \alpha}{\Delta s} \right| = \left| \frac{\mathrm{d}\alpha}{\mathrm{d}s} \right|$$

则称此极限 K 为曲线 C 在点 M 处的**曲率**.

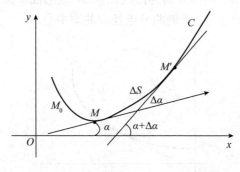

图 7.21

当 C 以参数方程给出：

$$x = x(t), y = y(t), \quad t \in [\alpha, \beta]$$

$x(t)$ 与 $y(t)$ 在 $[\alpha, \beta]$ 上有连续二阶导数，则有

$$\alpha(t) = \arctan \frac{y'(t)}{x'(t)}$$

由弧微分公式 (7.39) 可得

$$\frac{\mathrm{d}\alpha}{\mathrm{d}s} = \frac{\alpha'(t)}{s'(t)} = \frac{x'(t)y''(t) - x''(t)y'(t)}{[x'^2(t) + y'^2(t)]^{\frac{3}{2}}}$$

于是曲率的计算公式为

$$K = \frac{|x'(t)y''(t) - x''(t)y'(t)|}{[x'^2(t) + y'^2(t)]^{\frac{3}{2}}} \tag{7.40}$$

若 C 由直角坐标 $y = f(x)$ 表示，则曲率计算公式为

$$K = \frac{|y''(x)|}{[1 + y'^2(x)]^{\frac{3}{2}}} \tag{7.41}$$

例 7.6.10　求椭圆 $x = a \cos t, y = b \sin t (a > b > 0), 0 \leqslant t \leqslant 2\pi$ 上曲率最大和最小的点.

解　由于 $x' = -a \sin t, y' = b \cos t, x'' = -a \cos t, y'' = -b \sin t$，因而椭圆在点 (x, y) 处的曲率为

$$K = \frac{ab}{(a^2 \sin^2 t + b^2 \cos^2 t)^{\frac{3}{2}}} = \frac{ab}{[(a^2 - b^2) \sin^2 t + b^2]^{\frac{3}{2}}}$$

所以在 $t = 0, \pi$ 处曲率最大，在 $t = \dfrac{\pi}{2}, \dfrac{3\pi}{2}$ 处最小，且

$$K_{\max} = \frac{a}{b^2}, K_{\min} = \frac{b}{a^2}$$

注 7.6.2　根据公式 (7.41)，直线上处处曲率为零. 在例 7.6.10 中，若 $a = b = R$，此时椭圆为圆，且曲率为常数：

$$K = \frac{1}{R}$$

即在圆上每一点处的曲率都相同，其值为半径的倒数.

　　下面介绍曲率圆的概念. 设曲线 C 上点 M 处的曲率 $K \neq 0$. 过点 M 作一个半径为 $\rho = \dfrac{1}{K}$ 的圆，使得它在点 M 处曲线 C 相切（即有相同的切线），并在点 M 附近与曲线位于相同的侧，如图 7.22 所示. 则称此圆为曲线在点 M 处的**曲率圆**或**密切圆**，曲率圆的半径 ρ 和圆心 D 分别称为曲线在点 M 处的**曲率半径**和**曲率中心**.

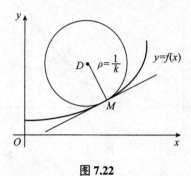

图 7.22

　　由曲率圆的定义可知，曲线 C 上点 M 与其曲率圆在 M 处有相同的切线、曲率和凸性.

习题 7.6

1. 求下列平面曲线绕指定轴旋转所得旋转曲面的面积：
   (1) $y = \sqrt{4 - x^2}, -1 \leqslant x \leqslant 1$，绕 x 轴；
   (2) $y = \mathrm{e}^x, 0 \leqslant x \leqslant \ln 2$，绕 x 轴；
   (3) 曲线 $y = \sin x, 0 \leqslant x \leqslant \pi$，绕 x 轴；
   (4) 内摆线 $x = a\cos^3 t, y = a\sin^3 t (a > 0)$（如图 7.23 所示），绕 y 轴.

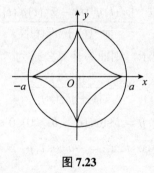

图 7.23

2. 设平面光滑曲线由极坐标方程
$$r = r(\theta), \alpha \leqslant \theta \leqslant \beta ([\alpha, \beta] \subset [0, \pi], r(\theta) \geqslant 0)$$
给出，证明它绕极轴旋转所得旋转曲面的面积为
$$A = 2\pi \int_\alpha^\beta r(\theta) \sin\theta \sqrt{r^2(\theta) + r'^2(\theta)}\,\mathrm{d}\theta$$

3. 求下列极坐标曲线绕极轴旋转所得旋转曲面的面积:

　(1) 心形线 $r = a(1 + \cos\theta)$　$(a > 0)$;

　(2) 双纽线 $r^2 = 2a^2\cos 2\theta$　$(a > 0)$.

4. 求下列平面区域绕指定轴旋转所得旋转体的体积:

　(1) 由悬链线 $y = a\cosh\dfrac{x}{a} = \dfrac{a}{2}\left(e^{\frac{x}{a}} + e^{-\frac{x}{a}}\right), x \in [0, b]$, 与 $y = 0$ 所围, 绕 x 轴;

　(2) 由曲线 $y = 4 - x^2, y = 3x$ 以及 x 轴上从 -2 到 1 的线段围成的区域, 绕 x 轴.

5. 设 D_1 是由抛物线 $y = 2x^2$, 直线 $x = a, x = 2$ 和 x 轴所围成的区域, D_2 是由抛物线 $y = 2x^2$, 直线 $x = a$ 和 x 轴所围成的区域, 其中 $0 < a < 2$.

　(1) 求由 D_1 绕 x 轴旋转所成旋转体的体积 V_1;

　(2) 求由 D_2 绕 y 轴旋转所成旋转体的体积 V_2;

　(3) 当 a 为何值时, $V_1 + V_2$ 取最大值, 并求此最大值.

6. 求下列曲线弧段的弧长:

　(1) 由悬链线 $y = \cosh x = \dfrac{e^x + e^{-x}}{2}$ 从 $x = 0$ 到 $x = a$　$(a > 0)$;

　(2) 曲线 $y = \displaystyle\int_0^{\frac{x}{n}} n\sqrt{\sin\theta}\,d\theta, x \in [0, n\pi]$　$(n = 1, 2, \cdots)$;

　(3) 上半圆周 $y = \sqrt{2 - x^2}$ 被 $y = |x|$ 所截得弧段;

　(4) 星形线 $x^{\frac{2}{3}} + y^{\frac{2}{3}} = a^{\frac{2}{3}}$　$(a > 0)$;

　(5) 曲线 $x = a(\cos t + t\sin t), y = a(\sin t - t\cos t)$　$(a > 0)$;

　(6) 心形线 $r = a(1 + \cos\theta)$　$(a > 0)$ 的周长;

　(7) 阿基米德螺线 $r = a\theta$　$(a > 0), \theta$ 从 0 到 2π.

7. 分别用直角坐标方程、参数方程和极坐标方程求半径为 R 的圆的周长.

8. 求下列曲线的曲率或指定点的曲率:

　(1) 悬链线 $y = \dfrac{a}{2}\left(e^{\frac{x}{a}} + e^{-\frac{x}{a}}\right)$　$(a > 0)$;

　(2) 抛物线 $y = ax^2 + bx + c$ 在顶点;

　(3) $x = a(t - \sin t), y = a(1 - \cos t)$　$(a > 0)$ 在 $t = \dfrac{\pi}{2}$;

　(4) $x = a\cos^3 t, y = a\sin^3 t$　$(a > 0)$ 在 $t = \dfrac{\pi}{4}$.

9. 设有一椭圆形零件, 椭圆的表达式为: $x = 2\cos t, y = 3\sin t, 0 \leqslant t \leqslant 2\pi$, 若用砂轮取打磨该椭圆形零件的内测, 砂轮的半径 R 应该选择多大的合适?

10. 证明:

　(1) 由非负连续曲线 $y = f(x), x \in [a, b]$ 与 x 轴所围区域绕 y 轴旋转一周所成的旋转体的体积为

$$V = 2\pi\int_a^b xf(x)\,dx$$

　(2) 在极坐标下, 由 $0 \leqslant \alpha \leqslant \theta \leqslant \beta \leqslant \pi, 0 \leqslant r \leqslant r(\theta)$ 所围区域绕极轴旋转一周所成的旋转体的体积为

$$V = \frac{2\pi}{3}\int_\alpha^\beta r^3(\theta)\sin\theta\,d\theta$$

11. 求下列平面区域绕指定轴旋转所得旋转体的体积:

　(1) 由曲线 $y = 2x^2 - x^3$ 与 x 轴所围, 绕 y 轴;

(2) 由旋轮线一拱 $x(t) = a(t - \sin t), y(t) = a(1 - \cos t)(a > 0), t \in [0, 2\pi]$ 与 x 轴所围，绕 y 轴.

12. 求 a, b 的值，使得椭圆 $x = a\cos t, y = b\sin t$ 的周长等于正弦曲线 $y = \sin x$ 对应 $0 \leqslant x \leqslant 2\pi$ 弧段的弧长.

13. 设曲线 C 由极坐标 $r = r(\theta)$ 给出，且二阶可导，试证它在点 (r, θ) 处的曲率为

$$K = \frac{|r^2 + 2r'^2 - rr'|}{(r^2 + r'^2)^{\frac{3}{2}}}$$

并求心形线 $r = a(1 + \cos\theta)(a > 0)$ 在 $\theta = 0$ 处的曲率、曲率半径和曲率圆.

7.7 定积分在物理上的应用

定积分在物理中有着广泛的应用，本节将介绍一些典型实例.

7.7.1 质 量

例 7.7.1 如图 7.24 所示，有一根金属棒，其密度函数 $\rho(x) = 2x^2 + 3x + 6 \,(\text{kg/m})$，求这根金属棒的质量 M.

图 7.24

解 $M = \displaystyle\int_0^6 (2x^2 + 3x + 6)\mathrm{d}x = \left[\frac{2}{3}x^3 + \frac{3}{2}x^2 + 6x\right]_0^6 = 234(\text{kg})$

7.7.2 总电量

例 7.7.2 设上半圆周型金属环 $x^2 + y^2 = R^2 (y \geqslant 0)$ 上任一点处的电荷线密度等于该点到 y 轴的距离的平方，求环上的总电量.

解 将金属环的方程写成参数形式

$$\begin{cases} x = R\cos t, \\ y = R\sin t, \end{cases} \quad t \in [0, \pi]$$

于是

$$\mathrm{d}s = \sqrt{x'(t)^2 + y'(t)^2}\mathrm{d}t = R\mathrm{d}t$$

分布函数 $f(t) = [x(t)]^2 = R^2\cos^2 t$，因此

$$\mathrm{d}Q = f(t)\mathrm{d}s = R^3\cos^2 t\mathrm{d}t$$

所以环上的总电量为

$$Q = R^3 \int_0^\pi \cos^2 t\mathrm{d}t = \frac{R^3\pi}{2}$$

7.7.3 变力沿直线所作的功

由物理学知道，如果物体在作直线运动的过程中有一个不变的力 $\mathbf{F}$ 作用在这物体上，且这力的方向与物体的运动方向一致，那么，在物体移动了距离 s 时，力 $\mathbf{F}$ 对物体所作的功为 $W = \mathbf{F} \cdot \mathbf{S}$.

如果物体在运动的过程中所受的力是变化的，就不能直接使用此公式，下面采用"微元法"求解.

例 7.7.3 一圆柱形蓄水池高为 5 m，底半径为 3 m，池内盛满了水. 问要把池内的水全部吸出，需作多少功？

解 建立直角坐标系如图 7.25 所示，取 x 为积分变量，$x \in [0, 5]$，取任一小区间 $[x, x+\mathrm{d}x]$，这一薄层水的重力为 $9.8\pi \cdot 3^2 \mathrm{d}x$，功元素为 $\mathrm{d}W = 88.2\pi \cdot x \cdot \mathrm{d}x$，所以

$$W = \int_0^5 88.2\pi \cdot x \cdot \mathrm{d}x = 88.2\pi \left[\frac{x^2}{2} \right]_0^5 \approx 3464 \quad (\text{千焦}).$$

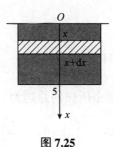

图 7.25

例 7.7.4 如图 7.26 所示，把一个带 $+q$ 电量的点电荷放在 r 轴上坐标原点处，它产生一个电场. 这个电场对周围的电荷有作用力. 由物理学知道，如果一个单位正电荷放在这个电场中距离原点为 r 的地方，那么电场对它的作用力的大小为 $F = k\dfrac{q}{r^2}$（k 是常数），当这个单位正电荷在电场中从 $r = a$ 处沿 r 轴移动到 $r = b$ 处时，计算电场力 F 对它所作的功.

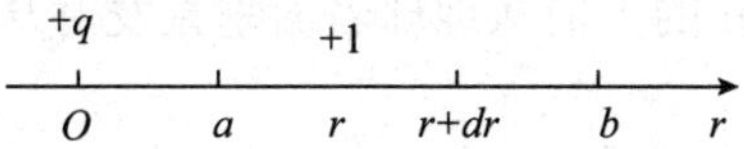

图 7.26

解 取 r 为积分变量，$r \in [a, b]$，取任一小区间 $[r, r+\mathrm{d}r]$，功元素 $\mathrm{d}W = \dfrac{kq}{r^2}\mathrm{d}r$，于是所求功为

$$W = \int_a^b \frac{kq}{r^2}\mathrm{d}r = kq\left[-\frac{1}{r} \right]_a^b = kq\left(\frac{1}{a} - \frac{1}{b} \right)$$

若考虑将单位电荷移到无穷远处，则有

$$W = \lim_{b \to +\infty} \int_0^b \frac{kq}{r^2}\mathrm{d}r = \lim_{b \to +\infty} kq\left[-\frac{1}{r} \right]_a^b = \frac{kq}{a}$$

例 7.7.5　用铁锤把钉子钉入木板，设木板对铁钉的阻力与铁钉进入木板的深度成正比，铁锤在第一次锤击时将铁钉击入 $1\,\mathrm{cm}$，若每次锤击所作的功相等，问第 n 次锤击时又将铁钉击入多少？

解　建立坐标系，如图 7.27 所示，取 $x \in [0,1]$ 为积分变量，任取 $[x, x+\mathrm{d}x] \subset [0,1]$，该小区间对应的功为

$$\mathrm{d}W_1 = kx\mathrm{d}x$$

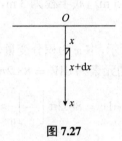

图 7.27

第一次锤击时所作的功为

$$W_1 = \int_0^1 kx\mathrm{d}x = \frac{k}{2}$$

设 n 次击入的总深度为 $h\,\mathrm{cm}$，n 次锤击所作的总功为

$$W_h = \int_0^h kx\mathrm{d}x = \frac{kh^2}{2}$$

依题意知，每次锤击所作的功相等，

$$W_h = nW_1, \text{即} \frac{kh^2}{2} = n \cdot \frac{k}{2}$$

于是 n 次击入的总深度为 $h = \sqrt{n}\,\mathrm{cm}$，故第 n 次击入的深度为 $\sqrt{n} - \sqrt{n-1}\,\mathrm{cm}$.

例 7.7.6　若将一质量为 m 的火箭从地球表面垂直发射升空至高度为 h 处，求火箭克服地球引力所做的功.

解　由于火箭受地球引力的大小与其所处位置有关，因此这是一个变力作功问题.

首先建立坐标系. 如图 7.28 所示，取地球中心为原点，设垂直方向为 x 轴，升空方向为正向. 设地球质量为 M，半径为 R，重力加速度为 g，引力常数 $G = \dfrac{R^2 g}{M}$，根据万有引力定律，火箭在距离地心 $x(x > R)$ 处所受的引力为

$$F = G\frac{Mm}{x^2} = \frac{mgR^2}{x^2}$$

于是火箭从地面上升到高度为 h 处所作的功为

$$W_h = \int_R^{R+h} \frac{mgR^2}{x^2}\mathrm{d}x = mgR^2\left(\frac{1}{R} - \frac{1}{R+h}\right)$$

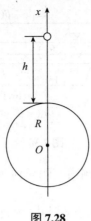

图 7.28

7.7.4 水压力

由物理学知道，在水深为 h 处的压强为 $p = \gamma h$，这里 γ 是水的比重. 如果有一面积为 A 的平板水平放置在水深为 h 处，那么，平板一侧所受的水压力为 $F = p \cdot A$.

如果平板垂直放置在水中，由于水深不同的点处压强 p 不相等，平板一侧所受的水压力就不能直接使用此公式，而采用"微元法"求解.

例 7.7.7 一个横放着的圆柱形水桶，桶内盛有半桶水，设桶的底半径为 R，水的比重为 γ，计算桶的一端面上所受的压力.

解 在端面建立坐标系如图 7.29 所示，取 x 为积分变量，$x \in [0, R]$，取任一小区间 $[x, x + \mathrm{d}x]$，小矩形片上各处的压强近似相等，为 $p = \gamma x$，小矩形片的面积为 $2\sqrt{R^2 - x^2}\mathrm{d}x$. 小矩形片的压力微元为 $\mathrm{d}F = 2\gamma x\sqrt{R^2 - x^2}\mathrm{d}x$，端面上所受的压力

$$F = \int_0^R 2\gamma x\sqrt{R^2 - x^2}\mathrm{d}x = -\gamma \int_0^R \sqrt{R^2 - x^2}\mathrm{d}(R^2 - x^2) = -\gamma \left[\frac{2}{3}(\sqrt{R^2 - x^2})^3\right]_0^R = \frac{2\gamma}{3}R^3$$

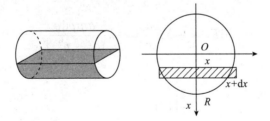

图 7.29

例 7.7.8 一等腰梯形闸门，如图 7.30 所示，梯形的上下底分别为 50 m 和 30 m，高为 20 m，如果闸门顶部高出水面 4 m，求闸门一侧所受的静压力.

解 如图 7.30 所示建立坐标系，则梯形的腰 AB 的方程为 $y = -\dfrac{1}{2}x + 23$. 取 x 为积分变量，$x \in [0, 16]$，取典型小区间 $[x, x + \mathrm{d}x]$，则对应小矩形所受静压力为

$$\mathrm{d}P = 2\rho g x \left(-\frac{1}{2}x + 23\right) \mathrm{d}x$$

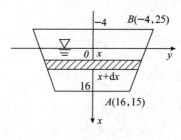

图 7.30

其中 ρ 是密度，g 是重力加速度. 故此闸门一侧受到静压力为

$$P = 2\int_0^{16} \rho g x\left(-\frac{1}{2}x+23\right)\mathrm{d}x = \rho g\left(-\frac{x^3}{3}+23x^2\right)\bigg|_0^{16}$$
$$= \rho g\left(-\frac{1}{3}\times 4096 + 23\times 256\right) = 452267\rho g$$

7.7.5 引 力

由物理学知道，质量分别为 m_1, m_2 相距为 r 的两个质点间的引力大小为 $F = k\dfrac{m_1 m_2}{r^2}$，其中 k 为引力系数，引力的方向沿着两质点的连线方向.

如果要计算一根细棒对一个质点的引力，那么，由于细棒上各点与该质点的距离是变化的，且各点对该质点的引力方向也是变化的，就不能直接用此公式计算. 下面利用微元法求解.

例 7.7.9 有一长度为 l、线密度为 ρ 的均匀细棒，在其中垂线上距棒 a 单位处有一质量为 m 的质点 M，计算该棒对质点 M 的引力.

解 建立坐标系如图 7.31 所示，取 y 为积分变量，$y \in \left[-\dfrac{l}{2}, \dfrac{l}{2}\right]$，任取典型区间 $[y, y+\mathrm{d}y]$，将典型小段近似看成质点，小段的质量为 $\rho\mathrm{d}y$，小段与质点的距离为 $r = \sqrt{a^2+y^2}$，引力 $\Delta F \approx k\dfrac{m\rho\mathrm{d}y}{a^2+y^2}$，水平方向的分力元素为

$$\mathrm{d}F_x = -\Delta F\frac{a}{r} = -k\frac{am\rho\mathrm{d}y}{(a^2+y^2)^{\frac{3}{2}}}$$

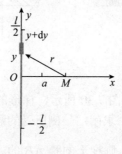

图 7.31

于是水平方向的分力为

$$F_x = -\int_{-\frac{l}{2}}^{\frac{l}{2}} k\frac{am\rho\mathrm{d}y}{(a^2+y^2)^{\frac{3}{2}}} = \frac{-2km\rho l}{a\sqrt{4a^2+l^2}}$$

由对称性知，引力在铅直方向分力为 $F_y = 0$.

习题 7.7

1. 有一根长 10 m 的金属棒，密度分布为 $\rho(x) = (0.3x+6)$ kg/m $(0 \leqslant x \leqslant 10)$，求金属棒的质量.

2. 有金属棒长 3 m，离棒左端 x m 处的线密度为 $\rho(x) = \dfrac{1}{\sqrt{x+1}}$ kg/m，问 x 为何值时，$[0, x]$ 一段的质量为全金属棒质量的一半.

3. 已知抛物线状电缆 $y = x^2 (-1 \leqslant x \leqslant 1)$ 上的任一点处的电荷线密度与该点到 y 轴的距离成正比，在 $(1,1)$ 处的密度为 q，求此电缆上的总电量.

4. 设有盛满水的半球形蓄水池，其深度为 10 m，计算抽完池中水所做的功（水密度为 ρ）.

5. 高 10 m，底半径为 4 m 的倒置圆锥体容器，容器里水深 8 m. 求将所有水抽至容器顶端所做的功，水密度为 ρ.

6. 将轴为 $2a$ 及 $2b(a > b)$ 的半椭圆形薄板铅直沉入水中，其短轴与水面平行且位于水面下 c 处，试求下半椭圆形薄板一侧所受的静压力.

7. 设边长为 $a, b(a > b)$ 的矩形薄片与液面成 $\alpha(0° < \alpha < 90°)$ 角倾斜沉于密度为 γ 的液体中，长边平行于液面，上沿位于深 h 处，试求薄板一侧所受的静压力.

8. 一直径为 6 m 的球浸入水中，其球心在水面下 10 m 处，求球面所受的静压力.

9. 设在坐标轴的原点处有一质量为 m 的质点，在区间 $[a, a+l](a > 0)$ 有一质量为 M 的均匀细杆，试求质点与细杆之间的引力.

10. 有一半径为 r 的球沉入水中，球的上部与水面相切，球的密度与水的密度相同. 试求若将球从水中取出，需做多少功？

11. 为清除井底的污泥，用缆绳将抓斗放入井底，将污泥抓起后送出井口. 已知井深 30 m，抓斗自重 400 N，缆绳每米重 50 N，抓斗抓起的污泥重 2000 N，提升速度为 3 m/s，在提升过程中污泥以 20 N/s 的速度从抓斗缝隙中漏掉. 试求将抓起污泥的漏斗提升到井口需克服重力所做的功.

12. 在长为 l 质量为 M 的均匀细杆 AB 的延长线上，距离 B 点 a 处放着一个质量为 m 的质点 C. 试求：
    (1) 细杆与质点间的引力；
    (2) 当质点从与 B 点相距 r_1 处移动至 r_2 处时，引力所做的功.

13. 设星形线 $x = a\cos^3 t, y = a\sin^3 t$ 上每一点处的线密度的大小等于该点到原点距离的立方. 在原点 O 处有一单位质点，求星形线在第一象限的弧段对这质点的引力.

7.8 定积分的数值计算

对于定积分的计算，由于在可积函数类中，能够用初等函数表示不定积分的只占很小一部分，也就是说，对绝大部分在理论上可积的函数，并不能用 Newton-Leibniz 公式求得其定积分之值.

另一方面，在实际问题中，许多函数只是通过测量、试验等方法给出了在若干个离散点上的函数值，如果问题的最后解决有赖于求出这个函数在某个区间上的积分值，那么 Newton-Leibniz 公式是难有用武之地的.

所以需要寻找求定积分的各种近似方法，数值积分是其中最重要的一种.

从数值计算的观点来看，若能在 $[a,b]$ 上找到一个具有足够精度的可积函数 $p(x)$，来近似代替 $f(x)$，而 $p(x)$ 的原函数可以用初等函数 $P(x)$ 表示，比如，$p(x)$ 为 $f(x)$ 的某个插值多项式，那么便可用 $p(x)$ 的积分值近似地代替 $f(x)$ 的积分值，即

$$\int_a^b f(x)\mathrm{d}x \approx \int_a^b p(x)\mathrm{d}x = P(x)|_a^b$$

此外，从定积分的几何意义知道，将积分区间分得越细，小块近似面积之和与总面积就越是接近. 因此，用简单函数代替被积函数，并将积分区间细化是数值积分的主要思想.

7.8.1 矩形法

设函数 $y = f(x)$ 在 $[a,b]$ 上连续，用分点 $x_i = a + \frac{b-a}{n}i$ $(i = 0,1,2,\cdots,n)$ 将区间 $[a,b]$ 划分成 n 个长度为 $\frac{b-a}{n}$ 的小区间，记 $y_i = f(x_i)$，于是 n 个小矩形面积之和

$$\sum_{i=1}^n f(x_i)\Delta x_i = \sum_{i=1}^n y_i \frac{b-a}{n} = \frac{b-a}{n}\sum_{i=1}^n y_i$$

可以作为积分 $\int_a^b f(x)\mathrm{d}x$ 的近似值，如图 7.32 所示，即有

$$\int_a^b f(x)\mathrm{d}x \approx \frac{b-a}{n}\sum_{i=1}^n y_i \tag{7.42}$$

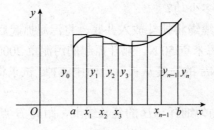

图 7.32

此公式称为定积分近似计算的**矩形法公式**.

类似地，当第 i 个小矩形的高选取左端点 x_{i-1} 处的函数值 $y_{i-1} = f(x_{i-1})$ 时，可得如下形式的矩形法公式：

$$\int_a^b f(x)\mathrm{d}x \approx \frac{b-a}{n}\sum_{i=1}^n y_{i-1} \tag{7.43}$$

如果在分割的每个小区间上采用一次或二次多项式来近似替代被积函数，那么可以期望获得比矩形法效果好得多的近似计算公式. 下面的梯形法和抛物线法就是这一想法的具体表现.

7.8.2 梯形法

将积分区间 $[a,b]$ 作 n 等分，分点依次为

$$a = x_0 < x_1 < x_2 < \cdots < x_n = b, \Delta x_i = \frac{b-a}{n}$$

相应的被积函数值记为

$$y_0, y_1, y_2, \cdots, y_n \quad (y_i = f(x_i), i = 0, 1, 2, \cdots, n)$$

并记曲线 $y = f(x)$ 上相应的点为

$$P_0, P_1, P_2, \cdots, P_n \quad (P_i(x_i, y_i), i = 0, 1, 2, \cdots, n)$$

将曲线上每一段弧 $\overset{\frown}{P_{i-1}P_i}$ 用弦 $\overline{P_{i-1}P_i}$ 来替代，这使得每个小区间 $[x_{i-1}, x_i]$ 上的曲边梯形换成了真正的梯形，如图 7.33 所示，其面积为

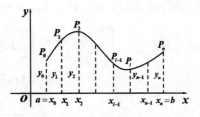

$$\frac{y_{i-1} + y_i}{2} \Delta x_i, i = 0, 1, 2, \cdots, n$$

于是各个小梯形面积之和就是曲边梯形面积的近似值，即

图 7.33

$$\int_a^b f(x)\mathrm{d}x \approx \sum_{i=1}^{n} \frac{y_{i-1} + y_i}{2} \Delta x_i$$

亦即

$$\int_a^b f(x)\mathrm{d}x \approx \frac{b-a}{n} \left(\frac{y_0}{2} + y_1 + y_2 + \cdots + y_{n-1} + \frac{y_n}{2} \right) = \frac{b-a}{n} \left[\frac{f(a) + f(b)}{2} + \sum_{i=1}^{n-1} f(x_i) \right]$$

(7.44)

此近似式称为定积分近似计算的**梯形法公式**.

7.8.3 抛物线法公式

将积分区间 $[a,b]$ 作 $2n$ 等分，如图 7.34 所示，分点依次为

$$a = x_0 < x_1 < x_2 < \cdots < x_{2n} = b, \Delta x_i = \frac{b-a}{2n}$$

对应的被积函数值为

$$y_0, y_1, y_2, \cdots, y_{2n} \quad (y_i = f(x_i), i = 0, 1, 2, \cdots, 2n)$$

曲线 $y = f(x)$ 上的相应点为

$$P_0, P_1, P_2, \cdots, P_{2n} \quad (P_i(x_i, y_i), i = 0, 1, 2, \cdots, 2n)$$

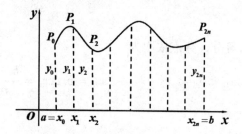

图 7.34

对区间 $[x_0, x_2]$ 上的曲线 $y = f(x)$ 用通过三点

$$P_0(x_0, y_0), P_1(x_1, y_1), P_2(x_2, y_2)$$

的抛物线 $p_1(x) = \alpha_1 x^2 + \beta_1 x + \gamma_1$ 来近似代替，便有

$$
\begin{aligned}
\int_{x_0}^{x_2} f(x)\mathrm{d}x &\approx \int_{x_0}^{x_2} p_1(x)\mathrm{d}x = \int_{x_0}^{x_2} (\alpha_1 x^2 + \beta_1 x + \gamma_1)\mathrm{d}x \\
&= \frac{\alpha_1}{3}(x_2^3 - x_0^3) + \frac{\beta_1}{2}(x_2^2 - x_0^2) + \gamma_1(x_2 - x_0) \\
&= \frac{x_2 - x_0}{6}[(\alpha_1 x_0^2 + \beta_1 x_0 + \gamma_1) + (\alpha_1 x_2^2 + \beta_1 x_2 + \gamma_1) \\
&\quad + \alpha_1(x_0 + x_2)^2 + 2\beta_1(x_0 + x_2) + 4\gamma_1] \\
&= \frac{x_2 - x_0}{6}(y_0 + y_2 + 4y_1) = \frac{b-a}{6n}(y_0 + 4y_1 + y_2)
\end{aligned}
$$

同样地，在 $[x_{2i-2}, x_{2i}]$ 上用 $p_i(x) = \alpha_i x^2 + \beta_i x + \gamma_i$ 替代曲线 $y = f(x)$，可得

$$\int_{x_{2i-2}}^{x_{2i}} f(x)\mathrm{d}x \approx \int_{x_{2i-2}}^{x_{2i}} p_i(x)\mathrm{d}x = \frac{b-a}{6n}(y_{2i-2} + 4y_{2i-1} + y_{2i})$$

最后，按 $i = 1, 2, \cdots, n$ 把这些近似式相加，得到

$$\int_a^b f(x)\mathrm{d}x = \sum_{i=1}^n \int_{x_{2i-2}}^{x_{2i}} f(x)\mathrm{d}x \approx \frac{b-a}{6n} \sum_{i=1}^n (y_{2i-2} + 4y_{2i-1} + y_{2i})$$

即

$$
\begin{aligned}
\int_a^b f(x)\mathrm{d}x &\approx \frac{b-a}{6n}\left[y_0 + y_{2n} + 4\sum_{i=1}^n y_{2i-1} + 2\sum_{i=1}^{n-1} y_{2i} \right] \\
&= \frac{b-a}{6n}\left[f(a) + f(b) + 4\sum_{i=1}^n f(x_{2i-1}) + 2\sum_{i=1}^{n-1} f(x_{2i}) \right]
\end{aligned}
\tag{7.45}
$$

此近似式称为定积分近似计算的**抛物线法公式**，也称为 **Simpson（辛普森）公式**.

例 7.8.1 计算定积分 $\displaystyle\int_0^1 \frac{\mathrm{d}x}{1 + x^2}$ 的近似值

解 将区间 $[0, 1]$ 十等分，得到分点 $\dfrac{i}{10}(i = 0, 1, \cdots, 10)$，各分点上的被积函数的值如表 7.1 所列（取 7 位小数）：

表 7.1

x_i	0	$\dfrac{1}{10}$		$\dfrac{2}{10}$		$\dfrac{3}{10}$		$\dfrac{4}{10}$
y_i	1	0.9900990		0.9615385		0.9174312		0.8620690

x_i	$\dfrac{5}{10}$	$\dfrac{6}{10}$	$\dfrac{7}{10}$	$\dfrac{8}{10}$	$\dfrac{9}{10}$	1
y_i	0.8000000	0.7352941	0.6711409	0.6097561	0.5524862	0.5

(1) 用矩形法公式 (7.42)（或 (7.43)）计算的结果为（取 7 位小数）：

$$\int_0^1 \frac{\mathrm{d}x}{1+x^2} \approx \frac{1}{10}(y_0 + y_1 + \cdots + y_9) = 0.8099815$$

$$\left(\text{或} \frac{1}{10}(y_1 + y_2 + \cdots + y_{10}) = 0.7599815\right)$$

(2) 用梯形法公式 (7.44) 计算的结果（取 7 位小数）：

$$\int_0^1 \frac{\mathrm{d}x}{1+x^2} \approx \frac{1}{10}\left(\frac{y_0}{2} + y_1 + y_2 + \cdots + y_9 + \frac{y_{10}}{2}\right) = 0.7849815$$

(3) 用抛物线法公式 (7.45) 计算的结果（取 7 位小数）：

$$\int_0^1 \frac{\mathrm{d}x}{1+x^2} \approx \frac{1}{30}[y_0 + y_{10} + 4(y_1 + y_3 + \cdots + y_9) + 2(y_2 + y_4 + \cdots + y_8)]$$
$$= 0.7853982$$

而其精确值为

$$\int_0^1 \frac{\mathrm{d}x}{1+x^2} = \arctan 1 = \frac{\pi}{4} = 0.78539816\cdots$$

与上述近似值相比较，矩形法的结果只有一位有效数字是准确的，梯形法的结果有三位有效数字是准确的，抛物线法的结果则有六位有效数字是准确的. 可见抛物线法公式明显地优于梯形法公式，更优于矩形法公式.

习题 7.8

1. 分别用梯形法和抛物线法近似计算 $\displaystyle\int_1^2 \frac{\mathrm{d}x}{x}$（将积分区间十等分）.

2. 用抛物线法近似计算 $\displaystyle\int_0^\pi \frac{\sin x}{x}\mathrm{d}x$（分别将积分区间二等分、四等分、六等分）.

3. 用 Simpson 公式计算 $\displaystyle\int_0^1 \mathrm{e}^{x^2}\mathrm{d}x$（取 $n=6, \mathrm{e}=2.7183$）.

4. 如图 7.35 所示为河道某一截面图. 请根据测得数据用抛物线法求截面面积.

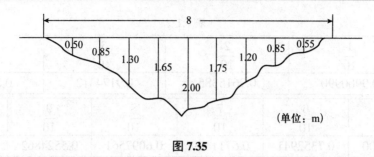

（单位：m）

图 7.35

5. 如表 7.2 所列为夏季某一天每隔两小时测得的气温：

表 7.2

时间（t_i）	0	2	4	6	8	10	12	14	16	18	20	22	24
温度（C_i）	25.8	23.0	24.1	25.6	27.3	30.2	33.4	35.0	33.8	31.1	28.2	27.0	25.0

(1) 按平均值公式 $\dfrac{1}{b-a}\displaystyle\int_a^b f(t)\mathrm{d}t$ 求这一天的平均气温，其中定积分值分别由三种近似法分别计算；

(2) 若按算术平均 $\dfrac{1}{12}\displaystyle\sum_{i=1}^{12} C_{i-1}$ 或 $\dfrac{1}{12}\displaystyle\sum_{i=1}^{12} C_i$ 求得平均气温，那么它们与矩形法积分平均和梯形法积分平均各有什么联系？简述理由.

6. 设 $f(x)$ 在 $[a,b]$ 上有二次连续导数，证明：关于梯形公式 (7.44) 的误差有结论：存在 $\xi \in [a,b]$，使得

$$\int_a^b f(x)\mathrm{d}x - \frac{b-a}{n}\left[\frac{f(a)+f(b)}{2} + \sum_{i=1}^{n-1} f(x_i)\right] = -\frac{(b-a)^3}{12n^2}f''(\xi)$$

7. 设 $f(x)$ 在 $[a,b]$ 上有四次连续导数，证明：关于 Simpson 公式 (7.45) 的误差有结论：存在 $\xi \in [a,b]$，使得

$$\int_a^b f(x)\mathrm{d}x - \frac{b-a}{6n}\left[f(a)+f(b)+4\sum_{i=1}^{n} f(x_{2i-1})+2\sum_{i=1}^{n-1} f(x_{2i})\right] = -\frac{(b-a)^5}{180n^4}f^{(4)}(\xi)$$

第 8 章 反常积分

前面我们学习的定积分对被积函数有一些基本要求，比如定义在闭区间上，且有界，然而在科学实践和实际应用中都可能会遇到积分区间为无穷区间或者函数无界的情形，此时定积分就不再适用了，因此有必要对定积分进行两个方面的推广，一是将积分区间推广到无穷区间；二是将被积函数推广到无界. 这就是本章将要学习的反常积分.

8.1 反常积分的概念与计算

例 8.1.1 (第二宇宙速度) 若将一质量为 m 的火箭从地球表面垂直发射升空至高度为 h 处，求火箭克服地球引力所做的功.

解 根据上一章例 7.7.6 的结论可知，为使火箭远离地球，即 $h \to +\infty$，此时所需作功

$$\lim_{h \to +\infty} W_h = mgR^2 \lim_{h \to +\infty} \int_R^{R+h} \frac{1}{x^2} \mathrm{d}x = mgR$$

假设火箭发射时的初速度为 v_0，则由机械能守恒定律可知有

$$\frac{1}{2}mv_0^2 = mgR$$

将 $g = 9.81 \ \mathrm{m/s}^2$, $R = 6371 \ \mathrm{km}$ 代入上式，可得

$$v_0 = \sqrt{2gR} = \sqrt{2 \times 9.81 \ \mathrm{m/s}^2 \times 6371 \ \mathrm{km}} \approx 11.2 \ \mathrm{km/s}$$

这就是使火箭飞离地球所需的最小初速度，即第二宇宙速度.

上述问题中涉及到了计算极限

$$\lim_{h \to +\infty} \int_R^{R+h} \frac{1}{x^2} \mathrm{d}x$$

若将其记为

$$\int_R^{+\infty} \frac{1}{x^2} \mathrm{d}x$$

这就是一个无穷区间上积分的模型.

8.1.1 无穷区间上的反常积分

定义 8.1.1 设函数 $f(x)$ 在 $[a, +\infty)$ 有定义，且在任意有限区间 $[a, A] \subset [a, +\infty)$ 上可积，若极限

$$\lim_{A \to +\infty} \int_a^A f(x)\mathrm{d}x$$

存在，则称反常积分 $\displaystyle\int_a^A f(x)\mathrm{d}x$ **收敛**（或称 $f(x)$ 在 $[a,+\infty)$ 上可积），其积分值为

$$\int_a^{+\infty} f(x)\mathrm{d}x = \lim_{A\to+\infty}\int_a^A f(x)\mathrm{d}x$$

否则称反常积分 $\displaystyle\int_a^{+\infty} f(x)\mathrm{d}x$ **发散**.

对反常积分 $\displaystyle\int_{-\infty}^a f(x)\mathrm{d}x$，可类似地给出敛散性定义.

设 $f(x)$ 在 $[a,+\infty)$ 连续，$F(x)$ 是它在 $[a,+\infty)$ 上的一个原函数，由 Newton-Leibniz 公式，

$$\int_a^{+\infty} f(x)\mathrm{d}x = \lim_{A\to+\infty}\int_a^A f(x)\mathrm{d}x = \lim_{A\to+\infty} F(x)|_a^A = \lim_{A\to+\infty} F(A) - F(a)$$

因此反常积分 $\displaystyle\int_a^{+\infty} f(x)\mathrm{d}x$ 的敛散性等价于函数极限 $\displaystyle\lim_{A\to+\infty} F(x)$ 的敛散性.

当函数 $f(x)\geqslant 0$ 时，反常积分 $\displaystyle\int_a^{+\infty} f(x)\mathrm{d}x$ 收敛表示由曲线 $y=f(x)$，直线 $x=a$ 和 x 轴所界定区域的面积是个有限值.

设函数 $f(x)$ 在区间 $(-\infty,+\infty)$ 的任意有限区间上可积，若存在 $a\in(-\infty,+\infty)$，反常积分 $\displaystyle\int_{-\infty}^a f(x)\mathrm{d}x$ 和 $\displaystyle\int_a^{+\infty} f(x)\mathrm{d}x$ 都收敛，则称上述两反常积分之和为函数 $f(x)$ 在无穷区间 $(-\infty,+\infty)$ 上的反常积分，记作 $\displaystyle\int_{-\infty}^{+\infty} f(x)\mathrm{d}x$，且

$$\int_{-\infty}^{+\infty} f(x)\mathrm{d}x = \int_{-\infty}^a f(x)\mathrm{d}x + \int_a^{+\infty} f(x)\mathrm{d}x$$

$$= \lim_{A'\to-\infty}\int_{A'}^a f(x)\mathrm{d}x + \lim_{A\to+\infty}\int_a^A f(x)\mathrm{d}x$$

若反常积分 $\displaystyle\int_{-\infty}^a f(x)\mathrm{d}x$ 和 $\displaystyle\int_a^{+\infty} f(x)\mathrm{d}x$ 中有一个发散，则称反常积分 $\displaystyle\int_{-\infty}^{+\infty} f(x)\mathrm{d}x$ 发散. 请注意，反常积分 $\displaystyle\int_{-\infty}^{+\infty} f(x)\mathrm{d}x$ 的收敛性与常数 a 的值无关，收敛时的值也与 a 无关.

例 8.1.2 计算反常积分:

(1) $\displaystyle\int_{-\infty}^{+\infty} \frac{\mathrm{d}x}{1+x^2}$;　　(2) $\displaystyle\int_{\frac{2}{\pi}}^{+\infty} \frac{1}{x^2}\sin\frac{1}{x}\mathrm{d}x$;　　(3) $\displaystyle\int_0^{+\infty} \frac{1}{x^2+4x+8}\mathrm{d}x$.

解

(1) $\displaystyle\int_{-\infty}^{+\infty} \frac{\mathrm{d}x}{1+x^2} = \int_{-\infty}^0 \frac{\mathrm{d}x}{1+x^2} + \int_0^{+\infty} \frac{\mathrm{d}x}{1+x^2} = \lim_{a\to-\infty}\int_a^0 \frac{\mathrm{d}x}{1+x^2} + \lim_{b\to+\infty}\int_0^b \frac{\mathrm{d}x}{1+x^2}$

$\displaystyle = \lim_{a\to-\infty}[\arctan x]_a^0 + \lim_{b\to+\infty}[\arctan x]_0^b = -\lim_{a\to-\infty}\arctan a + \lim_{b\to+\infty}\arctan b$

$\displaystyle = -\left(-\frac{\pi}{2}\right) + \frac{\pi}{2} = \pi.$

(2) $\displaystyle\int_{\frac{2}{\pi}}^{+\infty} \frac{1}{x^2}\sin\frac{1}{x}\mathrm{d}x = -\int_{\frac{2}{\pi}}^{+\infty} \sin\frac{1}{x}\mathrm{d}\left(\frac{1}{x}\right) = -\lim_{b\to+\infty}\int_{\frac{2}{\pi}}^b \sin\frac{1}{x}\mathrm{d}\left(\frac{1}{x}\right)$

$$= \lim_{b \to +\infty} \left[\cos \frac{1}{x} \right]_{\frac{2}{\pi}}^{b} = \lim_{b \to +\infty} \left[\cos \frac{1}{b} - \cos \frac{\pi}{2} \right] = 1$$

(3) $\displaystyle\int_{0}^{+\infty} \frac{1}{x^2 + 4x + 8} \mathrm{d}x = \int_{0}^{+\infty} \frac{\mathrm{d}(x+2)}{4 + (x+2)^2}$

$$= \lim_{b \to +\infty} \left[\frac{1}{2} \arctan \frac{b+2}{2} \right]_{0}^{b} = \frac{1}{2} \left(\frac{\pi}{2} - \frac{\pi}{4} \right) = \frac{\pi}{8}$$

请思考：在例 8.1.2(1) 的求解中，可否设 $a = -b$，为什么？

注 8.1.1 设 $F(x)$ 是 $f(x)$ 在 $[a, +\infty)$ 的原函数，若记

$$F(+\infty) = \lim_{b \to +\infty} F(b)$$

则反常积分有形式上的 Newton-Leibniz 公式：

$$\int_{a}^{+\infty} f(x)\mathrm{d}x = F(+\infty) - F(a) \overset{\text{def}}{=\!=} F(x)\big|_{a}^{+\infty}$$

例 8.1.3 证明反常积分 $\displaystyle\int_{1}^{+\infty} \frac{1}{x^p} \mathrm{d}x$ 当 $p > 1$ 时收敛，当 $p \leqslant 1$ 时发散.

证 (1) $p = 1$，$\displaystyle\int_{1}^{+\infty} \frac{1}{x^p} \mathrm{d}x = \int_{1}^{+\infty} \frac{1}{x} \mathrm{d}x = \ln x\big|_{1}^{+\infty} = +\infty$；

(2) $p \neq 1$，$\displaystyle\int_{1}^{+\infty} \frac{1}{x^p} \mathrm{d}x = \frac{x^{1-p}}{1-p}\bigg|_{1}^{+\infty} = \begin{cases} +\infty, & p < 1 \\ \dfrac{1}{p-1}, & p > 1 \end{cases}$

因此当 $p > 1$ 时反常积分收敛，其值为 $\dfrac{1}{p-1}$；当 $p \leqslant 1$ 时反常积分发散. 证毕.

8.1.2 无界函数的反常积分

定义 8.1.2 设函数 $f(x)$ 在 $x = b$ 的左邻域无界，若对于任意 $\varepsilon \in (0, b-a)$，$f(x)$ 在区间 $[a, b - \varepsilon]$ 上有界可积，且极限

$$\lim_{\varepsilon \to 0} \int_{a}^{b-\varepsilon} f(x)\mathrm{d}x$$

存在，则称反常积分 $\displaystyle\int_{a}^{b} f(x)\mathrm{d}x$ **收敛**（或称无界函数 $f(x)$ 在 $[a, b]$ 上可积），其积分值为

$$\int_{a}^{b} f(x)\mathrm{d}x = \lim_{\varepsilon \to 0} \int_{a}^{b-\varepsilon} f(x)\mathrm{d}x$$

否则称反常积分 $\displaystyle\int_{a}^{b} f(x)\mathrm{d}x$ **发散**，点 b 称为 $f(x)$ 的**瑕点**.

无界函数的反常积分也称为**瑕积分**.

当 $x = a$ 或者 $x = c \in (a, b)$ 为瑕点时，可类似定义反常积分. 注意当 $x = c$ 的瑕积分，只有当 $\displaystyle\int_{a}^{c} f(x)\mathrm{d}x$ 和 $\displaystyle\int_{c}^{b} f(x)\mathrm{d}x$ 都收敛时，$\displaystyle\int_{a}^{b} f(x)\mathrm{d}x$ 才是收敛的，且有

$$\int_{a}^{b} f(x)\mathrm{d}x = \int_{a}^{c} f(x)\mathrm{d}x + \int_{c}^{b} f(x)\mathrm{d}x = \lim_{\varepsilon_1 \to 0} \int_{a}^{c-\varepsilon_1} f(x)\mathrm{d}x + \lim_{\varepsilon_2 \to 0} \int_{c+\varepsilon_2}^{b} f(x)\mathrm{d}x$$

例 8.1.4 计算反常积分 $\int_0^a \dfrac{\mathrm{d}x}{\sqrt{a^2-x^2}}$.

解 因为 $\lim\limits_{x\to a-0}\dfrac{1}{\sqrt{a^2-x^2}}=+\infty$，所以 $x=a$ 为瑕点，且

$$\int_0^a \frac{\mathrm{d}x}{\sqrt{a^2-x^2}}=\lim_{\varepsilon\to0}\int_0^{a-\varepsilon}\frac{\mathrm{d}x}{\sqrt{a^2-x^2}}$$
$$=\lim_{\varepsilon\to0}\arcsin\frac{x}{a}\Big|_0^{a-\varepsilon}=\lim_{\varepsilon\to0}\left[\arcsin\frac{a-\varepsilon}{a}-0\right]=\frac{\pi}{2}$$

例 8.1.5 证明反常积分 $\int_0^1\dfrac{1}{x^q}\mathrm{d}x$ 当 $q<1$ 时收敛，当 $q\geqslant1$ 时发散.

证 由于

(1) $q=1$，$\int_0^1\dfrac{1}{x^q}\mathrm{d}x=\int_0^1\dfrac{1}{x}\mathrm{d}x=\lim\limits_{\varepsilon\to0}\ln x\big|_\varepsilon^1=+\infty$；

(2) $q\neq1$，$\int_0^1\dfrac{1}{x^q}\mathrm{d}x=\lim\limits_{\varepsilon\to0}\dfrac{x^{1-q}}{1-q}\Big|_\varepsilon^1=\begin{cases}+\infty, & q>1,\\ \dfrac{1}{1-q}, & q<1;\end{cases}$

因此当 $q<1$ 时反常积分收敛，其值为 $\dfrac{1}{1-q}$；当 $q\geqslant1$ 时反常积分发散.
证毕.

类似地，可以得到反常积分 $\int_a^b\dfrac{\mathrm{d}x}{(x-a)^q}\,(q>0)$ 当 $q<1$ 时收敛；当 $q\geqslant1$ 时发散.

注 8.1.2 设 b 是 $f(x)$ 的瑕点，$F(x)$ 是 $f(x)$ 在 $[a,b)$ 的原函数，$F(b-)$ 是 $F(x)$ 在 $x=b$ 的左极限，则有 Newton-Leibniz 公式：

$$\int_a^b f(x)\mathrm{d}x=F(x)\big|_a^b=F(b-)-F(a)$$

例 8.1.6 判断反常积分 $\int_1^2\dfrac{\mathrm{d}x}{x\ln^q x}\,(q>0)$ 的收敛性.

解 当 $q=1$ 时，

$$\int_1^2\frac{\mathrm{d}x}{x\ln x}=\ln(\ln x)\big|_1^2=+\infty$$

当 $q\neq1$ 时，

$$\int_1^2\frac{\mathrm{d}x}{x\ln^q x}=\frac{\ln^{1-q}x}{1-q}\Big|_1^2=\begin{cases}+\infty, & q>1\\ \dfrac{\ln^{1-q}2}{1-q}, & q<1\end{cases}$$

因此当 $q<1$ 时反常积分收敛，当 $q\geqslant1$ 时反常积分发散.

现在考查 $\int_a^{+\infty}f(x)\mathrm{d}x$ 收敛与 $\lim\limits_{x\to+\infty}f(x)$ 的关系. 设 $f(x)$ 在 $[a,+\infty)$ 有定义，由例 8.1.3 可知，$\lim\limits_{x\to+\infty}f(x)=0$ 并不能保证 $\int_a^{+\infty}f(x)\mathrm{d}x$ 收敛. 反过来，若 $\int_a^{+\infty}f(x)\mathrm{d}x$ 收敛，那是否成立 $\lim\limits_{x\to+\infty}f(x)=0$，或者 $f(x)$ 在 $[a,+\infty)$ 有界？下面的例题告诉我们答案是否定的.

例 8.1.7　设 $f(x)$ 在 $[1,+\infty)$ 上有定义，其表达式为：

$$f(x) = \begin{cases} n, & x = n(n = 1, 2, 3, \cdots), \\ 0, & \text{其他} \end{cases}$$

证明：$f(x)$ 在 $[1,+\infty)$ 无界，而 $\displaystyle\int_1^{+\infty} f(x)\mathrm{d}x$ 收敛.

证　由 $f(x)$ 的定义易知 $f(x)$ 在 $[1,+\infty)$ 上是无界的.

对于任意 $A > 1$，$f(x)$ 在 $[1, A]$ 只有有限个点的函数值不为零，故有

$$\int_1^A f(x)\mathrm{d}x = 0$$

于是

$$\int_1^{+\infty} f(x)\mathrm{d}x = \lim_{A\to\infty} \int_1^A f(x)\mathrm{d}x = 0$$

所以 $\displaystyle\int_1^{+\infty} f(x)\mathrm{d}x$ 在 $[1,+\infty)$ 上收敛. 证毕.

进一步地，即使函数 $f(x)$ 在 $[a,+\infty)$ 上是连续可导，$\displaystyle\int_a^{+\infty} f(x)\mathrm{d}x$ 收敛也不能推出 $f(x)$ 在 $[a,+\infty)$ 上是有界，反例见本节习题.

8.1.3　反常积分计算

例 8.1.8　计算反常积分 $\displaystyle\int_0^3 \frac{\mathrm{d}x}{(x-1)^{\frac{2}{3}}}$.

解　因为 $x = 1$ 是瑕点，所以需要将积分拆分成两个积分，然后再分别考查. 由于

$$\int_0^3 \frac{\mathrm{d}x}{(x-1)^{\frac{2}{3}}} = \int_0^1 \frac{\mathrm{d}x}{(x-1)^{\frac{2}{3}}} + \int_1^3 \frac{\mathrm{d}x}{(x-1)^{\frac{2}{3}}}$$

而

$$\int_0^1 \frac{\mathrm{d}x}{(x-1)^{\frac{2}{3}}} = \lim_{\varepsilon\to+0} \int_0^{1-\varepsilon} \frac{\mathrm{d}x}{(x-1)^{\frac{2}{3}}} = 3$$

$$\int_1^3 \frac{\mathrm{d}x}{(x-1)^{\frac{2}{3}}} = \lim_{\varepsilon\to+0} \int_{1+\varepsilon}^3 \frac{\mathrm{d}x}{(x-1)^{\frac{2}{3}}} = 3\sqrt[3]{2}$$

所以 $\displaystyle\int_0^3 \frac{\mathrm{d}x}{(x-1)^{\frac{2}{3}}} = 3(1 + \sqrt[3]{2})$.

例 8.1.9　计算 $\displaystyle\int_0^1 \ln x\mathrm{d}x$.

解法 1　应用分部积分法，注意 $\displaystyle\lim_{x\to0^+} x\ln x = 0$，

$$\int_0^1 \ln x\mathrm{d}x = (x\ln x)|_0^1 - \int_0^1 \mathrm{d}x = -1$$

解法 2 应用换元积分法，令 $\ln x = -t$，则 $\ln x \mathrm{d}x = t e^{-t}\mathrm{d}t$，于是，

$$\int_0^1 \ln x \mathrm{d}x = \int_{+\infty}^0 t e^{-t}\mathrm{d}t = -1$$

注 8.1.3 上例的解法 2 是通过变换将瑕积分转化为区间无穷的反常积分，这种两类反常积分之间转化的方法有时很有效，请读者仔细体会.

例 8.1.10 计算 $I_n = \int_0^{+\infty} e^{-x} x^n \mathrm{d}x.$（$n$ 为非负整数）

解 当 $n = 0$ 时，$I_n = \int_0^{+\infty} e^{-x} x^n \mathrm{d}x = 1.$
当 $n \geqslant 1$ 时，利用分部积分

$$I_n = \int_0^{+\infty} e^{-x} x^n \mathrm{d}x = (-e^{-x} x^n)\big|_0^{+\infty} + n\int_0^{+\infty} e^{-x} x^{n-1}\mathrm{d}x$$
$$= n\int_0^{+\infty} e^{-x} x^{n-1}\mathrm{d}x = nI_{n-1}$$

因此，当 $n \geqslant 0$ 时，$I_n = n!.$

例 8.1.11 计算 $I = \int_0^{\frac{\pi}{2}} \ln \sin x \mathrm{d}x.$

解 作变量代换 $x = 2t$，则

$$I = \int_0^{\frac{\pi}{2}} \ln \sin x \mathrm{d}x = 2\int_0^{\frac{\pi}{4}} \ln \sin(2t)\mathrm{d}t = 2\int_0^{\frac{\pi}{4}} \ln(2\sin t \cos t)\mathrm{d}t$$
$$= \frac{\pi}{2}\ln 2 + 2\int_0^{\frac{\pi}{4}} \ln \sin t \mathrm{d}t + 2\int_0^{\frac{\pi}{4}} \ln \cos t \mathrm{d}t$$

对后一积分作代换 $t = \frac{\pi}{2} - u$，则

$$\int_0^{\frac{\pi}{4}} \ln \cos t \mathrm{d}t = -\int_{\frac{\pi}{2}}^{\frac{\pi}{4}} \ln \sin u \mathrm{d}u = \int_{\frac{\pi}{4}}^{\frac{\pi}{2}} \ln \sin t \mathrm{d}t$$

于是

$$I = \frac{\pi}{2}\ln 2 + 2\int_0^{\frac{\pi}{4}} \ln \sin t \mathrm{d}t + 2\int_{\frac{\pi}{4}}^{\frac{\pi}{2}} \ln \sin t \mathrm{d}t = \frac{\pi}{2}\ln 2 + 2I$$

故可求得 $I = -\frac{\pi}{2}\ln 2.$

例 8.1.12 求 $\int_0^{+\infty} \frac{\mathrm{d}x}{(1+x^2)(1+x^\alpha)}$（$\alpha \in \mathbb{R}$）.

解 $\int_0^{+\infty} \frac{\mathrm{d}x}{(1+x^2)(1+x^\alpha)} = \int_0^1 \frac{\mathrm{d}x}{(1+x^2)(1+x^\alpha)} + \int_1^{+\infty} \frac{\mathrm{d}x}{(1+x^2)(1+x^\alpha)}$
在上式右端的第二个积分中令 $x = \frac{1}{t}$，可得

$$\int_1^{+\infty} \frac{\mathrm{d}x}{(1+x^2)(1+x^\alpha)} = \int_1^0 \frac{-t^\alpha \mathrm{d}t}{(1+t^2)(1+t^\alpha)} = \int_0^1 \frac{x^\alpha \mathrm{d}x}{(1+x^2)(1+x^\alpha)}$$

于是

$$\int_0^{+\infty} \frac{\mathrm{d}x}{(1+x^2)(1+x^\alpha)} = \int_0^1 \frac{\mathrm{d}x}{(1+x^2)(1+x^\alpha)} + \int_0^1 \frac{x^\alpha \mathrm{d}x}{(1+x^2)(1+x^\alpha)}$$

$$= \int_0^1 \frac{\mathrm{d}x}{1+x^2} = \arctan x\big|_0^1 = \frac{\pi}{4}$$

例 8.1.13 设 $a > 0$，计算反常积分 $I = \int_0^{+\infty} \frac{\ln x}{x^2+a^2}\mathrm{d}x$.

解 令 $x = at$，则

$$I = \int_0^{+\infty} \frac{\ln(at)}{a^2(t^2+1)}\mathrm{d}(at) = \frac{\ln a}{a}\int_0^{+\infty} \frac{\mathrm{d}t}{t^2+1} + \frac{1}{a}\int_0^{+\infty} \frac{\ln t}{t^2+1}\mathrm{d}t$$

$$= \frac{\pi \ln a}{2a} + \frac{1}{a}\int_0^{+\infty} \frac{\ln t}{t^2+1}\mathrm{d}t$$

而

$$\int_0^{+\infty} \frac{\ln t}{t^2+1}\mathrm{d}t = \int_0^1 \frac{\ln t}{t^2+1}\mathrm{d}t + \int_1^{+\infty} \frac{\ln t}{t^2+1}\mathrm{d}t$$

令 $u = \dfrac{1}{t}$，又

$$\int_1^{+\infty} \frac{\ln t}{t^2+1}\mathrm{d}t = -\int_0^1 \frac{\ln u}{u^2+1}\mathrm{d}u = -\int_0^1 \frac{\ln t}{t^2+1}\mathrm{d}t$$

所以

$$I = \frac{\pi \ln a}{2a}$$

8.1.4 Cauchy 主值

考察反常积分 $\int_{-\infty}^{+\infty} \sin x \mathrm{d}x$. 由定义

$$\int_{-\infty}^{+\infty} \sin x \mathrm{d}x = -\lim_{A\to+\infty}\cos A + \lim_{A'\to-\infty}\cos A'$$

由于这里 A 与 A' 是独立的，因此极限不存在，所以反常积分 $\int_{-\infty}^{+\infty} \sin x \mathrm{d}x$ 发散.

若 A' 取特殊值 $A' = -A$，则此时有

$$\int_{-\infty}^{+\infty} \sin x \mathrm{d}x = -\lim_{A\to+\infty}[\cos A - \cos(-A)] = 0$$

即 $\int_{-\infty}^{+\infty} \sin x \mathrm{d}x$ 在这种特殊意义下是"收敛"的.

定义 8.1.3 若极限

$$\lim_{A\to+\infty}\int_{-A}^{+A} f(x)\mathrm{d}x = \lim_{A\to+\infty}[F(A) - F(-A)]$$

存在，则称该极限值为反常积分 $\int_{-\infty}^{+\infty} f(x)\mathrm{d}x$ 的 **Cauchy 主值**，记为 (cpv)$\int_{-\infty}^{+\infty} f(x)\mathrm{d}x$.

Cauchy 主值与反常积分收敛的关系：

(1) 当 $\int_{-\infty}^{+\infty} f(x)\mathrm{d}x$ 收敛时，显然有（cpv）$\int_{-\infty}^{+\infty} f(x)\mathrm{d}x = \int_{-\infty}^{+\infty} f(x)\mathrm{d}x$；

(2) 当 Cauchy 主值存在时，$\int_{-\infty}^{+\infty} f(x)\mathrm{d}x$ 可能收敛，也可能发散.

因此 Cauchy 主值推广了反常积分的收敛概念. 类似地，无界函数的反常积分也有相应的 Cauchy 主值概念.

例 8.1.14 计算 $\int_{-1}^{1} \dfrac{1}{x}\mathrm{d}x$ 和 (cpv)$\int_{-1}^{1} \dfrac{1}{x}\mathrm{d}x$.

解 $x = 0$ 是它的唯一瑕点，将它分解为两部分，

$$\int_{-1}^{1} \frac{1}{x}\mathrm{d}x = \int_{-1}^{0} \frac{1}{x}\mathrm{d}x + \int_{0}^{1} \frac{1}{x}\mathrm{d}x$$

$$= \lim_{\eta' \to 0^+} \int_{-1}^{-\eta'} \frac{1}{x}\mathrm{d}x + \lim_{\eta \to 0^+} \int_{\eta}^{1} \frac{1}{x}\mathrm{d}x$$

$$= \lim_{\eta' \to 0^+} \ln|\eta'| - \lim_{\eta \to 0^+} \ln\eta$$

由于 $\lim\limits_{\eta \to 0^+} \ln\eta$ 不存在，因而 $\int_{-1}^{1} \dfrac{1}{x}\mathrm{d}x$ 发散.

但若取 $\eta' = \eta$，则有

$$(\text{cpv})\int_{-1}^{1} \frac{1}{x}\mathrm{d}x = \lim_{\eta \to 0^+}[\ln\eta - \ln\eta] = 0$$

Cauchy 主值在某些领域中有独特的作用.

习题 8.1

1. 说明反常积分 $\int_{0}^{1} \dfrac{\ln x}{x-1}\mathrm{d}x$ 的瑕点有几个点？

2. 证明反常积分 $\int_{a}^{+\infty} \mathrm{e}^{-px}\mathrm{d}x$ 当 $p > 0$ 时收敛，当 $p \leqslant 0$ 时发散.

3. 讨论下列无穷积分是否收敛，若收敛，则求其值：

(1) $\int_{0}^{+\infty} \mathrm{e}^{-\frac{x}{2}}\mathrm{d}x$；

(2) $\int_{0}^{+\infty} x\mathrm{e}^{-x^2}\mathrm{d}x$；

(3) $\int_{-\infty}^{+\infty} \dfrac{1}{x^2+x+1}\mathrm{d}x$；

(4) $\int_{-\infty}^{+\infty} \dfrac{1}{(x^2+a^2)(x^2+b^2)}\mathrm{d}x\ (a,b>0, a \neq b)$；

(5) $\int_{1}^{+\infty} \dfrac{1}{x^2(1+x)}\mathrm{d}x$；

(6) $\int_{2}^{+\infty} \dfrac{3x^2+2x-1}{(x^2-1)(x+1)^2}\mathrm{d}x$；

(7) $\int_{0}^{+\infty} \dfrac{1}{\sqrt{x^2+1}}\mathrm{d}x$；

(8) $\int_{0}^{+\infty} \mathrm{e}^{-3x}\cos 2x\mathrm{d}x$；

(9) $\int_{0}^{+\infty} \mathrm{e}^{-2x}\sin 5x\mathrm{d}x$；

(10) $\int_{1}^{+\infty} \dfrac{\arctan x}{x^2}\mathrm{d}x$；

(11) $\int_{2}^{+\infty} \dfrac{1}{x\ln^p x}\mathrm{d}x$.

4. 讨论下列瑕积分是否收敛，若收敛，则求其值：

(1) $\displaystyle\int_a^b \frac{\mathrm{d}x}{(x-a)^p}(p>0)$;　　(2) $\displaystyle\int_0^1 \frac{\mathrm{d}x}{\sqrt{1-x^2}}$;

(3) $\displaystyle\int_0^1 \frac{x\mathrm{d}x}{\sqrt{1-x^2}}$;　　(4) $\displaystyle\int_1^e \frac{\mathrm{d}x}{x\sqrt{1-\ln^2 x}}$;

(5) $\displaystyle\int_1^2 \frac{x\mathrm{d}x}{\sqrt{x-1}}$;　　(6) $\displaystyle\int_0^3 \frac{\mathrm{d}x}{(x-1)^{\frac{2}{3}}}$;

(7) $\displaystyle\int_0^1 \frac{\mathrm{d}x}{\sqrt{x-x^2}}$;　　(8) $I_n=\displaystyle\int_0^1 (\ln x)^n \mathrm{d}x(n=1,2,\cdots)$;

(9) $\displaystyle\int_0^1 \frac{1}{x^3}\sin\frac{1}{x^2}\mathrm{d}x$.

5. 证明反常积分 $\displaystyle\int_{-\infty}^{+\infty} \sin 2x\mathrm{d}x$ 发散.

6. 求 Cauchy 主值：

(1) (cpv) $\displaystyle\int_{-\infty}^{+\infty} \frac{1+x}{1+x^2}\mathrm{d}x$;　　(2) (cpv) $\displaystyle\int_{\frac{1}{2}}^2 \frac{1}{x\ln x}\mathrm{d}x$;

(3) (cpv) $\displaystyle\int_{-\infty}^{+\infty} \sin 2x\mathrm{d}x$.

7. 计算反常积分：

(1) $\displaystyle\int_0^{+\infty} \frac{1}{(x^2+a^2)^2}\mathrm{d}x(a>0)$;　　(2) $\displaystyle\int_0^{+\infty} \frac{\ln x}{(1+x^2)}\mathrm{d}x$;

(3) $\displaystyle\int_{-\infty}^{+\infty} \frac{1}{x^4+1}\mathrm{d}x$;　　(4) $\displaystyle\int_0^{\frac{\pi}{2}} \frac{\mathrm{d}x}{\sqrt{\tan x}}$;

(5) $\displaystyle\int_0^{\frac{\pi}{2}} \ln\cos x\mathrm{d}x$;　　(6) $\displaystyle\int_0^{\frac{\pi}{2}} \left(\frac{\pi}{2}-x\right)\tan x\mathrm{d}x$;

(7) $I_n=\displaystyle\int_0^1 \frac{x^n}{\sqrt{1-x}}\mathrm{d}x$.

8. 利用例 8.1.9 的结果，证明：

(1) $\displaystyle\int_0^\pi x\ln(\sin x)\mathrm{d}x=-\frac{\pi^2}{2}\ln 2$;　　(2) $\displaystyle\int_0^\pi \frac{x\sin x}{1-\cos x}\mathrm{d}x=2\pi\ln 2$.

9. 证明：若 $f(x)\geqslant 0$，则 (cpv) $\displaystyle\int_{-\infty}^{+\infty} f(x)\mathrm{d}x$ 收敛与 $\displaystyle\int_{-\infty}^{+\infty} f(x)\mathrm{d}x$ 收敛等价.

10. 证明：若 $\displaystyle\int_a^{+\infty} f(x)\mathrm{d}x$ 收敛，且 $\displaystyle\lim_{x\to+\infty} f(x)=A$，则 $A=0$.

11. 证明：若 $f(x)$ 在 $[a,+\infty)$ 上可导，且 $\displaystyle\int_a^{+\infty} f(x)\mathrm{d}x$ 和 $\displaystyle\int_a^{+\infty} f'(x)\mathrm{d}x$ 都收敛，则 $\displaystyle\lim_{x\to+\infty} f(x)=0$.

12. 设 $f(x)$ 在 $[1,+\infty)$ 上有定义，其表达式为：

$$f(x)=\begin{cases} n+1, & x\in\left[n, n+\dfrac{1}{n(n+1)^2}\right] \\[2mm] 0, & x\in\left(n+\dfrac{1}{n(n+1)^2}, n+1\right) \end{cases}$$

证明　$f(x)$ 在 $[1,+\infty)$ 无界，而 $\displaystyle\int_1^{+\infty} f(x)\mathrm{d}x$ 在 $[1,+\infty)$ 上收敛.

13. 区间 $[0, +\infty)$ 上的函数 $f(x)$ 定义如下：

$$f(x) = \begin{cases} n[1 + \cos(n^3(x-n))], & x \in \left[n - \dfrac{\pi}{n^3}, n + \dfrac{\pi}{n^3}\right] (n = 2, 3, \cdots) \\ 0, & \text{其他} \end{cases}$$

证明：$f(x)$ 在 $[0, +\infty)$ 上是连续可导，$\displaystyle\int_0^{+\infty} f(x)\mathrm{d}x$ 收敛，但是 $f(x)$ 在 $[0, +\infty)$ 上无界.

8.2 反常积分的收敛判别法

由反常积分收敛的定义可知，$\displaystyle\int_a^{+\infty} f(x)\mathrm{d}x$ 的收敛性由 $f(x)$ 的原函数 $F(x)$ 在无穷远处是否有极限而决定，但是有些函数的原函数非常难求，甚至不存在初等形式的原函数，所以有必要研究不通过求原函数的方法来判别反常积分的收敛性.

首先讨论反常积分的一些基本性质.

8.2.1 反常积分的性质

下面的性质以 $\displaystyle\int_a^{+\infty} f(x)\mathrm{d}x$ 的形式叙述，无界函数形式类似可得.

根据反常积分收敛的定义可得如下的两个基本性质.

性质 8.2.1 若 $\displaystyle\int_a^{+\infty} f(x)\mathrm{d}x$ 和 $\displaystyle\int_a^{+\infty} g(x)\mathrm{d}x$ 都收敛，则 $\displaystyle\int_a^{+\infty} [\alpha f(x) + \beta g(x)]\mathrm{d}x$ 收敛，其中 α 和 β 是任意常数.

性质 8.2.2 若 $f(x)$ 在任意闭区间 $[a, c]$ 上可积，则对于任意 $b > a$，$\displaystyle\int_a^{+\infty} f(x)\mathrm{d}x$ 和 $\displaystyle\int_b^{+\infty} f(x)\mathrm{d}x$ 有相同的收敛性，即同时收敛或同时发散，且

$$\int_a^{+\infty} f(x)\mathrm{d}x = \int_a^b f(x)\mathrm{d}x + \int_b^{+\infty} f(x)\mathrm{d}x$$

由于反常积分 $\displaystyle\int_a^{+\infty} f(x)\mathrm{d}x$ 收敛等价于极限 $\displaystyle\lim_{A \to +\infty}\int_a^A f(x)\mathrm{d}x$ 存在，因此根据极限理论中的 Cauchy 收敛原理，可得反常积分收敛性的 Cauchy 收敛原理.

定理 8.2.1 (Cauchy 收敛原理) 反常积分 $\displaystyle\int_a^{+\infty} f(x)\mathrm{d}x$ 收敛的充分必要条件是：对任意给定的 $\varepsilon > 0$，存在 $A_0 \geqslant a$，使得对任意 $A, A' > A_0$，有

$$\left|\int_A^{A'} f(x)\mathrm{d}x\right| < \varepsilon$$

8.2.2 绝对收敛与条件收敛

定义 8.2.1 设 $f(x)$ 在任意有限区间 $[a, A] \subset [a, +\infty)$ 上可积，且 $\displaystyle\int_a^{+\infty} |f(x)|\mathrm{d}x$ 收敛，则称 $\displaystyle\int_a^{+\infty} f(x)\mathrm{d}x$ 绝对收敛（或称 $f(x)$ 在 $[a, +\infty)$ 上绝对可积）.

若 $\displaystyle\int_a^{+\infty} f(x)\mathrm{d}x$ 收敛而非绝对收敛，则称 $\displaystyle\int_a^{+\infty} f(x)\mathrm{d}x$ 条件收敛（或称 $f(x)$ 在 $[a, +\infty)$ 上条件可积）.

推论 8.2.1　若反常积分 $\displaystyle\int_a^{+\infty} f(x)\mathrm{d}x$ 绝对收敛，则它一定收敛.

证　对任意给定的 $\varepsilon > 0$，由于 $\displaystyle\int_a^{+\infty} |f(x)|\mathrm{d}x$ 收敛，所以存在 $A_0 \geqslant a$，使得对任意 $A, A' > A_0$，成立

$$\int_A^{A'} |f(x)|\mathrm{d}x < \varepsilon$$

利用定积分的性质，可得

$$\left| \int_A^{A'} f(x)\mathrm{d}x \right| \leqslant \int_A^{A'} |f(x)|\mathrm{d}x < \varepsilon$$

由 Cauchy 收敛原理，可知 $\displaystyle\int_a^{+\infty} f(x)\mathrm{d}x$ 收敛. 证毕.

8.2.3　无穷区间反常积分收敛性判别法

虽然 Cauchy 收敛原理为判别反常积分收敛性提供了一个充分必要条件，但是对于具体的反常积分，在使用上往往比较困难，因此还需要讨论一些更便于使用的收敛判别法.

1.　非负函数反常积分的收敛判别法

定理 8.2.2 (比较判别法)　设在 $[a, +\infty)$ 上恒有 $0 \leqslant f(x) \leqslant Kg(x)$，其中 K 是正常数，则

(1) 当 $\displaystyle\int_a^{+\infty} g(x)\mathrm{d}x$ 收敛时，$\displaystyle\int_a^{+\infty} f(x)\mathrm{d}x$ 也收敛；

(2) 当 $\displaystyle\int_a^{+\infty} f(x)\mathrm{d}x$ 发散时，$\displaystyle\int_a^{+\infty} g(x)\mathrm{d}x$ 也发散.

证　因为 $0 \leqslant f(x) \leqslant Kg(x)$，所以对任意的 $A > a, 0 \leqslant \displaystyle\int_a^A f(x)\mathrm{d}x \leqslant \int_a^A Kg(x)\mathrm{d}x$，且 $F(A) = \displaystyle\int_a^A f(x)\mathrm{d}x$ 单调增加.

(1) 当 $\displaystyle\int_a^{+\infty} g(x)\mathrm{d}x$ 收敛时，由 $F(A) = \displaystyle\int_a^A f(x)\mathrm{d}x \leqslant \int_a^{+\infty} g(x)\mathrm{d}x$ 知 $F(A)$ 有界，所以 $\displaystyle\lim_{A\to+\infty} F(A)$ 存在，故 $\displaystyle\int_a^{+\infty} f(x)\mathrm{d}x$ 收敛；

(2) 当 $\displaystyle\int_a^{+\infty} f(x)\mathrm{d}x$ 发散时，$\displaystyle\lim_{A\to+\infty}\int_a^A f(x)\mathrm{d}x = +\infty$，所以 $\displaystyle\lim_{A\to+\infty}\int_a^A Kg(x)\mathrm{d}x = +\infty$，又 $K > 0$，于是 $\displaystyle\lim_{A\to+\infty}\int_a^A g(x)\mathrm{d}x = +\infty$，故 $\displaystyle\int_a^{+\infty} g(x)\mathrm{d}x$ 也发散. 证毕.

例 8.2.1　讨论 $\displaystyle\int_1^{+\infty} \frac{\cos(2x)\sin x}{\sqrt{x^3 + a^2}}\mathrm{d}x$ 的敛散性（a 是常数）.

解　因为当 $x \geqslant 1$ 时，有

$$\left| \frac{\cos(2x)\sin x}{\sqrt{x^3 + a^2}} \right| \leqslant \frac{1}{x\sqrt{x}}$$

又 $\displaystyle\int_1^{+\infty} \frac{1}{x\sqrt{x}}\mathrm{d}x$ 收敛，由比较判别法，可知 $\displaystyle\int_1^{+\infty} \frac{\cos(2x)\sin x}{\sqrt{x^3 + a^2}}\mathrm{d}x$ 绝对收敛，所以 $\displaystyle\int_1^{+\infty} \frac{\cos(2x)\sin x}{\sqrt{x^3 + a^2}}\mathrm{d}x$ 收敛

注 8.2.1　在以上定理中，条件"在 $[a, +\infty)$ 上恒有 $0 \leqslant f(x) \leqslant K\phi(x)$"，可以减弱为"存在 $A \geqslant a$，在 $[A, +\infty)$ 上恒有 $0 \leqslant f(x) \leqslant K\phi(x)$"，定理结论仍成立.

推论 8.2.2(比较判别法的极限形式)　设在 $[a, +\infty)$ 上恒有 $f(x) \geqslant 0$ 和 $g(x) \geqslant 0$，且

$$\lim_{x \to +\infty} \frac{f(x)}{g(x)} = l$$

则

(1) 若 $0 \leqslant l < +\infty$，则 $\displaystyle\int_a^{+\infty} g(x)\mathrm{d}x$ 收敛时，$\displaystyle\int_a^{+\infty} f(x)\mathrm{d}x$ 也收敛；

(2) 若 $0 < l \leqslant +\infty$，则 $\displaystyle\int_a^{+\infty} g(x)\mathrm{d}x$ 发散时，$\displaystyle\int_a^{+\infty} f(x)\mathrm{d}x$ 也发散.

所以当 $0 < l < +\infty$ 时，$\displaystyle\int_a^{+\infty} g(x)\mathrm{d}x$ 和 $\displaystyle\int_a^{+\infty} f(x)\mathrm{d}x$ 同时收敛或同时发散.

证 (1) 若 $\displaystyle\lim_{x \to +\infty} \frac{f(x)}{g(x)} = l < +\infty$，则存在常数 $A \geqslant a$，当 $x > A$ 时成立

$$\frac{f(x)}{g(x)} < l + 1$$

即

$$0 \leqslant f(x) < (l+1)\phi(x)$$

于是由比较判别法，当 $\displaystyle\int_a^{+\infty} g(x)\mathrm{d}x$ 收敛时，$\displaystyle\int_a^{+\infty} f(x)\mathrm{d}x$ 也收敛.

(2) 若

$$\lim_{x \to +\infty} \frac{f(x)}{g(x)} = l > 0$$

则存在常数 $A \geqslant a$，使得当 $x > A$ 时成立

$$\frac{f(x)}{g(x)} > l'$$

其中 $0 < l' < l$（当 $l = +\infty$ 时，l' 可取任意正数），即 $f(x) > l'g(x)$ 于是由比较判别法可知，当 $\displaystyle\int_a^{+\infty} g(x)\mathrm{d}x$ 发散时，$\displaystyle\int_a^{+\infty} f(x)\mathrm{d}x$ 也发散. 证毕.

例 8.2.2　讨论 $\displaystyle\int_1^{+\infty} \frac{1}{\sqrt[3]{x^4 + 3x^3 + 5x^2 + 2x - 1}}\mathrm{d}x$ 的敛散性.

解 因为

$$\lim_{x \to +\infty} \frac{\sqrt[3]{x^4}}{\sqrt[3]{x^4 + 3x^3 + 5x^2 + 2x - 1}} = 1$$

又 $\displaystyle\int_1^{+\infty} \frac{1}{\sqrt[3]{x^4}}$ 收敛，所以 $\displaystyle\int_1^{+\infty} \frac{1}{\sqrt[3]{x^4 + 3x^3 + 5x^2 + 2x - 1}} \mathrm{d}x$ 收敛.

应用比较判别法的关键在于选取合适的参照函数，若将定理 8.2.2 中的 $g(x)$ 取为 $\dfrac{1}{x^p}$，就得到如下的 Cauchy 判别法.

定理 8.2.3 (Cauchy 判别法)　设在 $[a, +\infty) \subset (0, +\infty)$ 上恒有 $f(x) \geqslant 0, K$ 是正常数.

(1) 若 $f(x) \leqslant \dfrac{K}{x^p}$ 或 $f(x) \sim \dfrac{K}{x^p}$ 且 $p > 1$，则 $\displaystyle\int_a^{+\infty} f(x)\mathrm{d}x$ 收敛；

(2) 若 $f(x) \geqslant \dfrac{K}{x^p}$ 或 $f(x) \sim \dfrac{K}{x^p}$ 且 $p \leqslant 1$，则 $\displaystyle\int_a^{+\infty} f(x)\mathrm{d}x$ 发散.

推论 8.2.3 (Cauchy 判别法的极限形式)　设在 $[a, +\infty) \subset (0, +\infty)$ 上恒有 $f(x) \geqslant 0$，且

$$\lim_{x \to +\infty} x^p f(x) = l$$

则

(1) 若 $0 \leqslant l < +\infty$，且 $p > 1$，则 $\displaystyle\int_a^{+\infty} f(x)\mathrm{d}x$ 收敛；

(2) 若 $0 < l \leqslant +\infty$，且 $p \leqslant 1$，则 $\displaystyle\int_a^{+\infty} f(x)\mathrm{d}x$ 发散.

例 8.2.3　讨论 $\displaystyle\int_0^{+\infty} x^a \mathrm{e}^{-x}\mathrm{d}x$ 的敛散性 $(a \in \mathbb{R})$.

解　因为对任意常数 $a \in \mathbb{R}$，有

$$\lim_{x \to +\infty} x^2 (x^a \mathrm{e}^{-x}) = 0$$

由 Cauchy 判别法的极限形式 (1)，可知 $\displaystyle\int_0^{+\infty} x^a \mathrm{e}^{-x}\mathrm{d}x$ 收敛.

例 8.2.4　设 $\displaystyle\int_a^{+\infty} f^2(x)\mathrm{d}x$ 收敛，证明 $\displaystyle\int_a^{+\infty} \frac{f(x)}{x}\mathrm{d}x$ 收敛 $(a > 0)$.

证　因为 $\left| \dfrac{f(x)}{x} \right| \leqslant \dfrac{1}{2} \left[\dfrac{1}{x^2} + f^2(x) \right]$，且 $\displaystyle\int_a^{+\infty} f^2(x)\mathrm{d}x, \int_a^{+\infty} \frac{1}{x^2}\mathrm{d}x$ 收敛，于是由比较判别

可知 $\displaystyle\int_a^{+\infty} \left| \frac{f(x)}{x} \right| \mathrm{d}x$ 收敛，故 $\displaystyle\int_a^{+\infty} \frac{f(x)}{x}\mathrm{d}x$ 收敛. 证毕.

8.2.4　一般函数无穷积分的收敛判别法

定理 8.2.4　若下列两个条件之一满足，则 $\displaystyle\int_a^{+\infty} f(x)g(x)\mathrm{d}x$ 收敛.

(1) **Abel 判别法** $\displaystyle\int_a^{+\infty} f(x)\mathrm{d}x$ 收敛，$g(x)$ 在 $[a, +\infty]$ 上单调有界；

(2) **Dirichlet 判别法** $F(A) = \displaystyle\int_a^A f(x)\mathrm{d}x$ 在 $[a, +\infty)$ 上有界，$g(x)$ 在 $[a, +\infty)$ 上单调且 $\displaystyle\lim_{x \to +\infty} g(x) = 0$.

证 设 ε 是任意给定的正数.

(1) 若 Abel 判别法条件满足，记 G 是 $|g(x)|$ 在 $[a, +\infty)$ 的一个上界，因为 $\int_a^{+\infty} f(x)\mathrm{d}x$ 收敛，由 Cauchy 收敛原理，存在 $A_0 \geqslant a$，使得对任意 $A, A' > A_0$，有

$$\left| \int_A^{A'} f(x)\mathrm{d}x \right| < \frac{\varepsilon}{2G}$$

由积分第二中值定理，可知存在介于 A 与 A' 之间的 ξ，使得

$$\left| \int_A^{A'} f(x)g(x)\mathrm{d}x \right| = \left| g(A) \cdot \int_A^{\xi} f(x)\mathrm{d}x + g(A') \cdot \int_{\xi}^{A'} f(x)\mathrm{d}x \right|$$

$$\leqslant |g(A)| \cdot \left| \int_A^{\xi} f(x)\mathrm{d}x \right| + |g(A')| \cdot \left| \int_{\xi}^{A'} f(x)\mathrm{d}x \right|$$

$$\leqslant G \left| \int_A^{\xi} f(x)\mathrm{d}x \right| + G \left| \int_{\xi}^{A'} f(x)\mathrm{d}x \right| < \frac{\varepsilon}{2} + \frac{\varepsilon}{2} = \varepsilon$$

(2) 若 Dirichlet 判别法条件满足，记 $M > 0$ 是 $F(A)$ 在 $[a, +\infty)$ 的一个上界. 此时对任意 $A, A' > a$，显然有

$$\left| \int_A^{A'} f(x)\mathrm{d}x \right| < 2M$$

因为 $\lim\limits_{x \to +\infty} g(x) = 0$，所以存在 $A_0 \geqslant a$，当 $x > A_0$ 时，有

$$|g(x)| < \frac{\varepsilon}{4M}$$

于是对任意的 $A, A' > A_0$，

$$\left| \int_A^{A'} f(x)g(x)\mathrm{d}x \right| \leqslant |g(A)| \cdot \left| \int_A^{\xi} f(x)\mathrm{d}x \right| + |g(A')| \cdot \left| \int_{\xi}^{A'} f(x)\mathrm{d}x \right|$$

$$\leqslant 2M|g(A)| + 2M|g(A')| < \frac{\varepsilon}{2} + \frac{\varepsilon}{2} = \varepsilon$$

所以无论哪个判别法条件满足，由 Cauchy 收敛原理，都有 $\int_a^{+\infty} f(x)g(x)\mathrm{d}x$ 收敛. 证毕.

例 8.2.5 讨论 $\int_1^{+\infty} \dfrac{\sin x}{x}\mathrm{d}x$ 的敛散性.

解 $\left| \int_1^A \sin x \mathrm{d}x \right| \leqslant 2$，显然有界，$\dfrac{1}{x}$ 在 $[1, +\infty)$ 上单调且 $\lim\limits_{x \to +\infty} \dfrac{1}{x} = 0$，由 Dirichlet 判别法可知 $\int_1^{+\infty} \dfrac{\sin x}{x}\mathrm{d}x$ 收敛.

但在 $[1, +\infty)$，有

$$\left| \frac{\sin x}{x} \right| \geqslant \frac{\sin^2 x}{x} = \frac{1}{2x} - \frac{\cos(2x)}{2x}$$

因 $\int_1^{+\infty} \dfrac{\cos(2x)}{2x}\mathrm{d}x$ 收敛，而 $\int_1^{+\infty} \dfrac{1}{2x}\mathrm{d}x$ 发散，所以 $\int_1^{+\infty} \dfrac{\sin^2 x}{x}\mathrm{d}x$ 发散.

再由比较判别法，可知 $\displaystyle\int_1^{+\infty}\left|\frac{\sin x}{x}\right|\mathrm{d}x$ 发散.

因此 $\displaystyle\int_1^{+\infty}\frac{\sin x}{x}\mathrm{d}x$ 条件收敛.

类似可证：对于自然数 $n > 0$，反常积分 $\displaystyle\int_1^{+\infty}\frac{\sin nx}{x}\mathrm{d}x$ 与 $\displaystyle\int_1^{+\infty}\frac{\cos nx}{x}\mathrm{d}x$ 都条件收敛，请读者自行完成.

例 8.2.6　讨论 $\displaystyle\int_1^{+\infty}\frac{\sin x \arctan x}{x}\mathrm{d}x$ 的敛散性.

解　根据上例知 $\displaystyle\int_1^{+\infty}\frac{\sin x}{x}\mathrm{d}x$ 收敛，而 $\arctan x$ 在 $[1, +\infty)$ 上单调有界，由 Abel 判别法可知 $\displaystyle\int_1^{+\infty}\frac{\sin x \arctan x}{x}\mathrm{d}x$ 收敛.

当 $x \in [\sqrt{3}, +\infty)$ 时，有

$$\left|\frac{\sin x \arctan x}{x}\right| \geqslant \left|\frac{\sin x}{x}\right|$$

由比较判别法和 $\displaystyle\int_1^{+\infty}\left|\frac{\sin x}{x}\right|\mathrm{d}x$ 发散，可知 $\displaystyle\int_1^{+\infty}\frac{\sin x \arctan x}{x}\mathrm{d}x$ 非绝对收敛.

因此 $\displaystyle\int_1^{+\infty}\frac{\sin x \arctan x}{x}\mathrm{d}x$ 条件收敛.

8.2.5　无界函数的反常积分判别法

这里仅对于 $f(x)$ 在 $[a, b]$ 上只有一个瑕点 $x = b$ 的情况给出相应结果，其证明以及对于其他形式瑕点的反常积分的判别法请读者自行完成.

定理 8.2.5 (Cauchy 收敛原理)　反常积分 $\displaystyle\int_a^b f(x)\mathrm{d}x$ 收敛的充分必要条件是，对任意给定的 $\varepsilon > 0$，存在 $\delta > 0$，使得对任意 $\eta, \eta' \in (0, \delta)$，有

$$\left|\int_{b-\eta}^{b-\eta'} f(x)\mathrm{d}x\right| < \varepsilon$$

定理 8.2.6 (Cauchy 判别法)　设在 $[a, b)$ 上恒有 $f(x) \geqslant 0$，若当 x 属于 b 的某个左邻域 $[b - \eta_0, b)$ 时，存在常数 $K > 0$,

(1) 若 $f(x) \leqslant \dfrac{K}{(b-x)^p}$，且 $p < 1$，则 $\displaystyle\int_a^b f(x)\mathrm{d}x$ 收敛；

(2) 若 $f(x) \geqslant \dfrac{K}{(b-x)^p}$，且 $p \geqslant 1$，则 $\displaystyle\int_a^b f(x)\mathrm{d}x$ 发散.

推论 8.2.4 (Cauchy 判别法的极限形式)　设在 $[a, b)$ 上恒有 $f(x) \geqslant 0$，且

$$\lim_{x \to b^-} (b-x)^p f(x) = l$$

则

(1) 若 $0 \leqslant l < +\infty$，且 $p < 1$，则 $\displaystyle\int_a^b f(x)\mathrm{d}x$ 收敛；

(2) 若 $0 < l \leqslant +\infty$，且 $p \geqslant 1$，则 $\int_a^b f(x)\mathrm{d}x$ 发散.

例 8.2.7 讨论 $\int_0^{\frac{1}{e}} \dfrac{\mathrm{d}x}{x^p \ln x}$ 的敛散性 $(p > 0)$.

解 这是个定号的反常积分，$x = 0$ 是它的唯一奇点.
当 $0 < p < 1$ 时，取 $q = \dfrac{1+p}{2} \in (p, 1)$，则

$$\lim_{x \to 0^+} \frac{x^q}{x^p |\ln x|} = 0$$

由 Cauchy 判别法的极限形式可知 $\int_0^{\frac{1}{e}} \dfrac{\mathrm{d}x}{x^p \ln x}$ 收敛.

类似地，当 $p > 1$ 时，取 $q = \dfrac{1+p}{2} \in (1, p)$，则

$$\lim_{x \to 0^+} \frac{x^q}{x^p |\ln x|} = +\infty$$

由 Cauchy 判别法的极限形式，$\int_0^{\frac{1}{e}} \dfrac{\mathrm{d}x}{x^p \ln x}$ 发散.

当 $p = 1$ 时，可以直接用 Newton-Leibniz 公式得到

$$\int_0^{\frac{1}{e}} \frac{\mathrm{d}x}{x \ln x} = \lim_{\eta \to 0^+} \ln|\ln x|\big|_\eta^{\frac{1}{e}} = -\infty$$

因此，当 $0 < p < 1$ 时，反常积分 $\int_0^{\frac{1}{e}} \dfrac{\mathrm{d}x}{x^p \ln x}$ 收敛；当 $p \geqslant 1$ 时，$\int_0^{\frac{1}{e}} \dfrac{\mathrm{d}x}{x^p \ln x}$ 发散.

定理 8.2.7 若下列两个条件之一满足，则 $\int_a^b f(x)g(x)\mathrm{d}x$ 收敛：

(1) **Abel 判别法** $\int_a^b f(x)\mathrm{d}x$ 收敛，$g(x)$ 在 $[a, b)$ 上单调有界；

(2) **Dirichlet 判别法** $F(\eta) = \int_a^{b-\eta} f(x)\mathrm{d}x$ 在 $(0, b-a]$ 上有界，$g(x)$ 在 $[a, b)$ 上单调且 $\lim\limits_{x \to b^-} g(x) = 0$.

例 8.2.8 讨论 $\int_0^1 \dfrac{1}{x^p} \sin \dfrac{1}{x}\mathrm{d}x$ 的敛散性 $(p < 2)$.

解 令 $f(x) = \dfrac{1}{x^2} \sin \dfrac{1}{x}, g(x) = x^{2-p}$.
对于 $\eta \in (0, 1)$，有

$$\int_\eta^1 f(x)\mathrm{d}x = \int_\eta^1 \frac{1}{x^2} \sin \frac{1}{x}\mathrm{d}x = -\int_\eta^1 \sin \frac{1}{x}\mathrm{d}\left(\frac{1}{x}\right) = \cos \frac{1}{x}\bigg|_\eta^1$$

所以 $\int_\eta^1 f(x)\mathrm{d}x$ 有界；而 $g(x)$ 显然在 $(0, 1]$ 单调，且当 $p < 2$ 时，

$$\lim_{x \to 0^+} g(x) = \lim_{x \to 0^+} x^{2-p} = 0$$

由无界函数反常积分的 Dirichlet 判别法，$\int_0^1 \frac{1}{x^p}\sin\frac{1}{x}\mathrm{d}x$ 收敛.

当 $p<1$ 时，有 $\left|\frac{1}{x^p}\sin\frac{1}{x}\right|<\frac{1}{x^p}$，由比较判别法，此时 $\int_0^1 \frac{1}{x^p}\sin\frac{1}{x}\mathrm{d}x$ 绝对收敛.

而利用例 8.2.4 类似的方法可以得到，当 $1\leqslant p<2$ 时，$\int_0^1 \frac{1}{x^p}\sin\frac{1}{x}\mathrm{d}x$ 条件收敛.

注 8.2.2 上例中，若对 $\int_0^1 \frac{1}{x^p}\sin\frac{1}{x}\mathrm{d}x$ 作变量代换 $x=\frac{1}{t}$，则可将它化为

$$\int_1^{+\infty}\frac{\sin t}{t^{2-p}}\mathrm{d}t$$

利用无穷区间反常积分的 Dirichlet 判别法，可以得到同样的结果.

注 8.2.3 若反常积分中存在两种类型或多个瑕点时，需要将积分区间拆分成单一形式和单一瑕点.

例 8.2.9 讨论 $\int_0^{+\infty}\frac{x^{1-p}}{|x-1|^{p+q}}\mathrm{d}x$ 的敛散性 $(p,q\in\mathbb{R})$.

解 因为 $x=0$ 和 $x=1$ 可能是被积函数的瑕点，且积分区间无界，所以将其拆成

$$\int_0^{+\infty}\frac{x^{1-p}}{|x-1|^{p+q}}\mathrm{d}x=\int_0^{\frac{1}{2}}\frac{\mathrm{d}x}{x^{p-1}(1-x)^{p+q}}+\int_{\frac{1}{2}}^1\frac{\mathrm{d}x}{x^{p-1}(1-x)^{p+q}}$$
$$+\int_1^2\frac{\mathrm{d}x}{x^{p-1}(x-1)^{p+q}}+\int_2^{+\infty}\frac{\mathrm{d}x}{x^{p-1}(x-1)^{p+q}}$$

先考虑瑕点 $x=0$，此时需要 $p-1<1$ 时积分收敛；再考虑瑕点 $x=1$，此时 p,q 要求满足 $p+q<1$ 时积分收敛；而当 $x\to+\infty$ 时，由于

$$\frac{1}{x^{p-1}\cdot(x-1)^{p+q}}\sim\frac{1}{x^{2p+q-1}}$$

由 Cauchy 判别法的极限形式知，当 $2p+q-1>1$ 时积分收敛.

所以，只有当 p,q 满足 $1<p<2$ 和 $2(1-p)<q<1-p$ 时，积分 $\int_0^{+\infty}\frac{x^{1-p}}{|x-1|^{p+q}}\mathrm{d}x$ 收敛.

注 8.2.4 上一节中已经提到，在 $\int_a^{+\infty}f(x)\mathrm{d}x$ 收敛的情况下，即使 $f(x)$ 在 $[a,+\infty)$ 上 n 次可微，也不能得到 $f(x)$ 在 $[a,+\infty)$ 有界的结论. 作为反常积分 Cauchy 收敛原理的一个应用，下面证明，只要把条件换成 "$f(x)$ 一致连续"（注意这个条件并不比 "可微" 强，两者之间互不包含），就可以得到如下结论：

例 8.2.10 设 $\int_a^{+\infty}f(x)\mathrm{d}x$ 收敛，且 $f(x)$ 在 $[a,+\infty)$ 一致连续，则 $\lim_{x\to+\infty}f(x)=0$.

证 用反证法. 若当 $x\to+\infty$ 时，$f(x)$ 不趋于零，则由极限定义，存在 $\varepsilon_0>0$，对于任意给定的 $X>a$，存在 $x_0>X$，使得

$$|f(x_0)|\geqslant\varepsilon_0$$

又因为 $f(x)$ 在 $[a,+\infty)$ 一致连续，所以对于 $\frac{\varepsilon_0}{2}>0$，存在 $\delta_0\in(0,1)$，使得对于任意 $x',x''>a$，只要 $|x'-x''|<\delta_0$，就有

$$|f(x')-f(x'')|<\frac{\varepsilon_0}{2}$$

对于任意给定的 $A_0 \geqslant a$，取 $X = A_0 + 1$，并设 $x_0 > X$ 满足 $|f(x_0)| \geqslant \varepsilon_0$. 不妨设 $f(x_0) > 0$，则对任意满足 $|x - x_0| < \delta_0$ 的 x，有

$$f(x) > f(x_0) - \frac{\varepsilon_0}{2} \geqslant \frac{\varepsilon_0}{2} > 0$$

令 $\varepsilon_1 = \dfrac{\varepsilon_0 \delta_0}{2} > 0$，取 A 和 A' 分别等于 $x_0 - \dfrac{\delta_0}{2}$ 和 $x_0 + \dfrac{\delta_0}{2}$，则 $A' > A > A_0$，且有

$$\left| \int_A^{A'} f(x)\mathrm{d}x \right| = \left| \int_{x_0 - \frac{\delta_0}{2}}^{x_0 + \frac{\delta_0}{2}} f(x)\mathrm{d}x \right| > \frac{\varepsilon_0}{2}\delta_0 = \varepsilon_1$$

由 Cauchy 收敛原理，$\displaystyle\int_a^{+\infty} f(x)\mathrm{d}x$ 发散，与假设条件矛盾.

于是 $\displaystyle\lim_{x \to +\infty} f(x) = 0$. 证毕.

习题 8.2

1. 请思考下面的解法是否正确，并说明理由：

因为 $\dfrac{\frac{\sin x \arctan x}{x}}{\frac{\sin x}{x}} \to \dfrac{\pi}{2}$，而 $\displaystyle\int_1^{+\infty} \dfrac{\sin x}{x}\mathrm{d}x$ 收敛，故 $\displaystyle\int_1^{+\infty} \dfrac{\sin x \arctan x}{x}\mathrm{d}x$ 收敛.

2. 讨论下列无穷积分的敛散性：

(1) $\displaystyle\int_0^{+\infty} \dfrac{\mathrm{d}x}{\sqrt[3]{x^4 + 1}}$;

(2) $\displaystyle\int_0^{+\infty} \dfrac{\mathrm{d}x}{1 + \sqrt{x}}$;

(3) $\displaystyle\int_0^{+\infty} \dfrac{x \arctan x}{2 + x^3}\mathrm{d}x$;

(4) $\displaystyle\int_{e^2}^{+\infty} \dfrac{\mathrm{d}x}{(\ln x)^{\ln x}}$;

(5) $\displaystyle\int_0^{+\infty} \dfrac{\mathrm{d}x}{\sqrt[4]{2 + x^p}}(p > 0)$;

(6) $\displaystyle\int_1^{+\infty} \dfrac{\ln(1 + x)}{x^p}\mathrm{d}x(p > 0)$;

(7) $\displaystyle\int_1^{+\infty} \dfrac{x^q}{1 + x^p}\mathrm{d}x$;

(8) $\displaystyle\int_0^{+\infty} \dfrac{1}{1 + x|\cos x|}\mathrm{d}x$.

3. 讨论下列瑕积分的收敛性：

(1) $\displaystyle\int_0^1 \dfrac{\sin^2 \frac{1}{x}}{\sqrt{x}}\mathrm{d}x$;

(2) $\displaystyle\int_0^1 \dfrac{\sin x}{x^{\frac{3}{2}}}\mathrm{d}x$;

(3) $\displaystyle\int_0^1 \dfrac{\mathrm{d}x}{1 - x^3}$;

(4) $\displaystyle\int_0^1 \dfrac{\mathrm{d}x}{\sqrt{x}\ln x}$;

(5) $\displaystyle\int_1^2 \dfrac{\sqrt{x}}{\ln x}\mathrm{d}x$;

(6) $\displaystyle\int_0^1 \dfrac{\ln x}{1 - x}\mathrm{d}x$;

(7) $\displaystyle\int_0^1 \dfrac{\ln(1 + 3\sqrt[3]{x})}{\sqrt{x}\sin\sqrt{x}}\mathrm{d}x$;

(8) $\displaystyle\int_0^1 \dfrac{\mathrm{d}x}{\sqrt[3]{x^2(1 - x)}}$;

(9) $\displaystyle\int_0^{\frac{\pi}{2}} \dfrac{1 - \cos x}{x^p}\mathrm{d}x$.

4. 讨论下列反常积分的收敛性，若收敛，请说明是绝对收敛还是条件收敛：

(1) $\displaystyle\int_0^{+\infty} \dfrac{\sin x}{1 + x^2}\mathrm{d}x$;

(2) $\displaystyle\int_0^{+\infty} \sin(x^2)\mathrm{d}x$;

(3) $\displaystyle\int_1^{+\infty} \dfrac{\sin\sqrt{x}}{x}\mathrm{d}x$;

(4) $\displaystyle\int_2^{+\infty} \dfrac{\ln\ln x}{\ln x}\sin x\mathrm{d}x$;

(5) $\displaystyle\int_1^{+\infty} \dfrac{\cos nx}{x^p}\mathrm{d}x\ (p > 0)$;

(6) $\displaystyle\int_1^{+\infty} \dfrac{\sin x \arctan x}{x^p}\mathrm{d}x\ (p > 0)$.

5. 设函数 $f(x), g(x)$ 在区间 $[a, +\infty)$ 上连续，证明：若 $\displaystyle\int_a^{+\infty} f^2(x)\mathrm{d}x$ 和 $\displaystyle\int_a^{+\infty} g^2(x)\mathrm{d}x$ 都收敛，则 $\displaystyle\int_a^{+\infty} f(x)g(x)\mathrm{d}x$ 绝对收敛.

6. 举例说明反常积分 $\displaystyle\int_a^{+\infty} f(x)\mathrm{d}x$ 绝对收敛时 $\displaystyle\int_a^{+\infty} f^2(x)\mathrm{d}x$ 不一定收敛.

7. 讨论下列反常积分的收敛性：

   (1) $\displaystyle\int_0^{+\infty} \frac{x^{\alpha-1}}{1+x}\mathrm{d}x$；

   (2) $\displaystyle\int_0^{+\infty} \frac{\mathrm{d}x}{\sqrt[3]{x(x-1)^2(x-3)}}$；

   (3) $\displaystyle\int_0^{+\infty} \frac{\ln(1+x)}{x^p}\mathrm{d}x\,(p>0)$；

   (4) $\displaystyle\int_0^{+\infty} \frac{\mathrm{d}x}{x^p+x^q}$.

8. 证明：若 $\displaystyle\int_a^{+\infty} f(x)\mathrm{d}x$ 绝对收敛，且 $\displaystyle\lim_{x\to+\infty} f(x)=0$，则 $\displaystyle\int_a^{+\infty} f^2(x)\mathrm{d}x$ 收敛.

9. 证明：若非负函数 $f(x)$ 在 $[a, +\infty)$ 上单调递减，且 $\displaystyle\int_a^{+\infty} f(x)\mathrm{d}x$ 收敛，则 $\displaystyle\lim_{x\to+\infty} f(x)=0$，且 $f(x)=o(\frac{1}{x})$.

10. 以无穷积分为例，利用 Dirichlet 判别法证明 Abel 判别法.

部分习题答案

第1章

习题 1.1

1. 略.
2. 略.
3. (1) $\{|x| - 2 < x \leqslant 3\}$;   (2) $\{(x, y) \mid x > 0$ 且 $y > 0\}$;
   (3) $\{x \mid 0 < x < 1$ 且 $x \in \mathbb{Q}\}$;   (4) $\{x \mid x = k\pi + \dfrac{\pi}{2}, k \in \mathbb{Z}\}$.
4. (1) 设 $A = \{a, b, c\}, B = \{b, c, d\}, C = \{c, d\}$, 则 $A \cup B = A \cup C$, 但 $B \neq C$
   (2) 设 $A = \{a, b, c\}, B = \{c, d, e\}, C = \{c, d\}$, 则 $A \cap B = A \cap C$, 但 $B \neq C$
5. (1) 不正确. $x \in A \cap B \Leftrightarrow x \in A$ 或者 $x \in B$;
   (2) 不正确. $x \in A \cup B \Leftrightarrow x \in A$ 并且 $x \in B$.
6. (1) $(-\infty, \dfrac{1}{2}]$;
   (2) $[-3 - 2\sqrt{2}, -3 + 2\sqrt{2}] \cup [3 - 2\sqrt{2}, 3 + 2\sqrt{2}]$;
   (3) $(a, b) \cup (c, +\infty)$;
   (4) $[2k\pi + \dfrac{\pi}{4}, 2k\pi + \dfrac{3}{4}\pi]$, 其中 k 为整数.

习题 1.2

1. 略.
2. (1) $f : [a, b] \to [0, 1]$ $x \mapsto y = \dfrac{x - a}{b - a}$;
   (2) $f : (0, 1) \to (-\infty, +\infty)$ $x \mapsto \tan\left[\left(x - \dfrac{1}{2}\right)\pi\right]$.
3. (1) $y = \arcsin u, u = \dfrac{1}{\sqrt{v}}, v = x^2 + 1$;   (2) $y = \dfrac{1}{3}u^3, u = \log_a v, v = x^2 - 1$.
4. (1) 定义域：$\mathbb{R}$, 值域：$[-\sin 1, \sin 1]$;   (2) 定义域：$(1, +\infty)$, 值域：$\mathbb{R}$;
   (3) 定义域：$[1, 100]$, 值域：$\left[-\dfrac{\pi}{2}, \dfrac{\pi}{2}\right]$;   (4) 定义域 $(0, 10]$:, 值域：$\left(-\infty, \lg\left(\dfrac{\pi}{2}\right)\right]$.
5. (1) 不同;   (2) 不同;   (3) 相同.
6. (1) $-1, 2, 2$;   (2) $2^{\Delta x} - 2, -\Delta x$.
7. $\dfrac{1}{3 + x}, \dfrac{1}{1 + 2x}, \dfrac{x + 1}{x + 2}, \dfrac{1}{2 + x}$.

8–10. 略.

11. (1) 偶;   (2) 奇;   (3) 偶;   (4) 奇.

12. (1) π;   (2) $\dfrac{\pi}{3}$;   (3) 12π.

13–14. 略.

15. $ad \neq bc$ 且 $a + d = 0$

16. $f(x) = \begin{cases} x, & x\text{为有理数} \\ 1-x, & x\text{为无理数} \end{cases}$.

第 2 章

习题 2.1

1. (1) 略.   (2) 不是

2. 略.

3. $\min A = 0, \max A$ 不存在;

    $\max B = 1, \min B$ 不存在.

4–6. 略.

7. (1) $\sup S = \sqrt{2}, \inf S = -\sqrt{2}$;   (2) $\sup S = +\infty, \inf S = 1$;

    (3) $\sup S = 1, \inf S = 0$;   (4) $\sup S = 1, \inf S = \dfrac{1}{2}$.

8. 略.

9. 数集 S 是由一个实数构成的集合.

10. 略.

习题 2.2

1. 略.

2.
    (1) $x_n = -n$;   (2) $x_n = \begin{cases} n, & n \text{ 是奇数} \\ \dfrac{1}{n}, & n \text{ 是偶数} \end{cases}$.

3–6. 略.

7. (1) $\dfrac{1}{4}$;   (2) 0;   (3) $\dfrac{1}{3}$;   (4) $\dfrac{1}{2}$;   (5) 10;   (6) 2.

8. (1) 1;   (2) 1;   (3) 2;   (4) 0.

9. 略.

10. (1) 3;   (2) $\dfrac{1}{2}$;   (3) $\dfrac{1}{3}$;   (4) 0;   (5) $-\dfrac{1}{2}$;

    (6) 0;   (7) $\dfrac{1}{2}$;   (8) 1;   (9) 3.

11–16. 略.

17. $a = 1, b = 0$.

习题 2.3

1–4. 略.

5. (2) 4.

6. 略.

7. (1) 不能；　　　　　　　　　　　　　(2) 不能.

8–9. 略.

习题 2.4

1. (1) $\dfrac{1}{e}$;　　　　(2) e;　　　(3) e;　　　(4) $\sqrt{e}$;　　　(5) 1.

2. 错误.

3. (1) 2;　　　(2) 2;　　　(3) -1;　　　(4) 4;　　　(5) 0;　　　(6) 1.

4. $\sqrt{2}, -\sqrt{2}$.

5. $\dfrac{a + 2b}{3}$.

6. $\sqrt{2} - 1$.

7–11. 略.

12. (1) 不一定. 反例：$x_n = 1 + \dfrac{1}{2} + \dfrac{1}{3} + \cdots + \dfrac{1}{n}$.

13–16. 略.

第 3 章

习题 3.1

1–2. 略.

3. (1) 2;　　　(2) 0;　　　(3) -1;　　　(4) 1;　　　(5) $\dfrac{1}{2}$;

(6) 1;　　　(7) 1;　　　(8) $\sin 2a$;　　　(9) 8;　　　(10) $\sqrt{2}$

4. (1) 提示：当 $\dfrac{1}{n+1} < x \leqslant \dfrac{1}{n}$，则 $\dfrac{n}{n+1} < x\left[\dfrac{1}{x}\right] \leqslant 1$;

　　当 $-\dfrac{1}{n} < x \leqslant -\dfrac{1}{n+1}$，则 $1 \leqslant x\left[\dfrac{1}{x}\right] < \dfrac{n+1}{n}$.

(2) 提示：当 $n \leqslant x < n+1$，则 $n^{\frac{1}{n+1}} < x^{\frac{1}{x}} < (n+1)^{\frac{1}{n}}$

5. (1) 提示：$0 < \dfrac{x^k}{a^x} < \dfrac{([x]+1)^k}{a^{[x]}}$，利用 $\lim\limits_{n\to\infty} \dfrac{(n+1)^k}{a^n} = 0$;

(2) 提示：令 $\ln x = t$，再利用 (1) 的结论.

6. (1) $\lim\limits_{x\to 0^+} f(x) = +\infty, \lim\limits_{x\to 1^-} f(x) = \dfrac{1}{2}, \lim\limits_{x\to 1^+} f(x) = 1, \lim\limits_{x\to 2^-} f(x) = 4,$
$\lim\limits_{x\to 2^+} f(x) = 4$;

(2) $\lim\limits_{x\to 0^-} f(x) = -1, \lim\limits_{x\to 0^+} f(x) = 1$;

(3) $D(x)$ 在任意点无单侧极限；

(4) $\lim\limits_{x \to \frac{1}{n}-} f(x) = 0, \lim\limits_{x \to \frac{1}{n}+} f(x) = 1.$

7–8. 略.

9. (1) 0;   (2) 不存在;

(3) $\lim\limits_{x \to +\infty} x^a \sin\dfrac{1}{x} = \begin{cases} 0, & \alpha < 1 \\ 1, & \alpha = 1 \\ +\infty, & \alpha > 1 \end{cases}$ (4) 不存在;

(5) 1;   (6) 不存在.

10. 略.

11. 存在;提示:$\lim\limits_{x \to 0^+} f(x) = \lim\limits_{x \to 0^-} f(x) = 1.$

12–13. 略.

14. (1) $\exists \varepsilon_0 > 0, \forall N, \exists n > N : |x_n| \geqslant \varepsilon_0$;

(2) $\exists G_0 > 0, \forall N, \exists n > N : x_n \leqslant G_0$;

(3) $\exists \varepsilon_0 > 0, \forall \delta > 0, \exists x \in (x_0, x_0 + \delta) : |f(x) - A| \geqslant \varepsilon_0$;

(4) $\exists G_0 > 0, \forall \delta > 0, \exists x \in (x_0 - \delta, x_0) : f(x) \leqslant G_0$;

(5) $\exists \varepsilon_0 > 0, \forall X > 0, \exists x \in (-\infty, -X) : |f(x) - A| \geqslant \varepsilon_0$;

(6) $\exists G_0 > 0, \forall X > 0, \exists x \in (X, +\infty) : f(x) \geqslant -G_0$.

15–18. 略.

19. 提示:$\forall x_0 \in (0, +\infty)$,利用 $f(x_0) = f(2^n x_0)$ 与 $\lim\limits_{n \to \infty} f(2^n x_0) = \lim\limits_{x \to +\infty} f(x) = A$.

习题 3.2

1. 略.

2. (1) $\bigcup\limits_{k \in \mathbb{Z}} \left(\dfrac{k\pi}{2}, \dfrac{(k+1)\pi}{2} \right)$;   (2) $\bigcup\limits_{k \in \mathbb{Z}} (2k\pi - \dfrac{\pi}{2}, 2k\pi + \dfrac{\pi}{2})$;

(3) $(-1, 1] \cup [3, +\infty)$;   (4) $\{x \mid x > -1, x \notin \mathbb{N}^+\})$;

(5) $\{(-\infty, 0) \cup (0, +\infty)\} \setminus \left\{ \dfrac{1}{k} \mid k \in \mathbb{Z}, k \neq 0 \right\}$;

(6) $\bigcup\limits_{k \in \mathbb{Z}} (k\pi, (k+1)\pi)$.

3. 提示:$\max\{f, g\} = \dfrac{1}{2}\{f(x) + g(x) + |f(x) - g(x)|\}$;

$\min\{f, g\} = \dfrac{1}{2}\{f(x) + g(x) - |f(x) - g(x)|\}$.

4–7. 略.

8. (1) 1,   (2) e^2,   (3) $e^{\cot a}$,   (4) e^{x+1},   (5) e^2.

9. (1) $x = 0$,第二类间断点;

(2) $x = 0$,跳跃间断点;

(3) $x = n\pi (n = 0, \pm 1, \pm 2, \cdots)$,可去间断点;

(4) $x = 0$,可去间断点;

(5) $x = \dfrac{\pi}{2} + k\pi(k = 0, \pm 1, \pm 2, \cdots)$，跳跃间断点；

(6) 除 $x = 0$ 外每一点都是第二类间断点；

(7) $x = -7$ 为第二类间断点，$x = 1$ 为跳跃间断点.

10–11. 略.

12. 提示：$\forall x \in (0, +\infty)$，利用 $f(x) = f\left(x^{\frac{1}{2^n}}\right)$，$\lim\limits_{n \to \infty} x^{\frac{1}{2^n}} = 1$，及 $f(x)$ 的连续性，得到 $f(x) = f(1)$.

习题 3.3

1. 略.

2. (1) $u(x) \sim 2x^3 (x \to 0); u(x) \sim x^5 (x \to \infty)$；

(2) $u(x) \sim -2x^{-1} (x \to 0); u(x) \sim \dfrac{1}{3}x(x \to \infty)$；

(3) $u(x) \sim x^{\frac{2}{3}} (x \to 0+); u(x) \sim x^{\frac{3}{2}} (x \to +\infty)$；

(4) $u(x) \sim x^{\frac{1}{8}} (x \to 0+); u(x) \sim x^{\frac{1}{2}} (x \to +\infty)$；

(5) $u(x) \sim \dfrac{5}{6}x(x \to 0); u(x) \sim \sqrt{3}x^{\frac{1}{2}} (x \to +\infty)$；

(6) $u(x) \sim \dfrac{1}{2}x^{-1} (x \to +\infty)$；

(7) $u(x) \sim x^{\frac{1}{2}} (x \to 0+)$；

(8) $u(x) \sim -2x(x \to 0+)$；

(9) $u(x) \sim -\dfrac{3}{2}x^2 (x \to 0)$；

(10) $u(x) \sim x(x \to 0)$.

3. (1) $\ln^k x(k > 0), x^\alpha(\alpha > 0), a^x(a > 1), [x]!, x^x$；

(2) $\left(\dfrac{1}{x}\right)^{-\frac{1}{x}}, \dfrac{1}{\left[\frac{1}{x}\right]!}, a^{-\frac{1}{x}}(a > 1), x^\alpha(\alpha > 0), \ln^{-k}\left(\dfrac{1}{x}\right)(k > 0)$.

4. (1) $\dfrac{1}{6}$；　　(2) 0；　　(3) $\dfrac{1}{2}$；　　(4) 1；　　(5) $a^\alpha \ln a$；　　(6) $\alpha a^{\alpha - 1}$；

(7) 1；　　(8) $\dfrac{1}{a}$；　　(9) e^2；　　(10) e^{-1}；　　(11) $\ln x$；　　(12) $\ln x$.

习题 3.4

1–8. 略.

9. 提示：

(1) 在 $(0, 1)$ 上，令 $x'_n = \dfrac{1}{n\pi}, x''_n = \dfrac{1}{n\pi + \frac{\pi}{2}}, x'_n - x''_n \to 0$，但 $\left|\sin\dfrac{1}{x'_n} - \sin\dfrac{1}{x''_n}\right| = 1$；

　　在 $(a, 1)$ 上，利用不等式 $\left|\sin\dfrac{1}{x_1} - \sin\dfrac{1}{x_2}\right| \leqslant \left|\dfrac{1}{x_1} - \dfrac{1}{x_2}\right| \leqslant \dfrac{|x_1 - x_2|}{a^2}$；

(2) 利用不等式 $|\sqrt{x_1} - \sqrt{x_2}| \leqslant \sqrt{|x_1 - x_2|}$；

(3) 利用不等式 $|\ln x_1 - \ln x_2| = \left|\ln\left(1 + \dfrac{x_1 - x_2}{x_2}\right)\right| \leqslant |x_1 - x_2|$；

(4) 利用不等式 $|\cos\sqrt{x_1} - \cos\sqrt{x_2}| \leqslant |\sqrt{x_1} - \sqrt{x_2}| \leqslant \sqrt{|x_1 - x_2|}$.

10. 提示：令 $F(x) = f(x + 1) - f(x)$，则 $F(1) = -F(0)$，于是 $F(x)$ 在 $[0, 1]$ 必有一个零点.

11–13. 略.

14. 提示：$\min\limits_{x\in[a,b]}|f(x)|\leqslant\dfrac{1}{n}[f(x_1)+f(x_2)+\cdots+f(x_n)]\leqslant\max\limits_{x\in[a,b]}\{f(x)\}.$

15. 提示：由 $\lim\limits_{x\to+\infty}f(x)=A,\forall\varepsilon>0,\exists X>a,\forall x',x''>X:|f(x')-f(x'')|<\varepsilon$。由于 $f(x)$ 在 $[a,X+1]$ 连续，所以一致连续，也就是 $\exists 0<\delta<1,\forall x',x''\in[a,X+1](|x'-x''|<\delta):|f(x')-f(x'')|<\varepsilon$. 于是 $\forall x',x''\in[a,+\infty)(|x'-x''|<\delta):|f(x')-f(x'')|<\varepsilon$.

第 4 章

习题 4.1

1. 0.005.

2. $x=0,\Delta y=f(\Delta x)-f(0)=\Delta x^{\frac{2}{3}}$, $\lim\limits_{\Delta x\to0}\dfrac{\Delta y}{\Delta x}=\lim\limits_{\Delta x\to0}\Delta x^{-\frac{1}{3}}=\infty$, 不可微.

3. $\lim\limits_{\Delta x\to0}\dfrac{\Delta y}{\Delta x}=2.$

习题 4.2

1. A 点，切线：$y=2x-1$，法线：$y=-\dfrac{1}{2}x+\dfrac{3}{2}$；$B$ 点，切线：$y=-4x-4$，法线：$y=\dfrac{1}{4}x+\dfrac{9}{2}$.

2. (1) $\Delta t=1:v-\dfrac{3}{2}g;\Delta t=0.1:v-\dfrac{21}{20}g$；$\Delta t=0.01:v-\dfrac{201}{200}g$；
   (2) $v-g$.

3. $(2,4),\left(-\dfrac{3}{4},\dfrac{9}{16}\right).$

4. (1) $-f'(x_0)$;   (2) $2f'(x_0)$;   (3) $f'(x_0)$;   (4) $x_0f'(x_0)$.

5. $f(-x)=f(x),f'(0)=\lim\limits_{\Delta x\to0}\dfrac{f(\Delta x)-f(0)}{\Delta x}=\lim\limits_{\Delta x\to0}\dfrac{f(-\Delta x)-f(0)}{\Delta x}$
   $=\lim\limits_{\Delta x\to0}\dfrac{f(-\Delta x)-f(0)}{-\Delta x}=-f'(0).$

6. (1) 不可导点 $x=k\pi,(k\in Z),f'_+(k\pi)=1,f'_-(k\pi)=-1$；
   (2) 不可导点 $x=2k\pi,(k\in Z),f'_+(2k\pi)=\dfrac{\sqrt{2}}{2},f'_-(2k\pi)=-\dfrac{\sqrt{2}}{2}$；
   (3) 不可导点 $x=0,f'_+(0)=-1,f'_-(0)=1$；
   (4) 不可导点 $x=0,f'_+(0)=1,f'_-(0)=-1$.

7. (1) $x>0,f'(x)=3x^2$；$x<0,f'(x)=-3x^2,x=0,f'(0)=0$；
   (2) $x>0,f'(x)=1$；$x=0,f'(x)$ 不存在，$x<0,f'(x)=0$.

8. (1) $m\geqslant1$；   (2) $m\geqslant2$.

9. (1) $f(x) = |x-a_1| + |x-a_2| + \cdots + |x-a_n|$;

(2) $f(x) = \begin{cases} (x-a_1)^2 \cdots (x-a_n)^2, & x \in Q \\ 0, & x \in R-Q \end{cases}$.

习题 4.3

1. (1) $f'(x) = 4x-3, f'(0) = -3, f'(1) = 1$;

(2) $f'(x) = 5x^4 - 3\cos x, f'(0) = -3, f'\left(\dfrac{\pi}{2}\right) = \dfrac{5\pi^4}{16}$;

(3) $f'(x) = \mathrm{e}^x - 2\sin x - 7, f'(0) = -6, f'(\pi) = \mathrm{e}^\pi - 7$.

2. (1) $y' = 3x^2 - 2$; (2) $y' = \dfrac{1}{2\sqrt{x}} + \dfrac{1}{x^2}$;

(3) $y' = \dfrac{-4x - x^2 - 1}{(1+x+x^2)^2}$; (4) $y' = \dfrac{1}{m} - \dfrac{m}{x^2} + \dfrac{1}{\sqrt{x}} - x^{-\frac{3}{2}}$;

(5) $y' = 3x^2 \log_3 x + \dfrac{x^2}{\ln 3}$; (6) $y' = \mathrm{e}^x(\cos x - \sin x)$;

(7) $y' = 2x(3x-1)(1-x^2) + 3(x^2+1)(1-x^2) - 2x(x^2+1)(3x-1)$;

(8) $y' = \dfrac{x\sec^2 x - \tan x}{x^2}$; (9) $y' = \dfrac{2}{x(1-\ln x)^2}$;

(10) $y' = \dfrac{1}{2\sqrt{x}}\arctan x + (\sqrt{x}+1)\dfrac{1}{1+x^2}$;

(11) $y' = \dfrac{2x(\sin x + \cos x) - (1+x^2)(\cos x + \sin x)}{(\sin x + \cos x)^2}$;

(12) $y' = -\dfrac{2\sec^2 x - 2\tan x \sec^2 x}{(1+\tan x)^2}$; (13) $y' = \sin x \ln x + x\cos x \ln x + \sin x$.

3. 切线：$y = 12x - 36$，法线：$y = -\dfrac{1}{12}x + \dfrac{1}{12}$.

4. 切线：$y = x-1$，法线 $y = -x+1$.

5–7. 略.

习题 4.4

1. (1) $y' = 2(2x^2 - x + 1)(4x-1)$; (2) $y' = \mathrm{e}^{2x}(3\cos 3x + 2\sin 3x)$;

(3) $y' = \dfrac{x\cos\sqrt{1+x^2}}{\sqrt{1+x^2}}$; (4) $y' = 6x(\sin x^2)^2 \cos x^2$;

(5) $y' = 2\cos(2x+3)$; (6) $y' = \dfrac{3(x-1)^{\frac{1}{2}}}{(x+1)^{\frac{5}{2}}}$.

2. (1) $f\left(\sqrt[3]{x^2}\right)' = \dfrac{2}{3}x^{-\frac{1}{3}}f'\left(x^{\frac{2}{3}}\right)$; (2) $f\left(\dfrac{1}{\ln x}\right)' = -\dfrac{1}{x(\ln x)^2}f'\left(\dfrac{1}{\ln x}\right)$.

3. (1) $\dfrac{\mathrm{d}y}{\mathrm{d}x} = -\tan^2 t, \left.\dfrac{\mathrm{d}y}{\mathrm{d}x}\right|_{t=0} = 0, \left.\dfrac{\mathrm{d}y}{\mathrm{d}x}\right|_{t=\frac{\pi}{2}} = -\infty$;

(2) 由 $x'(t) = \dfrac{\mathrm{d}}{\mathrm{d}t}\left(\dfrac{t}{1+t}\right) = \dfrac{1}{(1+t)^2}$ 和 $y'(t) = \dfrac{\mathrm{d}}{\mathrm{d}t}\left(\dfrac{1-t}{1+t}\right) = \dfrac{-2}{(1+t)^2}$ 得 $\dfrac{\mathrm{d}y}{\mathrm{d}x} = -2$，即 $t > 0$ 时恒有 $\dfrac{\mathrm{d}y}{\mathrm{d}x} = -2$.

4. $y' = yx(2\ln x + 1) = x^{x^2+1}(2\ln x + 1)$.

5. $f'(0) = n! + f(0)\left(1 + \dfrac{1}{2} + \cdots + \dfrac{1}{n}\right)$.

6. $y' = -\dfrac{1}{5y^4 + 6y^2 - 1}$.

7. $y'|_{x=0} = -\left.\dfrac{y}{\mathrm{e}^y + x}\right|_{x=0} = -\dfrac{1}{\mathrm{e}}$.

8. 切线方程为 $y - 2 = -(x - 0)$, 即 $x + y - 2 = 0$.

9. $y'' = \dfrac{2(x^2 + y^2)}{(x - y)^3}$.

10. $t = \dfrac{v_2}{g}$.

11. 切线方程为 $y = \left(\dfrac{1 - \mathrm{e}}{\mathrm{e}}\right)x + 1$.

12. $\dfrac{\mathrm{d}y}{\mathrm{d}x} = \cot\dfrac{t}{2}$.

13. $y' = \dfrac{(x+5)^2(x-4)^{\frac{1}{3}}}{(x+2)^5(x+4)^{\frac{1}{2}}}\left[\dfrac{2}{x+5} + \dfrac{1}{3(x-4)} - \dfrac{5}{x+2} - \dfrac{1}{2(x+4)}\right]$.

14. (1) $f'(x) = na_0 x^{n-1} + (n-1)a_1 x^{n-2} + \cdots + a_{n-1}$;

    (2) $f'(x) = \dfrac{1}{\sqrt{1 + x^2}}$;

    (3) $y' = x^x(\ln x + 1)$ 或者 $y = x^x, \ln y = x\ln x, \dfrac{y'}{y} = \ln x + 1$;

    (4) $y' = u(x)^{v(x)}v'(x)\ln u(x) + u(x)^{v(x)-1}u'(x)v(x)$.

习题 4.5

1. (1) $y' = 3x^2 + 4x - 1, y'' = 6x + 4, y''' = 6$;

    (2) $y' = 4x^3\ln x + x^3, y'' = 12x^2\ln x + 7x^2$;

    (3) $y' = \dfrac{4x + 3x^2}{2(1+x)^{\frac{3}{2}}}, y'' = \dfrac{3x^2 + 8x + 8}{4(1+x)^{\frac{5}{2}}}$;

    (4) $y' = \dfrac{1 - 2\ln x}{x^3}, y'' = \dfrac{6\ln x - 5}{x^4}$;

    (5) $f'''(x) = (3 - 2x^2)4x\mathrm{e}^{-x^2}$.

2. (1) $f''(1) = 26, f'''(1) = 18, f^{(4)}(1) = 0$;

    (2) $f''(0) = 0, f''(1) = -\dfrac{3}{4\sqrt{2}}, f''(-1) = \dfrac{3}{4\sqrt{2}}$.

3. (1) $y^{(n)} = (-1)^{n-1}(n-1)!x^{-n}$;

    (2) $y^{(n)} = a^x(\ln a)^n$;

    (3) $y^{(n)} = \mathrm{e}^x\displaystyle\sum_{k=0}^{n} C_n^k \dfrac{(-1)^k k!}{x^{k+1}}$;

    (4) $y^{(n)} = (-1)^n n!\displaystyle\sum_{k=0}^{n} \dfrac{1}{(x-2)^{n-k+1}(x-3)^{k+1}}$.

4. (1) $[f(x^2)]''' = 8x^3 f'''(x^2) + 12x f''(x^2)$;　　(2) $[f(\ln x)]'' = \dfrac{f''(\ln x) - f'(\ln x)}{x^2}$;

　　(3) $[f(e^{-x})]''' = -e^{-3x} f'''(e^{-x}) - 3e^{-2x} f''(e^{-x}) - e^{-x} f'(e^{-x})$.

5. $y'' = \dfrac{y(\ln y + 1)^2 - x(\ln x + 1)^2}{xy(\ln y + 1)^3}$.

6. $y^{(n)} = \dfrac{1}{4}\left[2^n \sin\left(2x + \dfrac{n\pi}{2}\right) + 4^n \sin\left(4x + \dfrac{n\pi}{2}\right) - 6^n \sin\left(6x + \dfrac{n\pi}{2}\right) \right]$.

7. $\dfrac{\mathrm{d}^2 y}{\mathrm{d}x^2} = \dfrac{1}{f''(t)}$.

8. (1) $\dfrac{\mathrm{d}^2 x}{\mathrm{d}y^2} = -\dfrac{y''}{(y')^3}$;　　　　　　　　　　(2) $\dfrac{\mathrm{d}^3 x}{\mathrm{d}y^3} = \dfrac{3(y'')^2 - y'y'''}{(y')^5}$.

9. (1) $d^2(e^x) = e^x dx^2$;　　　　　　　　　　(2) $d^2(e^x) = e^{\varphi(t)}\{[\varphi'(t)]^2 + \varphi''(t)\} dt^2$.

10. $y^{(100)} = 2^{98}[(12x^2 - 29708)\sin 2x - 1200x \cos 2x]$.

11. 把 $y = e^{\sin x}$ 看成是由 $\begin{cases} y = e^u \\ u = \sin x \end{cases}$ 复合而成的函数，则 $f''(u) = (e^u)'' = e^u$,

　　$du^2 = [d(\sin x)]^2 = \cos^2 x dx^2, f''(u)du^2 = e^u \cos^2 x dx^2 = e^{\sin x} \cos^x dx^2$.

12. $\dfrac{\mathrm{d}^2 y}{\mathrm{d}x^2} = -\dfrac{1}{4}$.

13. $y^{(n)} = \displaystyle\sum_{k=0}^{n} C_n^k e^x \cos\left(x + \dfrac{k\pi}{2}\right), y^{(5)} = 4e^x(\sin x - \cos x)$.

14. $f''(x) = \begin{cases} (12x^2 - 1)\sin\dfrac{1}{x} - 6x\cos\dfrac{1}{x}, & x \neq 0, \\ 0, & x = 0 \end{cases}$

　　进一步，由于极限

$$\lim_{x \to 0} \frac{(12x^2 - 1)\sin\frac{1}{x} - 6x\cos\frac{1}{x} - 0}{x - 0} = \lim_{x \to 0}\left(12x\sin\frac{1}{x} - \frac{\sin\frac{1}{x} + 6x\cos\frac{1}{x}}{x} \right)$$

　　不存在，故 $\forall n \in N, f^{(n)}(x)$ 对 $x \neq 0$ 都是存在的，但是 $f'''(0)$ 已不存在.

15. $y^{(50)} = (2450 - x^2)\cos x - 100x\sin x$.

第 5 章

习题 5.1

1. 略.

2. 验证是否满足罗尔定理条件. 若满足条件，结论便是肯定的；若不满足条件，需进一步考察.

3. (1) 满足拉格朗日中值定理，即 $f(b) \geqslant f(a) + m(b - a)$.

　　(2) 满足拉格朗日中值定理，即 $|f(b) - f(a)| \leqslant M(b - a)$.

　　(3) 应用 (2) 中结论.

4. 设 $F(x) = x^2[f(b) - f(a)] - (b^2 - a^2)f(x)$，由罗尔中值定理，即 $2\xi[f(b) - f(a)] = (b^2 - a^2)f'(\xi)$.

5. 略.

6. 根据 $f'(\xi) = 1$，可以取辅助函数为：$F(x) = f(x) - x$.

7. (1) $|\sin x - \sin y| = |\cos \xi \cdot (x - y)| \leqslant |x - y|$;

   (2) $x^n - y^n = n\xi^{n-1}(x - y)$，其中 $x > \xi > y > 0$. $ny^{n-1}(x - y) < x^n - y^n < nx^{n-1}(x - y), (n > 1, x > y > 0)$.

8. 略.

9. 对于 $f(x) = \dfrac{e^x}{x}, g(x) = \dfrac{1}{x}$ 应用 Cauchy 中值定理.

10. 略.

11. 令 $F(x) = \begin{vmatrix} f(a) & f(b) \\ g(a) & g(b) \end{vmatrix}(x - a) - (b - a)\begin{vmatrix} f(a) & f(x) \\ g(a) & g(x) \end{vmatrix}$，则 $F(a) = F(b) = 0$，由 Rolle 定理，在 (a, b) 内存在一点 ξ，使得 $F'(\xi) = 0$.

12. 略.

13. 考虑一般情况：设 a 和 b 是两个不同的正实数（$a > b > 0$），在什么条件下成立 $a^b > b^a$？两边取对数后再整理.

14–15. 略.

习题 5.2

1. (1) 2;   (2) $-\dfrac{3}{5}$;   (3) 略;   (4) 略;   (5) $\dfrac{-4}{\pi^2}$;   (6) 0.

2. (1) 因为当 $x \to 0$ 时，$\dfrac{\frac{\mathrm{d}}{\mathrm{d}x}\left(x^2 \sin \frac{1}{x}\right)}{\frac{\mathrm{d}}{\mathrm{d}x}\sin x} = \dfrac{2x \sin \frac{1}{x}\cos \frac{1}{x}}{\cos x}$ 极限不存在. $\lim\limits_{x \to 0} \dfrac{x^2 \sin \frac{1}{x}}{\sin x} = 0$，极限存在;

   (2) 因为当 $x \to +\infty$ 时，$\dfrac{(x + \sin x)'}{(x - \sin x)'} = \dfrac{1 + \cos x}{1 - \cos x}$ 极限不存在. $\lim\limits_{x \to +\infty} \dfrac{x + \sin x}{x - \sin x} = 1$，极限存在.

3. 略.

4. $f'(0) = 5$.

5. $\lim\limits_{x \to +\infty} f(x) = \lim\limits_{x \to +\infty} \dfrac{e^x f(x)}{e^x} = \lim\limits_{x \to +\infty} \dfrac{e^x f(x) + e^x f'(x)}{e^x} = \lim\limits_{x \to +\infty}[f(x) + f'(x)] = k$.

6. $\lim\limits_{x \to 0^+} \ln x^{f(x)} = \lim\limits_{x \to 0^+} \dfrac{\ln x}{\frac{1}{f(x)}} = 0$，由对数函数的连续性知 $\lim\limits_{x \to 0^+} x^{f(x)} = 1$.

7. 略.

8. $\lim\limits_{x \to 0^+} x^\alpha \ln x = 0$.

9. (1) e;

   (2) $\sqrt[m]{a_1 \cdots a_m}$.

   注意：不能在数列形式下直接用 L'Hospital 法则，因为对离散变量 $n \in N$ 是无法求导数的.

10. 0.

11. 0.

12. 2.

13. 0, 0.

14. $P_n(x) = 1 + x + \dfrac{1}{2!}x^2 + \cdots + \dfrac{1}{n!}x^n$.

习题 5.3

1. 由 $\theta(x) = \dfrac{x - \ln(1+x)}{x\ln(1+x)}$, 取极限即得到 $\lim\limits_{x\to 0}\theta(x) = \lim\limits_{x\to 0}\dfrac{x - \ln(1+x)}{x^2}\dfrac{x}{\ln(1+x)} = \dfrac{1}{2}$.

2. $f(1) = 1, f(1.728) = 1.2, f(2.744) = 1.4$, 由 Lagrange 插值公式 $f(x) \approx p_2(x) \approx -0.04465x^2 + 0.3965x + 0.6481, f'''(x) = \dfrac{10}{27}x^{-\frac{8}{3}}$, 余项 $r_2(x) = \dfrac{5}{81\xi^{\frac{8}{3}}}(x-1)(x - 1.728)(x - 2.744), p_2(2) \approx 1.2626$.

3–4. 略.

5. $xe^x = x + x^2 + \dfrac{x^3}{2!} + \cdots + \dfrac{x^n}{(n-1)!} + o(x^n)$.

6. $f(2.8) \approx p_3(2.8) \approx 36.647$.

7. (1) $f(x) = 1 - \dfrac{1}{2}x + \dfrac{\frac{1}{2}\cdot\frac{3}{2}}{2!}x^2 + \cdots + (-1)^n\dfrac{(2n-1)!!}{n!2^n}x^n + o(x^n)$;

　 (2) $f(x) = x - \dfrac{1}{3}x^3 + \dfrac{1}{5}x^5 + o(x^5)$.

8. (1) $f(x) = 10 + 11(x-1) + 7(x-1)^2 + (x-1)^3$ 其拉格朗日余项为 0;

　 (2) $f(x) = 1 - x + x^2 - x^3 + x^4 - \cdots + (-1)^n x^n + \dfrac{(-1)^{n+1}x^{n+1}}{(1+\theta x)^{n+2}}, (0 < \theta < 1)$.

9–10. 略.

11. $P(x) = (x+1)^4 - 5(x+1)^2 + 9(x+1) - 3$.

12. 略.

13. (1) $f(x) = 1 + \dfrac{1}{3}x + \dfrac{2}{9}x^2 + \dfrac{14}{81}x^3 + \dfrac{35}{243}x^4 + o(x^4)$;

　 (2) $f(x) = \cos\alpha - \sin\alpha x - \dfrac{\cos\alpha}{2!}x^2 + \dfrac{\sin\alpha}{3!}x^3 + \dfrac{\cos\alpha}{4!}x^4 + o(x^4)$.

14. (1) $f(x) = -1 - 3(x-1)^2 - 2(x-1)^3$;

　 (2) $f(x) = 1 + \dfrac{1}{e}(x-e) - \dfrac{1}{2e^2}(x-e)^2 + \cdots + \dfrac{(-1)^{n-1}}{ne^n}(x-e)^n + o((x-e)^n)$.

15. (1) $\lg 11 \approx 1.04139$; 　　(2) $\sqrt[3]{e} \approx 1.39561$; 　　(3) $\sin 31° \approx 0.51504$.

16. -1.

17. $-\dfrac{1}{4}$.

18. $n \geqslant 7$.

19–20. 略.

21. $\sin x = -(x-\pi) + \dfrac{(x-\pi)^3}{3!} - \dfrac{(x-\pi)^5}{5!} + o((x-\pi)^6)$.

22. $e \approx 1 + 1 + \dfrac{1}{2!} + \dfrac{1}{3!} + \cdots + \dfrac{1}{10!} = 2.718281801\cdots$ 　23. $-\dfrac{1}{12}$.

24. 令 $u = 1 - \cos x$, 则当 $x \to 0$ 时 $u \to 0$, 于是 $\sqrt[3]{2-\cos x} = 1 + \dfrac{1-\cos x}{3} - \dfrac{(1-\cos x)^2}{9} + o((1-\cos x)^2)\sqrt[3]{2-\cos x} \approx 1 + \dfrac{x^2}{6} - \dfrac{x^4}{24}$.

习题 5.4

1. (1) 函数在 $(-\infty, -1]$ 和 $[2, +\infty)$ 单调增加, 在 $[-1, 2]$ 单调减少, 所以 $x = -1$ 是极大值点, $x = 2$ 是极小值点;

　 (2) 函数在 $(0, e^{-2}]$ 单调减少, 在 $[e^{-2}, +\infty)$ 单调增加, 所以 $x = e^{-2}$ 是极小值点.

2.

(1) 点 $(1,2)$ 是曲线的拐点，函数的保凸区间：$(-\infty, 1]$ 下凸，$[1, +\infty)$ 上凸；

(2) $x = \pm\dfrac{\sqrt{3}}{3}$ 为拐点横坐标. y 的凹区间为 $\left(-\dfrac{\sqrt{3}}{3}, \dfrac{\sqrt{3}}{3}\right)$，凸区间为

$$\left(-\infty, -\dfrac{\sqrt{3}}{3}\right) \cup \left(\dfrac{\sqrt{3}}{3}, +\infty\right),\quad 拐点 \left(\pm\dfrac{\sqrt{3}}{3}, \dfrac{3}{4}\right).$$

3. 令 $f(x) = \tan x - x, x \in \left[0, \dfrac{\pi}{2}\right)$，则 $f'(x) = \sec^2 x - 1$，故 f 在 $\left[0, \dfrac{\pi}{2}\right)$ 上严格单调增.
又 $f(0) = 0$，所以在 $\left(0, \dfrac{\pi}{2}\right)$ 内，$f(x) = \tan x - x > f(0) = 0$，即 $\tan x > x$.

4. 略.

5. $3\sqrt{3}x - 8y - 1 = 0$ 和 $3\sqrt{3}x + 8y - 5 = 0$.

6.

(1) $n = 14$;　　　　　　　　　　(2) $n = 3$.

7. (1) 函数图像

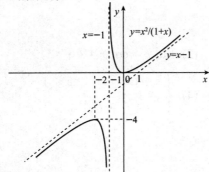

(2) 略.

8. f 在 $[0,1]$ 上的最小值为 2^{p-1}，最大值为 1.

9. $\theta = 2\pi\left(1 - \dfrac{\sqrt{6}}{3}\right)$.

10. 略.

11. 若 n 为偶数，且 $\varphi(a) > 0$ 时，$x = a$ 为极小值点，$\varphi(a) < 0$ 时，$x = a$ 为极大值点. 若 n 为奇数，$x = a$ 不为极值点.

12. 略.

13. $f(x) = (x^2 - 2ax + 1) - \mathrm{e}^x, f(x) \downarrow, f(x) < f(0) = 0$.

14. 对于函数 $y = \dfrac{x}{1+x}, \dfrac{\mathrm{d}y}{\mathrm{d}x} = \dfrac{1}{(1+x)^2} > 0$，函数 y 单调增加，所以

$$\dfrac{|a+b|}{1+|a+b|} \leqslant \dfrac{|a|+|b|}{1+|a|+|b|} = \dfrac{|a|}{1+|a|+|b|} + \dfrac{|b|}{1+|a|+|b|} \leqslant \dfrac{|a|}{1+|a|} + \dfrac{|b|}{1+|b|}$$

15. 当 $k \geqslant 1$ 时，方程无正实根；当 $0 < k < 1$ 时，方程必有正实根.

16.

(1) $x = -1, y = x - 1$;　　　　　　(2) $y = \sqrt{6}x - \dfrac{2\sqrt{6}}{3}, y = -\sqrt{6}x + \dfrac{2\sqrt{6}}{3}$.

第 6 章

习题 6.1

1. $y = \dfrac{x^3}{3} - 7$.

2. 提示：$F(x)$ 是 $f(x)$ 的原函数，所以连续，因而存在原函数，设为 $G(x)$，则 $xF(x) - G(x)$ 是 $xf(x)$ 的原函数.

3. (1) $\dfrac{1}{3}x^3 + 4\sqrt{x} - \dfrac{1}{2x^2} + C$;

    (2) $\dfrac{x^3}{3} - 2x + \arctan x + C$;

    (3) $\dfrac{x^2}{2} + 2x + \ln|x-1| + C$;

    (4) $\dfrac{9^x}{\ln 9} - 2\dfrac{15^x}{\ln 15} + \dfrac{25^x}{\ln 25} + C$;

    (5) $\dfrac{x + \sin x}{2} + C$;

    (6) $\tan x - x + C$;

    (7) $-\dfrac{1}{2}\cot x + C$;

    (8) $\dfrac{x|x|}{2} + C$.

4. $F(x) = \begin{cases} \sin x + C, & x < 0 \\ x^2 + x + C, & 0 \leqslant x \leqslant 1 \\ \dfrac{2^x}{\ln 2} + 2 - \dfrac{2}{\ln 2} + C, & x > 1 \end{cases}$.

5. (1) $\dfrac{8}{15}x^{\frac{15}{8}} + C$;

    (2) $\tan x - \cot x + C$;

    (3) $2\arcsin x + C$;

    (4) $\begin{cases} x + C, & x \leqslant 1 \\ \dfrac{x^2}{2} + \dfrac{1}{2} + C, & x > 1 \end{cases}$.

习题 6.2

1. (1) $\mathrm{e}^{x + \frac{1}{x}} + C$;

    (2) $-\dfrac{1}{3}\sqrt{1 - 3x^2} + C$;

    (3) $\ln|x + \sin x| + C$;

    (4) $\dfrac{1}{2}\ln(x^2 + 4x + 5) - 2\arctan(x + 2) + C$;

    (5) $\dfrac{1}{2}\arcsin^2\dfrac{x}{2} + C$;

    (6) $\sin x - \dfrac{1}{3}\sin^3 x + C$;

    (7) $\dfrac{1}{2}\cos x - \dfrac{1}{10}\cos 5x + C$;

    (8) $\dfrac{1}{11}\tan^{11} x + C$;

    (9) $\ln|\ln\ln x| + C$;

    (10) $\dfrac{x}{\ln x} + C$;

    (11) $\dfrac{2}{3}[\ln(x + \sqrt{1 + x^2}) + 5]^{\frac{3}{2}} + C$;

    (12) $-\dfrac{1}{2}\left(\arctan\dfrac{1}{x}\right)^2 + C$;

    (13) $(\arctan\sqrt{x})^2 + C$;

    (14) $x - \ln(1 + \mathrm{e}^x) + C$;

    (15) $\arctan(\mathrm{e}^x) + C$;

    (16) 提示：原式 $= \displaystyle\int \ln(x + \sqrt{1 + x^2})\,\mathrm{d}\ln(x + \sqrt{1 + x^2})$; $\dfrac{1}{2}\ln^2(x + \sqrt{1 + x^2}) + C$;

    (17) $\dfrac{a^2}{2}\arcsin\dfrac{x}{a} - \dfrac{x}{2}\sqrt{a^2 - x^2} + C$;

    (18) $-\dfrac{\sqrt{a^2 - x^2}}{a^2 x} + C$;

    (19) $\dfrac{x}{\sqrt{x^2 + 1}} + C$;

    (20) $-\arcsin\dfrac{1}{x} + C$.

2. (1) $x\arccos x - \sqrt{1-x^2} + C;$ (2) $\left(-\dfrac{1}{2}x^2 - \dfrac{x}{2} - \dfrac{1}{4}\right)\mathrm{e}^{-2x} + C;$

  (3) $x\arctan x - \dfrac{1}{2}\ln(1+x^2) + C;$ (4) $\dfrac{1}{2}(x^2\arctan x - x + \arctan x) + C;$

  (5) $x\tan x + \ln|\cos x| - \dfrac{1}{2}x^2 + C;$ (6) $x^2\sin x + 2x\cos x - 2\sin x + C;$

  (7) $-\dfrac{1}{4}x\cos 2x + \dfrac{1}{8}\sin 2x + C;$ (8) $x\ln(x+\sqrt{1+x^2}) - \sqrt{1+x^2} + C;$

  (9) $2\mathrm{e}^{\sqrt{x}}\left(\sqrt{x}-1\right) + C;$ (10) $\dfrac{x}{2}[\sin(\ln x) - \cos(\ln x)] + C;$

  (11) $\dfrac{\ln(1+x)}{2-x} - \dfrac{1}{3}\ln|1+x| + \dfrac{1}{3}\ln|2-x| + C;$

  (12) $-\dfrac{x}{\mathrm{e}^x+1} + x - \ln(\mathrm{e}^x+1) + C.$ 提示：原式 $= -\displaystyle\int x\mathrm{d}\dfrac{1}{\mathrm{e}^x+1}.$

3. (1) $\dfrac{1}{2}\ln|1+2\ln x| + C;$ (2) $\dfrac{1}{12}\left(\sqrt{2x+3}\right)^3 - \dfrac{1}{12}\left(\sqrt{2x-1}\right)^3 + C;$

  (3) $\dfrac{1}{2}\ln\left|\dfrac{\mathrm{e}^x-1}{\mathrm{e}^x+1}\right| + C;$ (4) $\dfrac{1}{3}\sin^3 x - \dfrac{2}{5}\sin^5 x + \dfrac{1}{7}\sin^7 x + C;$

  (5) $\dfrac{1}{5}\sec^5 x - \dfrac{1}{3}\sec^3 x + C;$ (6) $\ln|\csc 2x - \cot 2x| - \dfrac{1}{2\sin^2 x} + C;$

  (7) $\dfrac{1}{3}\ln|x| - \dfrac{1}{21}\ln|x^7+3| + C;$ (8) $\left(1-\dfrac{1}{x}\right)\mathrm{e}^{\frac{1}{x}} + C;$

  (9) $-\dfrac{4}{3}\left(\sqrt{4-x^2}\right)^3 + \dfrac{1}{5}\left(\sqrt{4-x^2}\right)^5 + C.$

  (10) 提示：利用倒代换. $\dfrac{\sqrt{x^2-1}}{x} - \arcsin\dfrac{1}{x} + C;$

  (11) 提示：利用倒代换. $-\ln\left(\dfrac{1}{x} + \dfrac{1}{2} + \dfrac{\sqrt{x^2+x+1}}{x}\right) + C;$

  (12) 提示：先分部积分. $-\dfrac{1}{2}[\mathrm{e}^{-2x}\arctan \mathrm{e}^x + \mathrm{e}^{-x} - \arctan \mathrm{e}^x] + C;$

  (13) 提示：先分部积分. $\dfrac{x}{1+\mathrm{e}^{-x}} - \ln(1+\mathrm{e}^x) + C;$

  (14) $\dfrac{1}{2}\left[\dfrac{f(x)}{f'(x)}\right]^2 + C.$

4. (1) $\dfrac{1}{1-x\tan x} + C;$ (2) $2\mathrm{e}^{-\frac{x}{2}}\sqrt{\sin x} + C;$

  (3) $-\dfrac{\sqrt{b^2+x^2}}{b^2 x} + C;$ (4) $2\ln\left(\sqrt{1+\mathrm{e}^x}-1\right) - x + C;$

  (5) $\dfrac{1}{2}\mathrm{e}^x - \dfrac{1}{5}\mathrm{e}^x\sin 2x - \dfrac{1}{10}\mathrm{e}^x\cos 2x + C;$

  (6) 提示：原式 $= \displaystyle\int\dfrac{x(1-\sin x)}{1-\sin^2 x}\mathrm{d}x = \int\dfrac{x(1-\sin x)}{\cos^2 x}\mathrm{d}x = \int x\mathrm{d}(\tan x - \sec x).$ $x(\tan x - \sec x) + \ln|\cos x| + \ln|\tan x + \sec x| + C;$

  (7) 提示：原式 $= \displaystyle\int\dfrac{x+2\sin\frac{x}{2}\cos\frac{x}{2}}{2\cos^2\frac{x}{2}}\mathrm{d}x = \int\dfrac{x}{2\cos^2\frac{x}{2}}\mathrm{d}x + \int\tan\dfrac{x}{2}\mathrm{d}x.$ $x\tan\dfrac{x}{2} + C;$

  (8) 提示：令 $\sqrt{1+x^2} = t$ 或者 $x = \tan t.$ $\dfrac{1}{15}(8 - 4x^2 + 3x^4)\left(\sqrt{1+x^2}\right) + C.$

5.

(1) $-\cot x + \csc x + C$；

(2) $\dfrac{\sqrt{2}}{2}\ln\left|\csc\left(x+\dfrac{\pi}{4}\right)-\cot\left(x+\dfrac{\pi}{4}\right)\right|+C$；

(3) $\sec x - \tan x + x + C$；   (4) $-\dfrac{x}{2}+\dfrac{1}{4}\ln|1-\sin 2x|+C$；

(5) $\dfrac{x}{\sqrt{1+x^2}}\ln(x+\sqrt{1+x^2})-\dfrac{1}{2}\ln(1+x^2)+C$.

习题 6.3

1. 求下列有理函数的不定积分：

(1) $\dfrac{2}{5}\ln|x-2|+\dfrac{1}{10}\ln|2x+1|+C$；

(2) $-\dfrac{1}{2}\ln|x+1|+2\ln|x+2|-\dfrac{3}{2}\ln|x+3|+C$；

(3) $\dfrac{x^3}{3}+\dfrac{x^2}{2}+4x+2\ln|x|-3\ln|x+2|+5\ln|x-2|+C$；

(4) $\dfrac{2}{5}\ln|1+2x|-\dfrac{1}{5}\ln(1+x^2)+\dfrac{1}{5}\arctan x+C$；

(5) $\ln\left|\dfrac{x}{x+1}\right|-\dfrac{2}{\sqrt{3}}\arctan\dfrac{2x+1}{\sqrt{3}}+C$；

(6) $\ln\dfrac{(x-1)^2}{|x|}-\dfrac{x}{(x-1)^2}+C$；

(7) 提示：分子分母同乘 x^7. $\ln|x|-\dfrac{1}{8}\ln(x^8+1)+C$；

(8) $\dfrac{\sqrt{2}}{8}\ln\dfrac{x^2+\sqrt{2}x+1}{x^2-\sqrt{2}x+1}+\dfrac{\sqrt{2}}{4}\arctan\left(\sqrt{2}x+1\right)+\dfrac{\sqrt{2}}{4}\arctan\left(\sqrt{2}x-1\right)+C$.

2. 求下列积分：

(1) $\displaystyle\int\dfrac{\mathrm{d}x}{\sin x+2\cos x+3}$；$\arctan\left(\dfrac{1}{2}\tan\dfrac{x}{2}+\dfrac{1}{2}\right)+C$；

(2) $\dfrac{x}{2}-\ln\left|\sin\dfrac{x}{2}+\cos\dfrac{x}{2}\right|+C$；

(3) $\dfrac{\sqrt{6}}{6}\arctan\left(\sqrt{\dfrac{3}{2}}\tan x\right)+C$；

(4) $\dfrac{3}{2}\sqrt[3]{(x+1)^2}-3\sqrt[3]{x+1}+3\ln|1+\sqrt[3]{x+1}|+C$；

(5) $\ln x-\dfrac{6}{7}\ln(1+\sqrt[6]{x^7})+C$；

(6) $-3\arctan\sqrt{\dfrac{2-x}{1+x}}+(x+1)\sqrt{\dfrac{2-x}{1+x}}+C$.

3. 求下列积分：

(1) $\dfrac{x^2}{2}+\ln|x-1|+\ln|2x^2+2x+1|+\arctan(2x+1)+C$；

(2) $\dfrac{\sqrt{2}}{2}\arctan\left(\sqrt{2}x+1\right)+\dfrac{\sqrt{2}}{2}\arctan\left(\sqrt{2}x-1\right)+C$；

(3) $-\cot x-\dfrac{1}{3}\cot^3 x+C$；

(4) $-2\sqrt{\dfrac{1+x}{x}}-\ln\left[x\left(\sqrt{\dfrac{1+x}{x}}-1\right)^2\right]+C.$

第 7 章

习题 7.1

1. (1) 可积，是单调函数；　(2) 可积，只有一个间断点的有界函数；

 (3) 只有一个间断点的有界函数；　(4) 不可积，是无界函数.

2. (1) 提示：$1^2+2^2+\cdots+n^2=\dfrac{1}{6}n(n+1)(2n+1),\dfrac{1}{3}$；

 (2) 提示：$\sin\alpha+\sin2\alpha+\cdots+\sin n\alpha=\dfrac{1}{2\sin\frac{\alpha}{2}}\left[\cos\dfrac{\alpha}{2}-\cos\dfrac{2n+1}{2}\alpha\right](\alpha\neq2\pi),$
$\lim\limits_{x\to0}\dfrac{\sin x}{x}=1.\ 2.$

3. 提示：划分：$1,q,q^2,\cdots,q^{n-1},2,q^0=1,q^n=2,\xi_i=q_{i-1},(i=1,2,\cdots,n),$
$\lim\limits_{x\to+\infty}x(2^{\frac{1}{x}}-1)=\ln2,\ln2.$

习题 7.2

略.

习题 7.3

1. 5.

2. 提示：利用积分中值定理.

3–5 略.

6. (1) $\displaystyle\int_0^{\frac{\pi}{2}}\sin x\mathrm{d}x<\int_0^{\frac{\pi}{2}}x\mathrm{d}x$;　(2) $\displaystyle\int_1^{\mathrm{e}}x\mathrm{d}x>\int_1^{\mathrm{e}}\ln x\mathrm{d}x$;　(3) $\displaystyle\int_0^{-2}\mathrm{e}^x\mathrm{d}x<\int_0^{-2}x\mathrm{d}x.$

7. 提示：$M(x)=\dfrac{1}{2}[f(x)+g(x)+|f(x)-g(x)|],m(x)=\dfrac{1}{2}[f(x)+g(x)-|f(x)-g(x)|].$

8–9. 略.

10. (1) 提示：利用三角函数恒等式可知 $a\cos x+b\sin x=\sqrt{a^2+b^2}\sin(x+\varphi),\varphi=\arctan\dfrac{a}{b}.$

 (2) 提示：求函数 $f(x)=\dfrac{\ln x}{\sqrt{x}}$ 在区间 $[\mathrm{e},4\mathrm{e}]$ 上的最大最小值.

11. $\dfrac{\sqrt{2}}{6}.$

12. 提示：利用不等式：$ab\leqslant\dfrac{1}{p}a^p+\dfrac{1}{q}b^q\left(a,b,p,q>0,\dfrac{1}{p}+\dfrac{1}{q}=1\right).$

13. 略.

习题 7.4

1. (1) $-(1+x^2)$; (2) $\sec x + \csc x$;

   (3) $2 + \ln x - 3x^2 - 2xe^{x^2}$; (4) $1 - 2x\int_0^x e^{t^2-x^2}dt$.

2. (1) 1; (2) $\dfrac{\pi^2}{4}$; (3) $\dfrac{2}{3}$; (4) $\dfrac{1}{2}$.

3. (1) $\ln 2$; (2) $\dfrac{\pi}{4}$; (3) $\dfrac{1}{\alpha+1}$.

4. (1) $3 - \dfrac{\pi}{2}$; (2) 40; (3) $\dfrac{11}{2}$; (4) $e + \dfrac{1}{2}$.

5. $y'(0) = -1$

6–8. 略.

9. **提示**：方法 1：利用 Cauchy-Schwarz 不等式；方法 2：设辅助函数 $F(x) = \int_a^x f(t)dt$ $\int_a^x \dfrac{1}{f(t)}dt - (x-a)^2, x \in [a,b]$，利用单调性证明 $F(b) \geqslant 0$.

10. 略.

11. **提示**：设辅助函数 $F(x) = \int_a^x f(t)dt$，将 $x = a, b$ 代入 $F(x)$ 在点 $\dfrac{a+b}{2}$ 处的 Taylor 公式，并利用导函数的介值性.

12. **提示**：设辅助函数 $F(x) = e^{\int_a^x f(t)dt}\int_x^b g(t)dt, F(a) = F(b) = 0$，再利用 Rolle 定理.

13–14. 略.

15. (1) $\ln\left(1+\dfrac{\pi}{2}\right)$; (2) $\dfrac{4}{e}$;

   (3) e^{-1}. **提示**：(1) 利用等价无穷小量 $\sin x x (x \to 0)$；(2) 取对数；(3) 取对数.

16. (1) $\dfrac{1}{6}$; (2) $-\dfrac{1}{6}$，**提示**：利用积分中值定理；

   (3) 0. **提示**：利用积分第一中值定理.

17. **提示**：利用可积准则和微分中值定理.

18. **提示**：利用辅助函数 $F(t) = \int_0^t f(x)dx - t\int_0^1 f(x)dx$ 或积分中值定理.

19. **提示**：利用辅助函数 $F(x) = e^{1-x^2}\left(\int_0^x f(t)dt\right)$，再利用积分中值定理和 Rolle 定理.

20. 略.

习题 7.5

1. (1) $\dfrac{1}{8}$; (2) $\dfrac{\pi^3}{324}$; (3) $\dfrac{2}{35}$;

   (4) $\dfrac{1}{4}\ln\dfrac{32}{17}$，**提示**：令 $t = x^4$; (5) $\dfrac{\sqrt{2}}{2}$;

   (6) $\dfrac{\sqrt{3}}{3}$，**提示**：令 $x = \sin t$; (7) $\dfrac{\pi}{4}$;

   (8) $\ln\left(\sqrt{1+e^2}-1\right) + \ln\left(\sqrt{2}+1\right) - 1$，**提示**：令 $t = e^{-x}$;

   (9) $-\dfrac{\pi}{12}$; (10) $\ln(2+\sqrt{3}) - \dfrac{\sqrt{3}}{2}$; (11) $\dfrac{\pi^2}{4}$;

(12) $\dfrac{17}{3} - 8\ln 2$, 提示：令 $t = \dfrac{x-1}{x+1}$;   (13) $\dfrac{\sqrt{2}}{2}\ln(1+\sqrt{2})$.

2. (1) $2(1 - e^{-1})$;   (2) $\dfrac{1}{9}(1 + 2e^3)$;   (3) $\dfrac{\pi}{2} - 1$;

   (4) $\dfrac{\pi}{12} + \dfrac{\ln 2 - 1}{6}$;   (5) $\dfrac{\pi}{4} - \dfrac{1}{2}\ln 2$;   (6) $\dfrac{\pi}{4} - \dfrac{1}{2}\ln 2 - \dfrac{\pi^2}{32}$;

   (7) $\dfrac{e}{2}(\sin 1 - \cos 1)$;   (8) $\dfrac{1}{3}\ln 2$;   (9) $\dfrac{\pi^3}{6} - \dfrac{\pi}{4}$;

   (10) $\dfrac{1 - \ln 2}{4}$;   (11) $\dfrac{\pi^2}{4}$;   (12) $\dfrac{\pi}{4} - \dfrac{1}{2}$;

   (13) $\dfrac{1}{4}(e^{-1} - 1)$.

3. (1) $\dfrac{1}{2}(11 + e^3)$;   (2) 0

   (3) 提示：利用公式 (7.15), $\dfrac{3}{16}\pi^2$;   (4) $2n\sqrt{2}$;

   (5) $I_{2n+1} = 0, I_{2n} = \dfrac{(2n-1)!!}{(2n)!!}\pi$;

   (6) $I_n = \dfrac{e^2}{2}\left[-\dfrac{n}{2} + \dfrac{n(n-1)}{2^2} - \cdots + (-1)^n \dfrac{n!}{2^{n+1}} \right] + (-1)^{n+1} \dfrac{n!}{2^{n+1}}$.

4. $\ln x - e^{-1}$.

5. $\dfrac{1}{2}\ln^2 x$, 提示：对 $f\left(\dfrac{1}{x}\right)$ 的积分作倒代换.

6. 略.

7. (1) $\arctan \dfrac{\sqrt{2}}{2}$;   (2) $\left(\dfrac{\pi}{4} - \dfrac{2}{3}\right)a^3$;

   (3) $\dfrac{\pi}{3\sqrt{3}}$;   (4) $\dfrac{1}{4}\ln 2$;

   (5) $\dfrac{1}{2}$, 提示：令 $t = \sqrt{\dfrac{1-x}{1+x}}$;   (6) $\dfrac{\sqrt{2}}{4}\pi^2$, 提示：利用公式 (7.15);

   (7) $n^2\pi$, 提示：分 n 为奇数和偶数分别计算;

   (8) π; 提示：$\left[\arctan \dfrac{x(x-2)}{(x-1)}\right]' = \dfrac{(x-1)^2 + 1}{(x-1)^2 + x^2(x-2)^2}$, 将积分区间 $[0,2]$ 分为 $[0,1]$ 与 $[1,2]$.

8. 略.

9. 提示：利用积分第二中值定理.

10. 略.

11. $A = \dfrac{\pi}{4} - \dfrac{\ln 2}{2}, B = \dfrac{\pi}{8}$. 提示：利用定积分的定义和中值定理.

习题 7.6

1. (1) 8π;   (2) $2\pi\left(\sqrt{5} - \dfrac{\sqrt{2}}{2} + \dfrac{1}{2}\ln \dfrac{2+\sqrt{5}}{1+\sqrt{2}}\right)$;

   (3) $2\pi\left[\sqrt{2} + \ln\left(1 + \sqrt{2}\right)\right]$;   (4) $\dfrac{12}{5}\pi a^2$.

2. 略.

3. (1) $\dfrac{32}{5}\pi a^2$,   (2) $2\pi a^2(2-\sqrt{2})$.

4. (1) $\dfrac{\pi a^3}{8}(e^{\frac{2b}{a}}-e^{-\frac{2b}{a}})+\dfrac{\pi a^2 b}{2}$;   (2) $\dfrac{138\pi}{5}$.

5. (1) $\dfrac{4\pi}{5}(32-a^5)$,   (2) $\pi a^4, (3) a=1, V(1)=\dfrac{129\pi}{5}$.

6. (1) $\dfrac{e^a-e^{-a}}{2}$;   (2) $4n$;   (3) $\dfrac{\sqrt{2}}{2}\pi$;

     (4) $6a$，**提示**：利用参数方程：$x=a\cos^3 t, y=a\sin^3 t(0\leqslant t\leqslant 2\pi)$;

     (5) $2\pi^2 a$;   (6) $8a$;

     (7) $\dfrac{a}{2}[2\pi\sqrt{1+4\pi^2}+\ln(2\pi+\sqrt{1+4\pi^2})]$.

7. 略.

8. (1) $\dfrac{4}{a(e^{\frac{x}{a}}+e^{-\frac{x}{a}})^2}$;   (2) $\dfrac{|2a|}{[1+(2a+b)^2]^{\frac{3}{2}}}$; (3) $\dfrac{\sqrt{2}}{4a}$;   (4) $\dfrac{2}{3a}$.

9. $R=\dfrac{4}{3}$.

10. 略.

11. (1) $\dfrac{16\pi}{5}$;   (2) $6\pi^3 a^3$.

12. $a=1, b=\sqrt{2}$ 或 $a=\sqrt{2}, b=1$.

13. $\dfrac{3}{4a}, \dfrac{4a}{3}, \left(x-\dfrac{2}{3}a\right)^2+y^2=\dfrac{16}{9}a^2$.

习题 7.7

1. 75 kg.

2. $\dfrac{5}{4}$ m.

3. $\dfrac{1}{6}(5\sqrt{5}-1)q$.

4. $2500\pi\rho g$.

5. $\dfrac{8192\rho g}{75}$.

6. $\dfrac{2}{3}a^2 b+\dfrac{1}{2}abc$.

7. $\dfrac{1}{2}\gamma ab(2h+b\sin\alpha)$.

8. $90\pi^2$ 吨.

9. $\dfrac{GMm}{a(a+l)}$ （G 为引力常数）.

10. $\dfrac{4}{3}\pi gr^4$.

11. 91500.

12. (1) $\dfrac{GMm}{l}\left(\dfrac{1}{a}-\dfrac{1}{l+a}\right)$;   (2) $\dfrac{GMm}{l}\ln\left[\dfrac{r_2(l+r_1)}{r_1(l+r_2)}\right]$.

13. $F_x=F_y=\dfrac{3}{5}Ga^2$.

习题 7.8

1. 梯形法：0.69377，抛物线法：0.69315.

2. $n = 2 : 1.85221, n = 4 : 1.85195, n = 6 : 1.85194$.

3. 1.46288.

4. 8.64 (m^2).

5. $n = 12, a = 0, b = 24$，矩形法：28.71，梯形法：28.68，抛物线法：28.67.

6–7. 略.

第 8 章

习题 8.1

1–2. 略.

3.
(1) 2;
(2) $\dfrac{1}{2}$;
(3) $\dfrac{2\sqrt{3}\pi}{3}$;

(4) $\dfrac{\pi}{ab(a+b)}$;
(5) $1 - \ln 2$;
(6) $\dfrac{1}{2}\ln 3 + \dfrac{2}{3}$;

(7) 发散;
(8) $\dfrac{3}{13}$;
(9) $\dfrac{5}{29}$;

(10) $\dfrac{\pi}{4} + \dfrac{\ln 2}{2}$;
(11) $p \leqslant 1$，发散，$p > 1$ 收敛，积分值为 $\dfrac{1}{p-1}(\ln 2)^{-p+1}$.

4.
(1) $p \geqslant 1$ 积分发散；$p < 1$ 积分收敛，值为 $\dfrac{(b-a)^{1-p}}{1-p}$;

(2) $\dfrac{\pi}{2}$;
(3) 1;
(4) $\dfrac{\pi}{2}$;

(5) $\dfrac{8}{3}$;
(6) $3(1 + \sqrt[3]{2})$;
(7) π;

(8) $I_n = (-1)^n n!$;
(9) 发散.

5. 略.

6. (1) π;
(2) 0;
(3) 0.

7.
(1) $\dfrac{\pi}{4a^3}$;

(2) 0; 提示：$\displaystyle\int_0^{+\infty} \dfrac{\ln x}{(1+x^2)} = \int_0^1 \dfrac{\ln x}{(1+x^2)} + \int_1^{+\infty} \dfrac{\ln x}{(1+x^2)}$，在第二个积分中，令 $x = \dfrac{1}{t}$.

(3) $\dfrac{\sqrt{2}\pi}{2}$;

(4) $\dfrac{\sqrt{2}\pi}{2}$，提示：令 $t = \sqrt{\tan x}$;

(5) $-\dfrac{\pi}{2}\ln 2$;

(6) $\dfrac{\pi}{2}\ln 2$;

(7) $I_0 = 2, I_n = \dfrac{2^{2n+1}(n!)^2}{(2n+1)!}$，提示：令 $x = \sin^2\theta$.

8–10. 略.

11. 提示：先利用 Newton-Leibniz 公式证明 $\lim\limits_{x \to +\infty} f(x)$ 存在，再利用上题的结论.

11–12. 略.

习题 8.2

1. 不正确.

2. (1) 收敛；　　　　　　　　　(2) 发散；

   (3) 收敛；　　　　　　　　　(4) 收敛，**提示**：$(\ln x)^{\ln x} = x^{\ln \ln x}$；

   (5) $p > 4$ 收敛，$p \leqslant 4$ 发散；　(6) $p > 1$ 收敛，$p \leqslant 1$ 发散；

   (7) $p - q > 1$ 收敛；　　　　　(8) 发散.

3. (1) 收敛；　　　(2) 收敛；　　　(3) 发散；　　　(4) 发散；

   (5) 发散；　　　(6) 收敛；　　　(7) 收敛；　　　(8) 收敛；

   (9) $p < 3$ 收敛，当 $p \geqslant 3$ 发散.

4. (1) 绝对收敛；　　　　　　　　(2) 条件收敛，**提示**：令 $t = x^2$；

   (3) 条件收敛，**提示**：令 $t = \sqrt{x}$；　(4) 条件收敛；

   (5) $p > 1$ 绝对收敛，$0 < p \leqslant 1$ 条件收敛；(6) $p > 1$ 绝对收敛，$0 < p \leqslant 1$ 条件收敛.

5–6. 略.

7. (1) $0 < \alpha < 1$ 收敛；　　　　　(2) 收敛；

   (3) $1 < p < 2$ 收敛，其余情况发散；

   (4) $\min\{p, q\} < 1, \max\{p, q\} > 1$ 时收敛，其余情况发散.

8–10. 略.

参考文献

[1] 陈纪修, 於崇华, 金路. 数学分析 [M]. 2 版. 北京: 高等教育出版社, 2004.

[2] 常庚哲, 史济怀. 数学分析教程 [M]. 北京: 高等教育出版社, 2003.

[3] 华东师范大学数学系. 数学分析 [M]. 4 版. 北京: 高等教育出版社, 2010.

[4] 吉林大学数学系. 数学分析 [M]. 北京: 高等教育出版社, 1978.

[5] 张筑生. 数学分析新讲 [M]. 北京: 北京大学出版社, 2010.

[6] 李忠, 方丽萍. 数学分析教程 [M]. 北京: 高等教育出版社, 2008.

[7] 菲赫金哥尔茨 ГМ. 微积分学教程 [M]. 北京: 人民教育出版社, 1978.

[8] Walter Rudin. Principles of Mathematical Analysis[M]. th ed. McGraw-Hill Companies, Inc. 1976.

[9] Apostol Tom M. 数学分析 [M]. 2 版. 北京: 机械工业出版社, 2006.

[10] 楼红卫. 数学分析 要点. 难点. 拓展 [M]. 北京: 高等教育出版社, 2020.

[11] 裴礼文. 数学分析中的典型问题与方法 [M]. 2 版. 北京: 高等教育出版社, 2006.

[12] 吉米多维奇 ВП, 数学分析习题集 [M]. 北京: 人民教育出版社, 1978.

[13] 伍胜健. 数学分析 [M]. 北京: 北京大学出版社, 2010.

[14] 孙玉泉, 薛玉梅, 文晓, 苑佳, 杨义川. 工科数学分析 [M], 北京航空航天大学出版社, 2019 年.